\零程式基礎就上手/

Excel

別冊

Excel VBA × ChatGPT 打造最強 AI 機器人： 彙整資料、統計分析、 生成公式、API 應用

OpenAI 在 2022 年末推出的 AI 聊天機器人「ChatGPT」席捲全球，雖然 AI 聊天機器人我們早已有在使用，但是 ChatGPT 特別之處就在於使用了最新版的「GPT 語言模型」，有獨特的自然語言互動模式，如同與真人對話一般。不管是技術教學、提建議、寫文案、翻譯、寫程式碼都沒有問題，本手冊我們就要把這麼強大的工具搬到 Excel 裡面，讓你工作時可以更方便跟它溝通，並快速引用回覆的答案。

1 申請使用 OpenAI 的 API

要將 ChatGPT 移植到 Excel 中，就要先知道 OpenAI 為開發人員準備的 API 介面。API 是 Application Programming Interface 的縮寫，直接翻譯就是**應用程式介面**，也就是將已開發好的特定功能，提供一個管道讓其他開發人員也都可以方便使用。

有了這個 API 開後門，我們就可以透過 VBA，在 Excel 中寫程式來跟 ChatGPT 溝通了。不過這裡要先介紹一下 ChatGPT 背後的 AI 模型。

OpenAI 的 AI 模型庫

ChatGPT 是 OpenAI 開發專門用來對話使用的一種 GPT 模型，而 GPT 模型是以非常大量的文字資料，像是 Wiki 維基百科網站、新聞網站、免費的大量文學作品、學術論文網站等，所訓練出來的一種人工智慧模型，透過此模型可以讓電腦大致理解人類語言的涵義，也能生成出有意義的文字進行回覆。

而 ChatGPT 正是 GPT 模型的一個應用，是特別針對與人類使用者進行對話的需求所設計，能產生具備連貫性的回答內容，讓使用者有更好、更真實的互動體驗。目前 OpenAI 的 API 並不是直接讓你跟 ChatGPT 溝通，而是讓你存取其背後所使用的各種 GPT 模型，所以嚴謹一點來說，我們植入到 Excel 中的，其實是客製化的 GPT 模型。

目前 OpenAI 提供各種 AI 模型，以文字對話需求來說，依照筆者自身使用經驗與官方推薦，建議直接使用 gpt-3.5-turbo 這個模型即可，以下我們也列出其他對話模型供您參考、比較：

模型名稱	説明	長度限制
gpt-3.5-turbo	為對話需求所設計出來的 AI 模型，由於 OpenAI 會不定期更新模型架構，選用此模型會自動使用最新的版本。	4,096 tokens
gpt-3.5-turbo-0301	若不希望模型的功能頻繁變更，可選用固定版本的模型，不過由於每 3 個月仍然會汰換，建議直接使用 gpt-3.5-turbo 即可。	4,096 tokens
text-davinci-003	聚焦接話功能，預設是以單一的問答應用為主，由於收費較貴，因此目前幾乎被棄用。	4,097 tokens
text-davinci-002	功能同 text-davinci-003，由於訓練方式略有差異，回答的內容比較可靠，使用體驗跟傳統聊天機器人較接近。	4,097 tokens
code-davinci-002	針對程式生成功能設計的模型，擁有較大的對話長度。	8,001 tokens

GPT 4、3.5、3　

目前 OpenAI 最新的 GPT 模型已經進展第 4 代 - GPT-4，不過截至 2023 年 5 月，尚未全面開放使用，預期未來收費也比較昂貴。因此短期來說，一般對話應用建議使用 GPT-3.5 的 API 就很夠用了，這也是 ChatGPT 網站剛推出時所採用的模型。

至於 GPT-3，算是 ChatGPT 的前身，因此對答回覆的流暢性明顯較為遜色，已逐漸被淘汰。

 除了 GPT 模型外，OpenAI API 還有提供其他各種類型的 AI 模型，由於本手冊後續並不會使用到，此處就不深入介紹了。

申請 OpenAI 帳戶

使用 OpenAI 的 API 需要申請帳戶，可以直接使用 Google 或微軟的帳戶進行申請，請參考以下步驟操作：

1 連到 OpenAI 的開發者頁面 https://platform.openai.com/，可選擇以 Google 或微軟的帳戶登入。

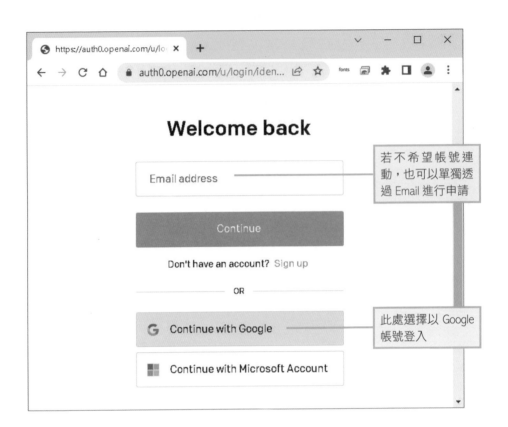

若不希望帳號連動，也可以單獨透過 Email 進行申請

此處選擇以 Google 帳號登入

2 接著請輸入 Google 的帳號、密碼，若有開啟兩階段驗證，還需要輸入接收到的驗證碼。

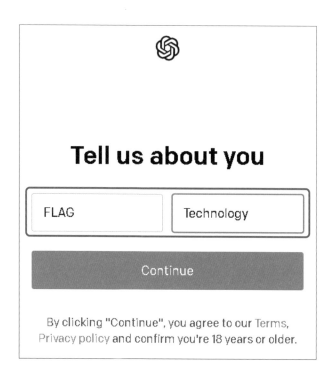

3 登入成功後,接著要輸入您在 OpenAI 的基本資訊,包括使用者姓名和手機號碼(開頭的 0 不用),按下 **Send code** 鈕發送驗證碼。

4 在網頁輸入 6 位數字進行驗證後，即可完成登入程序。

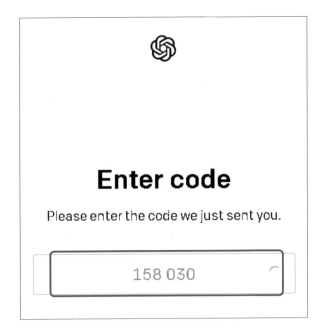

產生 API KEY

使用 OpenAI API 的時候，為確保是 OpenAI 帳戶的合法使用者，因此在傳送 API 請求時會要求一併提供 API KEY，它是系統平台自行產生的一組隨機密碼，讓 API 有辦法識別收到的請求是否為合法使用者送出，若送出的請求沒有提供正確的 API Key，則 API 會自動略過此請求不處理。

 實務上除了驗明正身外，廠商透過 API Key 可以識別是哪個用戶發出的請求，進而收取相關費用或進行資源控管。

你可以在 OpenAI 的 API 管理介面產生 API Key：

1 在 OpenAI 的開發者頁面 https://platform.openai.com/，點選右上方的使用者圖示，再點選 **View API Keys**。

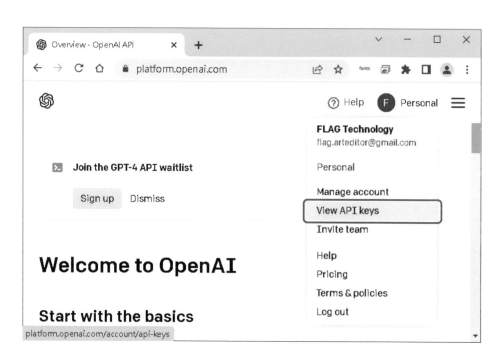

2 進入到 **API keys** 頁面後，點選畫面上的 **Create new secret key**，即可產生 API Key。

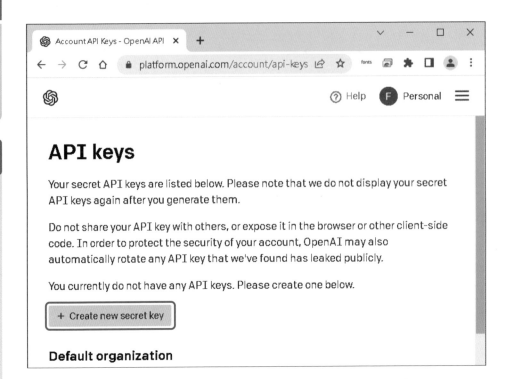

3 接著畫面就會出現一長串不規律的文數字,這就是 API Key,按下後方的複製鈕即可複製內容,請務必立即馬上貼到記事本或其他文書處理工具進行保存,關閉此畫面後就無法再複製這組 API Key 的內容了。

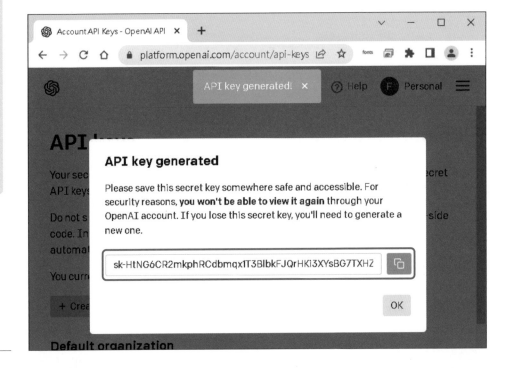

4 若真的沒有複製到也沒關係，只要重新申請一組新的 API Key 即可。

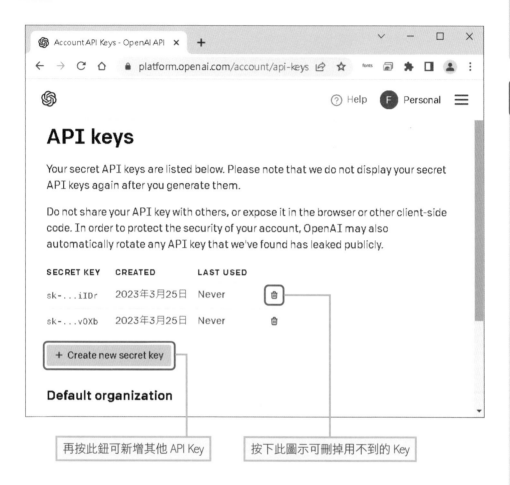

再按此鈕可新增其他 API Key　　　　按下此圖示可刪掉用不到的 Key

初步準備工作大致告一段落，接著就可以準備透過 API 來跟 OpenAI 的 GPT 模型做溝通。

API 金鑰的收費

使用 OpenAI 的 API 是要付費的，收費是看你送出的 token 長度來計算。新註冊用戶都會有一定額度可以使用，不過如果超過此額度或是申請超過一定期限，就會開始收費、必須要設定付款方式才能繼續使用。

按此查看目前用量

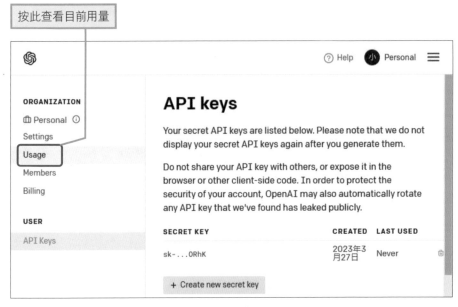

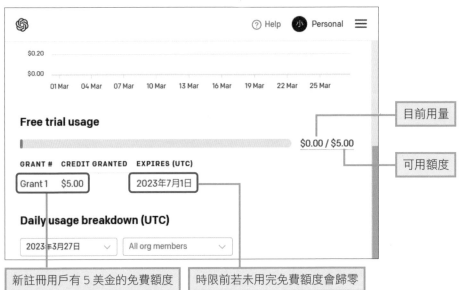

目前用量

可用額度

新註冊用戶有 5 美金的免費額度　　時限前若未用完免費額度會歸零

如果你用完了免費額度，想要繼續使用 OpenAI 的 API，可以如下申請付費帳號：

1 按一下 **Billing/Overview**　　**2** 按此申請成為付費帳號

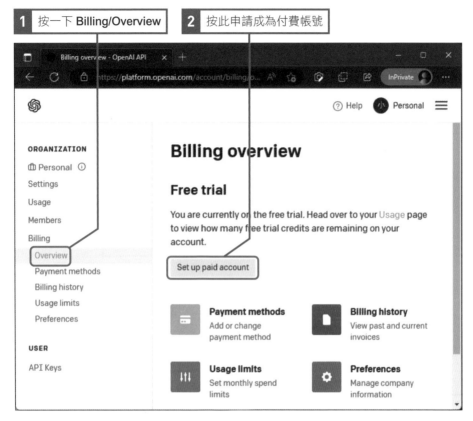

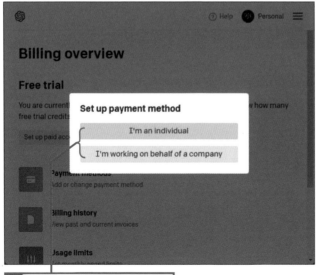

3 依照個人或是公司名義點選

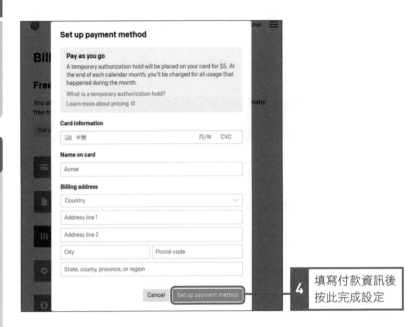

接著就會利用您填寫的付款信用卡預授權美金 5 元的額度，並在一週後返還。預授權成功後就會變成付費帳戶。如果擔心費用過多，可以依照以下步驟限制費用：

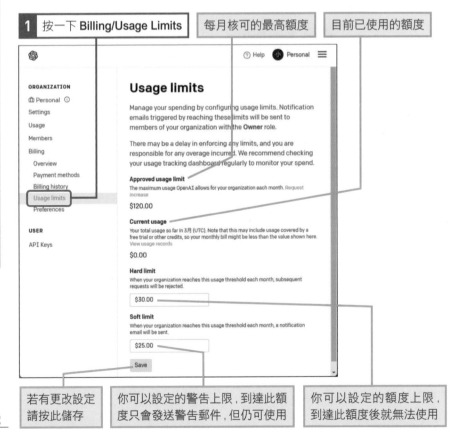

2 API 的運作與使用

正如前面所説，我們可以透過 API 來使用 GPT 模型的功能，而這個 API 具體來説其實是網頁服務，我們藉由網頁傳輸發出請求，OpenAI 也是透過網頁傳輸傳回 GPT 模型處理後的結果，也就是你想要的對話內容，這種網頁傳輸形式的 API 稱為 RESTful API。

> 在業界很多工作都需要處理所謂的 API 串接，例如一個購物網站要加入刷卡功能，就需要串接銀行提供的信用卡 API 功能。

RESTful API 如何運作？

我們先簡單説明日常瀏覽網頁的過程，再進一步説明 RESTful API 的原理。當我們使用瀏覽器來瀏覽網站時, 其實瀏覽器都是以 HTTP 協定來與網站伺服器做溝通, 其溝通方式很簡單：

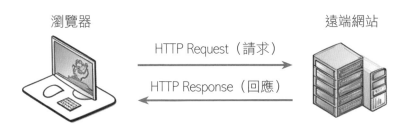

瀏覽器　　　　　　　　　　　　　　　　　　　　　遠端網站

HTTP Request（請求）

HTTP Response（回應）

例如我們用瀏覽器來瀏覽旗標網站 www.flag.com.tw 時, 瀏覽器會先向旗標網站發出 HTTP Request, 而旗標網站在收到請求後會進行處理, 然後將請求的網頁原始碼以 HTTP Response 傳回給瀏覽器，你就可以看到旗標網頁的內容了。

就有人想到利用網頁 HTTP 的溝通方式來設計 API，如果要存取 API 資源，就向某個特定網址發出 HTTP Request，並將你的需求一併送出去，API 收到後會在遠端處理你的需求，處理完成再透過 HTTP Response 傳回你要的結果。

如何跟 OpenAI API 溝通？

OpenAI 的 API 採用 RESTful 設計，透過網頁傳輸來提供功能，因此 API 的入口其實就是一個網址，例如：

```
https://api.openai.com/v1/chat/completions
```

但如果你直接在瀏覽器輸入此網址，應該會看到一串 Error Message，要求你依照格式提供 API Key：

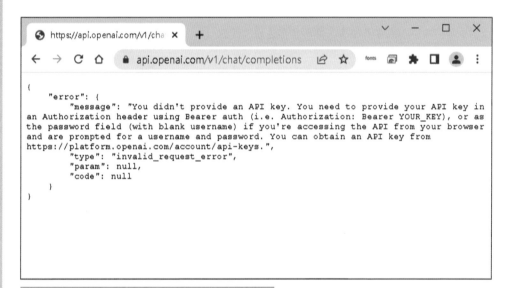

直接連到 API 的入口網址，會看到一串錯誤訊息

那要如何提供 API Key 呢？做法上是要採用 HTTP Requests 的 POST 方法，將 API 要求的資訊（如 API Key）放在標頭（header）中，並把你要問的問題當做主體（body）一併送出，但你沒辦法在瀏覽器的網址列中送出這些資料，通常是要透過程式來處理。

以下我們先來說明標頭（header）跟主體（body）怎麼寫，稍後再來說明送出資料的方法。

```
標頭
Content-Type: application/json
Authorization: Bearer sk-...TDCX
主體
model: gpt-3.5-turbo
messages: [{"role": "user", "content": "Hello!"}]
```

請求 →

← 回應

你的電腦   OpenAI API

```
{  'id': 'chatcmpl-abc123',
   'object': 'chat.completion',…}
```

HTTP 請求的標頭（header）

當你透過 HTTP Request 跟 OpenAI 的 API 發出請求時，要先提供以下兩項資訊，它才會進一步處理：

- **Content-Type**：要先説明此請求的內容型態，也就是你會以甚麼方式來提供資訊，目前 RESTful API 溝通時，幾乎都是採用 JSON 格式，因此我們要指定為：

```
"Content-Type: application/json"
```

- **Authorization**：先前提過 OpenAI 的 API 需要進行身分驗證，你必須在標題中指定驗證方式，並輸入你在前一節最後記錄下來的 API Key：

```
"Authorization: Bearer sk-...TDCX "
```

請改成你自己的 API Key

HTTP 請求的主體（body）

所謂主體其實就是你要發問的問題內容，以及你要使用哪個模型，而配合對話服務，也可以一併提供先前的對話內容或是特定指示。典型的主體（body）大概會長這樣：

```
{
  "model": "gpt-3.5-turbo",
  "messages": [{"role": "user", "content": "Hello!"}]
}
```

我們前一節已經有介紹過各種 GPT 相關模型，此處就直接使用 gpt-3.5-turbo，至於 messages 則是發問的訊息內容，其中的 content 自然就是問題本身，至於 role 就需要進一步解說。我們用 ChatGPT 網站的對話過程來說明會比較容易懂：

由於 OpenAI 的 API 是公開服務加上目前沒有提供記錄功能，因此每次你的請求對模型來說都是獨立的，沒辦法記住你先前跟它的對話內容，因此你必須自行將對話過程一併放到請求的主體（body）中，GPT 模型才會知道先前說了什麼。

為了讓 gpt-3.5-turbo 模型搞清楚對話脈絡，因此要用 role 和 content 參數，標示出每一段訊息是「誰」說的。例如透過 OpenAI 的 API 進行類似以下的對話：

```
{
  "model": "gpt-3.5-turbo",
  "messages":[
1   {"role": "system", "content": "You are a helpful assistant."},
2   {"role": "user", "content": "Who won the world series in 2020?"},
3   {"role": "assistant", "content": " Los Angeles Dodgers."},
4   {"role": "user", "content": "Where was it played?"}
  ]
}
```

1 可以給予指示，要求後續依照指示來回答
2 這是你先前發問的問題
3 這是 ChatGPT 的回答
4 這是實際要提問的內容

從上面的例子可以發現，role 參數有 3 種選項可用來指定後面 content 的訊息是誰說的，作用如下：

- **system**：要給予 GPT 模型的指示，讓模型依照指示處理接下來會看到的問題。

- **user**：由使用者所提出的問題內容。

- **assistant**：用來標示 GPT 模型回答的內容，通常是出現在接收的訊息內容，除非是需要讓模型知道先前的對談紀錄，才會在請求的問題中特別做標示。

收到的回覆 Response

發出請求後，API 就會傳回 GPT 模型的回應內容。回應的結果同樣是 JSON 格式，大致會長得像下面這樣：

```
{
 'id': 'chatcmpl-6p9XYPYSTTRi0xEviKjjilqrWU2Ve',
 'object': 'chat.completion',
 'created': 1677649420,
 'model': 'gpt-3.5-turbo',
 'usage': {'prompt_tokens': 56, 'completion_tokens': 31, 'total_
          tokens': 87},
 'choices': [
   {
    'message': {
      'role': 'assistant',
      'content': 'The 2020 World Series was played in Arlington
                ...........'},
    'finish_reason': 'stop',
    'index': 0
   }
 ]
}
```

message 中 content 參數就是 GPT 模型回應的訊息，基本的對話應用，通常只需要將回應的訊息內容取出即可。

實際測試

一般 API 都要透過程式來處理，才能順利進行溝通。為了讓您更清楚 OpenAI API 的運作，在開始寫 VBA 程式前，你可以先透過一些工具的幫忙，測試一下 API 的溝通有沒有問題，藉此也能更加瞭解 GPT 模型的運作方式。

● **安裝 Talend API Tester - Free Edition 擴充功能**

API 的測試工具不少，在此小編建議使用 Chrome 的外掛 - Talend API Tester 來進行測試，操作介面簡單易用。

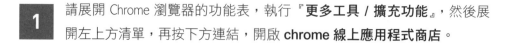

1 請展開 Chrome 瀏覽器的功能表，執行『**更多工具 / 擴充功能**』，然後展開左上方清單，再按下方連結，開啟 **chrome 線上應用程式商店**。

2 在搜尋框輸入 " Talend API Tester " 按下 Enter 鍵進行搜尋,然後在右邊選擇 **Talend API Tester - Free Edition**。

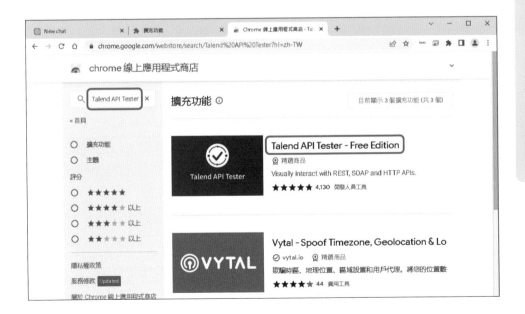

3　在 Talend API Tester - Free Edition 的介紹頁面中，按下**加到 Chrome** 鈕，在彈出的交談窗再按下**新增擴充功能**即會自行完成安裝。

● 測試 OpenAI 的 API 功能

Talend API Tester - Free Edition 安裝完畢後，可以在 Chrome 的擴充功能頁面中啟動：

1　按一下 Chrome 網址列右方的擴充功能圖示，就可以從選單中啟動 **Talend API Tester - Free Edition**。

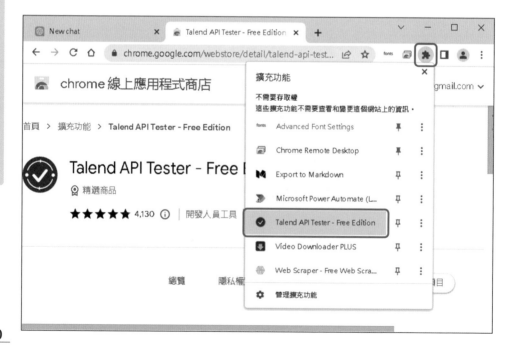

2 初次使用請按下畫面的 **Use Talend API Tester - Free Edition** 鈕，表示同意軟體使用授權，即可開始使用。

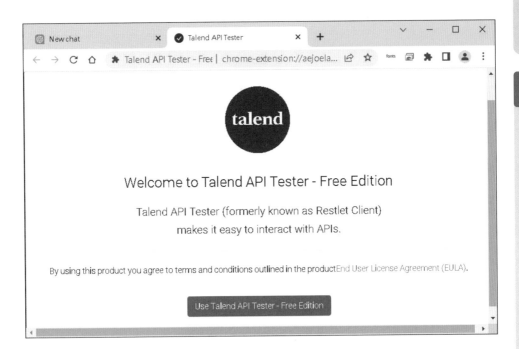

3 接著只要依照本節前述針對 Open AI API 的介紹，輸入相關資訊，就可以測試 GPT 模型的功能了。請參考下圖的步驟進行操作，都輸入完畢後，按下右上方 **Send** 鈕送出即可：

❶ 選擇 **POST** 方法

❷ 輸入 API 的入口網址：
https://api.openai.com/v1/chat/completions

❸ 預設會自行建立並勾選
Content-Type：application/json 這個項目

❹ 按一下 **Add header**

❺ 輸入參數名稱 Authorization

❻ 參數內容則輸入 Bearer 和你的 API Key
（Bearer 後要空 1 格）

❼ 在右方的 **BODY** 輸入主體的內容，記得 messages 的內容要用 role 和 content 參數區分不同段落

4 稍待片刻就會在下方的 **Response** 區，傳回 GPT 模型回覆的結果。

傳回的結果同樣會
有標頭 Header 資訊

右方是主體的內容

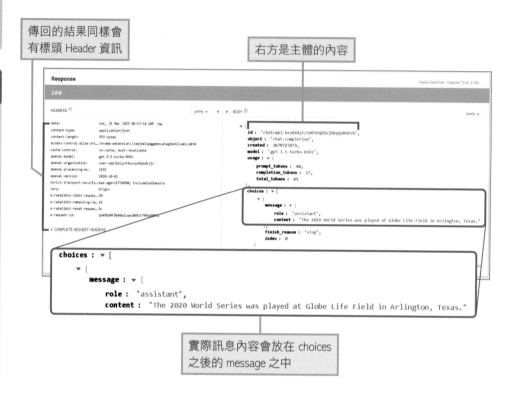

實際訊息內容會放在 choices
之後的 message 之中

您可以在上圖 **7** 的位置修改 BODY 的內容，改問其他問題，然後看看 GPT 模型
的回覆內容，多試幾次大致就可以了解 OpenAI 的 API 是如何運作了。下一節我
們就要回到 Excel 的環境，看看怎麼透過 VBA 來使用 OpenAI 的 API，進而在 Excel
中創造你自己專屬的 ChatGPT 聊天功能。

3 XMLHttpRequest 物件的使用

要在 Excel VBA 中發出 HTTP Request 來跟 API 溝通，必須使用 XMLHttpRequest 物件，不過 VBA 並未內建類似的物件類別，因此必須借助「外力」才行。我們要使用微軟所提供的 MSXML2 元件庫，其中包含的 XMLHTTP 類別是早期微軟為瀏覽器所設計的元件，支援 HTTP 和 HTTPS 通訊協定，可用來幫助你發出 HTTP Request 請求。目前 MSXML2 元件庫最新版本為 6.0，Windows 系統都有內建，可直接使用。

MSXML2.XMLHTTP 物件的使用

「Excel VBA 範例字典」7-3 節建立 FSO 物件時有提到，我們可以在不設定引用項目的情況下使用外部物件，此處我們將利用 CreateObject 函數建立 MSXML2. XMLHTTP 物件的實體。這種方法不需要替每個活頁簿進行引用設定，所以能快速完成程式。儲存實體的變數需宣告為 Object 總稱物件類型。採用這種方法，與外部物件有關的陳述式會在執行程式的時候再進行確認，效率會稍慢一些。

建立 Object 總稱物件

Dim 物件變數名稱 As Object

▶解說
在不設定引用項目的情況下，要建立 MSXML2.XMLHTTP 物件，必需先使用 Dim 陳述式和 Object 關鍵字，宣告一個總稱物件。

▶設定項目
物件變數名稱 .... 可指定為任意名稱。

用 CreateObject 函數建立 MSXML2.XMLHTTP 物件實體

Set 物件 = **CreateObject**("MSXML2.XMLHTTP")

▶解説

利用 CreateObject 函數,將先前宣告的總稱物件指定為 MSXML2.XMLHTTP 類別,
建立物件的實體。

▶設定項目

物件.......................已宣告為總稱物件的變數名稱。

範 例

假設我們要發起一個 HTTP 請求跟某個 API 溝通,可以宣告一個 chat 物件,再指
定這個物件為 MSXML2.XMLHTTP 類別。

```
Dim chat As Object
Set chat = CreateObject("MSXML2.XMLHTTP")
```

MSXML2.XMLHTTP 物件方法

MSXML2.XMLHTTP 物件有提供不少 HTTP 通訊所需的方法,不過在此我們只會用
到以下幾個方法和屬性:

開啟 HTTP 請求

物件.**Open**(method, url, async, user, password)

▶解説

MSXML2.XMLHTTP 物件的 open 方法,它接受三個必要的參數和一個可選的參數,
包括用於設定 HTTP 請求類型、網址和同步/非同步處理,需要的話也可以另行
設定驗證的名稱和密碼。

▶設定項目

物件.......................已指定為 MSXML2.XMLHTTP 類別的物件。

method................指定 HTTP 請求的類型，有多種不同方法，此處會使用 POST 方法，另外 GET 方法也很常使用，至於其他方法的使用已經超過本手冊範圍，請自行參考 HTTP 通訊相關教材。

關鍵字	請求類型
"GET"	讀取網站的內容
"POST"	上傳指定的資料

url..........................指定要訪問的網址，也就是 API 的入口。

async....................指定請求要以同步還是非同步方式處理，須配合網站的需求，此處 OpenAI API 是採用**同步處理**方式進行溝通。

關鍵字	同步處理類型
True	採用非同步處理，送出請求之後先執行其他程序，後續再透過其他識別方式取得傳回資料。
False	採用同步處理，送出請求後等待網站傳回資料，再繼續執行其他程序。

user......................若網址需要驗證，可另行指定 HTTP 驗證的使用者名稱。

password............若網址需要驗證，可另行指定 HTTP 驗證的密碼。

範 例

使用 chat.Open 方法可以設定 HTTP 請求的類型和網址，並指定請求要以同步還是非同步方式處理。例如，可以使用 chat.Open 方法來設定一個 POST 同步處理請求：

```
chat.Open "POST", "http://example.com/api/data", False
```

指定 HTTP 標頭資訊

物件.**setRequestHeader**(header, value)

▶解説

XMLHttpRequest 物件的 setRequestHeader 方法，用於設定 HTTP 請求標頭，後面直接給定要設定的標頭名稱和值即可。若有多個標頭，每個標頭要用 setRequestHeader 方法個別設定。

▶設定項目

物件.....................已指定為 MSXML2.XMLHTTP 類別的物件。

header.................指定要設定的 HTTP 標頭的名稱。

value....................指定要設定的 HTTP 標頭的值。

範 例

可以使用 setRequestHeader 方法來分別設定 Content-Type 和 Authorization 標頭。

```
chat.setRequestHeader "Content-Type", "application/json"
chat.setRequestHeader "Authorizatio", "Bearer sk-...TDCX"
```

送出 HTTP 請求和主體內容

物件.**Send**(Body)

▶解説

XMLHttpRequest 物件的 Send 方法，用於發送 HTTP 請求，若除了標頭資訊還有其他要一併提供的內容，可直接接在 Send 方法之後一併送出。如果此 HTTP 請求是以同步方式處理，則 Send 方法將在請求完成後直接接收傳回的內容。

▶設定項目

物件.....................已指定為MSXML2.XMLHTTP類別的物件。

Body.....................要傳送的任何內容，要配合標頭設定的類型，例如若設定為
                        application/json，就要以 JSON 格式來傳送。

使用 Send 方法可以透過 HTTP 請求,將 JSON 格式的內容發送給特定的 API,不過由於 VBA 語法會使用到雙引號,因此送出內容中的每個雙引號要改成兩個雙引號 ""。

```
chat.Send "{ ""model"": ""gpt-3.5-turbo"", ""messages"": [{""role"":
""user"", ""content"": "Hello!""}]}"
```

取得 HTTP 回應內容

物件.responseText ──────────────── 取得

▶解説
responseText 是 MSXML2.XMLHTTP 類別中的一個屬性,用於獲取 HTTP 回應的文本內容。當 HTTP 回應被完整接收後,可以使用 responseText 屬性來獲取回應文本。

▶設定項目
物件 .... 已指定為 MSXML2.XMLHTTP 類別的物件。

可以使用 responseText 屬性將 HTTP 回應的內容指定給某一個變數,方便後續使用。

```
Dim data As String
data = chat.responseText
```

4 用 Excel VBA 處理傳回的 JSON 內容

JSON（JavaScript Object Notation）是一種資料格式，其資料呈現方式是以成對的項目名稱和資料形式呈現，檔案副檔名為「.json」。目前 JSON 不僅僅用於 JavaScript 網頁程式，更已成為網路開放資料交換的標準。

雖然「Excel VBA 範例字典」7-4 節有提到用 VBA 如何處理 JSON 格式，不過提供的方法是 32 位元系統才能執行，若你和小編一樣是 64 位元的電腦就需要額外下載一個 VBA-JSON 的工具才行。

下載、安裝 VBA-JSON 的 JsonConverter 模組

VBA-JSON 是一個開放原始碼的套件，你可以在作者的 Github 網站下載取得此工具：

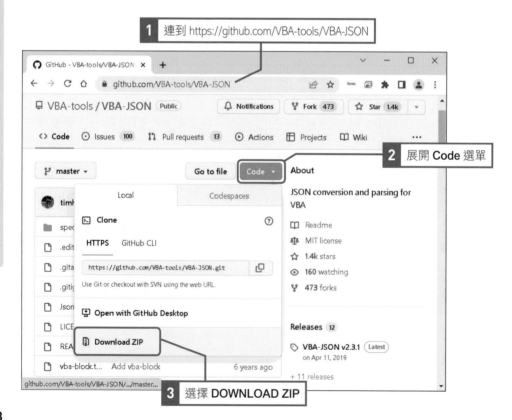

1 連到 https://github.com/VBA-tools/VBA-JSON

2 展開 Code 選單

3 選擇 DOWNLOAD ZIP

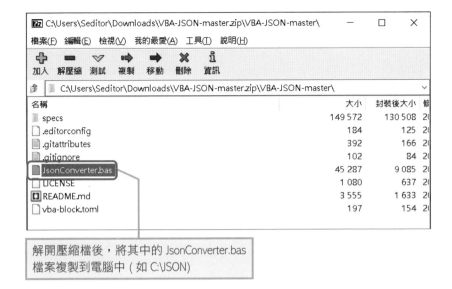

解開壓縮檔後，將其中的 JsonConverter.bas
檔案複製到電腦中 (如 C:\JSON)

然後回到 Excel，開啟 VBE 的編輯視窗，然後匯入 JsonConverter.bas：

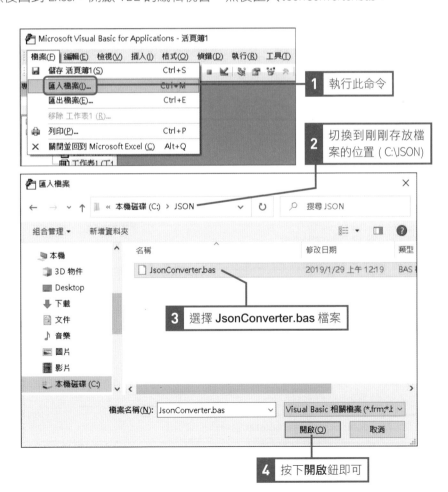

接著要引用 Scripting Runtime，才能使用 JsonConverter 模組：

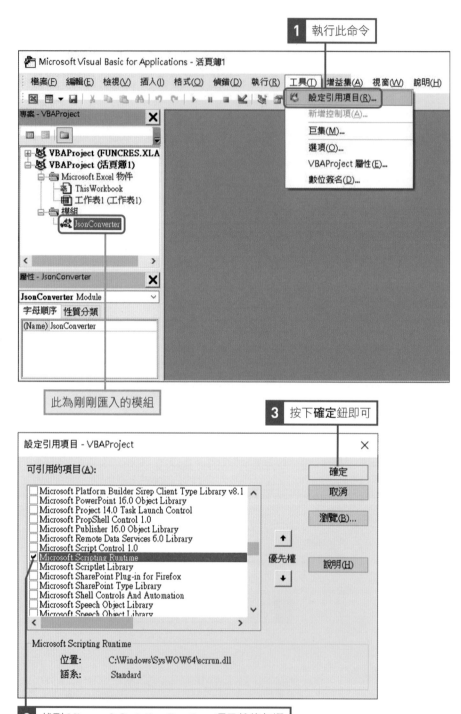

1 執行此命令

此為剛剛匯入的模組

3 按下**確定**鈕即可

2 找到 **Microsoft Scripting Runtime** 項目然後勾選

利用 JsonConverter 模組轉換 JSON 格式

7-4 節我們是使用 JScript 的 eval 函數將字串（String）型別的 JSON 格式資料轉換為總稱物件（Object）。現在我們則是利用 JsonConverter 提供的方法，將 JSON 格式轉為特殊的物件，這樣後續就可以用階層式的方式，很方便一一取出 JSON 中的資料。

```
Dim response As String
response = body.ResponseText
Dim json As Object
Set json = JsonConverter.ParseJson(response)
```

取出 JSON 格式的指定內容

使用 JsonConverter.ParseJson 方法將 JSON 轉換為特定物件後，就可以透過 JSON 成對的項目名稱，來存取其資料。假設我們的 JSON 資料像下面這樣：

```
{
  "name": "John Doe",
  "age": 30,
  "hobbies": ["reading", "swimming", "traveling"]
}
```

若我們將資料指派給 String 型別的 response 變數，再使用 JsonConverter.ParseJson 方法將 JSON 轉換為特定物件，你就可以用下列的方式取出資料：

```
Dim json As Object
Set json = JsonConverter.ParseJson(response)
↓
json("name ") 得到 "John Doe"
json("age") 得到 30
json("hobbies ") 得到 ["reading", "swimming", "traveling"]
```

若要再從 hobbies 的資料取出單一個元素，可以在後面加上序號（從 1 開始編號）：

```
json("hobbies ")(1) 得到 "reading"
json("hobbies ")(3) 得到 "traveling"
```

5 實戰：用 Excel VBA 打造專屬的 ChatGPT 聊天機器人

花了這麼多篇幅說明如何透過 HTTP Request 使用 OpenAI 的 API，也說明了如何處理傳回的 JSON 資料，接著就可以開始準備在 Excel 中植入你專屬的 ChatGPT 聊天機器人。

介面設計

先來看看聊天機器人的對話介面要怎麼設計。我們先依照不同目的，將活頁簿分成對話頁面、結果頁面和 API 頁面等 3 個工作表，其功能與格式以下說明。

 此處頁面的設計，會跟後續 VBA 程式碼有關，建議名稱、儲存格位置都跟小編一模一樣，確保程式可以正常運作。待之後熟悉程式的細節，可再自行修改。

● ChatGPT 對話頁面

此為主要的聊天對話頁面，因此我們要設計可以輸入問題的欄位，配合 GPT 模型的功能，我們會將**指示**（role → system）和實際**問題**（role → user）分開，**指示**欄位可以留空、**問題**欄位則一定要填寫。

 為簡化程式內容，此處我們不會將先前對談紀錄送出去，因此不須保留 Chat 模型答覆內容。

另外在問題欄位之後，也設計一個**送出**鈕，按下按鈕之後會執行聊天機器人的 VBA 程式，將你的問題傳送到 OpenAI 的 API，並接收 GPT 模型傳回的答覆。因此也會在畫面下方規劃顯示答覆的區域，並設成灰底以示區分。

為了方便日後可以將此 Excel 分享給其他人使用，建議在適當處加上操作提示說明，或者你也可以自行做其他美化介面的設計。

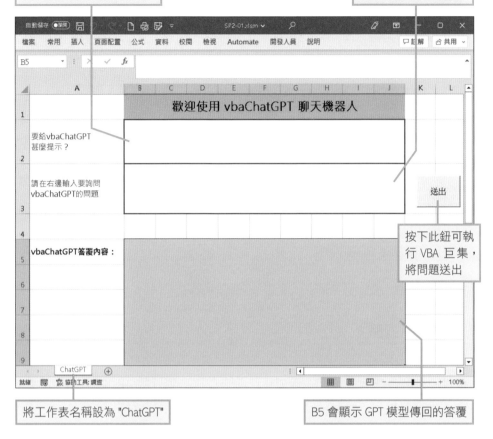

B2 填寫給予 GPT 模型的指示，允許使用者留空不寫

實際要詢問的問題要在 B3 輸入，不能留空

按下此鈕可執行 VBA 巨集，將問題送出

將工作表名稱設為 "ChatGPT"

B5 會顯示 GPT 模型傳回的答覆

輸入指示或問題或是顯示答覆的區域，都可以自行合併儲存格，只要左上方的位置不變即可。

● **Result 結果頁面**

雖然對話頁面已經設計有顯示答覆的區域，不過為了方便你取用回覆的結果，我們另設計一個結果頁面，將 GPT 模型答覆的內容條列好、一列一列存放（可將 A 欄適當拉寬）。

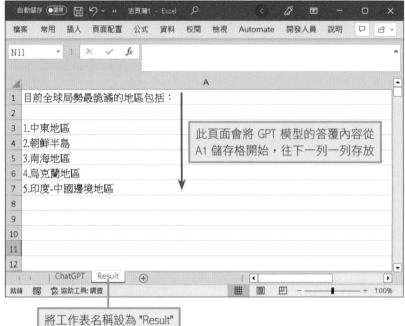

將工作表名稱設為 "Result"

● API_Key 頁面

使用 OpenAI 的 API 需要 API Key，因為 API Key 只有產生當下可以複製內容，為了方便你記錄，我們另外設計一個專屬頁面來存放複製好的 API Key，若有好幾組 API Key 也可以都一一貼上，日後可於程式中切換，使用上較具彈性。

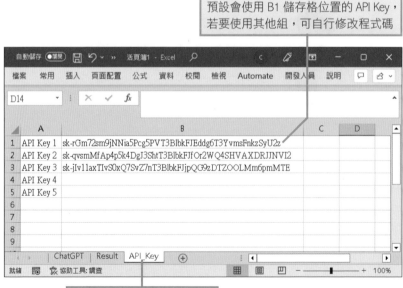

預設會使用 B1 儲存格位置的 API Key，若要使用其他組，可自行修改程式碼

將工作表名稱設為 "API_Key"

撰寫程式

介面設計完畢後請先存檔，接著請按 ⌊Alt⌋ + ⌊F11⌋ 鍵，開啟 VBE 環境。請先新增一個 VBA 模組，然後將名稱設為 vbaChatGPT，按下**確定**鈕後，即可開始撰寫程式。

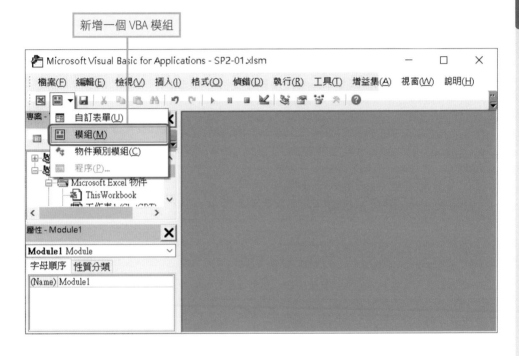

新增一個 VBA 模組

由於程式碼較長，我們會拆成 3 個段落，為避免輸入錯誤，建議可以直接開啟書附的範例檔案 SP2-01.xlsm 來參照。

● 變數的宣告與設定

程式開頭先針對程式中所需要的資訊來宣告變數，包括：API 所需的 API Key、網址、模型、給 GPT 模組的指示和問題、接受答覆的變數等，並將使用者在對話頁面輸入的內容，分別指派給對應的變數。

SP2-01.xlsm

```
1   Sub vbaChatGPT()
2       Dim apiKey As String: apiKey = Worksheets("API_Key").
            Range("B1").Value
3       Dim url As String: url = "https://api.openai.com/v1/chat/
            completions"
4       Dim sheet As Worksheet: Set sheet = Worksheets("Chatbot")
```

```
5     Dim prompt As String: prompt = sheet.Range("B3").Value
6     Dim command As String: command = sheet.Range("B2").Value
7     Dim result As Worksheet: Set result = Worksheets("Result")
8     Dim model As String: model = "gpt-3.5-turbo"
9     Dim response As String, text As String
10    Dim output As Range, cell As Range, newcell As Range
11    Dim arr() As String
12    Dim offset As Long, i As Long
13    If prompt = "" Then prompt = "hello"
14    result.Range("A1:D1000").Clear
```

1	將模組命名為 vbaChatGPT
2	宣告 apiKey 變數用來指定 API Key，並從 "API_key" 工作表的 B1 儲存格取得值
3	宣告 url 變數並指定為 OpenAI API 的入口網址
4	宣告 sheet 變數，並設定為 "ChatGPT" 工作表
5	宣告 "prompt" 變數，並從工作表的 B3 儲存格取得問題內容
6	宣告 "command" 變數，並從工作表的 B2 儲存格取得給 GPT 模型的指示
7	宣告 result 變數，並設為 "Result" 工作表
8	宣告 model 變數，並指定為 "gpt-3.5-turbo"
9	宣告 response 變數，之後會用來存放回覆內容
10	
	宣告之後整理答覆內容需要的變數
13	
14	如果使用者的問題留空，自動填入預設問題（本行刪掉也可執行）

● 送出 HTTP 請求並取得答覆內容

接著要建立 MSXML2.XMLHTTP 物件，並依照 API 要求的格式送出請求。相關操作在前面第 3 節已經都說明過了，此處僅改用 With 陳述句簡化對 MSXML2.XMLHTTP 物件的操作。

另外在收到的答覆內容中，我們利用 JsonConverter.ParseJson 方法轉換成特殊物件後，然後層層指定、只取出傳回的訊息內容，並設定顯示的工作表的答覆區中。

SP2-01.xlsm(續)

```
1     With CreateObject("MSXML2.XMLHTTP")
2         .Open "POST", url, False
3         .SetRequestHeader "Content-Type", "application/json"
4         .SetRequestHeader "Authorization", "Bearer " & apiKey
5         .Send "{ ""model"": ""gpt-3.5-turbo"",  ""messages"":
              [{""role"": ""system"",""content"": """ & command &
              """ },{""role"": ""user"",""content"": """ & prompt
              & """ }] }"
```

```
 6        response = .ResponseText
 7     End With
 8     Set json = JsonConverter.ParseJson(response)
 9     text = json("choices")(1)("message")("content")
10     Debug.Print text
11     sheet.Range("B3").Value = " "
12     Set output = sheet.Range("B5")
13     output.Value = text
14     Set cell = sheet.Range("B5")
```

1	使用 MSXML2.XMLHTTP 物件發送 API 請求，並將回應存到 response 變數中
7	
8	使用 JsonConverter.ParseJson 解析並轉換傳回的 JSON 資料，並將結果存到 json 變數
9	從 json 變數中單獨取出回覆訊息，並存到 text 變數中
10	在即時視窗中輸出 text 的訊息內容
11	清空給 GPT 模型的提示
12	設定 output 變數，指向工作表的 B5 儲存格
13	將 text 變數的值寫入 output 儲存格
14	設定 cell 變數，指向工作表的 B5 儲存格（即答覆的訊息內容）

● 條列答覆的訊息內容

剩下最後一段程式就是將答覆的訊息整理成條列的內容。我們會將訊息內容依照換行符號，分割成一行一行，並存成陣列。之後再走訪陣列內容，將一行一行內容，從 Result 工作表的 A1 儲存格開始，依序顯示在 A 欄中，然後就完成整個程式。

SP2-01.xlsm(續)

```
 1     arr = Split(cell.Value, vbLf)
 2     Set newcell = result.Range("A1")
 3     offset = 0
 4     For i = 0 To UBound(arr)
 5         If Len(arr(i)) > 0 Then
 6             newcell.offset(offset, 0).Value = arr(i)
 7             offset = offset + 1
 8         End If
 9     Next i
10 End Sub
```

```
1      arr = Split(cell.Value, vbLf)
2      Set newcell = result.Range("A1")
3      offset = 0
4      For i = 0 To UBound(arr)
5          If Len(arr(i)) > 0 Then
6              newcell.offset(offset, 0).Value = arr(i)
7              offset = offset + 1
8          End If
9      Next i
10 End Sub
```

1	使用 Split 函數根據換行符號將訊息內容每一行分割出來，並將結果存到 arr() 陣列中
2	宣告 newcell 變數，指向 Result 工作表的 A1
3	初始化 offset 變數為 0
4	走訪 arr() 陣列的所有內容
5	如果陣列中的元素長度大於 0，則將其寫入 newcell 儲存格，並根據 offset 調整位置
6	同上
7	將 offset 位置加 1
8	
｜	完成走訪並結束程式
10	

測試執行 VBA 程式

程式寫好存檔後，請回到 Excel 活頁簿，我們要將剛剛寫好的 VBA 程式，指派給 ChatGPT 工作表中的**送出**鈕，並測試一下程式是否能夠正常執行：

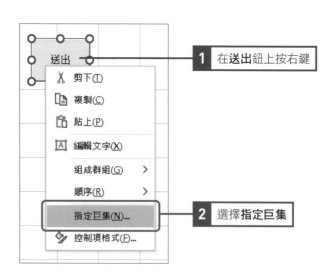

1 在**送出**鈕上按右鍵

2 選擇**指定巨集**

3 選擇剛剛新增的 VBA_ChatGPT

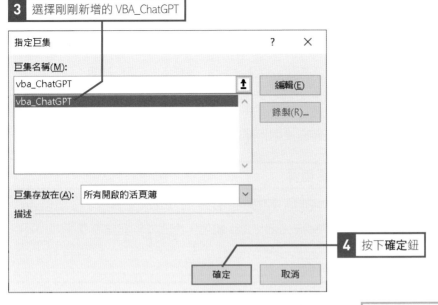

4 按下**確定**鈕

接著請按一下**送出**

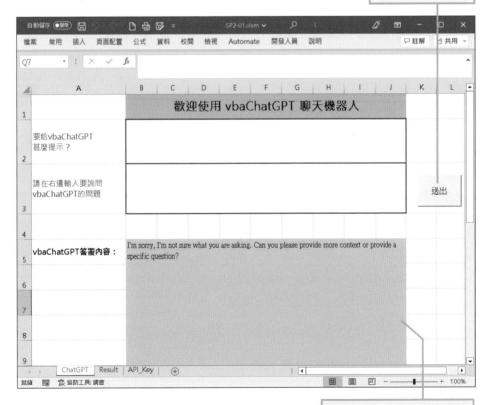

稍待片刻，若灰底區域有任
何訊息，表示程式正常運作

故障排除

若執行後出現錯誤或沒看到傳回的訊息，可參考以下說明一一排除可能的問題。

● 錯誤息：陣列索引超出範圍

通常是工作表或是指定的儲存範圍有誤，請確定 Excel 活頁簿有按照本節開頭的介面設計來操作，而且 VBA 程式中相關的名稱也都輸入正確。

● 錯誤訊息：此處需要物件

請確認是否依照第 4 節的說明，下載、安裝好 VBA-JSON 工具的 JsonConverter 模組檔案，必須要正確匯入 JsonConverter.bas 檔案，程式才能正常運作。

● 錯誤訊息：型態不符合

通常是沒有正確跟 OpenAI API 溝通，請確認：

1 **API 入口是否正確**：請確定網址是 "https://api.openai.com/v1/chat/completions"，或者也不排除入口網址更改的可能性，可以到 OpenAI API 平台查詢相關資訊。

2 **API 金鑰是否正確**：請確定有在指定的儲存格輸入金鑰，若金鑰已經遺失或不確定是否還能使用，建議重新產生新的 API Key 再貼到儲存格。

3 **標頭資訊是否正確**：請確認 HTTP 請求送出的標頭和主體內容是否正確，在 VBA 中的雙引號要用兩個雙引號代替，由於肉眼不容易辨識，建議直接使用書附範例檔案。

4 **輸入的問題是否包含雙引號、等號等特定語法**：若輸入的問題內有出現 VBA 語法會用到的特殊符號，例如雙引號，可能導致執行時出錯，請自行修改題目內容。

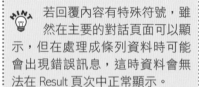

> **HINT** 若回覆內容有特殊符號，雖然在主要的對話頁面可以顯示，但在處理成條列資料時可能會出現錯誤訊息，這時資料會無法在 Result 頁次中正常顯示。

● 沒有錯誤訊息，但未顯示訊息內容

- 請先確定電腦網路的通聯狀況正常。

- 確認取出 JSON 訊息的格式沒寫錯，應該要依序指定 ("choices")(1)("message")("content")，若標籤輸入錯誤會導致抓不到內容。

6　聊天機器人應用

將以 GPT 模型為基礎的機器人植入 Excel 後，若需要在 Excel 彙整資訊，或者需要輸入 Excel 函數或 VBA 語法時，有內建的超強小幫手幫你，操作上會方便許多喔！

直接複製整理好的資料

我們的機器人會幫忙將收到的答覆訊息條列整理好，可以很方便在 Excel 中做進一步處理。例如：你可以在 B3 輸入：

SP2-02.txt

請跟我說世界大學排名前20名的大學和學生人數, 每一筆資料請按照排名、大學、學生數的欄位用 | 隔開

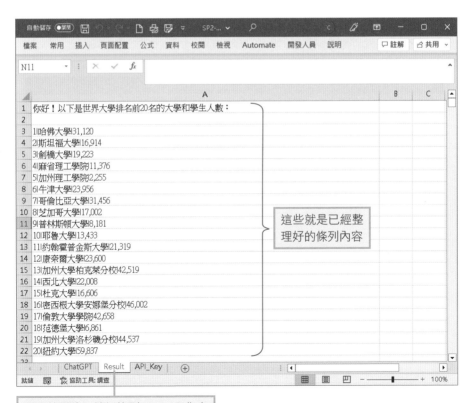

取得答覆後，請切換到 Result 工作表

函數公式即問即用

Excel 功能強大,搭配各種函數或公式,更能輕鬆完成各種資料處理的作業,但由於函數數量太多,就算是再厲害的老手,使用時多半還是需要測試或尋找一下適當的函數,遇到比較複雜的應用,還需要組合多個函數來使用,往往要花一些時間測試才能搞定。將聊天機器人植入 Excel 後,以後遇到需要輸入函數的時候,只要把資料所在的儲存格和想要處理的方式都告訴聊天機器人,就會幫你產生可用的函數。

延續上面的例子,要將剛剛收到的資料,再切分成 3 個欄位。請先把資料複製到另一個工作表 (此處為工作表 4),然後在 B3 儲存格輸入以下問題:

SP2-03.txt

> 我的資料放在 A3~A24, 以 A3 儲存格來說是 '1 | 麻省理工學院 (MIT) | 11,376 ',分別是排名、學校名稱、學生數,其中每一筆資料的字元長度不一,我要用 MID 函數拆成三個欄位,請跟我說怎麼寫,公式請用 `` 包起來以免出錯

如果希望有更得體的回答內容,也可以在 B2 加上進一步的指示:

SP2-04.txt

> 你是一個 Excel 分析大師, 熟悉各版本的用法, 善於用 Excel 函數和公式解決問題

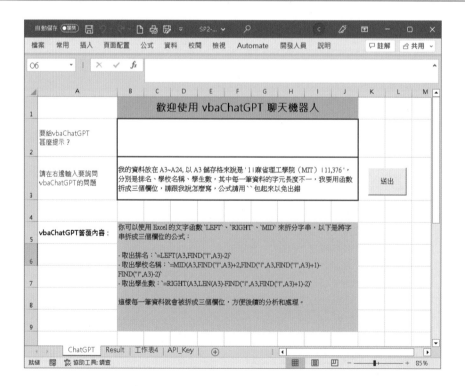

通常這樣就可以得到一些處理上的建議，例如此處我們就獲得了 3 個公式：

```
=LEFT(A3,FIND("|",A3)-2)
=MID(A3,FIND("|",A3)+2,FIND("|",A3,FIND("|",A3)+1)-FIND("|",A3)-2)
=RIGHT(A3,LEN(A3)-FIND("|",A3,FIND("|",A3)+1)-2)
```

你可以在資料所在工作表 (此處為工作表 4)，分別在 B3、C3、D3 依序輸入上述公式，應該就會順利將資料拆成 3 個欄位，接著再向下複製這 3 個公式，就可以一次處理所有分割資料的工作：

	A	B	C	D
1	您好，以下是世界大學排名前20名的資料：			
2				
3	1 l 麻省理工學院（MIT）l 11,376	1	麻省理工學院（MIT）	11,376
4	2 l 斯坦福大學 l 17,534	2	斯坦福大學	17,534
5	3 l 哈佛大學 l 29,908	3	哈佛大學	29,908
6	4 l 加州理工學院（Caltech）l 2,233	4	加州理工學院（Caltech）	2,233
7	5 l 牛津大學 l 23,194	5	牛津大學	23,194
8	6 l 帝國理工學院 l 18,178	6	帝國理工學院	18,178
9	7 l 芝加哥大學 l 17,009	7	芝加哥大學	17,009
10	8 l 耶魯大學 l 12,454	8	耶魯大學	12,454
11	9 l 普林斯頓大學 l 8,374	9	普林斯頓大學	8,374
12	10 l 康乃爾大學 l 23,600	10	康乃爾大學	23,600
13	11 l 賓夕法尼亞大學 l 25,367	11	賓夕法尼亞大學	25,367
14	12 l 清華大學 l 45,209	12	清華大學	45,209
15	13 l 哥倫比亞大學 l 33,876	13	哥倫比亞大學	33,876
16	14 l 約翰霍普金斯大學 l 27,079	14	約翰霍普金斯大學	27,079
17	15 l 美國加州大學柏克萊分校 l 42,519	15	美國加州大學柏克萊分校	42,519
18	16 l 密西根大學安娜堡分校 l 46,002	16	密西根大學安娜堡分校	46,002
19	17 l 新加坡國立大學 l 38,784	17	新加坡國立大學	38,784
20	18 l 美國加州大學洛杉磯分校 l 44,537	18	美國加州大學洛杉磯分校	44,537
21	19 l 瑞士聯邦理工學院蘇黎世分校 l 20,932	19	瑞士聯邦理工學院蘇黎世分校	20,932
22	20 l 多倫多大學 l 91,286	20	多倫多大學	91,286

以這個例子來說，其實還有其他做法，例如可以使用 Excel 的 **資料剖析** 功能，指定用 l 符號來分隔資料，就可以輕鬆拆成 3 個欄位。或者，如果您是 Microsoft 365 的用戶，也可以使用 TEXTSPLIT 函數，只要在儲存格輸入公式「=TEXTSPLIT(A3,"|")」，就可以直接切出 3 個欄位並自動貼到 3 個儲存格，然後向下複製公式即可。

當然，如同 ChatGPT 一樣，我們難以避免 GPT 模型有出乎意料的答覆，小編也收到過牛頭不對馬嘴的解決方法，甚至虛構的函數名稱（應該是 TEXTSPLIT 卻一直說是 SPLIT），這時只能重新詢問一次試試看有沒有其他合理的解答，畢竟它只是個幫手，真正的操盤手還是你自己。

除了此處示範的應用外，像是需要查詢 VBA 的進階語法、其他引用物件的使用方式，或者要進行程式除錯，都可以善用自行打造的 VBA 版 ChatGPT 來解決喔！

MEMO

Excel VBA
×
ChatGPT

零程式基礎就上手

Excel
VBA 範例字典

自動化處理不求人　下冊

感謝您購買旗標書，
記得到旗標網站
www.flag.com.tw
更多的加值內容等著您…

<請下載 QR Code App 來掃描>

● FB 官方粉絲專頁：旗標知識講堂

● 旗標「線上購買」專區：您不用出門就可選購旗標書！

● 如您對本書內容有不明瞭或建議改進之處，請連上
旗標網站，點選首頁的 聯絡我們 專區。

若需線上即時詢問問題，可點選旗標官方粉絲專頁
留言詢問，小編客服隨時待命，盡速回覆。

若是寄信聯絡旗標客服 email，我們收到您的訊息
後，將由專業客服人員為您解答。

我們所提供的售後服務範圍僅限於書籍本身或內
容表達不清楚的地方，至於軟硬體的問題，請直接
連絡廠商。

學生團體	訂購專線：(02)2396-3257 轉 362	
	傳真專線：(02)2321-2545	
經銷商	服務專線：(02)2396-3257 轉 331	
	將派專人拜訪	
	傳真專線：(02)2321-2545	

國家圖書館出版品預行編目資料

Excel VBA 範例字典 自動化處理不求人 /
国本温子, 綠川吉行, できるシリーズ 編集部作 ;
吳嘉芳, 許郁文 譯. -- 初版. -- 臺北市 :
旗標科技股份有限公司, 2023.04　　面；　公分

ISBN 978-986-312-742-0 (下冊：平裝)

1.CST: EXCEL (電腦程式)

312.49E9　　　　　　　　　　112001487

作　　者／国本温子, 綠川吉行, できるシリーズ 編集部

發 行 所／旗標科技股份有限公司

　　　　　台北市杭州南路一段15-1號19樓

電　　話／(02)2396-3257(代表號)

傳　　真／(02)2321-2545

劃撥帳號／1332727-9

帳　　戶／旗標科技股份有限公司

監　　督／陳彥發

執行企劃／林佳怡

執行編輯／林佳怡

美術編輯／林美麗

封面設計／陳慧如

校　　對／林佳怡

新台幣售價：690 元

西元 2023 年 4 月初版

行政院新聞局核准登記-局版台業字第 4512 號

ISBN　978-986-312-742-0

序

Excel 是非常方便的應用軟體，可以運用在各種工作上，如製作資料、管理數據等。然而，在每天或每月必須執行的例行工作中，我們常聽到「雖然處理內容單純，可是資料量多，製作起來很費時」或「負責人員不在，不知道處理順序，使得工作無法進行」等心聲。若想解決這種問題，提高工作效率，最方便的作法是使用能自動化執行 Excel 處理的錄製巨集功能，或利用 VBA 設計程式。因此我們將錄製巨集的操作方法、使用 VBA 靈活設計程式的必備知識做了系統化的整理，撰寫了這本容易瞭解、方便查詢的職場範例字典。本書分成上、下兩冊，共 16 章。上冊為 1 ～ 6 章，下冊為 7 ～ 16 章，其結構如下所示。

第 1 ～ 3 章採取教學模式，按照步驟詳盡解說 Excel 的錄製巨集功能以及程式設計的基本知識、使用 VBA 的程式寫法。

第 4 ～ 16 章採用能反查學習內容的參考模式，詳細說明 VBA 的屬性及方法。這幾章將按照每個項目介紹實用的範例，以淺顯易懂的文字，逐行解說所有程式碼，讓你確實瞭解程式碼的含義及處理內容。另外，以 HINT 的形式大量補充許多應用範例，內容豐富充實。在版面允許的情況下，介紹更進階的使用範例，包括使用 ADO 的資料庫操作、結合 Word VBA 的技巧、XML 與 JSON 格式的檔案操作方法、使用類別模組的程式設計方法、執行網頁抓取的 VBA 寫法等，即便是中階使用者也能從中學到技巧。

本書適用 Microsoft 365 Excel、Excel 2021/2019/2016/2013 等版本，你可以下載範例、HINT 的範例檔案，立刻練習操作，相信能有效幫助你學會 VBA，我們由衷希望這本書可以幫助更多人。

最後，在此由衷感謝 Impress（股）公司的高橋盡力協助編輯工作，以及所有製作本書的工作人員。

2021 年 1 月全體作者

本書的結構

本書把 Excel VBA 分類成大類別與小類別。你可以從每個類別的標題尋找你想瞭解的 VBA 程式。同時書中還會仔細說明設定 VBA 語法的參數及具體範例。

頁面內的各種元素

節名
這是本節要說明的 VBA 功能統稱。

簡介
以淺顯易懂的說明，扼要介紹本節的內容。

中標題
說明要介紹的 VBA 用法及功能。

語法
介紹在 VBA 使用該功能時的程式語法。

VBA 的說明
說明該功能的特色以及用法。

設定項目
說明在「語法」介紹的各個元素，包括物件、參數等。

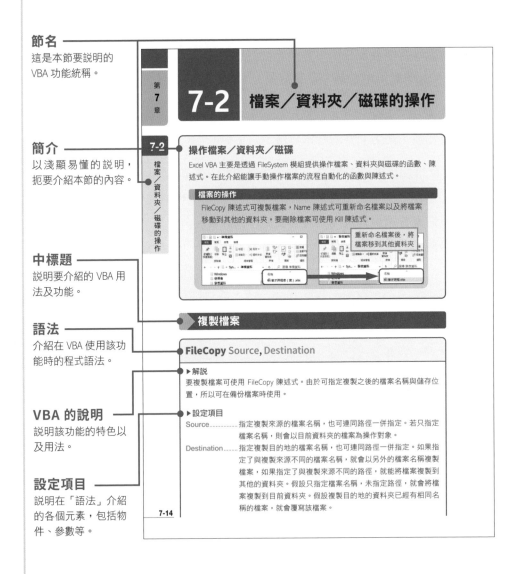

第 7 章

7-2
檔案／資料夾／磁碟的操作

7-2　檔案／資料夾／磁碟的操作

操作檔案／資料夾／磁碟
Excel VBA 主要是透過 FileSystem 模組提供操作檔案、資料夾與磁碟的函數、陳述式。在此介紹能讓手動操作檔案的流程自動化的函數與陳述式。

檔案的操作
FileCopy 陳述式可複製檔案，Name 陳述式可重新命名檔案以及將檔案移動到其他的資料夾。要刪除檔案可使用 Kill 陳述式。

重新命名檔案後，將檔案移到其他資料夾

複製檔案

FileCopy Source, Destination

▶解說
要複製檔案可使用 FileCopy 陳述式。由於可指定複製之後的檔案名稱與儲存位置，所以可在備份檔案時使用。

▶設定項目
Source.................指定複製來源的檔案名稱，也可連同路徑一併指定。若只指定檔案名稱，則會以目前資料夾的檔案為操作對象。
Destination.........指定複製目的地的檔案名稱，也可連同路徑一併指定。如果指定了與複製來源不同的檔案名稱，就會以另外的檔案名稱複製檔案，如果指定了與複製來源不同的路徑，就會將檔案複製到其他的資料夾。假設只指定檔案名稱，未指定路徑，就會將檔案複製到目前資料夾。假設複製目的地的資料夾已經有相同名稱的檔案，就會覆寫該檔案。

7-14

以一目瞭然的方式說明範例

範例標題
建立以中標題介紹的功能所完成的巨集範例，這裡會顯示巨集的內容。

範例檔
列出範例檔名稱。

範例 變更檔案名稱，再將檔案複製到其他的資料夾

這次要將 C 磁碟的**資料**資料夾的**主要通訊錄 .xlsx** 以**通訊錄複本 .xlsx** 這個檔案名稱複製到 C 磁碟的「備份」資料夾

範例 7-2_001.xlsm／主要通訊錄 .xlsm

```
Sub␣複製檔案()
    FileCopy␣Source:="C:\資料\主要通訊錄.xlsx",␣_
        Destination:="C:\備份\通訊錄複本.xlsx"
End␣Sub
```

註：「_（換行字元」程式碼太長要接到下一行程式時，可用此斷行符號連接→參照 P.97

1 「複製檔案」巨集
2 將 C 磁碟的**資料**資料夾的**主要通訊錄 .xlsx** 以**通訊錄複本 .xlsx** 這個檔案名稱複製到 C 磁碟的「備份」資料夾
3 結束巨集

程式碼
以 Excel VBA 建立範例的巨集時所完成的程式碼（程式）。以 ␣ 代表半形空格。

程式碼的說明
將逐行解說上述程式碼的內容。

避免發生錯誤
說明在 VBA 使用這裡介紹的功能時，避免發生錯誤的建議。

章的索引
會在目前所在的章加上顏色。你可以一邊檢視章的索引，一邊瀏覽頁面，立刻翻到你想尋找的其他章節。

避免發生錯誤

對開啟中的檔案執行 FileCopy 陳述式就會發生錯誤。所以要複製之前，必須先確認檔案是否已經開啟。

第 7 章

7-2 檔案／資料夾／磁碟的操作

範例 變更檔案名稱，再將檔案複製到其他的資料夾

這次要將 C 磁碟的**資料**資料夾的**主要通訊錄 .xlsx** 以**通訊錄複本 .xlsx** 這個檔案名稱複製到 C 磁碟的「備份」資料夾。

範例 7-2_001.xlsm／主要通訊錄 .xlsm

```
Sub␣複製檔案()
    FileCopy␣Source:="C:\資料\主要通訊錄.xlsx",␣_
        Destination:="C:\備份\通訊錄複本.xlsx"
End␣Sub
```

註：「_（換行字元」程式碼太長要接到下一行程式時，可用此斷行符號連接→參照 P.97

1 「複製檔案」巨集
2 將 C 磁碟的**資料**資料夾的**主要通訊錄 .xlsx** 以**通訊錄複本 .xlsx** 這個檔案名稱複製到 C 磁碟的「備份」資料夾
3 結束巨集

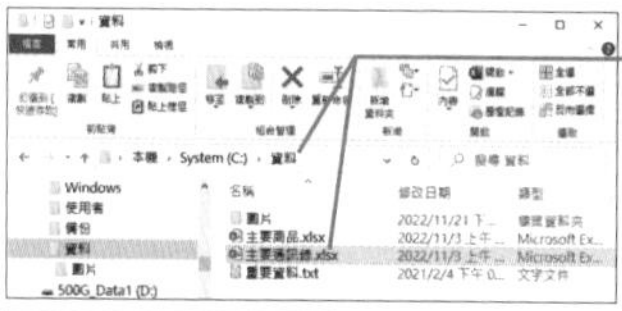

C 磁碟的**資料**資料夾有**主要通訊錄 .xlsx**

解說
說明操作重點、操作結果。

1 啟動 VBE，輸入程式碼

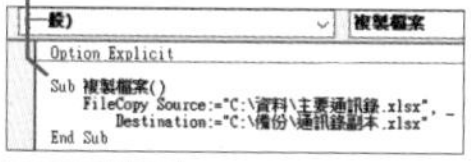

操作說明
實際的操作內容，請依照編號順序執行操作。

2 執行巨集

檔案被複製到 C 磁碟的「備份」資料夾，新的檔案名稱則是「通訊錄複本」

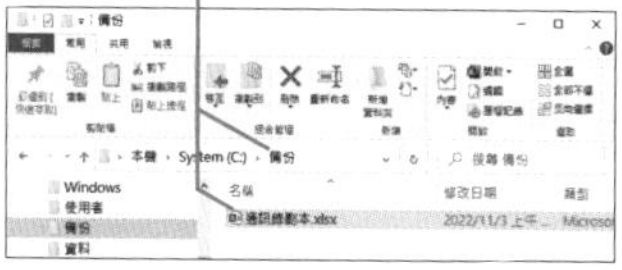

HINT 複製資料夾

FileSystem 模組沒有複製資料夾的函數與陳述式，所以要複製資料夾必須使用 FileSystem 物件的 CopyFolder 方法或是使用 Folder 物件的 Copy 方法。

參照 以 FSO 複製資料……P.7-45

操作提示
解說掌握技巧或發生錯誤時的解決方法等。

參考
可以立即參考相關的說明。

7-15

頁碼
想用目錄或索引查詢資料時，可以使用頁碼查找。

※以上為示意圖，可能與實際內容不同。

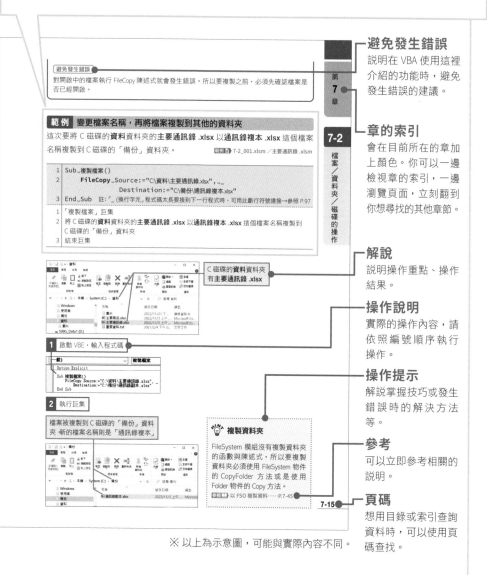

本書的使用方法

你可以透過目錄、章節索引、英文字母索引等，查詢這本書介紹的功能或操作內容。

用目錄查詢

這是透過目錄 (P.10～P.23) 查詢你最想知道的資料，再根據頁數查找的方法。目錄對應各頁的項目。想精準查詢相關內容時，這是很方便的方法。

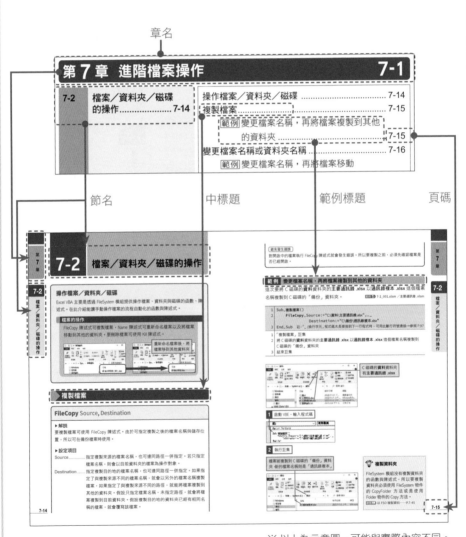

章名

| 第7章　進階檔案操作 | 7-1 |

節名　　　　中標題　　　　範例標題　　　　頁碼

7-2　檔案／資料夾／磁碟的操作

※ 以上為示意圖，可能與實際內容不同。

用章節索引查詢

使用頁面兩邊的章節索引，可以輕易找到你想看的那一章。各章的章名頁提供章節的目錄，你也可以從中查詢。想快點找到資料時，這種方法很方便。

● 使用章節索引尋找資料

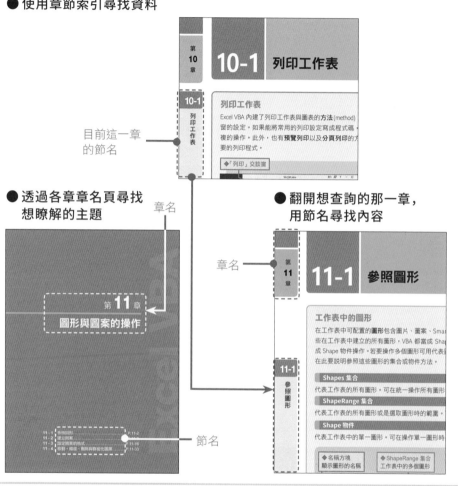

目前這一章的節名

● 透過各章章名頁尋找想瞭解的主題

章名

● 翻開想查詢的那一章，用節名尋找內容

章名

節名

用各章內容查詢

透過「各章內容」(P.8～P.9) 尋找哪一章可能包括你想知道的資料，從該章的目錄查詢內容。無法明確鎖定想知道的內容時，使用這種方法就很方便。

● 從「各章內容」(P.8～P.9) 尋找想知道的資料

各章章名

目錄的頁碼

該章的內容

● 從目錄開始

各章內容

本書把 Excel VBA 的功能分成上、下兩冊，共 16 章，可在此查詢每一章介紹的功能。

Excel VBA
範例字典（上冊）
▼

第 5 章 工作表的操作　　5-1

說明參照、拷貝、移動、刪除、保護工作表的方法。另外，還會介紹利用 RGB 值設定工作表的索引標籤顏色。

第 1 章 巨集的基礎知識　　1-1

解說記錄、編輯、執行巨集的方法，還有用 VBA 編輯巨集的方式。此外，還會一併介紹如何管理含巨集的活頁簿檔案。

第 6 章 Excel 檔案的操作　　6-1

說明活頁簿的參照方法、建立與顯示、儲存活頁簿及結束 Excel 的方法。同時確認活頁簿是否包含巨集。

第 2 章 VBA 的基礎知識　　2-1

說明使用 VBA 的優點、程式碼的寫法、VBA 的構成元素。還會介紹 Visual Basic Editor 的結構及模組的功用。

Excel VBA
範例字典（下冊）
▼

第 3 章 程式設計的基本知識　　3-1

說明變數、資料型別、陣列、運算子。包括重複結構、條件式，以及顯示訊息、偵錯、發生錯誤的處理方法。

第 7 章 進階檔案操作　　7-1

說明如何取得資料夾內的檔案名稱、更新日期，匯入及匯出 XML 檔案、JSON 格式的檔案。

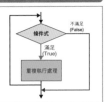

第 4 章 儲存格的操作　　4-1

詳細說明儲存格的參照、選取方法等，以及取得儲存格的值並進行設定。還會介紹儲存格的格式、樣式、文字裝飾的設定。

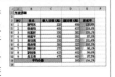

第 8 章 視窗的操作　　8-1

將詳細說明與視窗有關的各種操作，包括排列、拷貝、分割視窗，固定視窗、更改大小及顯示位置等。

找到你想瞭解的那一章後…

目錄的頁碼

| 第 **1** 章 巨集的基礎知識 | 1-1 |

各章章名旁的數字是該章目錄的頁碼。如果該章可能包含了你想瞭解的資料，請檢視該章的目錄，尋找你想瞭解的資料。

說明尋找、取代、排序資料的方法。同時說明利用儲存格、文字的顏色、圖示排序的方法。

除了說明 Access 及 Word 的操作方法外，還會介紹自動操作網頁瀏覽器，取得網頁內資料的方法。

說明列印範圍、列印份數、紙張尺寸等設定方法。同時也會介紹把工作表放入橫向的頁面等列印技巧。

詳細介紹包括取得日期、時間、字串資料的函數，以及處理亂數、陣列的函數，還有使用者自訂函數的方法。

詳細說明圖片、美工圖案、圖示、SmartArt、插入圖表、文字藝術師等製作圖形及設定格式的方法。

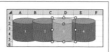

說明建立工具列、Excel 應用程式的操作方法，還有利用類別模組，定義屬性或方法的技巧。

說明建立圖表、更改類型、設定標題及圖例等元素的方法。同時也會介紹調整樣式及版面的方法。

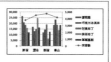

依序說明新增控制項、插入控制項、編寫處理內容的方法等自訂交談窗的方法。

目錄

目錄 (上冊) 摘要

第 1 章　巨集的基礎知識

第 2 章　VBA 的基礎知識

第 3 章　程式設計的基本知識

第 4 章　儲存格的操作

第 5 章　工作表的操作

第 6 章　Excel 檔案的操作

第 7 章　進階檔案操作　　　7-1

11

第 8 章 視窗的操作 8-1

第 9 章 資料的彙整與篩選　　9-1

第 10 章 列印

第 11 章 圖形與圖案的操作　　　11-1

第 12 章　圖表的操作　　　　　　　　　　12-1

第 **14** 章 與資料庫、Word 連動及載入網路資料 14-1

第 16 章 自訂工具列及 Excel 的其他操作 　　16-1

範例檔案的下載與用法

本書準備了可以立即操作書中內容的範例檔案。下載檔案後,在 Excel 開啟檔案時,會顯示受保護的檢視或**安全性警告**。本書的練習檔案很安全,開啟檔案後,請按照以下步驟執行操作。

▼ 下載範例檔案的網頁

https://www.flag.com.tw/bk/st/F3040

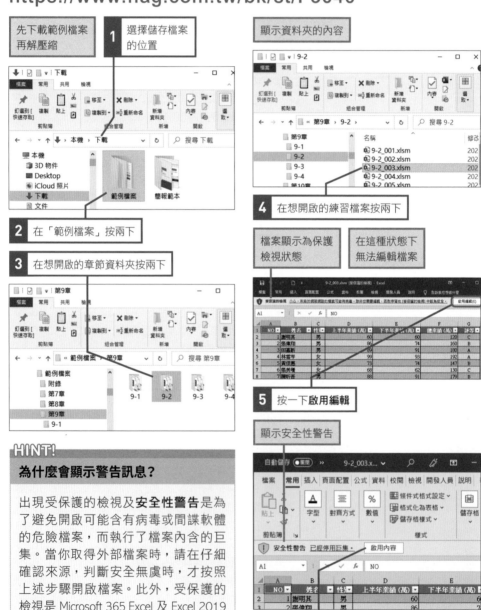

先下載範例檔案再解壓縮

1 選擇儲存檔案的位置

2 在「範例檔案」按兩下

3 在想開啟的章節資料夾按兩下

顯示資料夾的內容

4 在想開啟的練習檔案按兩下

檔案顯示為保護檢視狀態

在這種狀態下無法編輯檔案

5 按一下**啟用編輯**

顯示安全性警告

6 按一下**啟用內容**

檔案顯示為可編輯狀態

HINT!

為什麼會顯示警告訊息?

出現受保護的檢視及**安全性警告**是為了避免開啟可能含有病毒或間諜軟體的危險檔案,而執行了檔案內含的巨集。當你取得外部檔案時,請在仔細確認來源,判斷安全無虞時,才按照上述步驟開啟檔案。此外,受保護的檢視是 Microsoft 365 Excel 及 Excel 2019 的預設值。

第 **7** 章

進階檔案操作

7-1 操作文字檔案

操作文字檔案

Excel VBA 內建了操作文字檔案的方法與陳述式，讓我們能撰寫 VBA 程式，操作從外部應用程式或公司內部系統轉存的文字檔案。

開啟檔案

可在新的活頁簿開啟各種格式的文字檔。

可指定資料的分隔符號

在新的活頁簿開啟文字檔案

執行 OpenText 方法

針對文字檔案進行讀寫

在電腦內部開啟文字檔案與進行讀寫。

利用 Input # 陳述式或 LineInput # 陳述式載入文字檔案

利用 Open 方法在電腦內部開啟文字檔案

利用 Write # 陳述式或 Print # 陳述式寫入文字檔案

如何開啟文字檔案？

物件.OpenText(FileName, Origin, StartRow, DataType, TextQualifier, ConsecutiveDelimiter, Tab, Semicolon, Comma, Space, Other, OtherChar, FieldInfo, TextVisualLayout, DecimalSeparator, ThousandsSeparator, TrailingMinusNumbers, Local)

▶ 解說

要在新活頁簿開啟文字檔案可使用 OpenText 方法。若利用定位字元或「, (逗號)」這類分隔符號間隔資料，就能轉換每欄的資料格式，或是指定不需載入的欄位。

▶ 設定項目

物件 .... 指定為 Workbooks 集合。

FileName .... 請在要開啟的文字檔案名稱路徑前、後加上「"(雙引號)」。若只有指定檔案名稱，會以目前資料夾內的檔案為目標。

Origin .... 以 XlPlatform 列舉型的常數或是代表字碼頁編號的整數值指定製作文字檔案的機種。如果省略，就會自動指定為「檔案原始檔」的值 (可省略)。

XlPlatform 列舉型的常數

常數	説明
xlMacintosh	麥金塔
xlWindows	微軟
xlMSDOS	MS-DOS

StartRow .... 指定開始載入的列。省略時，會自動指定為「1」(可省略)。

DataType .... 以 XlTextParsingType 列舉型的常數指定文字檔案的檔案格式。若是省略將自動指定為 xlDelimited (可省略)。

XlTextParsingType 列舉型的常數

常數	説明
xlDelimited	以定位點或「, (逗號)」這類分隔符號間隔資料的檔案格式
xlFixedWidth	以每欄的固定字數判斷間隔位置的固定長度欄位格式

TextQualifier ...... 以 XlTextQualifier 列舉型的常數指定文字辨識符號。省略時，將自動指定為 xlTextQualifierDoubleQuote (可省略)。

XlTextQualifier 列舉型的常數

常數	説明
xlTextQualifierDoubleQuote	文字辨識符號為「" (雙引號)」
xlTextQualifierSingleQuote	文字辨識符號為「' (單引號)」
xlTextQualifierNone	無文字辨識符號

ConsecutiveDelimiter ... 要將連續的分隔符號視為1 個字元時可指定為 True。若是省略，則自動指定為 False (可省略)。

Tab......................... 當分隔符號為「定位字元」時指定為 True。這個參數只在參數
DataType 為 xlDelimited 時可以使用。若是省略將自動指定為
False (可省略)。

Semicolon .... 當分隔符號為「冒號」時指定為 True。這個參數只在參數
DataType 為 xlDelimited 時可以使用。若是省略將自動指定為
False (可省略)。

Comma .... 當分隔符號為「逗號」時指定為 True。這個參數只在參數
DataType 為 xlDelimited 時可以使用。若是省略將自動指定為
False (可省略)。

Space .... 當分隔符號為「空白字元」時指定為 True。這個參數只在參數
DataType 為 xlDelimited 時可以使用。若是省略將自動指定為
False (可省略)。

Other...................... 當分隔符號不為定位字元、冒號、逗號與空白字元時指定為
True，同時以參數 OtherChar 指定分隔符號。這個參數只在參數
DataType 為 xlDelimited 時可以使用。若是省略將自動指定為
False (可省略)。

OtherChar........... 在參數 Other 為 True 時指定分隔字元。若指定了多個字元，只
會使用第一個字元 (可省略)。

FieldInfo .... 在載入資料時，以陣列指定要轉換的資料格式或固定長度欄位
格式的分隔位置。這裡的陣列可利用 Array 函數指定。若是省略
這個參數，將以通用格式載入各欄的資料。如果文字檔案為固
定長度欄位格式，就不能省略這個參數 (可省略)。

參照 Array 函數的使用方法……P.7-6

TextVisualLayout ... 指定文字的視覺配置方式 (可省略)。

DecimalSeparator... 指定小數點的符號。省略時，將依照「Excel 選項」交談窗的設
定值指定 (可省略)。

ThousandsSeparator .... 指定千分位分隔符號。省略時，將依照「Excel 選項」交談窗的
設定值指定 (可省略)。

TrailingMinusNumbers .... 要將結尾為負號的資料當成負數操作時可指定為 True，若要當
成字串操作可指定為 False。若是省略將自動指定為 False (可省
略)。

Local .... 要使用「Excel 選項」交談窗的設定值可設定為 True。若是省略
將自動指定為 False (可省略)。

(避免發生錯誤)

以 Array 函數指定參數 FieldInfo 時，若以「FieldInfo:=Array (Array (1,2) ,Array (4,9))」的語法
指定了非通用格式的欄位就無法正常載入資料。所以請指定要以通用格式載入的欄位以
及其他欄位。

參照 利用 Array 函數將值存入陣列變數……P.3-26

範 例　在新活頁簿開啟文字檔案，再以欄為單位轉換資料的格式

要開啟以「,(逗號)」分隔的文字檔「客戶資料 .txt」。第 1 欄的 **No** 資料若以通用格式匯入會變成數字，所以要轉換成字串。此外，不要匯入第 5 欄的 **Fax** 資料。這些設定都可用 Array 函數的參數 FieldInfo 完成。此外，這些資料都以「'(單引號)」括住，所以將參數 TextQualifier 指定為 xlTextQualifierSingleQuote。

範例 🔒 7-1_001.xlsm ╱ 客戶資料 .txt

```
1  Sub 轉換資料格式()
2    Workbooks.OpenText Filename:="C:\資料\客戶資料.txt", _
       DataType:=xlDelimited, _
       TextQualifier:=xlTextQualifierSingleQuote, _
       Comma:=True, FieldInfo:=Array(Array(1, 2), _
       Array(2, 1), Array(3, 1), Array(4, 1), Array(5, 9))
3  End Sub
```

1 「轉換資料格式」巨集
2 將檔案格式設定為分隔符號格式，並將引用符號設定為「'(單引號)」，以及將分隔符號設為逗號，再將第 1 欄轉換成字串格式，第 2 ～ 4 欄保持通用格式，以及在不匯入第 5 欄的資料下，開啟 C 磁碟的**資料**資料夾的**客戶資料 .txt** 文字檔。
3 結束巨集內容

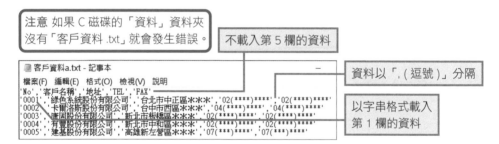

注意 如果 C 磁碟的「資料」資料夾沒有「客戶資料 .txt」就會發生錯誤。

不載入第 5 欄的資料

資料以「,(逗號)」分隔

以字串格式載入第 1 欄的資料

1 啟動 VBE，輸入程式碼

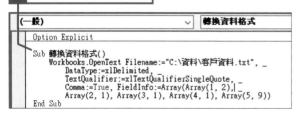

2 執行巨集　開啟文字檔案的資料　**3** 點選**下次不再顯示**

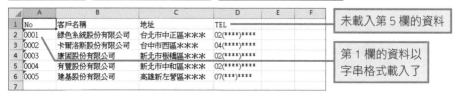

未載入第 5 欄的資料

第 1 欄的資料以字串格式載入了

Array 函數的使用方法

載入資料時，可利用 Array 函數的「Array（欄編號, 轉換格式）」語法設定要轉換的資料格式，將這些 Array 函數當成 Array 函數的元素使用。因此在參數 FieldInfo 指定的 Array 函數會是「Array（Array（1, 第 1 欄的轉換格式），Array（2, 第 2 欄的轉換格式）……）」語法。要轉換的格式可利用 XlColumnDataType 列舉型常數指定。若不需要轉換格式可指定為「1（通用格式）」。若指定為「9（跳過的欄位）」，就不會匯入該欄的資料。開啟固定長度欄位格式的文字檔時，可將指定欄編號的 Array 函數的第 1 個參數指定為資料的起始位置，所以會指定成「Array（Array（第 1 筆資料的起始位置，第 1 筆資料的轉換格式），Array（第 2 筆資料的起始位置，第 2 筆資料的轉換格式）……）」語法。

XlColumnDataType 列舉型的常數

數值	常數	轉換格式
1	xlGeneralFormat	通用格式
2	xlTextFormat	字串
3	xlMDYFormat	MDY（月日年）格式的日期
4	xlDMYFormat	DMY（日月年）格式的日期
5	xlYMDFormat	YMD（年月日）格式的日期
6	xlMYDFormat	MYD（月年日）格式的日期
7	xlDYMFormat	DYM（日年月）格式的日期
8	xlYDMFormat	YDM（年日月）格式的日期
9	xlSkipFormat	跳過的欄位
10	xlEMDFormat	EMD（台灣年月日）格式的日期

固定長度欄位格式

固定長度欄位格式就是固定資料的字數，藉此判斷各欄起始位置的檔案格式。第 1 欄的起始位置為第 0 個字，雙位元組字元以 2 個字元計算。

開啟以多種分隔符號間隔資料的文字檔案

如果要將多種分隔符號視為 1 個字元，可將參數 ConsecutiveDelimiter 指定為 True。例如，要開啟以「,（逗號）」與定位字元間隔資料的文字檔時，可將 OpenText 方法的參數 DataType 指定為 xlDelimited，再將參數 Comma 與參數 Tab 指定為 True。由於「,（逗號）」與定位字元會連續出現，所以還要將參數 ConsecutiveDelimiter 指定為 True。

開啟固定長度欄位格式的文字檔

要開啟固定長度欄位格式的文字檔可將 OpenText 方法的參數 DataType 指定為 xlFixedWidth，再於參數 FieldInfo 利用 Array 函數指定各欄資料起始位置與要轉換的格式。以下範例要開啟 C 磁碟**資料**資料夾下的**採購對象 .txt** 文字檔。開啟時，要將第 1 欄的資料以文字格式載入，再以通用格式載入第 2 ～ 3 欄的內容。由於第 1 欄的內容為 4 個字元，第 2 欄為 30 個字元，第 3 欄為 40 個字元，所以第 3 欄的資料會從第 34 個字元開始載入。

範例 7-1_002.xlsm／採購對象 .txt

```
Sub 固定長度欄位格式()
    Workbooks.OpenText Filename:="C:\資料\採購對象.txt", _
        DataType:=xlFixedWidth, FieldInfo:=Array(Array(0, 2), _
        Array(4, 1), Array(34, 1))
End Sub
```

參照 什麼是固定長度欄位格式……P.7-6
參照 利用 Array 函數將值存入陣列變數……P.3-26

在電腦內部開啟文字檔案

Open Pathname **For** Mode **As** #Filenumber

▶解說

要在不開啟新的活頁簿的前提下，直接在電腦內部開啟文字檔案可使用 Open 陳述式。由於是在電腦內部開啟文字檔案以及輸入、輸出文字檔案的內容，所以該內容不會在螢幕顯示。直到以 Close 陳述式關閉剛剛開啟的文字檔案之前，都會利用參數 Filenumber 的檔案編號參照該文字檔案。此外，本書只介紹主要的參數，其餘參數請參考微軟的説明。　　參照▶ 如何關閉於電腦內部開啟的文字檔案……P.7-8

參照▶ 如何使用説明……P.2-51

▶設定項目

Pathname .... 利用「"(雙引號)」括住包含文字檔案名稱的路徑。若只指定了檔案名稱，就會開啟目前資料夾之中的檔案。假設該檔案不存在，參數 Mode 又指定為 Input 以外的模式，就會新增指定的檔案。

Mode .... 利用下列的關鍵字指定開啟檔案的模式。

關鍵字	模式
Input	序列輸入模式
Output	序列輸出模式
Append	追加模式
Binary	二進位模式
Random	隨機存取模式 (預設值)

Filenumber .... 替開啟的檔案編號。可指定為 1 ～ 511。

避免發生錯誤

參數 Filenumber 若指定了被佔用的檔案編號就會發生錯誤。若要避免這個錯誤可利用 FreeFile 函數取得檔案編號。此外，若在序列輸出模式、追加模式之下，以不同的檔案編號開啟已經開啟檔案就會發生錯誤。若要在這些模式底下再次開啟檔案，必須先以 Close 陳述式關閉已開啟的檔案。再者，在序列輸入模式、二進位模式、隨機存取模式底下，可利用不同的檔案編號開啟同一個檔案。　　參照▶ FreeFile 函數的使用方法……P.7-10

以逗號分隔符號為單位，載入文字檔案的內容

Input #Filenumber, Varlist, …

▶解説

Input #陳述式可在利用 Open 陳述式以序列輸入模式 (Input) 開啟文字檔案之後，以「, (逗號)」這個分隔符號為單位，將文字檔案的內容存入變數。資料裡的「" (雙引號)」將會被忽略。 參照 序列輸入模式……P.7-10

▶設定項目

Fienumber..........指定以 Open 陳述式指派的檔案編號 (Open 陳述式的參數 FileNumber 的值)。

Varlist..................指定儲存文字檔案內容的變數。若要指定多個變數可利用「, (逗號)」間隔。指定時，必須與文字檔案的資料項目的格式以及順序一致。

避免發生錯誤

假設在檔案結束之後，又要繼續匯入其他資料就會發生錯誤。為了避免這個錯誤，可使用 EOF 函數確認是否已經抵達檔案結尾處，若已經抵達檔案結尾處就停止載入檔案內容。此外，要將 Input # 陳述式載入的資料存成文字檔案可使用 Write # 陳述式。

參照 EOF 函數的使用方法……P.7-10
參照 將資料寫入以逗號作為分隔符號的文字檔案……P.7-11

關閉在電腦內部開啟的文字檔案

Close #Filenumber

▶解説

要關閉以 Open 陳述式開啟的檔案可使用 Close #陳述式。執行 Close #陳述式後，指派給檔案的檔案編號就會不再被佔用。 參照 在電腦內部開啟文字檔案……P.7-7

▶設定項目

Filenumber..........指定以 Open 陳述式指派的檔案編號 (Open 陳述式的參數 FileNumber 的值)。若要指定多個編號可利用「, (逗號)」間隔。若省略這個參數將關閉所有開啟的檔案 (可省略)。

避免發生錯誤

就算將參數 Filenumber 指定為不存在的檔案編號也不會發生錯誤，所以就算不小心指定了錯誤的檔案編號，也不會發現檔案沒有關閉這件事，此時若要再次開啟該檔案就會發生錯誤，所以務必指定正確的檔案編號。 參照 在電腦內部開啟文字檔案……P.7-7

範例　在不開啟新活頁簿下，載入文字檔案的內容

這次要在不開啟新的活頁簿的前提下，載入**主要商品 .txt** 檔案的內容，再將載入的資料放在**主要商品**工作表。由於資料項目有 4 個，所以建立了擁有 4 個元素的陣列變數 myInputWord。使用 Open 陳述式在電腦內部開啟文字檔案，再利用 Input # 陳述式以「, (逗號)」為分隔單位，將資料存入陣列變數 myInputWord。

範例 7-1_003.xlsm／主要商品 .txt

參照 宣告陣列變數與儲存元素……P.3-24

```
1   Sub 不開啟活頁簿與直接載入文字檔案()
2       Dim myFileNo As Integer
3       Dim myInputWord(3) As String
4       Dim i As Integer, j As Integer
5       Worksheets("主要商品").Activate
6       myFileNo = FreeFile
7       Open "C:\資料\主要商品.txt" For Input As #myFileNo
8       i = 1
9       Do Until EOF(myFileNo)
10          Input #myFileNo, myInputWord(0), myInputWord(1), _
                myInputWord(2), myInputWord(3)
11          For j = 0 To 3
12              Cells(i, j+1).Value = myInputWord(j)
13          Next j
14          i = i + 1
15      Loop
16      Close #myFileNo
17  End Sub
```

註：「_ (換行字元)」，當程式碼太長要接到下一行程式時，可用此斷行符號連接→參照 P.2-15

1 「不開啟活頁簿與直接載入文字檔案」巨集
2 宣告整數型別變數 myFileNo
3 宣告字串型別陣列變數 myInputWord
4 宣告整數型別變數 i 與 j
5 啟用「主要商品」工作表
6 取得可使用的檔案編號，再存入變數 myFileNo
7 以序列輸入模式在電腦內部開啟 C 磁碟的「資料」資料夾的「主要商品 .txt」檔案，再將變數 myFileNo 的值指定為檔案編號
8 將 1 存入變數 i
9 在 EOF 函數傳回 True 之前，重複執行下列的處理 (Do Until 陳述式的開頭)
10 根據變數 myFileNo 的檔案編號，將對應的文字檔案的內容存入陣列變數 myInputWord(0) ～ (3)
11 在變數 j 從 0 遞增至 3 之前，重複執行下列的處理 (For 陳述式的開頭)
12 在第 i 列、第 j+1 欄的儲存格顯示陣列變數 myInputWord 第 j 個元素的值
13 讓變數 j 遞增 1，回到第 12 列
14 讓變數 i 遞增 1
15 回到第 9 列
16 關閉檔案，釋放變數 myFileNo 的檔案編號
17 結束巨集

注意 C 磁碟的「資料」資料夾若沒有「主要商品 .txt」就會發生錯誤。

載入文字檔案「主要
商品 .txt」的內容

在「主要商品」工作表顯示載入的資料

> **序列輸入模式**
>
> 序列輸入模式就是從文
> 字檔案的開頭依序載入
> 內容的模式。

1 啟動 VBE，輸入程式碼

```
(一般)                          不開啟活頁簿與直接載入文字檔案

Option Explicit

Sub 不開啟活頁簿與直接載入文字檔案()
    Dim myFileNo As Integer
    Dim myInputWord(3) As String
    Dim i As Integer, j As Integer
    Worksheets("主要商品").Activate
    myFileNo = FreeFile
    Open "C:\資料\主要商品.txt" For Input As #myFileNo
    i = 1
    Do Until EOF(myFileNo)
        Input #myFileNo, myInputWord(0), myInputWord(1), _
            myInputWord(2), myInputWord(3)
        For j = 0 To 3
            Cells(i, j + 1).Value = myInputWord(j)
        Next j
        i = i + 1
    Loop
    Close #myFileNo
End Sub
```

2 執行巨集

	A	B	C	D	E	F	G
1	No	商品名稱	單價	供應商			
2	1	桌上型電腦	22000	大眾電腦股份有限公司			
3	2	筆記型電腦	28000	ＺＯＮＹ股份有限公司			
4	3	數位相機	32500	BestPrice 股份有限公司			
5	4	印表機	8500	ＥＰＲＯＮ股份有限公司			
6	5	試算表軟體	3200	ＭＡＸＳＯＦＴ股份有限公司			
7							

顯示文件中的資料

> **EOF 函數的使用方法**
>
> EOF 函數可在以序列輸入模式 (Input)
> 或隨機存取模式 (Random) 開啟的檔
> 案的讀取位置抵達檔案結尾處時傳回
> True。參數「FileNumber」可指定為
> 目前開啟的檔案的檔案編號。要利用
> 迴圈載入檔案的資料時，以 EOF 函
> 數設定脫離迴圈的條件，就能避免在
> 抵達檔案結尾處時，還繼續匯入下一
> 筆資料的錯誤。

> **FreeFile 函數的使用方法**
>
> FreeFile 函數可傳回目前被佔用的檔案編
> 號。例如，要將可使用的檔案編號存入變
> 數 FileNo，可使用「FileNo = FreeFile」這個
> 語法。只要使用 FreeFile 函數就不太需要在
> 意檔案編號是否重複。

HINT 以列為單位，載入文字檔案的資料

要利用 Open 陳述式在序列輸入模式 (Input) 底下以列為單位載入文字檔案內容，可改用 Line Input # 陳述式。這種方式很適合載入以列為分隔單位的內容。第 1 個參數 Filenumber 可指定為以 Open 陳述式指定的檔案編號 (Open 陳述的參數 FileNumber 的值)，第 2 個參數 Varname 則指定儲存文字檔案內容的變數。**以列為單位**就是以代表列結尾處的 carriage return 符號 (Chr (13)) 或是換行符號 (Chr (13) + Chr (10)) 分隔。carriage return 符號或換行符號都不會被載入。

以下的範例會以序列輸入模式開啟 C 磁碟的**資料**資料夾的**Excel 預定講座 .txt** 檔案，再以列為單位，將文字檔內容存入變數 myLineText 後再顯示內容。

此外，若是已經抵達檔案的結尾處還繼續載入資料就會發生錯誤，所以此範例利用 EOF 函數在抵達檔案結尾處就停止載入檔案內容。此外，要將 Line Input # 陳述式轉存為文字檔可使用 Print # 陳述式。

```
Sub 以列為單位載入文字檔案()
    Dim myLineText As String
    Dim myFileNo As Integer
    Dim i As Integer
    Worksheets("Excel講座").Activate
    myFileNo = FreeFile
    Open "C:\資料\Excel預定講座.txt" For Input As #myFileNo
    i = 1
    Do Until EOF(myFileNo)
        Line Input #myFileNo, myLineText
        Cells(i, 1).Value = myLineText
        i = i + 1
    Loop
    Close #myFileNo
End Sub
```

範例 7-1_004.xlsm／Excel 預定講座 .txt
參照 EOF 函數的使用方法……P.7-10

▶ 載入以逗號作為分隔符號的文字檔案

Write #Filenumber, Outputlist, …

▶解說

Write #陳述式可將資料寫入 Open 陳述式以序列輸出模式 (Output) 或追加模式 (Append) 開啟的文字檔案。載入的資料會以「"(雙引號)」括住，資料之間會插入「, (逗號)」。此外，插入參數 Outputlist 指定的最後一筆資料之後，會另外插入換行字元。

參照 在電腦內部開啟文字檔案……P.7-7
參照 如何關閉於電腦內部開啟的文字檔案……P.7-8
參照 何謂序列輸出模式……P.7-12
參照 何謂追加模式……P.7-13

▶設定項目

Filenumber…以 Open 陳述式指定要指派的檔案編號 (Open 陳述式的參數 FileNumber 的值)。

Outputlist……指定要寫入文字檔案的資料。若要寫入多筆資料可利用「, (逗號)」分隔。若是省略，只在參數 Filenumber 的後面撰寫與參數 Outputlist 分隔的「, (逗號)」，就會在文字檔案植入空白列 (可省略)。

(避免發生錯誤)

以序列輸出模式 (Output) 開啟文字檔案時，必須注意文字檔案的內容會不會被覆寫。如果不希望內容被覆寫，只是想在文字檔案的結尾處新增資料，記得以追加模式 (Append) 開啟文字檔案。此外，要匯入以 Write ** 陳述式寫入的資料時，可使用 Input ** 陳述式。

範例 將工作表的內容載入文字檔案

這次要將「客戶」工作表的內容轉存為「客戶 BK.txt」。會以 Open 陳述式在電腦內部開啟文字檔案，再於 Write # 陳述式的參數 Outputlist 指定儲存格的資料，再將這些資料轉存為文字檔案。由於文字檔案是以序列輸出模式開啟，所以原本的內容會被覆寫。

範例 7-1_005.xlsm／客戶 BK.txt

```
1  Sub 將資料寫入文字檔案()
2      Dim myFileNo As Integer
3      Dim myLastRow As Long
4      Dim i As Long
5      Worksheets("客戶").Activate
6      myLastRow = Range("A1").CurrentRegion.Rows.Count
7      myFileNo = FreeFile
8      Open "C:\資料\客戶 BK.txt" For Output As #myFileNo
9      For i = 1 To myLastRow
10         Write #myFileNo, Cells(i, 1).Value, _
               Cells(i, 2).Value, Cells(i, 3).Value, _
               Cells(i, 4).Value, Cells(i, 5).Value
11     Next i
12     Close #myFileNo
13 End Sub
```

註：「_（換行字元）」，當程式碼太長要接到下一行程式時，可用此斷行符號連接→參照 P.2-15

1	「將資料寫入文字檔案」巨集
2	宣告整數型別的變數 myFileNo
3	宣告長整數型別的變數 myLastRow
4	宣告長整數型別的變數 i
5	啟用「客戶」工作表
6	參照包含 A1 儲存格的作用中儲存格範圍，取得啟用中儲存格範圍的所有列數，再將資料存入變數 myLastRow
7	取得可使用的檔案編號，再存入變數 myFileNo
8	以序列輸出模式在電腦內部開啟 C 磁碟的**資料**資料夾的**客戶 BK.txt**，再將檔案編號指定為變數 myFileNo 的值
9	在變數 i 從 1 遞增至變數 myLastRow 的值之前重複下列的處理 (For 陳述式的開頭)
10	將第 i 列、第 1～5 欄的儲存格資料寫入與變數 myFileNo 的檔案編號對應的文字檔案
11	讓變數 i 遞增 1，再回到第 10 行程式碼
12	關閉檔案，釋放變數 myFileNo 儲存的檔案編號
13	結束巨集

注意 假設 C 磁碟沒有**資料**資料夾就會發生錯誤。假設**資料**資料夾已經有**客戶 BK.txt**，這個檔案的內容就會被覆寫。

 序列輸出模式

序列輸出模式就是從文字檔案的開頭依序寫入資料的模式。由於資料會被覆寫，所以文字檔案的內容也會被消除。

	A	B	C	D	E
1	No	客戶名稱	地址	TEL	FAX
2	B001	綠色系統股份有限公司	台北市中正區＊＊＊	02(＊＊＊＊)＊＊＊＊	02(＊＊＊＊)＊＊＊＊
3	B002	卡爾洛斯股份有限公司	台中市西區＊＊＊	04(＊＊＊＊)＊＊＊＊	04(＊＊＊＊)＊＊＊＊
4	B003	康固股份有限公司	新北市板橋區＊＊＊	02(＊＊＊＊)＊＊＊＊	02(＊＊＊＊)＊＊＊＊
5	B004	有寶股份有限公司	新北市中和區＊＊＊	02(＊＊＊＊)＊＊＊＊	02(＊＊＊＊)＊＊＊＊
6	B005	建基股份有限公司	高雄新左營區＊＊＊	07(＊＊＊)＊＊＊＊	07(＊＊＊)＊＊＊＊
7					

先在 C 磁碟建立**資料**資料夾，再建立**客戶 BK.txt**

接著將**客戶**工作表的資料寫入**客戶 BK.txt** 這個文字檔案

1 啟動 VBE，輸入程式碼

```
(一般)                    將資料寫入文字檔案
Option Explicit

Sub 將資料寫入文字檔案()
    Dim myFileNo As Integer
    Dim myLastRow As Long
    Dim i As Long
    Worksheets("客戶資料").Activate
    myLastRow = Range("A1").CurrentRegion.Rows.Count
    myFileNo = FreeFile
    Open "C:\資料\客戶資料BK.txt" For Output As #myFileNo
    For i = 1 To myLastRow
        Write #myFileNo, Cells(i, 1).Value, _
            Cells(i, 2).Value, Cells(i, 3).Value, _
            Cells(i, 4).Value, Cells(i, 5).Value
    Next i
    Close #myFileNo
End Sub
```

2 執行巨集

```
📄 客戶資料BK.txt - 記事本                           —  □  ✕
檔案(F)  編輯(E)  格式(O)  檢視(V)  說明
"No","客戶名稱","地址","TEL","FAX"
"B001","綠色系統股份有限公司","台北市中正區＊＊＊","02(＊＊＊＊)＊＊＊＊","02(＊＊＊＊)＊＊＊＊"
"B002","卡爾洛斯股份有限公司","台中市西區＊＊＊","04(＊＊＊＊)＊＊＊＊","04(＊＊＊＊)＊＊＊＊"
"B003","康固股份有限公司","新北市板橋區＊＊＊","02(＊＊＊＊)＊＊＊＊","02(＊＊＊＊)＊＊＊＊"
"B004","有寶股份有限公司","新北市中和區＊＊＊","02(＊＊＊＊)＊＊＊＊","02(＊＊＊＊)＊＊＊＊"
"B005","建基股份有限公司","高雄新左營區＊＊＊","07(＊＊＊)＊＊＊＊","07(＊＊＊)＊＊＊＊"

                            第 1 列，第 1 行   100% Windows (CRLF) ANSI
```

資料寫入文字檔案了

新增模式

新增模式就是在文字檔的結尾處寫入資料。由於會從文字檔的結尾處新增資料，所以原本的資料不會被刪除。

指定的文字檔案不存在時

利用 Open 陳述式在序列輸出模式 (Output) 或是新增模式 (Append) 底下開啟文字檔案時，若是指定的文字檔案不存在就會依照指定的檔案名稱新增文字檔案。

以列為單位，將資料寫入文字檔案

要以列為單位將資料寫入文字檔案可使用 Print # 陳述式。Print # 陳述式能以列為單位，將資料與換行字元寫入以 Open 陳述式在序列輸出模式 (Output) 或是新增模式 (Append) 底下開啟的文字檔案。

第 1 個參數 Filenumber 可指定為以 Open 陳述式指派的檔案編號 (Open 陳述的參數 Filenumber 的值)，第 2 個參數 Outputlist 可指定要寫入文字檔案的資料。寫入資料時，不會插入分隔符號或是「"」(雙引號)。

以下的範例將 Print # 陳述式的參數 Outputlist 指定為 **Excel 講座**的資料，再以列為單位，將這些資料轉存為**電腦課程歷程 .txt**。由於這個文字檔案是以新增模式開啟，所以內容會新增在檔案的結尾。

範例 🗎 7-1_006.xlsm ／電腦課程歷程 .txt

```
Sub 以列為單位將資料寫入文字檔案()
    Dim myFileNo As Integer
    Dim myLastRow As Long
    Dim i As Long
    Worksheets("Excel講座").Activate
    myLastRow = Range("A1").CurrentRegion.Rows.Count
    myFileNo = FreeFile
    Open "C:\資料\電腦課程.txt" For Append As #myFileNo
    For i = 1 To myLastRow
        Print #myFileNo, Cells(i, 1).Value
    Next i
    Close #myFileNo
End Sub
```

此外，若是省略 OutputList 的設定，只在參數 Filenumber 的後面輸入代表與參數 Outputlist 分隔的符號「, (逗號)」，就會在文字檔中新增空白列。請注意，若是以序列輸出模式 (Output) 開啟文字檔，文字檔的內容就會被覆寫。要載入以 Print # 陳述式讀取的資料時，請改用 Line Input # 陳述式或是 Input # 陳述式。

7-2 檔案／資料夾／磁碟的操作

操作檔案／資料夾／磁碟

Excel VBA 主要是透過 FileSystem 模組提供操作檔案、資料夾與磁碟的函數、陳述式。在此介紹能讓手動操作檔案的流程自動化的函數與陳述式。

檔案的操作

FileCopy 陳述式可複製檔案，Name 陳述式可重新命名檔案以及將檔案移動到其他的資料夾。要刪除檔案可使用 Kill 陳述式。

重新命名檔案後，將檔案移到其他資料夾

資料夾的操作

MkDir 陳述式可新增資料夾，RmDir 陳述式可移除資料夾。要複製資料夾可使用7-3 介紹的檔案系統物件。

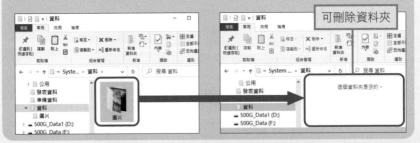

可刪除資料夾

磁碟的操作

ChDrive 陳述式可切換目前使用的磁碟，CurDir 函數可變更當下使用的磁碟的資料夾。

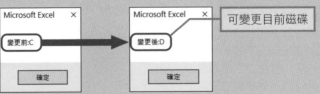

可變更目前磁碟

複製檔案

FileCopy Source, Destination

▶解說

要複製檔案可使用 FileCopy 陳述式。由於可指定複製之後的檔案名稱與儲存位置，所以可在備份檔案時使用。

▶設定項目

Source.................指定複製來源的檔案名稱，也可連同路徑一併指定。若只指定檔案名稱，則會以目前資料夾的檔案為操作對象。

Destination.........指定複製目的地的檔案名稱，也可連同路徑一併指定。如果指定了與複製來源不同的檔案名稱，就會以另外的檔案名稱複製檔案，如果指定了與複製來源不同的路徑，就能將檔案複製到其他的資料夾。假設只指定檔案名稱，未指定路徑，就會將檔案複製到目前資料夾。假設複製目的地的資料夾已經有相同名稱的檔案，就會覆寫該檔案。

（避免發生錯誤）

對開啟中的檔案執行 FileCopy 陳述式就會發生錯誤。所以要複製之前，必須先確認檔案是否已經開啟。

範 例 **變更檔案名稱，再將檔案複製到其他的資料夾**

這次要將 C 磁碟的**資料**資料夾的**主要通訊錄 .xlsx** 以**通訊錄複本 .xlsx** 這個檔案名稱複製到 C 磁碟的「備份」資料夾。　　範例 7-2_001.xlsm／主要通訊錄 .xlsm

```
1  Sub 複製檔案()
2      FileCopy Source:="C:\資料\主要通訊錄.xlsx", _
               Destination:="C:\備份\通訊錄複本.xlsx"
3  End Sub   註：「_(換行字元)」程式碼太長要接到下一行程式時，可用此斷行符號連接→參照 P.97
```

1 「複製檔案」巨集
2 將 C 磁碟的**資料**資料夾的**主要通訊錄 .xlsx** 以**通訊錄複本 .xlsx** 這個檔案名稱複製到 C 磁碟的「備份」資料夾
3 結束巨集

注意 如果 C 磁碟的**資料**資料夾沒有**主要通訊錄 .xlsx** 這個檔案，或是 C 磁碟沒有**備份**資料夾就會發生錯誤。

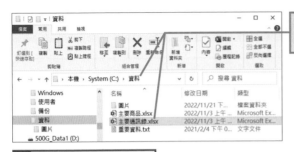

C 磁碟的**資料**資料夾
有主要通訊錄 .xlsx

1 啟動 VBE，輸入程式碼

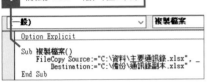

2 執行巨集

檔案被複製到 C 磁碟的「備份」資料夾，
新的檔案名稱則是「通訊錄複本」

> **HINT 複製資料夾**
>
> FileSystem 模組沒有複製資料夾
> 的函數與陳述式，所以要複製
> 資料夾必須使用 FileSystem 物件
> 的 CopyFolder 方法或是使用
> Folder 物件的 Copy 方法。
> **參照** 以 FSO 複製資料夾……P.7-45

變更檔案名稱或資料夾名稱

Name Oldpathname As Newpathname

▶解說

要變更檔案名稱或是資料夾名稱可使用 Name 陳述式。在指定新的名稱時，可以
連帶指定不同的路徑，所以也可以用來移動檔案或是資料夾。

▶設定項目

Oldpathname .....指定變更前的檔案名稱／資料夾名稱。可同時指定路徑。檔案
名稱／資料夾名稱無法以萬用字元指定。若只指定檔案名稱，
就會以目前資料夾的檔案／資料夾作為操作對象。

Newpathname .....指定新的檔案名稱／資料夾名稱。可同時指定路徑。若只指定檔
案名稱，就會以目前資料夾的檔案／資料夾作為操作對象。若指
定與原本不同的路徑，就能將檔案或是資料夾移動到其他的資
料夾。若指定新的路徑以相同的檔案名稱，就只會移動檔案。

避免發生錯誤

假設對已經開啟的檔案，或是對該檔案的資料夾執行 Name 陳述式就會發生錯誤。在變更名稱之前，請確認檔案是否已經開啟。如果將已經存在的檔案的名稱指定給參數 Newpathname 就會發生錯誤。　參照🔍 如何搜尋檔案或資料夾……P.7-22

範例　變更檔案名稱，再將檔案移動到其他的資料夾

這次要將 C 磁碟的**準備資料**資料夾的**徵才時程表 (案).xlsx** 變更為**徵才時程表 .xlsx** 這個名稱，再移動到**發表資料**資料夾。　範例🗎 7-2_002.xlsm ／徵才時程表 (案).xlsx

1	Sub␣變更檔案名稱與移動檔案()
2	**Name**␣"C:\準備資料\徵才時程表 (案) .xlsx"␣_
	As␣"C:\發表資料\徵才時程表.xlsx"
3	End␣Sub　　註：「_(換行字元」程式碼太長要接到下一行程式時，可用此斷行符號連接→參照 P.97

1	撰寫「變更檔案名稱與移動檔案」巨集
2	將 C 磁碟的**準備資料**資料夾的**徵才時程表 (案) .xlsx** 變更為**徵才時程表 .xlsx**，再將檔案移動到**發表資料**資料夾
3	結束巨集

注意 如果 C 磁碟的**準備資料**資料夾沒有**徵才時程表 (案).xlsx**，或是 C 磁碟沒有**發表資料**資料夾就會發生錯誤。

C 磁碟的**準備資料**資料夾有**徵才時程表 (案).xlsx** 這個檔案

1 啟動 VBE，輸入程式碼

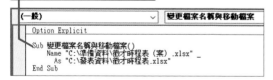

2 執行巨集

檔案移動到**發表資料**資料夾了

變更為**徵才時程表 .xlsx** 檔案名稱

先確認**準備資料**資料夾的檔案消失了

▶ 刪除檔案

Kill PathName

▶ 解說
要刪除檔案可使用 Kill 陳述式。被刪除的檔案會從磁碟完全消失。

▶ 設定項目
PathName.........指定要刪除的檔案名稱。可連同路徑一併指定。若只指定檔案名
　　　　　　　　稱，就會刪除目前資料夾的檔案。檔案名稱的部分可使用萬用字
　　　　　　　　元（「*」或「?」）。　　**參照！** 可於 Like 運算子使用的萬用字元……P.3-35

避免發生錯誤

假設以 Kill 陳述式刪除已經開啟的檔案就會發生錯誤。請先確認要刪除的檔案是否已經開啟。

範例　一次刪除資料夾內的所有檔案

此範例要一次刪除 C 磁碟的**備份**資料夾裡的 5 個檔案，其中包含**庫存資料_0430.xlsx**、**庫存資料_0531.xlsx**、**庫存資料_0630.xlsx**、**庫存資料_0731. xlsx**、**庫存資料_0831.xlsx**。要刪除的檔案的名稱可利用代表任意字串的萬用字元「*」指定成「庫存資料_*.xlsx」格式。

範例 🖹 7-2_003.xlsm ／庫存資料_0430.xlsx ／庫存資料_0531.xlsx ／庫存資料_0630.xlsx ／
　　　　庫存資料_0731.xlsx ／庫存資料_0831.xlsx

```
1  Sub␣刪除檔案()
2      Kill␣PathName:="C:\備份\庫存資料_*.xlsx"
3  End␣Sub
```

1　「刪除文件」的巨集
2　刪除 C 磁碟機中**備份**資料夾中所有名為「**庫存資料_**」的檔案
3　結束巨集

注意 假設 C 磁碟的**備份**資料夾沒有
可刪除的檔案就會發生錯誤。

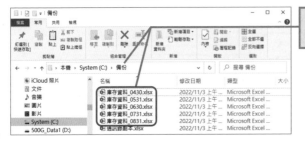

C 磁碟的**備份**資料夾
有**庫存資料**這些檔案

1 啟動 VBE，輸入程式碼

2 執行巨集

以**庫存檔案**為檔案名稱
的檔案都被刪除了

HINT 刪除隱藏檔案

若想利用 Kill 陳述式刪除設為**隱藏**的檔案就會發生錯誤。

要刪除隱藏檔案可用 FileSystemObject 物件的 DeleteFile 方法或是 File 物件的 Delete 方法。

[參照] 利用 FSO 刪除檔案
……P.7-40

> **新增資料夾**

MkDir Path

▶ **解説**

要新增資料夾可使用 MkDir 陳述式。這個陳述式可在一次新增多個資料夾時使用。

▶ **設定項目**

PathName........... 指定新增的資料夾的名稱。可連同路徑一併指定。如果只指定了資料夾的名稱，就會在目前資料夾新增資料夾。如果省略了磁碟名稱，就會在目前磁碟新增資料夾。

(避免發生錯誤)

資料夾名稱不能出現「?」、「／」、「:」、「*」、「?」、「"」、「<」、「>」、「｜」這些字元。此外，不能指定為既有的資料夾的名稱，否則都會發生錯誤。　　[參照] 搜尋檔案與資料夾……P.7-22

範 例　在 C 磁碟新增資料夾

此範例要在 C 磁碟的**資料**資料夾中新增**照片資料 1**、**照片資料 2**、**照片資料 3**、**照片資料 4**、**照片資料 5**，這 5 個資料夾。資料夾名稱的編號會使用 For ～ Next 迴圈的計數器設定。

[範例] 7-2_004.xlsm

```
1  Sub 新增資料夾()
2      Dim i As Integer
3      For i = 1 To 5
4          MkDir Path:="C:\資料\照片資料" & i
5      Next i
6  End Sub
```

1	「新增資料夾」巨集
2	宣告整數型別變數 i
3	在變數 i 從 1 遞增至 5 之前，重複下列的處理 (For 陳述式的開頭)
4	以**照片資料**字串與迴圈計數器 (變數「i」) 的值組成新資料夾的名稱，再於 C 磁碟的**資料**資料夾下新增資料夾
5	讓變數 i 遞增 1，再回到第 4 行程式碼
6	結束巨集

注意 C 磁碟若無**資料**資料夾就會發生錯誤。

想在**資料**資料夾
新增資料夾

1 啟動 VBE，輸入程式碼

2 執行巨集

利用「照片資料」的字串與編號建立了 5 個資料夾了

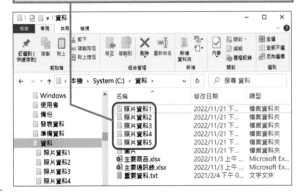

▶ 刪除資料夾

RmDir Path

▶ 解説
要刪除資料夾可使用 RmDir 陳述式。

▶ 設定項目
Path........................指定要刪除的資料夾的名稱。可一併指定路徑。假設只指定了
資料夾名稱，就會刪除目前資料夾之內的資料夾。若是省略磁
碟名稱，就會刪除目前磁碟之內的資料夾

避免發生錯誤

假設要利用 RmDir 陳述式刪除的資料還有檔案就會發生錯誤。假設要刪除存有檔案的資
料夾，可先使用 Kill 陳述式刪除資料夾之內的所有檔案，再執行 RmDir 陳述式。再者，如
果要刪除的是不存在的資料夾也會發生錯誤。請先確認要刪除的資料夾是否存在。

參照 ▌▌ 刪除檔案……P.7-18

範例 刪除存有檔案的資料夾

這次要刪除 C 磁碟的**資料**資料夾的**照片資料**資料夾。由於**照片資料**資料夾裡還
有檔案，所以得先利用 Kill 陳述式刪除所有檔案再刪除資料夾。要指定所有的檔
案可使用萬用字元將程式碼寫成「*.*」。

範例 ▤ 7-2_005.xlsm

```
1  Sub␣刪除資料夾()
2      Kill␣PathName:="C:\資料\照片資料\*.*"
3      RmDir␣Path:="C:\資料\照片資料"
4  End␣Sub
```

1 | 「刪除資料夾」巨集
2 | 刪除 C 磁碟的**資料**資料夾的**照片資料**資料夾內的所有檔案。
3 | 刪除 C 磁碟的**資料**資料夾之內的**照片資料**資料夾
4 | 結束巨集

注意 如果「照片資料」資料夾沒有檔
案，或是有隱藏的檔案就會發生錯誤。

參照 ▌▌ 刪除隱藏的檔案……P.7-19

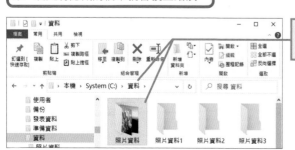

資料資料夾裡有**照片資料**
資料夾，其中還有一些檔案

1 啟動 VBE，輸入程式碼

```
(一般)                            刪除資料夾
    Option Explicit

    Sub 刪除資料夾()
        Kill PathName:="C:\資料\照片資料\*.*"
        RmDir Path:="C:\資料\照片資料"
    End Sub
```

2 執行巨集

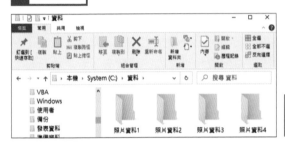

> 💡 **連同檔案與資料夾**
> **一併刪除**
>
> 使用 FileSystemObject 物件的 DeleteFolder 方法或是 Folder 物件的 Delete 方法就不需要在意資料夾是否還有檔案，一樣能連同檔案與資料夾一併刪除。
>
> 參照 刪除 FSO 中的資料夾……P.7-47

將**照片資料**資料夾以及其中的檔案全部刪除了

搜尋檔案與資料夾

Dir(PathName, Attributes) ——————————— 取得

▶ **解說**

Dir 函數能根據參數 PathName 指定的檔案名稱搜尋檔案，若是找到檔案就會以字串的方式傳回該檔案名稱，如果沒有找到檔案，則會傳回「""(長度為 0 的字串)」。如果使用萬用字元搜尋到很多個檔案，而且想要取得第 2 個搜尋結果之後的檔案名稱，請省略參數 PathName 的指定。

▶ **設定項目**

PathName…..指定要搜尋的檔案名稱／資料夾名稱。可使用萬用字元指定。如果指定了路徑就會搜尋該路徑的位置。假設只指定檔案名稱／資料夾名稱，就會在目前資料夾之內搜尋。如果在第二次的搜尋省略了設定，就會在傳回「""(長度為 0 的字串)」(沒找到檔案) 之前，以最初的設定搜尋。　　　參照 可於 Like 運算子使用的萬用字元……P.3-35

Attributes ……可利用 VbFileAttribute 列舉型的常數指定搜尋條件，也就是檔案的屬性值。要搜尋資料夾時，可換成 vbDirectory。假設省略了這個參數的設定，就會自動套用 vbNormal 這個預設值以及搜尋檔案。　　　參照 VbFileAttribute 列舉型的主要常數……P.7-29

避免發生錯誤

副檔名會以前方一致 (prefix search) 的方式搜尋，所以若使用萬用字元將三個字元的副檔名設定為搜尋條件，就會搜尋到以這三個字元為首的副檔名，以及擁這類這副檔名的檔案。例如，以參數 PathName 指定的搜尋條件為「"*.xls"」，就會傳回副檔名為「.xls」「.xlsx」「.xlsm」的檔案。所以在搜尋副檔名為三個字元的檔案時，就得利用 Right 函數取得 Dir 函數傳回的字串的後三個字元，確認是不是正確的結果。

範例 搜尋檔案名稱

這次要在 C 磁碟的**資料**資料夾搜尋 A2 儲存格的檔案名稱,再以訊息的方式顯示搜尋結果。

範例 7-2_006.xlsm

```
1  Sub 搜尋檔案名稱()
2      Dim myResult As String
3      myResult = Dir("C:\資料\" & Range("A2").Value)
4      If myResult <> "" Then
5          MsgBox "找到檔案了" & vbCrLf & _
                      "搜尋結果:" & myResult
6      Else
7          MsgBox "沒找到檔案"
8      End If
9  End Sub
```

註:「_(換行字元)」,當程式碼太長要接到下一行程式時,可用此斷行符號連接→參照 P.2-15

1	「搜尋檔案名稱」巨集
2	宣告字串型別變數 myResult
3	在 C 磁碟的**資料**資料夾搜尋 A2 儲存格的值(要搜尋的檔案名稱),再將搜尋結果存入變數 myResult
4	假設變數 myResult 不是「"」(空字串)(有找到檔案名稱)的話(If 陳述式的開頭)
5	以訊息的方式顯示**找到檔案了**、**搜尋結果:**以及變數 myResult(搜尋到的檔案名稱),同時利用換行字元讓訊息換行
6	否則
7	顯示**沒找到檔案**
8	結束 If 陳述式
9	結束巨集

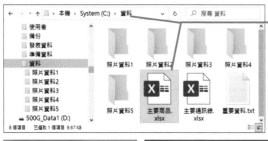

C 磁碟的**資料**資料夾有**主要商品 .xlsx** 檔案

1 在 A2 儲存格輸入要搜尋的檔案名稱

2 啟動 VBE,輸入程式碼

3 執行巨集

> 由於有同名的檔案，所以透過訊息的方式顯示該檔案名稱

4 重新輸入 A2 儲存格的內容　　**5** 執行巨集

> 顯示沒找到同名檔案的訊息

💡HINT 如何利用 Dir 函數製作檔案清單

利用 Dir 函數搜尋檔案，就會以字串的方式傳回搜尋結果，也就是檔案名稱。如果在 PathName 使用萬用字元，就可以取得多個搜尋結果，如果省略參數 PathName，就能在傳回「""（空字串）」之前，取得第 2 個以後的搜尋結果（檔案名稱）。只要利用這兩種性質就能針對特定資料夾製作檔案清單。例如，要針對 C 磁碟的**庫存資料**資料夾製作檔案清單，可將程式寫成如圖的內容。

這個程式的重點在於在 Dir 函數傳回「""（空字串）」前，Do Loop 陳述式都會不斷地進行第 2 個以後的搜尋。

```
Sub 製作檔案清單()
    Dim myFileName As String, i As Integer
    myFileName = Dir("C:\庫存資料\*.xlsx")
    i = 2
    Do Until myFileName = ""
        Cells(i, 1).Value = myFileName
        myFileName = Dir()
        i = i + 1
    Loop
End Sub
```

範例 7-2_007.xlsm

取得檔案大小

FileLen(PathName) ────────────────── 取得

▶解說

要取得檔案大小可使用 FileLen 函數。取得的檔案大小會以 Byte 為單位，所以這個方法很適合取得正確的檔案大小。

▶設定項目

PathName...........指定要取得檔案大小的檔案的名稱。可連同路徑一併指定。如果只指定了檔案名稱，將會以目前資料夾的檔案為對象。

（避免發生錯誤）

由於 FileLen 函數會傳回長整數資料型別的值，所以請將儲存傳回值的變數宣告為長整數型別 (Long)。此外，如果檔案已經開啟，FileLen 函數會傳回檔案開啟前的檔案大小。

範例　取得檔案大小

這次要取得 C 磁碟的**資料**資料夾，的**主要通訊錄 .xlsx** 的檔案大小，再於 A2 儲存格 顯示結果。

範例目 7-2_008.xlsm

```
1  Sub 取得檔案大小()
2      Dim myFileSize As Long
3      myFileSize = FileLen("C:\資料\主要通訊錄.xlsx")
4      Range("A2").Value = myFileSize
5  End Sub
```

1 「取得檔案大小」巨集
2 宣告長整數型別變數 myFileSize
3 取得 C 磁碟的**資料**資料夾的**主要通訊錄 .xlsx** 的檔案大小，再將結果存入變數「myFileSize」
4 在 A2 儲存格顯示存在變數「myFileSize」的檔案大小
5 結束巨集

1 啟動 VBE，輸入程式碼　**2** 執行巨集

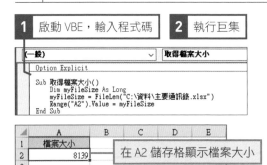

在 A2 儲存格顯示檔案大小

> 🄷 **取得資料夾的大小**
>
> FileSystem 模組未內建取得資料夾大小的函數或陳述式，所以必須使用 Folder 物件的 Size 屬性才能取得資料夾的大小。
>
> 參照 對資料夾內的所有資料夾製作清單……P.7-48

取得檔案的建立日期與修改日期

FileDateTime(PathName)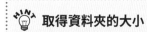

▶解說

要取得檔案的修改日期可使用 FileDateTime 函數。這個函數會根據參數 PathName 指定的檔案名稱，以日期類型的格式傳回該檔案的修改日期。若在參數 PathName 指定資料夾，就能取得資料夾的修改日期。

▶設定項目

PathName............指定要取得建立日期或修改日期的檔案／資料夾的名稱。可連同路徑一併指定。如果只指定檔案名稱／資料夾名稱，就會以目前資料夾的檔案／資料夾為對象。

避免發生錯誤
在參數 PathName 指定不存在的檔案或是資料夾就會發生錯誤。

參照 搜尋檔案或資料夾……P.7-22

範例 取得檔案的修改日期

在此要顯示**開啟舊檔**交談窗，選取檔案後，再於 A2 儲存格顯示該檔案的修改日期。此時會自動將 A2 儲存格的儲存格格式設為「yyyy/m/d h:mm」。

範例 7-2_009.xlsm

```
1  Sub 檔案的修改日期()
2      Dim myFilePath As String
3      myFilePath = Application.GetOpenFilename()
4      Range("A2").Value = FileDateTime(myFilePath)
5  End Sub
```

1	「檔案的修改日期」巨集
2	宣告字串型別變數 myFilePath
3	顯示**開啟舊檔**交談窗，再將選取的檔案的檔案路徑存入變數 myFilePath
4	根據變數 myFilePath 的檔案路徑取得檔案的修改日期，再於 A2 儲存格顯示結果
5	結束巨集

1 啟動 VBE，輸入程式碼

2 執行巨集

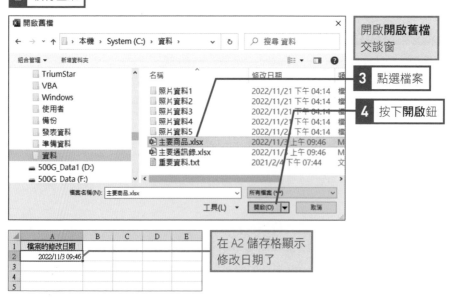

開啟**開啟舊檔**交談窗

3 點選檔案

4 按下**開啟**鈕

在 A2 儲存格顯示修改日期了

取得檔案或資料夾的屬性

GetAttr(PathName) ─────────────────────── 取得

▶解說

要取得唯讀或隱藏這類檔案的屬性可使用 GetAttr 函數。GetAttr 函數可利用 VbFileAttribute 列舉型常數的值傳回於參數 PathName 指定的檔案／資料夾的屬性。

參照！ VbFileAttribute 列舉型的主要常數……P.7-29

▶設定項目

PathName...........指定要調整屬性的檔案名稱／資料夾名稱。可連同路徑一併指定。如果只指定了檔案名稱／資料夾名稱，就會以目前資料夾的檔案／資料夾為操作對象。

避免發生錯誤

在參數 PathName 指定了不存在的檔案就會發生錯誤。

範例 取得檔案的屬性

顯示**開啟舊檔**交談窗，並在選取檔案後，在 A2 儲存格顯示該檔案的屬性。於 A2 儲存格顯示的是代表檔案屬性的整數值。如果檔案擁有多種屬性，就會顯示該整數值的總和。

範例 ! 7-2_010.xlsm

```
1  Sub 檔案屬性()
2      Dim myFilePath As String
3      myFilePath = Application.GetOpenFilename()
4      Range("A2").Value = GetAttr(myFilePath)
5  End Sub
```

1 「檔案屬性」交談窗
2 宣告字串型別變數 myFilePath
3 顯示**開啟舊檔**交談窗，再於選取檔案後，將該檔案的路徑存入變數 myFilePath
4 根據變數 myFilePath 的檔案路徑取得檔案屬性，再於 A2 儲存格顯示結果
5 結束巨集

---

1 啟動 VBE，輸入程式碼

2 執行巨集

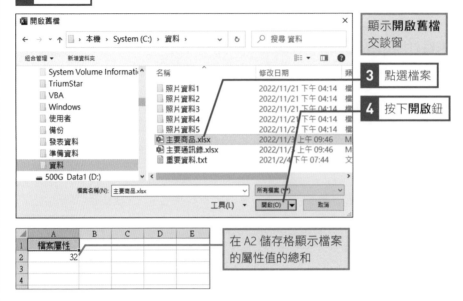

顯示**開啟舊檔**交談窗

3 點選檔案

4 按下**開啟**鈕

在 A2 儲存格顯示檔案的屬性值的總和

💡 **能利用屬性值的總和判斷屬性的理由**

當檔案／資料夾擁有多種屬性時，GetAttr 函數會傳回 VbFileAttribute 列舉型常數的總和，而且不管 VbFileAttribute 列舉型的常數如何組合，這個總和都不會重複。例如，當總和為「7」時，檔案的屬性值的組合一定是「1+2+4」，這代表該檔案擁有**唯讀**、**隱藏**、**系統**這三個屬性。此外，調整資料夾的屬性時，總和裡面一定會有代表資料夾的 vbDirectory 的「16」。　　　　參照 VbFileAttribute 列舉型的主要常數......P.7-29

💡 **替擁有多個屬性的檔案解除特定屬性**

假設檔案擁有多個屬性，GetAttr 函數就會傳回該屬性的總和。如果想要解除其中某個屬性，必須考慮不同的檔案可能有不同的屬性組合，所以得判斷該屬性組合之中是否包含要解除的屬性，也要考慮剩下的屬性會是何種組合，此時為了正確地解除特定屬性，可在使用 GetAttr 函數時搭配比較運算子。例如，要替擁有多個屬性的檔案解除**唯讀**屬性時，可寫成如右圖的內容。

範例 7-2_011.xlsm

```
Sub 多種屬性()
    Dim myPath As String
    myPath = "C:\資料\重要資料.txt"
    If GetAttr(myPath) And vbReadOnly Then
        SetAttr myPath, GetAttr(myPath) Xor vbReadOnly
    End If
End Sub
```

要判斷檔案是否具有唯讀屬性可在使用 GetAttr 函數時，搭配 And 運算子，寫成「GetAttr (路徑) And vbReadOnly」語法。此外，如果只要解除唯讀屬性，也可以只設定唯讀以外的屬性，所以可在 SetAttr 陳述式的參數 Attirbutes 指定「GetAttr (路徑) Xor vbReadOnly」語法。

設定檔案或資料夾的屬性

SetAttr PathName, Attributes

▶ 解說

要設定檔案或資料夾的屬性可以使用 SetAttr 陳述式。這個陳述式很適合對多個檔案或資料夾設定多個屬性時使用。

▶ 設定項目

PathName .... 可連同路徑指定要設定屬性的檔案名稱。如果只指定了檔案名稱,就會以目前資料夾的檔案為操作對象。

Attributes .... 可利用 VbFileAttribute 列舉型的常數設定要套用的屬性值。如果要設定多個屬性可利用「+」串連與屬性對應的常數,或是直接設定常數的總和。例如,想要同時設定唯讀與隱藏這兩個屬性時,可寫成「vbReadOnly + vbHidden」或是「3」。此外,可在資料夾設定的屬性為「vbHidden」、「vbSystem」、「vbArchive」。如果想要還原資料夾的設定請指定為「vbNormal」。

VbFileAttribute 列舉型的主要常數

常數	屬性種類	值
vbNormal	一般檔案	0
vbReadOnly	唯讀	1
vbHidden	隱藏	2
vbSystem	系統	4
vbDirectory	資料夾	16
vbArchive	封存	32

〔避免發生錯誤〕

如果檔案已經開啟,還利用 SetAttr 陳述式設定屬性的話就會發生錯誤。請在設定屬性之前,先確認檔案是否已經開啟。

範例 設定檔案屬性

這次要將**資料**資料夾的**主要通訊錄 .xlsx** 設成**唯讀**。

範例 7-2_012.xlsm ／主要通訊錄 .xlsx

```
1  Sub 變更檔案屬性()
2      SetAttr PathName:="C:\資料\主要通訊錄.xlsx", _
               Attributes:=vbReadOnly
3  End Sub
```

註:「_(換行字元)」,當程式碼太長要接到下一行程式時,可用此斷行符號連接→參照 P.2-15

1 「變更檔案屬性」巨集
2 將 C 磁碟的**資料**資料夾的**主要通訊錄 .xlsx** 設成**唯讀**
3 結束巨集

注意 如果 C 磁碟的**資料**資料夾沒有**主要通訊錄**.xlsx 就會發生錯誤。

在**主要通訊錄**的內容交談窗
確認檔案的屬性

1 啟動 VBE，輸入程式碼

```
(一般)                          變更檔案屬性
Option Explicit

Sub 變更檔案屬性()
    SetAttr PathName:="C:\資料\主要通訊錄.xlsx", _
            Attributes:=vbReadOnly
End Sub
```

2 執行巨集　　開啟**主要通訊錄**的內容交談窗

已經勾選**唯讀**屬性了

 確認與設定檔案屬性的方法

要確認檔案的屬性可在檔案的圖示按下滑
鼠右鍵，再於右鍵選單選擇**內容**，開啟**內
容**交談窗後，就能在**一般**頁次的**屬性**確認
檔案的屬性。**封存**屬性可在按下**進階**鈕，
開啟**進階屬性**交談窗後，可在**封存和索引
屬性**確認。要設定屬性的話，只需要勾選
屬性。

封存屬性

封存屬性是指新增或修改的檔案所
附加的屬性。在備份檔案時會參照
這個屬性，擁有這個屬性的檔案會
成為備份的對象。封存屬性會在進
行「一般備份」時備份所有檔案，
或是進行「增量備份」，只備份修改
過的檔案時才會被清除。

可確認與設定封存屬性

取得磁碟的目前資料夾路徑

CurDir(Drive) ──────────────────── 取得

▶解説

所謂**目前資料夾**就是作為操作對象的資料夾。要取得指定磁碟的目前資料夾可使用 CurDir 函數。CurDir 函數能根據參數 Drive 指定的磁碟，以字串類型的值傳回目前資料夾的資料夾路徑。

▶設定項目

Drive........................指定要取得目前資料夾的磁碟名稱。若是省略，就會以目前資料夾為操作對象。

（避免發生錯誤）

若指定了不存在的磁碟名稱就會發生錯誤。在取得路徑之前，請先確認該磁碟是否存在。

範例 取得 C 磁碟的目標資料夾

這次要取得 C 磁碟的目前資料夾，再於 A2 儲存格顯示結果。　　範例 7-2_013.xlsm

```
1  Sub 取得目前路徑 ()
2      Range("A2").Value = CurDir("C")
3  End Sub
```

1	「取得目前路徑」巨集
2	在 A2 儲存格顯示 C 磁碟的目前資料夾
3	結束巨集

1 啟動 VBE，輸入程式碼

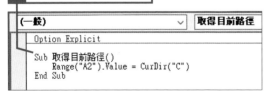

```
(一般)                          ∨  │ 取得目前路徑 │
Option Explicit

Sub 取得目前路徑()
    Range("A2").Value = CurDir("C")
End Sub
```

2 執行巨集

	A	B	C	D
1	目前資料夾			
2	C:\Users\Michelle\Documents			
3				
4				

在 A2 儲存格顯示 C 磁碟的目前資料夾

變更目前資料夾

ChDir Path

▶解説

目前資料夾就是作為操作對象的資料夾，在顯示**開啟舊檔**或是**另存新檔**交談窗時會顯示這個資料夾。如果要變更目前資料夾可使用 ChDir 陳述式。

▶設定項目

Path .... 指定變更後的目前資料夾的名稱。可連同磁碟名稱與路徑一併指定。如果只指定資料夾名稱，目前資料夾內的資料夾就會被設定為目前資料夾。如果省略了磁碟名稱，就會設定為目前磁碟內的目前資料夾。 **參照□** 將其他磁碟的資料夾設定為目前資料夾……P.7-33

[避免發生錯誤]

如果將不存在的資料夾指定為目前資料夾就會發生錯誤。在變更目前資料夾之前，先利用 Dir 函數確認該資料夾是否存在。 **參照□** 搜尋檔案與資料夾……P.7-22

範例 將目前資料夾變更為「資料」資料夾

這次要將目前資料夾設定為 C 磁碟的**資料**資料夾。關於能否變更目前資料夾的部分，會先利用 CurDir 函數取得目前磁碟的目前資料夾的路徑，再以訊息的方式顯示結果。 **範例圖** 7-2_014.xlsm

```
1  Sub␣變更目前資料夾()
2      MsgBox␣"變更前:"␣&␣CurDir()
3      ChDir␣Path:="C:\資料"
4      MsgBox␣"變更後:"␣&␣CurDir()
5  End␣Sub
```

1 「變更目前資料夾」巨集
2 以訊息的方式顯示「變更前：」字串以及目前磁碟的目前資料夾的路徑
3 將目前資料夾設定為 C 磁碟的「資料」資料夾
4 以訊息的方式顯示「變更後：」字串以及目前磁碟的目前資料夾的路徑
5 結束巨集

注意 C 磁碟若沒有**資料**
資料夾就會發生錯誤。

1 啟動 VBE，輸入程式碼

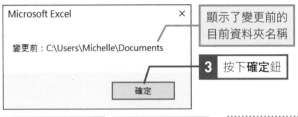

2 執行巨集

顯示了變更前的
目前資料夾名稱

3 按下**確定**鈕

顯示了變更後的
目前資料夾名稱

> **HINT 將其他磁碟的資料夾設定為
> 目前資料夾**
>
> 如果想將其他磁碟的資料夾設定為目前資
> 料夾可使用 ChDirve 陳述式，變更目前磁
> 碟，再變更目前資料夾。
> 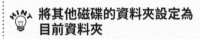 變更目前資料夾……P.7-32

變更目前磁碟

ChDrive Drive

▶**解說**

目前磁碟指的是目前正在操作的磁碟。要變更目前磁碟可使用 ChDrive 陳述式。

▶**設定項目**

Drive..................指定變更後的磁碟名稱。假設指定為「"" (長度為 0 的字串)」，
就無法變更目前磁碟。如果指定為 2 個字元以上的字串，只有
第一個字元會被辨識為目前磁碟的名稱。

（避免發生錯誤）

如果指定了不存在的磁碟就會發生錯誤，所以請先確認該磁碟是否存在。此外，如果指
定為 CD / DVD 磁碟或是記憶卡，卻未將光碟片或記憶卡設為磁碟，一樣會發生錯誤。
請先設定完畢再執行程式。

範例 將目前磁碟變更為 D 磁碟

這次要將**目前磁碟**變更為 D 磁碟。能否變更目前磁碟這點可先利用 CurDir 函數取得目前磁碟的目前資料夾的路徑，再從結果取得目前資料夾名稱，接著以訊息的方式顯示，確認是否能夠變更目前磁碟。 **範例** 📄 7-2_015.xlsm

參照▶ 取得磁碟的目前資料夾的路徑……P.7-31

```
1  Sub 變更目前磁碟()
2      MsgBox "變更前:" & Left(CurDir(), 1)
3      ChDrive Drive:="D"
4      MsgBox "變更後:" & Left(CurDir(), 1)
5  End Sub
```

1	「變更目前磁碟」巨集
2	顯示「變更前：」這個字串，再從目前磁碟的目前資料夾的路徑，取出最左側的一個字元，再以訊息的方式顯示該字元
3	將目前磁碟設定為 D 磁碟
4	顯示「變更後：」這個字串，再從目前磁碟的目前資料夾的路徑，取出最左側的一個字元，再以訊息的方式顯示該字元。
5	結束巨集

> **注意** 如果 D 磁碟不存在就會發生錯誤。請依照執行巨集的電腦環境變更以參數 Drive 指定的磁碟名稱。

1 啟動 VBE，輸入程式碼

2 執行巨集

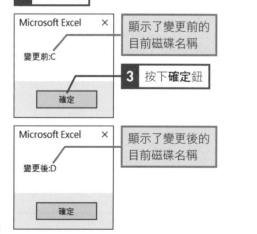

顯示了變更前的目前磁碟名稱

3 按下**確定**鈕

顯示了變更後的目前磁碟名稱

7-3 檔案系統物件

檔案系統物件

檔案系統物件 (FileSystemObject，以下簡稱 FSO) 就是操作檔案、資料夾、磁碟的物件。只要使用 FSO 就能利用「物件變數.方法」、「物件變數.屬性」這類 VBA 基本語法撰寫操作檔案或資料夾的程式，而且這種程式比 FileCopy 陳述式或是 Dir 函數的程式碼還要簡潔。雖然 FSO 的最上層物件 FileSystemObject 物件的方法也能進行複製檔案這類基本的操作，但使用 FileSystemObject 物件的下層物件「File 物件」或「Folder 物件」可進行更細膩的操作。此外，可利用 Files 集合或是 Folders 集合操作多個檔案或是資料夾，而這種方法可用來建立檔案清單或是資料夾清單。

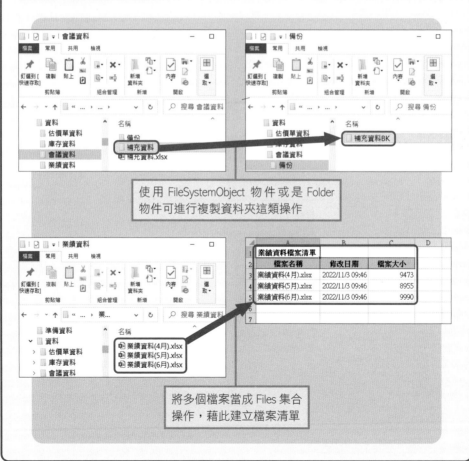

使用 FileSystemObject 物件或是 Folder 物件可進行複製資料夾這類操作

將多個檔案當成 Files 集合操作，藉此建立檔案清單

使用檔案系統物件

要使用檔案系統物件就必須了解前置作業以及檔案系統物件的階層構造。

● 使用檔案系統物件的前置作業

要在 Excel VBA 使用 FSO 物件必須先完成引用「Microsoft Scripting Runtime」的設定。這個引用設定必須針對每個使用 FSO 的活頁簿設定。

先開啟 Visual Basic Editor 的畫面

1 點選**工具**

2 點選**設定引用項目**

開啟**設定引用項目**交談窗

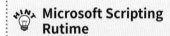

3 往下拖曳

5 按下**確定**鈕

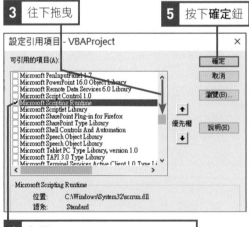

4 勾選 Microsoft Scripting Rutime

> 💡 **Microsoft Scripting Rutime**
>
> **Microsoft Scripting Rutime** 就是定義 FSO 物件的外部函式庫檔案 (scrrun.dll)。

> 💡 **引用設定**
>
> 引用設定就是參照外部函式庫檔案的設定。設定引用的外部函式庫後，就能更有效率地使用外部物件。此外，與外部物件有關的陳述式都會在程式執行前確認，所以與不設定引用，直接使用外部物件的情況比較，巨集的執行速度會快上許多。此外，外部物件的部分也能使用自動清單成員或自動快速資訊這類撰寫程式的輔助功能，所以能更有效率地完成程式。
>
> 參照 在不設定引用項目的情況下使用 FSO……P.7-37

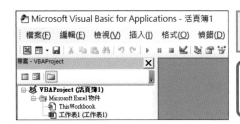

完成引用 **Microsoft Scripting Runtime** 的設定了

注意 每個要使用 FSO 的活頁簿都必須完成引用 Microsoft Scripting Runtime 的設定。

💡 HINT 在不設定引用項目的情況下使用 FSO

要在不設定引用項目的情況下使用 FSO，可如下利用 CreateObject 函數建立 FileSystemObject 物件的實體。這種方法不需要替每個活頁簿進行引用設定，所以能快速完成程式。儲存實體的變數需宣告為 Object 類型。採用這種方法之後，與外部物件有關的陳述式會在執行程式時確認，所以巨集的執行速度會比先完成引用設定再使用外部物件的方法慢，而且也無法針對外部物件使用自動清單成員與自動快速資訊這類輔助功能，所以作業效率會下滑。　　　　　　　　　　　參照📖 引用設定……P.7-36

```
Dim myFSO As Object
Set myFSO = CreateObject("Scripting.FileSystemObject")
```

● 檔案系統物件的結構

FSO 是由下列這些集合以及物件組成。最上層的物件是 FileSystemObject 物件。其他的物件都是 FileSystemObject 物件的下層物件之外，複數個物件都以集合的方式操作。

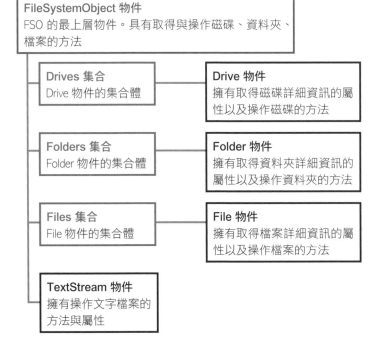

● 檔案系統物件的使用方法

要進行檔案或資料夾的基本操作（例如建立或複製），可使用 FSO 的最上層物件「FileSystemObject 物件」。要使用 FileSystemObject 物件就必須先建立這個物件的實體，再以「物件變數.屬性」「物件變數.方法」這類 VBA 的基本語法使用 FileSystemObject 物件的屬性或是方法。

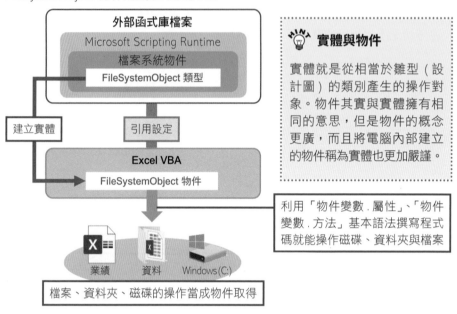

HINT 實體與物件

實體就是從相當於雛型（設計圖）的類別產生的操作對象。物件其實與實體擁有相同的意思，但是物件的概念更廣，而且將電腦內部建立的物件稱為實體也更加嚴謹。

利用「物件變數.屬性」、「物件變數.方法」基本語法撰寫程式碼就能操作磁碟、資料夾與檔案

● 下層物件的使用方法

使用 FileSystemObject 物件的下層物件 (File 或 Folder 這類物件) 的屬性或是方法，能比 FileSystemObject 物件進一步操作檔案或資料夾。要使用下層物件的屬性或方法可使用 FileSystemObject 物件的 GetFile 方法或是 GetFolder 方法取得下層物件，再利用「物件變數.屬性」「物件變數.方法」這類 VBA 的基本語法撰寫程式碼。

參照💡 取得資料夾……P.7-45
參照💡 取得檔案……P.7-39

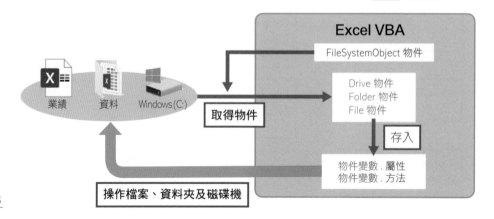

建立 FileSystemObject 物件的實體

Dim 物件變數名稱 As New FileSystemObject

▶解説

完成引用設定之後，要建立 FileSystemObject 物件的實體可使用 Dim 陳述式以及 New 保留字宣告物件變數。第一次參照這個物件變數時，會自動產生實體，這個實體也會自動存入物件變數。

▶設定項目
物件變數名稱 .... 可指定為任意名稱。

(避免發生錯誤)
要使用 New 保留字產生 FileSystemObject 物件的實體就必須完成引用「Microsoft Scripting Runtime」的設定。　　　　　　　　参照!! 如何使用 FileSystemObject 物件……P.7-36

取得檔案

物件**.GetFile**(FilePath)

▶解説
使用 FileSystemObject 物件的 GetFile 方法，就能以 FSO 的 File 物件取得檔案。使用 File 物件的屬性可取得檔案的各種資訊，使用 File 物件的方法則可以操作檔案。

▶設定項目
物件 .... 指定為 FileSystemObject 物件。
FilePath .... 指定要以 File 物件取得的檔案的名稱。可連帶指定路徑。若只指定檔案名稱，就會以目前資料夾的檔案為操作對象。

(避免發生錯誤)
如果指定的檔案不存在就會發生錯誤。在執行程式之前，請先確認檔案是否存在。此外，要使用 New 保留字產生 FileSystemObject 物件的實體就必須完成引用「Microsoft Scripting Runtime」的設定。

範例 利用 FSO 刪除檔案

這次要刪除 C 磁碟的**庫存資料**資料夾的**最新庫存資料 _5 月 .xlsx**。將要刪除的 Excel 活頁簿當成 FSO 的 File 物件取得後，利用 File 物件的 Delete 方法刪除此活頁簿。

範例 ▤ 7-3_001.xlsm
參照 ▥ 利用 FileSystemObject 物件的 Delete 方法刪除檔案……P.7-41

```
1  Sub 刪除檔案()
2      Dim myFSO As New FileSystemObject
3      Dim myFile As File
4      Set myFile = myFSO.GetFile("C:\庫存資料\最新庫存資料_5月.xlsx")
5      myFile.Delete
6  End Sub
```

1	「刪除檔案」巨集
2	宣告 FileSystemObject 類型的物件變數 myFSO
3	宣告 File 類型的物件變數 myFile
4	將 C 磁碟的**庫存資料**資料夾的**最新庫存資料 _5 月 .xlsx** 檔案當成 File 物件取得再存入變數 myFile
5	刪除變數 myFile 儲存的檔案
6	結束巨集

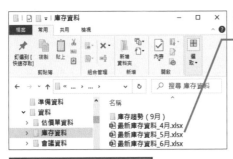

要刪除**庫存資料**資料夾裡的**最新庫存資料 _5 月 .xlsx** 檔案

1 啟動 VBE，輸入程式碼

2 執行巨集

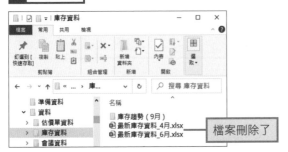

檔案刪除了

> **DeleteFile 方法、Delete 方法、Kill 陳述式的差異**
>
> 若以 Kill 陳述式刪除檔案，無法刪除隱藏的檔案。要刪除隱藏的檔案，請改用 File 物件的 Delete 方法或 FileSystemObject 物件的 DeleteFile 方法。

使用 FileSystemObject 物件的 DeleteFile 方法刪除檔案

範例「利用 FSO 刪除檔案」是先將要刪除的檔案當成 File 物件取得，再利用 File 物件的 Delete 方法刪除。如果想改用其他方法，可使用 FileSystemObject 物件的 DeleteFile 方法刪除檔案，只要將要刪除的檔案連同路徑指定 DeleteFile 方法的參數 FileSpec 即可。例如，要刪除 C 磁碟的「庫存資料」資料夾的「最新庫存資料_5 月 .xlsx」，可寫成如右圖的內容。

範例 7-3_002.xlsm

```
Sub 刪除FSO檔案()
    Dim myFSO As New FileSystemObject
    myFSO.DeleteFile FileSpec:="C:\庫存資料\最新庫存資料_5月.xlsx"
End Sub
```

此外，若是將參數 Force 指定為 True，File 物件的 Delete 方法與 FileSystemObject 物件的 DeleteFile 方法就能刪除唯讀的檔案。

參照 視情況利用 FSO 操作檔案或資料夾……P.7-50

 利用 FSO 複製檔案

要利用 FSO 複製檔案，可以使用 FileSystemObject 物件的 CopyFile 物件。將參數 Source 指定為複製來源的檔案與路徑，再將參數 Destination 指定為複製目的地的檔案與路徑。例如，要將 C 磁碟的**會議資料**資料夾下的**補充資料 .xlsx** 以**補充資料 BK.xlsx** 的檔案名稱複製到**會議資料**資料夾內的**備份**資料夾，可將程式碼如下圖撰寫。此外，若是要以相同的檔案名稱複製檔案，在設定參數 Destination 的檔案路徑，必須指定複製目的地的資料夾名稱，並在最後加上「\」。

範例 7-3_003.xlsm

```
Sub FSO檔案複製()
    Dim myFSO As New FileSystemObject
    myFSO.CopyFile Source:="C:\會議資料\補充資料.xlsx", _
        Destination:="C:\會議資料\備份\補充資料BK.xlsx"
End Sub
```

若要將要複製的檔案當成 File 物件取得可利用 File 物件的 Copy 方法複製檔案。請在參數 Destination 指定複製目的地的檔案路徑。

若要以 Copy 方法執行與 **範例** 7-3_003.xlsm 相同的處理，可寫成下列內容。

範例 7-3_004.xlsm

```
Sub 檔案複製()
    Dim myFSO As New FileSystemObject
    Dim myFile As File
    Set myFile = myFSO.GetFile("C:\會議資料\補充資料.xlsx")
    myFile.Copy Destination:="C:\會議資料\備份\補充資料BK.xlsx"
End Sub
```

此外，假設在使用 FileSystemObject 物件的 CopyFile 方法與 File 物件的 Copy 方法時省略參數 OverWriteFiles 或是指定為 True，就會覆寫複製目的地名稱相同的檔案。

 利用 FSO 移動檔案

要以 FSO 移動檔案，可用 FileSystemObject 物件的 MoveFile 方法。在參數指定移動來源的檔案與路徑，再於參數 Destination 指定移動目的地的檔案與路徑可。例如，要將 C 磁碟的**估價單資料**資料夾的**估貨_0910.xlsx** 移動到**估價單資料**資料夾的**已提出**資料夾，可寫成如圖的內容。如果只要在參數 Destination 指定移動目的地的資料夾，請在路徑的結尾加上「\」。

範例 7-3_005.xlsm

```
Sub FSO檔案移動()
    Dim myFSO As New FileSystemObject
    myFSO.MoveFile Source:="C:\估價單資料\估價單_0910.xlsx", _
        Destination:="C:\估價單資料\已提出\"
End Sub
```

如果要將移動的檔案當成 File 物件取得，可使用 File 物件的 Move 方法。請在參數 Destination 指定移動目的地的檔案路徑。若要用 Move 方法執行與 **範例** 7-3_005.xlsm 相同的處理，程式碼可參見下圖。

範例 7-3_006.xlsm

```
Sub 移動檔案()
    Dim myFSO As New FileSystemObject
    Dim myFile As File
    Set myFile = myFSO.GetFile("C:\估價單資料\估價單_0910.xlsx")
    myFile.Move Destination:="C:\估價單資料\已提出\"
End Sub
```

以 FSO 確認檔案是否存在

要利用 FSO 確認檔案是否存在，可使用 FileSystemObject 物件的 FileExists 方法。在參數 FileSpec 指定要確認的檔案與檔案路徑即可。FileExists 方法會在檔案存在時傳回 True，並在檔案不存在時傳回 False。例如，要在 C 磁碟的**資料**資料夾搜尋以 InputBox 函數輸入的檔案名稱，再

以訊息的方式顯示結果，可將程式碼寫成下列內容。　　　**範例** 7-3_007.xlsm

```
Sub 確認檔案是否存在()
    Dim myFSO As New FileSystemObject
    Dim myFileName As String
    Dim myResult As Boolean
    myFileName = InputBox("請輸入檔案名稱與副檔名")
    myResult = myFSO.FileExists("C:\資料\" & myFileName)
    If myResult = True Then
        MsgBox "有相同名稱的檔案存在"
    Else
        MsgBox "沒有相同名稱的檔案存在"
    End If
End Sub
```

利用 FSO 分別取得檔案名稱與副檔名

FileSystemObject 物件的 GetBaseName 方法可從參數 Path 指定的檔案取得沒有副檔名的檔案名稱。此外，FileSystemObject 物件的 GetExtensionName 方法可從參數 Path 指定的檔案取得檔案的副檔名。例如，要在**開啟舊檔**交談窗選擇檔案，再分別

取得與顯示檔案名稱與副檔名，可寫成下列的內容。　　　**範例** 7-3_008.xlsm

```
Sub 取得副檔名()
    Dim myFSO As New FileSystemObject
    Dim myFilePath As String
    myFilePath = Application.GetOpenFilename
    MsgBox myFSO.GetBaseName(myFilePath)
    MsgBox myFSO.GetExtensionName(myFilePath)
End Sub
```

▶ 取得資料夾內的所有檔案

物件.**Files** ────────────────────────── 取 得

▶解說
要取得資料夾之內的所有檔案 (Files 集合) 可使用 Folder 物件的 Files 屬性。若要取得包含特定檔案的資料夾 (Folder 物件) 可使用 FileSysemObject 物件的 GetFolder 方法，接著再對取得的 Folder 物件使用 Files 屬性。　　　**參照** 取得資料夾……P.7-45

▶設定項目
物件............ 指定為利用 FileSystemObject 物件的 GetFolder 方法取得的 Folder 物件。

（避免發生錯誤）

要利用 New 保留字產生 FileSystemObject 物件的實體必須先完成引用「Microsoft Scripting Runtime」的設定。　　　**參照** 使用檔案系統物件……P.7-36

範 例 替資料夾內的所有檔案製作清單

在此要取得 C 磁碟中**業績資料**資料夾內的所有檔案名稱、修改日期、檔案大小，再於儲存格中顯示這些資訊。這些資料可分別透過 File 物件的 Name 屬性、DateLastModified 屬性與 Size 屬性取得。　　　**參照** File 物件的主要屬性……P.7-44

範例 7-3_009.xlsm 業績資料／業績資料 (4 月).xlsx ～業績資料 (6 月).xlsx

```
 1  Sub␣所有檔案資訊清單()
 2      Dim␣myFSO␣As␣New␣FileSystemObject
 3      Dim␣myFolder␣As␣Folder
 4      Dim␣myFiles␣As␣Files
 5      Dim␣myFile␣As␣File
 6      Dim␣i␣As␣Integer
 7      Set␣myFolder␣=␣myFSO.GetFolder("C:\業績資料")
 8      Set␣myFiles␣=␣myFolder.Files
 9      i␣=␣3
10      For␣Each␣myFile␣In␣myFiles
11          Cells(i,␣1).Value␣=␣myFile.Name
12          Cells(i,␣2).Value␣=␣myFile.DateLastModified
13          Cells(i,␣3).Value␣=␣myFile.Size
14          i␣=␣i␣+␣1
15      Next
16  End␣Sub
```

1	「所有檔案資訊清單」巨集
2	宣告 FileSystemObject 類型的變數 myFSO
3	宣告 Folder 類型的變數 myFolder
4	宣告 Files 類型的變數 myFiles
5	宣告 File 類型的變數 myFile
6	宣告整數類型的變數 i
7	將 C 磁碟的**業績資料**資料夾存入變數 myFolder
8	根據變數 myFolder 的資料夾，將資料夾之內的所有檔案存入變數 myFiles
9	將 3 存入變數 i
10	依序將存在變數 myFiles 的檔案存入變數 myFile，再進行下列處理 (For 陳述式的開頭)
11	在第 i 列、第 1 欄的儲存格顯示變數 myFile 的檔案的檔案名稱
12	在第 i 列、第 2 欄的儲存格顯示變數 myFile 的檔案的修改時間
13	在第 i 列、第 3 欄的儲存格顯示變數 myFile 的檔案的檔案大小
14	讓變數 i 遞增 1
15	回到第 11 行程式碼
16	結束巨集

替 C 磁碟的**業績資料**資料夾的所有檔案建立資訊清單

 取得檔案資訊的函數

也可利用 Dir 函數取得資料夾之內的所有檔案的檔案名稱。FileDateTime 函數可取得檔案的修改日期，FileLen 函數可取得檔案大小。不過，「物件 . 屬性」這種 FSO 語法比上述這些語法更加簡潔。

參照📖 利用 Dir 函數製作檔案清單……P.7-24
參照📖 檔案／資料夾／磁碟的操作……P.7-14

以 A3 儲存格為起點，分別在不同的儲存格
顯示檔案名稱、修改日期與檔案大小

	A	B	C	D
1	業績資料檔案清單			
2	檔案名稱	修改日期	檔案大小	
3				
4				
5				
6				

1 啟動 VBE，輸入程式碼

```
Sub 所有檔案資訊清單()
    Dim myFSO As New FileSystemObject
    Dim myFolder As Folder
    Dim myFiles As Files
    Dim myFile As File
    Dim i As Integer
    Set myFolder = myFSO.GetFolder("C:\業績資料")
    Set myFiles = myFolder.Files
    i = 3
    For Each myFile In myFiles
        Cells(i, 1).Value = myFile.Name
        Cells(i, 2).Value = myFile.DateLastModified
        Cells(i, 3).Value = myFile.Size
        i = i + 1
    Next
End Sub
```

2 執行巨集

在儲存格顯示每個檔案的資訊了

	A	B	C	D
1	業績資料檔案清單			
2	檔案名稱	修改日期	檔案大小	
3	業績資料(4月).xlsx	2022/11/3 09:46	9473	
4	業績資料(5月).xlsx	2022/11/3 09:46	8955	
5	業績資料(6月).xlsx	2022/11/3 09:46	9990	
6				
7				

File 物件的主要屬性

屬性	內容
Attributes	取得與設定檔案屬性
DateCreated	取得檔案建立日期
DateLastAccessed	取得檔案最後存取日期
DateLastModified	取得檔案最後修改日期
Drive	取得儲存特定檔案的磁碟 (Drive 物件)
Name	取得或設定檔案名稱
ParentFolder	取得儲存特定檔案的資料夾 (Folder 物件)
Path	取得檔案的路徑
Size	取得檔案的大小
Type	取得代表檔案種類的字串

取得資料夾

物件.GetFolder(FolderPath) ——————————————— 取得

▶解說

使用 FileSystemObject 物件的 GetFolder 方法可將資料夾當成 FSO 的 Folder 物件
取得。之後就可以使用 Folder 物件的屬性取得資料夾的相關資訊,也能利用
Folder 物件的方法操作資料夾。

▶設定項目

物件.....................指定為 FileSystemObject 物件

FolderPath..........指定要當成 Folder 物件取得的資料夾的名稱。可連帶指定路徑。
若只指定資料夾名稱就會以目前資料夾為操作對象。

〔避免發生錯誤〕

如果指定的資料夾不存在就會發生錯誤。請在執行程式之前確認資料夾是否存在。要
利用 New 保留字產生 FileSystemObject 物件的實體必須先完成引用「Microsoft Scripting
Runtime」的設定。　　　　　　　　　　　　　　參照!✦ 使用檔案系統物件……P.7-36

範例 以 FSO 複製資料夾

這次要將 C 磁碟的**會議資料**資料夾的**補充資料**資料夾以**補充資料 BK** 這個資
料夾名稱複製到 C 磁碟的**會議資料**資料夾的**備份**資料夾。將要複製的資料夾
當成 FSO 的 Folder 物件取得後,再利用 Folder 物件的 Copy 方法複製資料夾。

範例📄 7-3_010.xlsm

```
1  Sub␣複製資料夾()
2      Dim␣myFSO␣As␣New␣FileSystemObject
3      Dim␣myFolder␣As␣Folder
4      Set␣myFolder␣=␣myFSO.GetFolder("C:\會議資料\補充資料")
5      myFolder.Copy␣Destination:="C:\會議資料\備份\補充資料 BK"
6  End␣Sub
```

1 「複製資料夾」巨集
2 宣告 FileSystemObject 類型的物件變數 myFSO
3 宣告 Folder 類型的物件變數 myFolder
4 將 C 磁碟的**會議資料**資料夾之內的**補充資料**資料夾當成 Folder 物件取得,再存入
　變數 myFolder
5 將變數 myFolder 的資料夾以**補充資料 BK** 名稱,複製到 C 磁碟的**會議資料**資料夾下的
　備份資料夾
6 結束巨集

希望將**會議資料**資料夾內的**補充資料**資料夾以另一個資料夾名稱複製到**備份**資料夾

1 啟動 VBE，輸入程式碼

```
(一般)                          複製資料夾
    Option Explicit

    Sub 複製資料夾()
        Dim myFSO As New FileSystemObject
        Dim myFolder As Folder
        Set myFolder = myFSO.GetFolder("C:\會議資料\補充資料")
        myFolder.Copy Destination:="C:\會議資料\備份\補充資料BK"
    End Sub
```

2 執行巨集

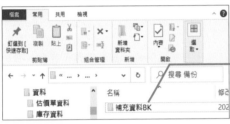

以另一個資料夾名稱複製到**備份**資料夾了

💡 **利用 FileSystemObject 物件的 CopyFolder 方法複製資料夾**

範例「以 FSO 複製資料夾」是先將要複製的資料夾當成 Folder 物件取得，再利用 Folder 物件的 Copy 方法複製資料夾。若想採用其他的方法可使用的 CopyFolder 方法複製資料夾。將參數 Source 指定為複製來源的資料夾路徑，再將參數 Destination 指定為複製目的地的資料夾路徑。例如，要將 C 磁碟的「會議資料」資料夾的「補充資料」資料夾以「補充資料 BK」這個名稱複製到「會議資料」資料夾的「備份」資料夾，可將程式碼寫成下列的內容。此外，若是要以相同的資料夾名稱複

製資料夾，請在參數 Destination 指定的資料夾路徑最後加上「\」。

📄**範例** 7-3_011.xlsm

```
Sub FSO複製資料夾()
    Dim myFSO As New FileSystemObject
    myFSO.CopyFolder Source:="C:\會議資料\補充資料", _
        Destination:="C:\會議資料\備份\補充資料BK"
End Sub
```

若是複製目的地有相同名稱的資料夾，Folder 物件的 Copy 方法與 FileSystemObject 物件的 CopyFolder 方法，會直接覆寫該資料夾。

📖**參照** 視情況利用 FSO 操作檔案或資料夾……P.7-50

💡 **利用 FSO 建立資料夾**

要利用 FSO 建立資料夾可使用 FileSystemObject 物件的 CreateFolder 方法。在參數 Path 指定資料夾的路徑即可。例如，要在 C 磁碟的**資料**資料夾建立**結算相關**資料夾，可將程式碼寫成如圖的內容。

```
Sub 建立資料夾()
    Dim FSO As New FileSystemObject
    FSO.CreateFolder Path:="C:\資料\結算相關"
End Sub
```

📄**範例** 7-3_012.xlsm

利用 FSO 移動資料夾

使用 FileSystemObject 物件的 MoveFolder 方法，可以 FSO 移動資料夾。將參數 Source 指定為移動來源的資料夾路徑，再將參數 Destination 指定為移動目的地的資料夾路徑即可。此時資料夾裡面的檔案會一併移動。例如，要將 C 磁碟的**估價單資料**資料夾的**估價單 (9 月份)** 資料夾移到**估價單資料**資料夾的**已提出**資料夾，可將程式碼寫成下圖的內容。如果只要在參數 Destination 指定移動目的地的資料夾，請在路徑的結尾加上「\」。

範例 7-3_013.xlsm

```
Sub FSO資料夾移動()
    Dim myFSO As New FileSystemObject
    myFSO.MoveFolder Source:="C:\估價單資料\估價單 (9月份)", _
        Destination:="C:\估價單資料\已提出\"
End Sub
```

若要將要移動的資料夾當成 Folder 物件取得，可利用 Folder 物件的 Move 方法移動資料夾。請在參數 Destination 指定移動目的地的資料夾路徑。

若要用 Move 方法執行與 範例 7-3_013. xlsm 相同的處理，可將程式碼寫成下列內容。

範例 7-3_014.xlsm

```
Sub 移動資料夾()
    Dim myFSO As New FileSystemObject
    Dim myFolder As Folder
    Set myFolder = myFSO.GetFolder("C:\估價單資料\估價單 (9月份)")
    myFolder.Move Destination:="C:\估價單資料\已提出\"
End Sub
```

參照 視情況利用 FSO 操作檔案或資料夾……P.7-50

 利用 FSO 刪除資料夾

使用 FileSystemObject 物件的 DeleteFolder 方法，可用 FSO 刪除資料夾。在參數 DeleteFolder 指定要刪除的資料夾的路徑。此時資料夾之內的檔案會一併刪除。相較於得先利用 Kill 陳述式刪除檔案，再刪除資料夾的 RmDir 陳述式來說，這種方法的程式碼將為簡潔。例如，要刪除 C 磁碟的**庫存資料**資料夾內的**庫存趨勢 (9 月)** 資料夾，可將程式碼寫成下列內容。

範例 7-3_015.xlsm

```
Sub FSO刪除資料夾()
    Dim myFSO As New FileSystemObject
    myFSO.DeleteFolder FolderSpec:="C:\庫存資料\庫存趨勢 (9月)"
End Sub
```

若要將要刪除的資料夾當成 Folder 物件取得可使用 Folder 物件的 Delete 方法刪除資料夾。

若要以 Delete 方法執行與 範例 7-3_015. xlsm 相同的處理，可寫成下列內容。

範例 7-3_016.xlsm

```
Sub 刪除資料夾()
    Dim myFSO As New FileSystemObject
    Dim myFolder As Folder
    Set myFolder = myFSO.GetFolder("C:\庫存資料\庫存趨勢 (9月)")
    myFolder.Delete
End Sub
```

當參數 Force 為 True，FileSystemObject 物件的 DeleteFolder 方法與 Folder 物件的 Delete 方法，就能刪除唯讀的資料夾。

利用 FSO 確認資料夾是否存在

要利用 FSO 確認資料夾是否存在，可用 FileSystemObject 物件的 FolderExists 方法。只要在參數 FolderSpec 指定要確認的資料夾的路徑即可。FolderExists 方法會在指定的資料夾存在時傳回 True，不存在時傳回 False。例如，要確認 C 磁碟中的**業績資料**資料夾是否存在，以及以訊息的方式顯示結果，可寫成如下的內容。

範例 7-3_017.xlsm

```
Sub 確認資料夾是否存在()
    Dim myFSO As New FileSystemObject
    Dim myResult As Boolean
    myResult = myFSO.FolderExists("C:\資料\業績資料")
    If myResult = True Then
        MsgBox "有相同名稱的資料夾存在"
    Else
        MsgBox "沒有相同名稱的資料夾存在"
    End If
End Sub
```

取得所有的資料夾

物件.SubFolders ——————————————————— 取得

▶解説

要取得資料夾內的所有資料夾 (Folders 集合) 可使用 Floder 物件的 SubFolders 屬性。可針對包含特定資料夾的資料夾 (Folder 物件) 執行程式。利用 SubFolders 屬性取得的 Folders 集合會包含具有隱藏與系統屬性的資料夾。

▶設定項目

物件 .... 指定為以 FileSystemObject 物件的 GetFolder 方法取得的 Folder 物件。

(避免發生錯誤)

要利用 New 保留字產生 FileSystemObject 物件的實體必須先完成引用「Microsoft Scripting Runtime」的設定。

參照🔔 使用檔案系統物件……P.7-36

範例 替資料夾內的所有資料夾建立清單

這次要替 C 磁碟的**營業管理**資料夾的所有資料夾建立清單。主要是利用 GetFolder 方法取得 C 磁碟的**營業管理**資料夾，再利用 SubFolder 屬性取得**營業管理**資料夾的所有資料夾。資料夾名稱可利用 Name 屬性取得，修改日期與檔案大小可分別利用 DateCreated 屬性、Size 屬性取得。

範例📄 7-3_018.xlsm

參照🔔 Folder 物件的主要屬性……P.7-50

```
1   Sub␣建立資料夾清單()
2       Dim␣myFSO␣As␣New␣FileSystemObject
3       Dim␣myFolders␣As␣Folders
4       Dim␣myFolder␣As␣Folder
5       Dim␣i␣As␣Integer
6       Set␣myFolders␣=␣myFSO.GetFolder("C:\資料\營業管理").SubFolders
7       i␣=␣3
8       For␣Each␣myFolder␣In␣myFolders
9           Cells(i,␣1).Value␣=␣myFolder.Name
10          Cells(i,␣2).Value␣=␣myFolder.DateCreated
11          Cells(i,␣3).Value␣=␣myFolder.Size
12          i␣=␣i␣+␣1
13      Next
14  End␣Sub
```

1 「建立資料夾清單」巨集
2 建立 FileSystemObject 類型的變數 myFSO
3 宣告 Folders 類型的變數 myFolders

4	宣告 Folder 類型的變數 myFolder
5	宣告整數型別的變數 i
6	以 FileSystemObject 物件的 GetFolder 方法取得 C 磁碟的**營業管理**資料夾，再利用 SubFolders 屬性以 Folders 集合取得**營業管理**資料夾底下的資料夾，再將 Folders 集合存入變數 myFolders
7	將 3 存入變數 i
8	將變數 myFolders 的資料夾依序存入變數 myFolder，再重複執行下列的處理 (For 陳述式的開頭)
9	在第 i 列、第 1 欄的儲存格，輸入物件變數 myFolder 的資料夾名稱
10	在第 i 列、第 2 欄的儲存格，輸入物件變數 myFolder 的資料夾建立日期
11	在第 i 列、第 3 欄的儲存格，輸入物件變數 myFolder 的資料夾大小
12	讓變數 i 遞增 1
13	回到第 9 行程式碼
14	結束巨集

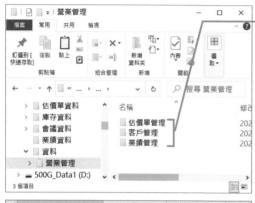

> 取得 C 磁碟的**營業管理**
> 資料夾內的所有資料夾

> **HINT** 參照指定磁碟的根資料夾
>
> 要參照指定磁碟的根資料夾可輸入
> 「磁碟名稱 : \」。例如，要參照 C
> 磁碟的根資料夾，可輸入「C:\」。
> 要將 C 磁碟的根資料夾以 FSO 的
> Folder 物件取得時，可使用
> FileSystemObject 物件的 GetFolder 方
> 法，將參數 FolderPath 寫成「myFSO.
> GetFolder ("C:\")」格式。

> 在儲存格顯示取得哪些資料夾

1 啟動 VBE，輸入程式碼　　**2** 執行巨集

```
Sub 建立資料夾清單()
    Dim myFSO As New FileSystemObject
    Dim myFolders As Folders
    Dim myFolder As Folder
    Dim i As Integer
    Set myFolders = myFSO.GetFolder("C:\資料\營業管理").SubFolders
    i = 3
    For Each myFolder In myFolders
        Cells(i, 1).Value = myFolder.Name
        Cells(i, 2).Value = myFolder.DateCreated
        Cells(i, 3).Value = myFolder.Size
        i = i + 1
    Next
End Sub
```

▲	A	B	C	D
1	[營業管理] 資料夾清單			
2	資料夾名稱	建立日期	檔案大小	
3	估價單管理	2022/11/22 14:00	23909	
4	客戶管理	2022/11/22 14:00	15941	
5	業績管理	2022/11/22 14:00	7970	
6				

> 顯示了資料夾名稱、建
> 立日期與資料夾大小

Folder 物件的主要屬性

屬性	內容
Attributes	取得與設定資料夾屬性
DateCreated	取得資料夾建立日期
DateLastAccessed	取得資料夾最後存取日期
DateLastModified	取得資料夾最後修改日期
Drive	取得儲存特定資料夾的磁碟 (Drive 物件)
Files	取得資料夾之內的所有檔案
IsRootFolder	調查是否為根資料夾
Name	取得或設定資料夾名稱
ParentFolder	取得儲存特定資料夾的資料夾 (Folder 物件)
Path	取得資料夾的路徑
Size	取得資料夾之內的檔案與子資料夾的合計大小
SubFolders	取得資料夾之內的所有資料夾

視情況利用 FSO 操作檔案或資料夾

利用 FSO 操作檔案或資料夾的方法主要分成兩大種。第一種方法是以 File 物件或
Folder 物件取得要操作的檔案或資料夾，再進行相關操作的方法。這種方法只需要將
特定的檔案路徑或資料夾路徑當成物件取得，所以程式碼很簡潔。

第二種方法則是不將操作對象當成物件取得，直接透過 FileSystemObject 物件的各種
方法操作。這種方法雖然不需要將操作對象當成物件取得，但每次操作對象時，都必
須指定檔案或資料夾的路徑。此外，這兩種操作方法也分別整理成檔案的刪除、複製
與移動的操作方法 (7-41 頁的 HINT 介紹的)，以及資料夾的刪除、複製與移動的操作
方法 (7-46 頁～ 7-47 頁的 HINT)。請視情況選擇適合的方法來使用。

取得磁碟

物件.GetDrive(DriveSpec) ────────────── 取得

▶ 解説

使用 FileSystemObject 物件的 GetDrive 方法就能將磁碟當成 FSO 的 Drive 物件取
得，之後就能利用 Drive 物件的屬性取得磁碟的各種資訊。

▶ 設定項目

物件 .... 指定為 FileSystemObject 物件

DriveSpec .... 指定要當成 Drive 物件取得的磁碟的名稱。

假設指定的磁碟不存在就會發生錯誤。請在執行前確認磁碟是否存在。要利用 New 保留字產生 FileSystemObject 物件的實體必須先完成引用「Microsoft Scripting Runtime」的設定。

參照 使用檔案系統物件……P.7-36

範例　查詢磁碟的已使用容量

在此要取得 C 磁碟的已使用容量。磁碟的已使用容量可先利用 TotalSize 屬性取得磁碟的總容量，接著再減掉 FreeSpace 屬性取得的磁碟可用容量。

範例 7-3_019.xlsm

```
1  Sub 磁碟的已使用容量()
2      Dim myFSO As New FileSystemObject
3      Dim myDrive As Drive
4      Set myDrive = myFSO.GetDrive("C")
5      With myDrive
6          Range("B1").Value = .TotalSize - .FreeSpace
7      End With
8  End Sub
```

1 「磁碟的已使用容量」巨集
2 宣告 FileSystemObject 類型的變數 myFSO
3 宣告 Drive 類型的變數 myDrive
4 將 C 磁碟當成 Drive 物件取得，再存入變數 myDrive
5 針對變數 myDrive 進行下列的處理 (With 陳述式的開頭)
6 讓變數 myDrive 的 C 磁碟總容量減去可用空間，再於 B1 儲存格顯示結果
7 結束 With 陳述式
8 結束巨集

在 B1 儲存格顯示 C 磁碟的已使用容量

1 啟動 VBE，輸入程式碼

2 執行巨集

在儲存格 B1 顯示了 C 磁碟的已使用容量

A	B	C
C磁碟已經使用的容量	211,613,757,440	

取得磁碟的總容量

要調查磁碟的總容量可使用 Drive 物件的 TotalSize 屬性。TotalSize 屬性傳回的磁碟總容量將會以 Byte 為單位。

取得磁碟的可用容量

要取得磁碟的可用容量可使用 Drive 物件的 FreeSpace 屬性。FreeSpace 屬性傳回的磁碟可用容量會以 Byte 為單位。此外，也可以使用 Drive 物件的 AvailableSpace 屬性取得磁碟的可用容量。一般來說，FreeSpace 屬性與 AvailableSpace 屬性會傳回相同的值，但是當 OS 具有磁碟配額功能，就有可能會傳回不同的值。磁碟配額功能是在電腦有多位使用者時，設定各使用者可用容量上限的功能。

確認磁碟是否存在

要確認磁碟是否存在可使用 FileSystemObject 物件的 DriveExists 方法。可在參數 DriveSpec 指定要確認存在與否的磁碟。假設磁碟存在，DriveExists 方法就會傳回 True，若是不存在就會傳回 False。例如，要確認 C 磁碟是否存在，以及以訊息的方式顯示結果，可將程式碼寫成下列的內容。

```
Sub 確認磁碟是否存在()
    Dim myFSO As New FileSystemObject
    Dim myResult As Boolean
    myResult = myFSO.DriveExists("C")
    If myResult = True Then
        MsgBox "指定的磁碟存在"
    Else
        MsgBox "指定的磁碟不存在"
    End If
End Sub
```

範例 7-3_020.xlsm

Drive 物件的主要屬性

屬性	內容		
AvailableSpace	取得可用磁碟容量		
DriveLetter	取得磁碟的名稱		
DriveType	取得磁碟的種類。DriveType 屬性會傳回代表磁碟種類的 DriveTypeConst 列舉型的常數 **DriveTypeConst 列舉型的常數**		
	常數	**值**	**磁碟種類**
	UnknownType	0	無法判斷
	Removeable	1	可卸除式媒體
	Fixed	2	硬碟
	Remote	3	網路磁碟機
	CDRom	4	CD-Rom
	RamDisk	5	隨機存取記憶體區塊
FreeSpace	取得可用磁碟容量		
IsReady	調查磁碟是否準備就緒		
RootFolder	取得根資料夾。RootFolder 屬性會傳回代表根資料夾的 Folder 物件		
TotalSize	取得磁碟的總容量		

7-4 XML 與 JSON 格式的檔案

XML 與 JSON 格式的檔案

Excel VBA 也能操作 XML 格式或 JSON 格式這類進階格式的檔案。只要配合這些格式的語法，就能輕鬆地輸出／輸入工作表的資料。

操作 XML 格式的檔案

在活頁簿加上定義 XML 資料的文件結構與資料類型的 XML Schema，就能讓儲存格或表格（列表）的欄位與 XML 資料的元素產生對應。產生對應之後，就能確認儲存格或表格的資料是否符合 XML Schema 定義的結構，以及以預設的文件結構輸出為 XML 資料。

在活頁簿追加 XML Schema，讓 XML 資料的元素與儲存格或表格產生對應

確認文件結構再輸出／入

XML 格式的資料

操作 JSON 格式的檔案

JSON 是一種與網路服務不可或缺的 JavaScript 高度相容的檔案格式。可利用物件（成對的項目名稱與資料）這種單位撰寫資料。除了語法不同之外，字元編碼也不同。Windows 預設的字元編碼為 ANSI (Shift-JIS)，而 JSON 的字元編碼類帝 UTF-8，所以必須先轉換字元編碼再輸出或輸入。

工作表的資料是 ANSI (Shift-JIS) 這種字元編碼

轉換字元編碼再輸出／入

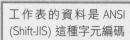

JSON 格式的資料為 UTF-8 這種字元編碼

在活頁簿中新增 XML Schema

物件.**Add**(Schema, RootElementName)

▶解說

要在活頁簿追加 XML Schema，可使用 XmlMaps 集合的 Add 方法。Add 方法可開啟參數 Schema 指定的 XML Schema，再將該 XML Schema 新增至活頁簿，然後傳回代表該 XML Schema 與活頁簿相關性的 XmlMap 物件。此外，XmlMaps 集合可利用 Workbook 物件的 XmlMaps 屬性參照。

▶設定項目

物件 .... 指定為 XmlMaps 集合。

Schema .... 指定為要新增至活頁簿的 XML Schema。可連帶指定儲存該 XML
Schema 的路徑。此外，也可以利用 URL (Uniform Resource
Locator) 的格式指定。

RootElementName... 在 XML Schema 定義了多個根元素的情況下，指定要與活頁簿
建立對應的根元素。假設只定義了單個根元素，就可以省略這
個參數。

避免發生錯誤

假設新增的 XML Schema 未正確撰寫，就會發生 XML 剖析錯誤。

讓儲存格或欄位與 XML 資料的元素建立對應

物件.**SetValue**(Map, XPath, Selection Namespace, Repeating)

▶解説

要讓 XML 資料的元素與儲存格或表格的欄位建立對應，可使用 XPath 物件的
SetValue 方法。要指定建立對應的元素可於參數 XPath 撰寫元素在 XML Schema
之內的階層位置 (Location 路徑)。要指定撰寫了元素定義的 XML Schema，可在
參數 Map 指定代表該 XML Schema 與活頁簿相關性的 XmlMap 物件。

▶設定項目

物件 .... 要與儲存格建立對應時，可指定為以 Range 物件的 XPath 屬性
參照的 XPath 物件，要與表格的欄位建立對應時，可使用代表
表格欄位的 ListColumn 物件的 XPath 屬性參照的 XPath 物件。

Map .... 指定為代表 XML Schema 與活頁簿相關性的 XmlMap 物件。

XPath .... 指定代表元素階層位置 (Location 路徑) 的字串。在代表虛擬根
元素的「/ (斜線)」之後後增元素的階層與名稱，各階層之間可
利用「/ (斜線)」間隔。

Selection Namespace.... 指定為參數 XPath 指定的字串之內的命名空間前綴。如果未使
用可省略這個參數 (可省略)。

Repeating .... 讓元素與表格的欄位建立對應時，將此參數設定為 True，與單
一儲存格建立對應時，將此參數設定為 False。

避免發生錯誤

對已經與元素建立對應的儲存格或表格的欄位執行 SetValue 方法就會發生錯誤。此外，
建立對應的對象與參數 Repeating 的設定若是不一致，同樣會發生錯誤。

範 例　讓 XML 資料的元素與儲存格或表格的欄位建立對應

C 磁碟下的 **Schema** 資料夾的 XML Schema 檔案 **order.xsd** 定義了 XML 資料的各種元素，這次要試著讓這些元素與作用中工作表的儲存格或表格的欄位建立對應。這次要讓 B3 儲存格與元素 customer 建立對應，接著讓**訂購資料**表格的第一欄與元素 **no** 建立對應，第二欄與元素 **name** 建立對應，最後再讓第三欄與元素 **amount** 建立對應，而這些對應都設定為「orderDataXmlMap」名稱。

範例自 7-4_001.xlsm ／ order.xsd

參照 簡單的 XML Schema 的寫法……P.7-59

參照 XML Schema……P.7-58

```
1   Sub 與 XMLSchema 建立對應()
2       Dim myXMLMap As XmlMap
3       Set myXMLMap = ActiveWorkbook.XmlMaps.Add _
            (Schema:="C:¥スキーマ¥order.xsd")
4       Range("B3").XPath.SetValue Map:=myXMLMap, _
            XPath:="/order/customer", Repeating:=False
5       With ActiveSheet.ListObjects("注文データ")
6           .ListColumns(1).XPath.SetValue Map:=myXMLMap, _
                XPath:="/order/goods/no", Repeating:=True
7           .ListColumns(2).XPath.SetValue Map:=myXMLMap, _
                XPath:="/order/goods/name", Repeating:=True
8           .ListColumns(3).XPath.SetValue Map:=myXMLMap, _
                XPath:="/order/goods/amount", Repeating:=True
9       End With
10      myXMLMap.Name = "orderDataXmlMap"
11  End Sub
```

註：「_（換行字元）」，當程式碼太長要接到下一行程式時，可用此斷行符號連接→參照 P.2-15

1 「與 XMLSchema 建立對應」巨集
2 宣告 XmlMap 類型的物件變數 myXMLMap
3 將 C 磁碟的 **Schema** 資料夾的 XML Schema 檔案 **order.xsd** 新增至作用中活頁簿，再將代表 XML Schema 檔案「**order.xsd**」與活頁簿相關性的 XmlMap 物件存入物件變數 myXMLMap 中
4 在 B3 儲存格的 Location 路徑設定階層「/oder/customer」，讓 B3 儲存格與元素 customer 建立對應
5 對作用中工作表的**訂購資料**表格，進行下列處理 (With 陳述式的開頭)
6 在第 1 欄的 Location 路徑設定階層「/order/goods/no」，讓第 1 欄與元素 **no** 建立對應
7 在第 2 欄的 Location 路徑設定階層「/order/goods/name」，讓第 2 欄與元素 **name** 建立對應
8 在第 3 欄的 Location 路徑設定階層「/order/goods/amount」，讓第 3 欄與元素 **amount** 建立對應
9 結束 With 陳述式
10 將物件變數 myXMLMap 的 XML Schema 檔案的對應性設為「orderDataXmlMap」名稱
11 結束巨集

想讓作用中工作表的儲存格與表格的欄位與 XML 資料的元素建立對應

在 C 磁碟新增 **Schema** 資料夾，再於此資料夾存放 XML Schema 檔案 **order.xsd**

1 開啟要與 XML 資料的元素建立對應的工作表

2 點選**開發人員**頁次

3 按下來源鈕

開啟 **XML 來源**窗格了

沒有與 XML 資料的元素的對應

> **HINT** 設定 XML Schema 與活頁簿的相關性的名稱
>
> 要設定 XML Schema 與活頁簿的相關性的名稱可在 XmlMap 物件的 Name 屬性指定與名稱有關的字串。

4 啟動 VBE，輸入程式碼

```
(一般)                              與XMLSchema建立對應
Option Explicit

Sub 與XMLSchema建立對應()
    Dim myXMLMap As XmlMap
    Set myXMLMap = ActiveWorkbook.XmlMaps.Add _
        (Schema:="C:\Schema\order.xsd")
    Range("B3").XPath.SetValue Map:=myXMLMap, _
        XPath:="/order/customer", Repeating:=False
    With ActiveSheet.ListObjects("訂購資料")
        .ListColumns(1).XPath.SetValue Map:=myXMLMap, _
            XPath:="/order/goods/no", Repeating:=True
        .ListColumns(2).XPath.SetValue Map:=myXMLMap, _
            XPath:="/order/goods/name", Repeating:=True
        .ListColumns(3).XPath.SetValue Map:=myXMLMap, _
            XPath:="/order/goods/amount", Repeating:=True
    End With
    myXMLMap.Name = "orderDataXmlMap"
End Sub
```

5 執行巨集

XML 資料的元素與儲存格或表格的欄位建立對應後，就會在 **XML 來源**窗格中顯示有哪些對應

認識 XML ◀◀◀

XML(Extensible Markup Language) 就是撰寫資料的意義或是階層構造的標記語言。在資料追加標籤這種資訊，描述資料的意義，再將資料整理成巢狀結構，説明資料的階層構造。資料的階層構造主要會以 XML Schema 設計，再根據該階層構造製作 XML 資料。由於以 XML 撰寫的檔案是純文字格式，所以相容性極高，可於不同的 OS 或應用程式交換資料。

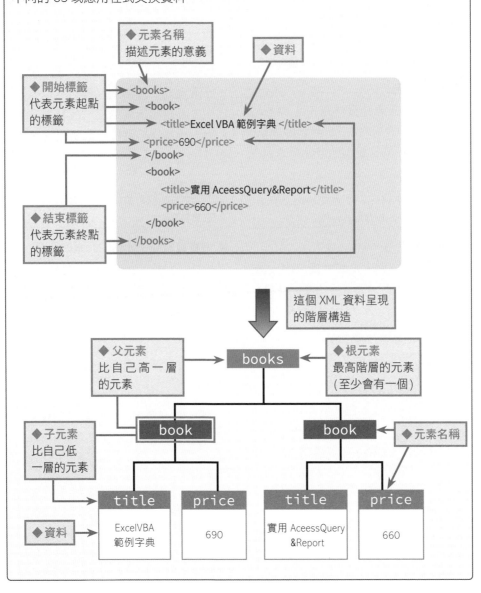

XML 資料的寫法　◄◄◄

XML 是以稱為元素的單位組成，以及透過「標籤」這種字串描述資料的意義，再以巢狀結構撰寫資料，形成資料的階層構造。要注意的是，大小寫英文字母是不同的。XML 資料的副檔名為「xml」。此外，要進一步了解 XML 的規格可參考 W3C (英語) 的網頁 (http://www.w3.org/TR/xml/) 或是專業書籍。

● XML 宣告
這是說明接下來的資料為 XML 資料的部分，通常會寫在 XML 資料的開頭。於 encoding 屬性設定的字元編碼通常會依照 OS 或應用程式的環境設定。

```
<?xml␣version="1.0"␣encoding=
"UTF-8"␣standalone="yes"?>
```

● 元素的寫法
元素分則是以「<元素名稱> (開始標籤)」與「</元素名稱> (結束標籤)」挾住資料撰寫。

```
<元素名稱>資料</元素名稱>
```

● 屬性的寫法
各元素的補充資料都是所謂的「屬性」，而屬性可在開始標籤的元素名稱後面輸入一個半形空白字元 (半形空白字元、換行字元或是定位點都可以)，再接著撰寫。要設定的屬性值可寫在「屬性名稱=」後面，但是要以「"」(雙引號)」括住。如果要設定多個屬性值可利用空白字元間隔。

```
「元素名稱 屬性名稱1="屬性值1" 屬性名稱
2="屬性值2"……>資料</元素名稱>
```

● 帶有子元素的元素的寫法
在元素之內撰寫的元素稱為「子元素」。子元素也是利用開始標籤與結束標籤括住，再依照下列的格式撰寫。只要套用縮排格式，就能一眼看出階層構造。

```
<元素名稱>
    <子元素名稱>資料</子元素名稱>
</元素名稱>
```

● 沒有資料或子元素的元素的寫法
沒有資料或子元素的元素不需要「<元素名稱></元素名稱>」這個部分，只需要如下撰寫。

```
<元素名稱/>
```

沒有資料或子元素的元素可如下設定屬性。

```
<元素名稱␣屬性名稱1="屬性值1"␣屬性名
稱2="屬性值2"……␣/>
```

 XML Schema

XML Schema 就是定義 XML 資料的階層構造、元素以及元素的資料類型的 XML 檔案。XML Schema 的副檔名為「xsd」。載入 XML Schema，就能確認 XML 資料的元素與元素的階層構造。此外，要確認 XML 資料是以何種元素與階層構造建立時，也可以參照 XML Schema。

 命名空間前綴

命名空間前綴就是接在標籤的元素名稱前方的字串。命名空間前綴可辨識標籤屬於何處制定的標籤。例如，將開始標籤寫成 <xsd: 標籤名稱」的格式，代表這個標籤為 XML Schema 的標籤。

簡單的 XML Schema 的寫法 ◀◀◀

在此要參考 7-55 頁範例的 XML Schema 「order.xsd」及介紹簡單的 XML Schema 寫法。想進一步了解 XML Schema 的寫法，可參考 W3C(英語)的網頁 (http://www.w3.org/TR/xmlschema-0) 或是相關書籍。

● **XML 宣告與命名空間前綴 (第1、2 行)**
由於 XML Schema 也是 XML 格式的資料，所以第1 行要先撰寫 XML 宣告。第 2 行則要撰寫 XML Schema 的根元素，就是 schema 元素。此範例宣告了「xsd」這個 XML Schema 命名空間前綴。

● **沒有子元素的寫法 (第6、10 ～ 12 行)**
在 XML 資料出現的元素會以 element 元素撰寫。元素名稱以 name 屬性定義，元素的資料類型則以 type 屬性定義。「xsd:string」代表的字串類型，「xsd:int」代表4 位元組的整數類型。

● **出現順序固定的元素寫法 (帶有子元素的元素) (7 ～ 15 行、3 ～ 18 行)**
子元素可利用 complexType 元素統整，寫成 element 元素的子元素。若要定義子元素的出現順序可用 sequence 元素統整，再依出現順序寫成 complexType 元素的子元素。

```
<xsd:element>
    <xsd:complexType>
      <xsd:sequence>
            依照出現順序撰寫子元素
      </xsd:sequence>
    </xsd:complexType>
</xsd:element>
```

● **多次出現的元素 (第 7 行)**
多次出現的元素可利用 minOccurs 屬性撰寫最低出現次數，以及利用 maxOccurs 屬性撰寫最高出現次數。如果不想有這類限制，可將 maxOccurs 屬性指定為「unbounded」。

```
 1  <?xml version="1.0" encoding="UTF-8" ?>
 2  <xsd:schema xmlns:xsd="http://www.w3.org/2001/XMLSchema">
 3    <xsd:element name="order">
 4      <xsd:complexType>
 5        <xsd:sequence>
 6          <xsd:element name="customer" type="xsd:string" />
 7          <xsd:element name="goods" minOccurs="1" maxOccurs="unbounded">
 8            <xsd:complexType>
 9              <xsd:sequence>
10                <xsd:element name="no" type="xsd:string" />
11                <xsd:element name="name" type="xsd:string" />
12                <xsd:element name="amount" type="xsd:int" />
13              </xsd:sequence>
14            </xsd:complexType>
15          </xsd:element>
16        </xsd:sequence>
17      </xsd:complexType>
18    </xsd:element>
19  </xsd:schema>
```

※ order 元素的子元素為 customer 元素、goods 元素，也是以 customer 元素、goods 元素的順序出現。其中的 Goods 元素的子元素為 no 元素、name 元素、amount 元素，出現的順序也是 no 元素、name 元素、amount 元素。
※ goods 元素出現非常多次 (最低 1 次、無限制)。

以 XML 格式輸出資料

物件.**Export**(Url, Overwrite)

▶ 解説

要以 XML 格式輸出資料可使用 XmlMap 物件的 Export 方法。物件的部分可以指定代表 XML Schema 與活頁簿對應的 XmlMap 物件。轉換成 XML 格式的資料會輸出為參數 Url 指定的檔案，Export 方法會以 XlXmlExportResult 列舉型的常數傳回輸出結果。

XlXmlExportResult 列舉型常數

常數	值	內容
xlXmlExportSuccess	0	順利以 XML 格式輸出檔案
xlXmlExportValidationFailed	1	資料的內容與指定的 XML Schema 的定義不一致

▶ 設定項目

物件 .... 指定為 XmlMap 物件。

Url .... 以 XML 格式輸出資料時的檔案名稱。可連同路徑一併指定。

Overwrite .... 若輸出目的地已有相同名稱的檔案，而且想覆寫檔案的話，可將這個參數設定為 True，若不想覆寫則設定為 False。如果省略就自動指定為 False (可省略)。

(避免發生錯誤的方法)

當參數 Overwrite 指定為 False 或是省略，但輸出目的地有相同名稱的檔案存在時，就會發生錯誤。

範例 以 XML 格式輸出資料

此範例要利用 **orderDataXmlMap** 這個 XML Schema 與活頁簿的對應，將工作表的資料以 XML 格式輸出為 **orderData.xml** 檔案名稱。輸出目的地為 C 磁碟的 **XML 資料**資料夾。資料若是正常輸出，就會顯示**資料正常輸出**的訊息。此外，範例 7-4_002.xlsm 已經先執行前一個範例「讓 XML 資料的元素與儲存格或表格的欄位建立對應」的程式碼，讓 XML Schema 與活頁簿建立對應。 範例 7-4_002.xlsm

參照 讓 XML 資料的元素與儲存格或表格的欄位建立對應……P.7-55

```
1  Sub 以 XML 格式輸出資料()
2      Dim myResult As XlXmlExportResult
3      myResult = ActiveWorkbook.XmlMaps("orderDataXmlMap").Export _
           (Url:="C:\XML 資料\orderData.xml", Overwrite:=True)
4      If myResult = xlXmlExportSuccess Then
5          MsgBox "資料正常輸出"
6      ElseIf myResult = xlXmlExportValidationFailed Then
7          MsgBox "資料內容與 XML Schema 的定義不一致。"
8      End If
9  End Sub
```

註：「_（換行字元）」，當程式碼太長要接到下一行
程式時，可用此斷行符號連接→參照 P.2-15

1	「以 XML 格式輸出資料」巨集
2	宣告 XlXmlExportResult 類型的變數 myResult
3	利用「orderDataXmlMap」這個 XML Schema 與活頁簿的對應，讓工作表的資料以 XML 格式輸出為 C 磁碟的「XML 資料」資料夾的「orderData.xml」，再將輸出結果存入變數 myResult
4	如果變數 myResult 為 xlXmlExportSuccess (If 陳述式的開頭)
5	就顯示「資料正常輸出」
6	否則，當變數 myResult 為 xlXmlExportValidationFailed
7	就顯示「資料內容與 XML Schema 的定義不一致。」
8	結束 If 陳述式
9	結束巨集

想以 XML 格式輸出工作表的內容　　開啟儲存格或表格的欄位已與 XML 資料的元素建立對應的工作表

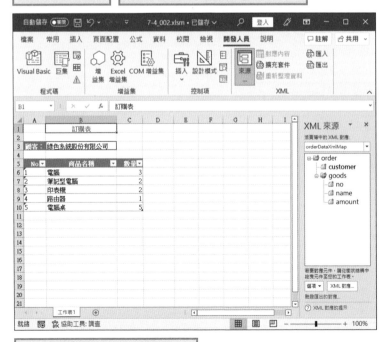

先在 C 磁碟新增 **XML 資料**資料夾

1 啟動 VBE，輸入程式碼

```vba
Option Explicit

Sub 以XML格式輸出資料()
    Dim myResult As XlXmlExportResult
    myResult = ActiveWorkbook.XmlMaps("orderDataXmlMap").Export _
        (Url:="C:\XML資料\orderData.xml", Overwrite:=True)
    If myResult = xlXmlExportSuccess Then
        MsgBox "資料正常輸出"
    ElseIf myResult = xlXmlExportValidationFailed Then
        MsgBox "資料內容與XML Schema的定義不一致。"
    End If
End Sub
```

2 執行巨集

顯示了訊息框

成功以 XML 格式
輸出資料了

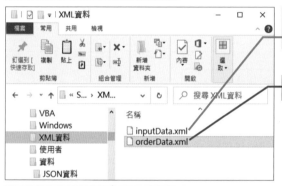

在 C 磁碟的 **XML 資料**資料夾
新增了 **orderData.xml** 檔案

3 雙按檔案

預設的應用程式啟動，顯示了 XML 檔案的內容

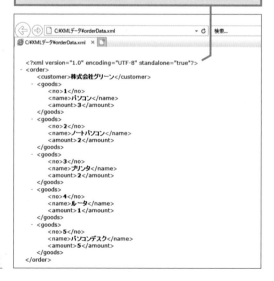

```xml
<?xml version="1.0" encoding="UTF-8" standalone="true"?>
<order>
    <customer>株式会社グリーン</customer>
    <goods>
        <no>1</no>
        <name>パソコン</name>
        <amount>3</amount>
    </goods>
    <goods>
        <no>2</no>
        <name>ノートパソコン</name>
        <amount>2</amount>
    </goods>
    <goods>
        <no>3</no>
        <name>プリンタ</name>
        <amount>2</amount>
    </goods>
    <goods>
        <no>4</no>
        <name>ルータ</name>
        <amount>1</amount>
    </goods>
    <goods>
        <no>5</no>
        <name>パソコンデスク</name>
        <amount>5</amount>
    </goods>
</order>
```

> ### 💡 開啟 XML 檔案的預設
> 應用程式
>
> 開啟 XML 檔案時，預設的應用程
> 式或是在一開始開啟檔案時選擇的
> 應用程式會自動啟動。有時候預設
> 的應用程式會是 Internet Explorer 或
> 是 Microsoft Edge 這類網頁瀏覽
> 器，但這類網頁瀏覽器只能開啟
> XML 檔案，沒辦法撰寫 XML 檔案。
> 若要撰寫或是編輯 XML 檔案，建
> 議使用 XML 檔案專用編輯器或是
> Visual Studio Code 這類文字編輯器。

將 XML 格式的資料存入字串類型的變數

要將 XML 格式的資料存入字串型別的變數可使用 XmlMap 物件的 ExportXml 方法。在參數 Data 指定輸出目的地的字串型別 (String) 變數。ExportXml 方法與 Export 方法一樣,都會以 XlXmlExportResult 列舉型常數傳回輸出結果。

例如,要將 XML 資料存入字串型別的變數 myXMLData,可寫成如下的內容。此外,要確認字串型別變數裡的 XML 資料,可使用「Debug.Print 儲存 XML 資料的變數名稱」,就會在**即時運算**視窗顯示 XML 資料的內容。 範例自 7-4_003.xlsm

```
Sub 以XML格式將資料存入字串類型的變數()
    Dim myResult As XlXmlExportResult
    Dim myXMLData As String
    myResult = ActiveWorkbook.XmlMaps("orderDataXmlMap").ExportXml(Data:=myXMLData)
    If myResult = xlXmlExportSuccess Then
        MsgBox "資料正常輸出"
    ElseIf myResult = xlXmlExportValidationFailed Then
        MsgBox "資料內容與XML Schema的定義不一致"
    End If
    Debug.Print myXMLData
End Sub
```

載入 XML 格式的檔案

物件.**Import**(Url, Overwrite)

▶解說

要將 XML 格式的檔案載入活頁簿可使用 XmlMap 物件的 Import 方法。物件的部分可指定為代表 XML Schema 與活頁簿對應的 XmlMap 物件。執行 Import 方法會開啟參數 Url 指定的 XML 檔案,再將各元素的資料匯入對應的儲存格或是表格欄位,而且會以 XlXmlImportResult 列舉型常數傳回匯入結果。

XlXmlImportResult 列舉型常數

常數	值	內容
xlXmlImportSuccess	0	正常匯入 XML 檔案
xlXmlImportElementsTruncated	1	XML 檔案超過工作表的範圍,多餘的資料被去除
xlXmlImportValidationFailed	2	XML 檔案的內容與指定的 XML Schema 的定義不一致

▶設定項目

物件 .... 指定為 XmlMap 物件。

Url .... 指定要匯入的 XML 檔案的名稱。可連同路徑一併指定。

Overwrite .... 若想覆寫既有的資料可設定為 True,若不想覆寫可指定為 False。這個參數若是省略,將自動指定為 False (可省略)。

避免發生錯誤

要匯入的 XML 檔案的內容若是未套用正確的格式,就會發生 XML 剖析錯誤。

範例 匯入 XML 格式的檔案

這次要使用「oderDataXmlMap」這個 XML Schema 與活頁簿的對應，載入 C 磁碟的「XML 資料」資料夾的 XML 檔案「InputData.xml」。如果順利載入就會顯示「正常匯入 XML 檔案。」的訊息。此外，這個範例「7-4_004.xlsm」執行了範例「讓 XML 資料的元素與儲存格或表格的欄位建立對應」的程式碼，讓 XML Schema 與活頁簿事先建立對應。

範例 7-4_004.xlsm／inputData.xml

參照 讓 XML 資料的元素與儲存格或表格的欄位建立對應……P.7-55

```
1   Sub 載入 XML 格式的檔案()
2       Dim myResult As XlXmlImportResult
3       myResult = ActiveWorkbook.XmlMaps("orderDataXmlMap").Import _
            (URL:="C:\XML 資料\inputData.xml", Overwrite:=True)
4       If myResult = xlXmlImportSuccess Then
5           MsgBox "正常匯入 XML 檔案"
6       ElseIf myResult = xlXmlImportValidationFailed Then
7           MsgBox "XML 檔案過大，去除了多餘的資料"
8       ElseIf myResult = xlXmlImportElementsTruncated Then
9           MsgBox "資料的內容與 XML Schema 的定義不一致"
10      End If
11  End Sub
```

1 「載入 XML 格式的檔案」巨集
2 宣告 XlXmlImportResult 類型的變數 myResult
3 使用 **orderDataXmlMap** 的 XML Schema 與活頁簿的對應，將 C 磁碟的 **XML 資料**資料夾的 XML 檔案「inputData.xml」載入啟用中工作表，再將載入結果存入變數 myResult
4 假設變數 myResult 為 xlXmlImportSuccess (If 陳述式的開頭)
5 顯示**正常匯入 XML 檔案**的訊息
6 否則，當變數 myResult 為 xlXmlImportValidaionFailed
7 顯示 **XML 檔案過大，去除了多餘的資料**訊息
8 否則，當變數 myResult 為 xlXmlImportElementsTruncated
9 顯示**資料的內容與 XML Schema 的定義不一致**訊息
10 If 陳述式結束
11 巨集結束

想將 XML 檔案的資料載入儲存格或表格欄位與 XML 資料的元素建立對應的工作表

先在 C 磁碟的 **XML 資料**資料夾配置要載入的 XML 檔案

先開啟儲存格或表格欄位與 XML
資料的元素建立對應的工作表

◢	A	B	C	D	E	F	G	H
1		訂購表						
2								
3	顧客：							
4								
5	No▼	商品名稱 ▼	數量▼					
6								
7								
8								
9								
10			┘					
11								
12								

1 啟動 VBE，輸入程式碼

```
Sub 載入XML格式的檔案()
    Dim myResult As XlXmlImportResult
    myResult = ActiveWorkbook.XmlMaps("orderDataXmlMap").Import _
        (Url:="C:\XML資料\inputData.xml", Overwrite:=True)
    If myResult = xlXmlImportSuccess Then
        MsgBox "正常匯入XML檔案"
    ElseIf myResult = xlXmlImportValidationFailed Then
        MsgBox "XML檔案過大，去除了多餘的資料"
    ElseIf myResult = xlXmlImportElementsTruncated Then
        MsgBox "資料的內容與XML Schema的定義不一致"
    End If
End Sub
```

2 執行巨集

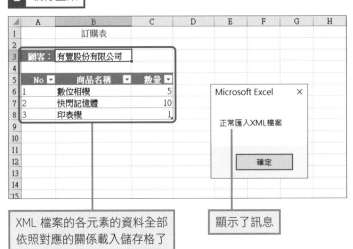

XML 檔案的各元素的資料全部
依照對應的關係載入儲存格了

顯示了訊息

載入字串類型變數的 XML 資料

要載入字串類型變數的 XML 資料可使用 XmlMap 物件的 ImportXml 方法。參數 XmlData
可指定儲存了 XML 資料的字串型別 (String) 變數。此外 Import 方法與 Import 方法一
樣，都會以 XlXmlImportResult 型別的常數。例如，要載入字串類型變數 myXMLData
的 XML 資料，可將程式碼寫成下列內容。此外，要在以「"」(雙引號)」括住的字串
之中使用「"」(雙引號)」時，可連續輸入兩個「""」。　　　　　範例 ▤ 7-4_005.xlsm

```
Sub 載入字串類型變數的XML資料()
    Dim myXMLData As String
    Dim myResult As XlXmlImportResult
    myXMLData = "<?xml version=""1.0"" standalone=""yes""?>" & _
        "<order><customer>株式會社Green</customer><goods>" & _
        "<no>1</no><name>雷射印表機</name><amount>2</amount></goods><goods>" & _
        "<no>2</no><name>影印紙</name><amount>10</amount></goods></order>"
    myResult = ActiveWorkbook.XmlMaps("orderDataXmlMap").ImportXml(XmlData:=myXMLData)
    If myResult = xlXmlImportSuccess Then
        MsgBox "正常載入XML資料"
    ElseIf myResult = xlXmlImportValidationFailed Then
        MsgBox "XML檔案過大，去除了多餘的資料"
    ElseIf myResult = xlXmlImportElementsTruncated Then
        MsgBox "資料的內容與XML Schema的定義不一致"
    End If
End Sub
```

▶ 載入字元編碼為 UTF-8 的檔案

物件.**LoadFromFile**(FileName)

▶ 解說

要載入字元編碼為 UTF-8 的檔案可使用 Stream 物件的 LoadFromFile 方法。在參
數 FileName 指定要載入的檔案與路徑。載入的資料會儲存為 Stream 物件，執行
Stream 物件的 ReadText 方法，就能取得字串類型 (String) 的資料。此外，要從
UTF-8 的當案載入資料必須如下表預先設定 Stream 物件的屬性值，再利用 Open
方法開啟 Stream 物件。載入之後，可利用 Close 方法關閉 Stream 物件。

▶ 設定項目

物件 .... 指定為 Stream 物件。

FileName .... 以字串類型 (String) 指定要載入的檔案的檔案路徑。

用來載入 UTF-8 檔案的 Stream 物件的屬性設定內容

Stream 物件的屬性	設定值	內容
Type	adTypeText	設定載入的資料的種類。要載入文字資料時，可指定為 adTypeText
Charset	"UTF-8:	以字串類型 (String) 設定載入的資料的字元編碼。指定為 UTF-8

要利用 New 保留字建立 ADODB 函式庫的 Stream 物件，就必須先完成引用 ADO 函式庫檔案的設定。

參照 使用 ADO 的事前準備……P.14-2

範 例 載入 JSON 格式的檔案

這次要將 C 磁碟的 **JSON 資料**資料夾的 JSON 檔案 **InputData.json** 載入工作表。Windows 預設的字元編碼為 ANSI(Shift-JIS)，而 JSON 檔案的字元編碼為 UTF-8，所以要先轉換字元編碼再載入資料。為此，要先設定 Stream 物件的 Charset 屬性，再利用 LoadFromFile 方法將資料存入 Stream 物件。此外，這個範例利用 Jscript 執行 JavaScript 的 eval 函數，將 JSON 格式的資料轉換成 Object 類型。

範例 7-4_006.xlsm

```
1  Sub 載入 JSON 格式的檔案()
2      Dim mySC As New ScriptControl, myStrm As New ADODB.Stream
3      Dim i As Integer, myJsonStr As String
4      Dim myJsonArray As Object, myJsonObj As Object
5      With myStrm
6          .Type = adTypeText
7          .Charset = "UTF-8"
8          .Open
9          .LoadFromFile "C:\JSON 資料\inputData.json"
10         myJsonStr = .ReadText
11         .Close
12     End With
13     With mySC
14         .Language = "JScript"
15         .AddCode "function getArrJSON(str){return eval(str);}"
16         Set myJsonArray = .CodeObject.getArrJSON(myJsonStr)
17     End With
18     i = 2
19     For Each myJsonObj In myJsonArray
20         Cells(i, 1).Value = myJsonObj.商品名稱
21         Cells(i, 2).Value = myJsonObj.價格
22         Cells(i, 3).Value = myJsonObj.庫存數量
23         i = i + 1
24     Next
25 End Sub
```

1 「載入 JSON 格式的檔案」巨集
2 宣告 ScriptControl 類型的變數 mySC 與 ADODB 函式庫的 Stream 類型的變數 myStrm
3 宣告整數類型的變數 i 與字串類型的變數 myJsonStr
4 宣告 Object 類型的變數 myJsonArray 與 Object 類型的變數 myJsonObj
5 對變數 myStrm 進行下列的處理「With 陳述式的開頭」

6	將載入的資料種類設定為文字資料
7	將載入的資料的字元編碼設定為「UTF-8」
8	開啟變數 myStrm 的 Stream 物件
9	將 C 磁碟的 **JSON 資料**資料夾的 **inputData.json** 載入 Stream 物件
10	取得載入 Stream 物件的所有資料，存入變數 myJsonStr
11	關閉變數 myStrm 的 stream 物件
12	結束 With 陳述式
13	對變數 mySC 進行下列處理 (With 陳述式的開頭)
14	將要執行的腳本語言設定為「JScript」
15	以參數接收字串 str 後，將字串 str 轉換成 JSON 物件，再定義傳回的 JScript 的 arrJSON 函數
16	將變數 myJsonStr 傳遞給 getArrJSON 函數的參數再執行函數，接著將轉換為 Object 類型 的 JSON 資料存入變數 myJsonArray
17	結束 With 陳述式
18	將 2 存入變數 i
19	將變數 myJsonArray 的 Object 類型的 JSON 資料依序存入變數 myJsonObj，再重複下列的 處理 (For Each 陳述式的開頭)
20	在第 i 列、第 1 欄的儲存格顯示變數 myJsonObj 的**商品名稱**的資料
21	在第 i 列、第 2 欄的儲存格顯示變數 myJsonObj 的**價格**的資料
22	在第 i 列、第 3 欄的儲存格顯示變數 myJsonObj 的**庫存數量**的資料
23	讓變數 i 遞增 1
24	回到第 20 行程式碼
25	結束巨集

想將 JSON 檔案的資料載入工作表	先在 C 磁碟 **JSON 資料**資料夾配置 JSON 檔案

先開啟要載入 JSON 檔案的工作表

1 啟動 VBE，輸入程式碼	**2** 執行巨集

> **HINT 引用 ScriptControl 函式庫的設定**
>
> 在載入 JSON 格式的檔案 巨集的第 2 行使用了 New 保留字產生 ScriptControl 物 件的實體。要執行這個處 理必須完成引用 Microsoft Script Control 1.0 設定。 設定引用的方法就是先啟 動 VBE，點選**工具→設定 引用項目**，再於開啟的**設 定引用項目**交談窗勾選 **Microsoft Script Control 1.0**，最後按下**確定**鈕。
>
> 參照 引用設定......P.7-36

載入 JSON 檔案的資料了

	A	B	C	D
1	商品名稱	價格	庫存數量	
2	桌上型電腦	22000	221	
3	筆記型電腦	28000	816	
4	平板電腦	8500	727	

 以 JSON 格式輸出資料

要以 JSON 格式輸出資料可依照 JSON 的格式製作字串類型的資料，再利用 ADODB 函式庫的 Stream 物件以 UTF-8 的字元編碼輸出。**範例** 7-4_007.xlsm 就將工作表的內容輸出為 C 磁碟的 **JSON 資料**資料夾的 **outputData.json**。

範例 7-4_007.xlsm

 64 位元版的 Excel 的注意事項

在執行 JScript 時，會使用外部函式庫 ScriptControll，但是 64 位元的環境未提供這個外部函式庫。所以 **範例** 7-4_006. xlsm 的**載入 JSON 格式的檔案**巨集無法在 64 位元版的 Exce 執行。要在 64 位元版的 Excel 操作 JSON 檔案必須安裝 VBA-JSON 工具。安裝 VBA-SON 工具的步驟以及使用 VBA-JSON 的程式碼，作者已整理成 **VBA-JSON 工具的使用方法 .pdf**，可在此章的範例檔案中找到。此外，點選**檔案→帳戶→關於 Excel**，就能從開啟畫面的前幾行內容得知 Excel 是否為 64 位元。

參照 VBA-JSON 工具的使用方法 .pdf

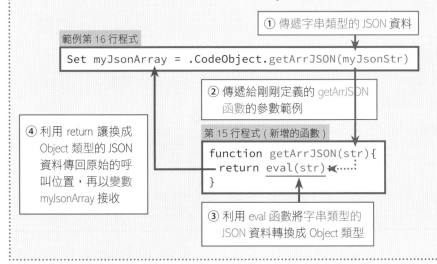 **使用 JScript 將 JSON 格式的資料轉換成 Object 類型**

以字串型別 (String) 取得的 JSON 格式資料可轉換成 Object 類型再使用。要將 JSON 格式的資料轉換成 Object 類型可使用與 JavaScript 具有相容性的微軟腳本語言「JScript」的 eval 函數。以 JScript 定義執行 eval 函數所需的函數，再利用外部函式庫 ScriptControl 執行定義的函數。在範例**載入 JSON 格式的檔案**就以 eval 函數將 JSON 格式的字串資料轉換成物件，

再定義傳回物件的 getArrJSON 函數，以及將函數新增至 ScriptControl，然後利用 CodeObject 屬性呼叫 getArrJSON 函數。取得的物件是儲存多個 JSON 物件的物件陣列的格式，所以可利用 For Each 陳述式逐一取得每個 JSON 物件再進行處理。此外，要利用 New 保留字產生 ScriptControl 的物件就必須先完成引用 **Microsoft Script Control 1.0** 的設定。

① 傳遞字串類型的 JSON 資料

範例第 16 行程式

```
Set myJsonArray = .CodeObject.getArrJSON(myJsonStr)
```

② 傳遞給剛剛定義的 getArrJSON 函數的參數範例

④ 利用 return 讓換成 Object 類型的 JSON 資料傳回原始的呼叫位置，再以變數 myJsonArray 接收

第 15 行程式 (新增的函數)

```
function getArrJSON(str){
    return eval(str)
}
```

③ 利用 eval 函數將字串類型的 JSON 資料轉換成 Object 類型

JSON 格式

JSON (JavaScript Object Notation) 是以 JavaScript 撰寫物件的方法為基礎來撰寫的格式。資料的單位為**物件** (成對的項目名稱與資料)。副檔名為「json」。近年來,網路服務的開發幾乎都會用到 JavaScript,所以這種格式也成為網路服務交換資料的主流格式。此外,JSON 格式的資料在傳輸時為字串類型,但要在 Excel VBA 程式使用時,就必須先轉換成 Object 類型。項目名稱將會是變數名稱,而對應的資料則存入這個變數,接著再將這些變數當成 Object 類型操作。此外,將 Object 類型的 JSON 資料存入物件變數,就能以「物件變數名稱.項目名稱」的語法取得 JSON 的各項目資料。多個物件的集合就是 Object 類型的陣列,所以能利用 For Each 陳述式統一操作這些物件。像這樣將 JSON 格式的資料轉換成 Object 類型,就能寫成與 VBA 的基本語法或是陳述式高度相容的程式碼。

● **物件的撰寫方式**

{"項目名稱 1":資料 1,"項目名稱 2":資料 2,…}

· 成對的項目名稱 (Key) 與資料可利用「:(冒號)」間隔

· 要撰寫多對項目名稱與資料時,可利用「,(逗號)」間隔

· 每個物件都要以「{}」括住

· 項目名稱 (Key) 一定要以「"(雙引號)」括住

· 若是數值資料可直接輸入,若是字串資料則需以「"(雙引號)」括住

●**多個物件的集合的撰寫方法**

[物件1,物件2,…]

· 利用「,(逗號)間隔多個物件

· 多個物件的集合需以「[]」括住

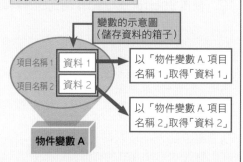

字串類型的 JSON 資料

{"項目名稱 1":資料 1,"項目名稱 2":資料 2,…}

轉換成 Object 之後的示意圖

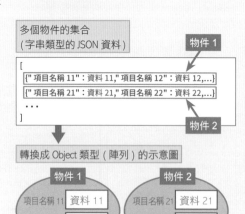

第 **8** 章

視窗的操作

8-1 視窗的操作

視窗的操作

Excel VBA 是將視窗當成 Window 物件操作。利用 Windows 屬性或 ActiveWindow 屬性參照 Window 物件，就能進行視窗的排列、複製、分割、固定大小以及與視窗相關的各種操作。

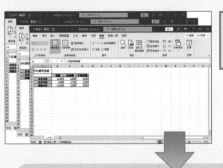

◆ 參照視窗
利用 **Windows** 屬性或 **ActiveWindow** 屬性參照要操作的視窗

◆ 排列視窗
利用 **Arrange** 方法排列視窗

◆ 開啟視窗的複本
利用 **NewWindow** 方法開啟視窗的複本

◆ 視窗的分割
利用 **SplitRow** 屬性或是 **SplitColumn** 屬性分割視窗

◆ 固定窗格
利用 **FreezePanes** 屬性固定窗格

參照視窗

物件.**Windows**(Index) ──────────────────── 取 得

▶解說

要參照在桌面開啟的 Excel 視窗可使用 Windows 屬性取得 Window 物件。參數 Index 可指定為要參照的視窗名稱或是視窗的索引編號。

▶設定項目

物件 .... 指定為 Application 物件 (可省略)。

Index .... 指定為要參照的視窗名稱 (視窗標題列的字串) 或是索引編號。 若是省略這個參數，就會參照所有在桌面開啟的視窗 (Windows 集合) (可省略)。

(避免發生錯誤)

若是參照未開啟的視窗就會發生錯誤，所以請先確認該視窗是否已經開啟。此外要注意 的是，副檔名的顯示設定也會影響程式的運作。　　　**參照** 指定視窗名稱時的注意事項……P.8-5

啟用視窗

物件.**Activate**

▶解說

要啟用視窗可使用 Activate 方法。這個方法常用在從桌面上的多個視窗，讓某個 特定視窗移到最上層。

▶設定項目

物件 .... 指定為要啟用的 Window 物件。

(避免發生錯誤)

Window 物件無法利用 Select 方法選取。要選取 Window 物件必須使用 Activate 方法。此 外，要以新視窗 (視窗的複本) 參照開啟的視窗時，要特別注意視窗名稱，因為 Excel 2019/2016/2013 與 Microsoft 365 Excel 的視窗名稱格式不一樣。

參照 新視窗名稱的差異……P.8-5

範例 啟用指定的視窗

此範例要從多個開啟的視窗中,啟用「業績資料 _7 月」這個視窗。要啟用的視窗可利用 **Windows 屬性**參照,再利用 **Activate 方法**啟用。為了在顯示副檔名的情況下也能順利啟用視窗,在指定視窗名稱時,會連同副檔名也一起指定。

範例 8-1_001.xlsm／業績資料 _7 月 .xlsx ～業績資料 _9 月 .xlsx

```
1  Sub␣啟用視窗()
2      Windows("業績資料_7月.xlsx"").Activate
3  End␣Sub
```

1	「啟用視窗」巨集
2	啟用名稱為「業績資料 _7 月 .xlsx」的視窗
3	結束巨集

想啟用這個視窗 (業績資料 _7 月 .xlsx)

1 啟動 VBE,輸入程式碼

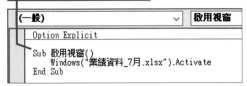

```
(一般)                              ∨    啟用視窗
Option Explicit

Sub  啟用視窗()
    Windows("業績資料_7月.xlsx").Activate
End Sub
```

2 執行巨集

啟用指定的視窗

> **HINT**
> **確認視窗名稱**
>
> 在 **Index** 參數指定的視窗名稱就是視窗標題列顯示的字串。通常是 Excel 活頁簿的檔案名稱,但有時候這個名稱會利用 **Caption** 屬性變更。如果因為視窗縮得太小而無法完整顯示視窗名稱時,請先將視窗**最大化**,再確認視窗名稱。此外,切換到**檢視**頁次的**視窗**區,按下**切換視窗**鈕,也能確認視窗名稱。
>
> **參照** 指定視窗名稱時的注意事項……P.8-5
> **參照** 指定視窗的標題……P.8-18

參照 指定視窗的標題……P.8-18

指定視窗名稱時的注意事項

如果在 Windows 的**資料夾選項**交談窗中的**檢視**頁次裡，沒有勾選**隱藏已知檔案類型的副檔名**，檔案名稱就會顯示「.xlsx」副檔名，在 Excel 的視窗標題也會顯示副檔名。因此，要指定視窗名稱時，必須連同副檔名一併指定。

此外，就算指定了副檔名，只要新增的活頁簿還未儲存，或是在 **Caption** 屬性設定了不包含副檔名的字串，視窗的標題列就不會顯示副檔名，此時就必須指定不包含副檔名的視窗名稱。

若是勾選了**資料夾選項**交談窗的**隱藏已知檔案類型的副檔名**選項，Excel 視窗的標題列就不會顯示副檔名，就算在指定視窗名稱時加入了副檔名也沒問題。

要開啟 Windows 的**資料夾選項**交談窗，可以先開啟任何一個資料夾，切換到**檢視**頁次，再按下**選項**鈕。

新視窗名稱的差異

以新視窗（視窗的複本）開啟的視窗名稱在 Excel 2019/2016/2013 的版本中，會加上「：編號」。

但是 Microsoft 365 Excel 則會在新視窗的視窗名稱後面加上「 - 編號」。「 - 」的前後不是全形空白字元，而是 2 個半形空白字元。

利用 Windows 屬性參照 Window 物件時，必須正確輸入這些視窗名稱，所以要特別注意因版本不同造成的差異。

視窗的索引編號

啟用中視窗的**索引編號**永遠都是「1」。因此，只要啟用中視窗有所變動，這些視窗的索引編號也會跟著變動。

參照啟用中視窗

物件.ActiveWindow ——————————————————— 取得

▶解說

要參照桌面上的啟用中視窗（最上層的 Window 物件）可使用 ActiveWindow 屬性。如果視窗沒有開啟就會傳回 **Nothing**。

▶設定項目

物件...................指定為 Application 物件 (可省略)。

避免發生錯誤

在**物件**這個參數指定 Workbook 物件就會發生錯誤。

範例 參照啟用中視窗

要從多個開啟的視窗中參照啟用中視窗,再以訊息的方式顯示啟用中視窗的名稱。視窗名稱可利用 **Caption** 屬性取得。

範例 **8-1_002.xlsm** ／業績資料 _7 月 .xlsx ～業績資料 _9 月 .xlsx

參照 指定視窗的標題……P.8-18

參照 以 MsgBox 函數顯示訊息……P.3-58

```
1  Sub␣參照啟用中視窗()
2      MsgBox␣"啟用中視窗:"␣&␣ActiveWindow.Caption
3  End␣Sub
```

1 「參照啟用中視窗」巨集
2 以訊息的方式顯示啟用中視窗的視窗名稱
3 結束巨集

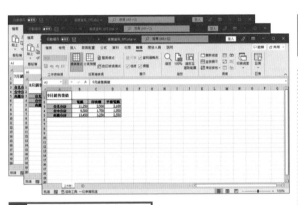

參照啟用中視窗,顯示視窗的名稱

> **Caption 屬性傳回的字串**
>
> 通常 Caption 屬性傳回的字串會包含副檔名,但是如果未儲存活頁簿,或是在 Caption 屬性設定不包含副檔名的字串,就會傳回沒有副檔名的字串。

1 啟動 VBE,輸入程式碼

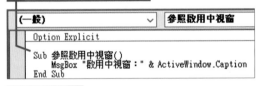

2 執行巨集

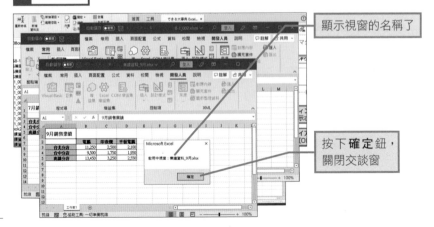

顯示視窗的名稱了

按下確定鈕,關閉交談窗

排列視窗

物件.**Arrange**(ArrangeStyle, ActiveWorkbook, SyncHorizontal, SyncVertical)

▶ 解說

要排列桌面上的視窗可用 Arrange 方法。這個方法與**檢視**頁次**視窗**區的**並排顯示**鈕功能相同。要排列啟用中視窗或是該視窗的複本時，可以讓畫面同步捲動。

▶ 設定項目

物件 .... 指定為 Windows 集合。

ArrangeStyle ...... 以 XlArrangeStyle 列舉型的常數指定排列方式。假設省略這個參數，將自動指定為 xlArrangeStyleTiled (可省略)。

XlArrangeStyle 列舉型的常數

常數	內容
xlArrangeStyleTiled	磚塊式並排
xlArrangeStyleHorizontal	水平並排
xlArrangeStyleVertical	垂直並排
xlArrangeStyleCascade	階梯式並排 (重疊視窗)

ActiveWorkbook ... 要排列啟用中視窗與該視窗的複本時，可指定為 True，若要排列所有視窗可指定為 False。若是省略，將自動指定為 False (可省略)。

SyncHorizontal .... 若希望並排的視窗同步水平捲動時指定為 True。這個參數只在 ActiveWorkbook 參數指定為 True 時有效。若是省略，將自動指定為 False (可省略)。 參照!! 開啟視窗的複本與同步捲動……P.8-9

SyncVertical ...... 若希望並排的視窗同步垂直捲動時指定為 True。這個參數只在 ActiveWorkbook 參數指定為 True 時有效。若是省略，將自動指定為 False (可省略)。

(避免發生錯誤)

最小化的視窗無法排列。請讓要排列的視窗恢復一般大小或是最大化。此外，如果有最小化的視窗，且 ActiveWorkbook 參數又被省略的話，巨集就有可能無法正常運作。

範例　讓視窗垂直並排

此範例要讓所有開啟的視窗垂直並排。由於範例是透過 Application 物件參照 Windows 集合，而且省略了 Arrange 方法的 ActiveWorkbook 參數，所以所有的視窗都變成排列的對象。 範例 📄 8-1_003.xlsm ／業績資料 _7月 .xlsx ～業績資料 _9月 .xlsx

```
1  Sub␣排列視窗()
2      Application.Windows.Arrange␣_
           ArrangeStyle:=xlArrangeStyleVertical
3  End␣Sub
```

註：「_ (換行字元)」，當程式碼太長要接到下一行程式時，可用此斷行符號連接→參照 P.2-15

1 「排列視窗」巨集
2 將排列方式指定為「垂直並排」再排列開啟的所有視窗
3 結束巨集

想讓視窗垂直並排

1 啟動 VBE，輸入程式碼

2 執行巨集

視窗垂直並排了

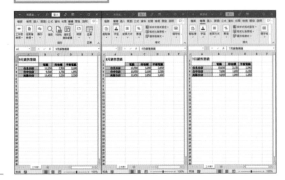

開啟視窗複本

物件.NewWindow

▶解說

要開啟視窗複本可使用 NewWindow 方法。一執行 NewWindow 方法就會開啟於物件指定的 Window 物件或 Workbook 物件的視窗複本。此外，切換到**檢視**頁次的**視窗**區，按下**開新視窗**鈕，也能開啟相同的視窗複本。

▶設定項目

物件 .... 指定為 Window 物件或 Workbook 物件。

（避免發生錯誤）

假如指定了還沒開啟的 Window 物件或是 Workbook 物件就會發生錯誤，所以必須先確定要參照的視窗或活頁簿是否已經開啟。此外，若是要參照視窗，必須注意副檔名的顯示設定。

參照■ 指定視窗名稱時的注意事項……P.8-5
參照■ 新視窗名稱的差異……P.8-5

範例 開啟視窗的複本與同步捲動

此範例要開啟啟用中視窗的複本，並讓視窗垂直並排及同步垂直捲動。複本視窗與原始視窗會利用 Arrange 方法排列，再用 SyncVertical 參數讓視窗同步垂直捲動。

範例■ 8-1_004.xlsm／業績資料 _7月 .xlsx ～業績資料 _9月 .xlsx
參照■ 排列視窗……P.8-7

```
1  Sub␣視窗複本()
2      ActiveWindow.NewWindow
3      Windows.Arrange␣_
           ArrangeStyle:=xlArrangeStyleVertical,␣_
           ActiveWorkbook:=True,␣SyncVertical:=True
4  End␣Sub
```
註：「_（換行字元）」，當程式碼太長要接到下一行程式時，可用此斷行符號連接→參照 P.2-15

1 「視窗複本」巨集
2 開啟啟用中視窗的複本
3 讓複本視窗與原始視窗垂直並排，再讓這兩個視窗同步垂直捲動。為了啟用這個設定，將 ActiveWorkbook 參數設定為 True
4 結束巨集

要開啟啟用中視窗的複本,並讓
視窗垂排並排及同步垂直捲動

💡 視窗複本的範例

利用 **NewWindow 方法**開啟視
窗的複本,再讓這個複本與原
始視窗並排,就能顯示同一個
活頁簿的不同工作表,或是顯
示同一張工作表的不同位置。
此外,讓視窗同步捲動也比較
方便比對資料。

---

1 啟動 VBE,輸入程式碼

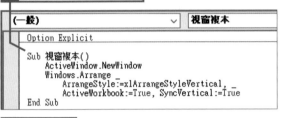

2 執行巨集

開啟啟用中視窗的複
本,再讓視窗垂直並排

捲動右側視窗的畫面,左
側視窗的畫面會跟著捲動

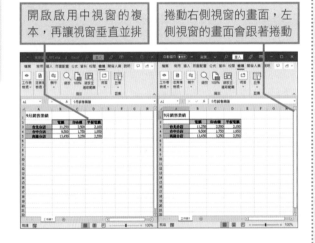

💡 啟用中視窗與該視窗的複本設定

將 Arrange 方法的 ActiveWorkbook 參數設定為
True,就能排列啟用中視窗與該視窗的複本。從
檢視頁次的**視窗**區按下**並排顯示**鈕,再勾選**重排
使用中活頁簿的視窗**項目,也可以執行這個設定
的效果。此外,Arrange 方法的 SyncHorizontal 與
SyncVertical 參數設定是讓啟用中視窗與該視窗
的複本同步捲動,只在參數 ActiveWorkbook 為
True 的時候才能使用。

💡 讓啟用中視窗與其他視窗同步捲動

使用 CompareSideBySideWith 方
法,可讓啟用中視窗與其他視
窗同步捲動。在 WindowName
參數指定要同步捲動的視窗。
例如,要讓啟用中視窗與
「Book2」同步捲動,可將程
式碼寫成下列內容。只要這兩
個視窗有一邊最大化或最小
化,就無法並排顯示,所以此
範例利用了 Windows 集合的
ResetPositionsSideBySide 方法將
這兩個視窗的位置重設為可並
排比較的狀態,並利用
Arrange 方法指定垂直並排。
執行這個巨集時,請先啟用
「8-1_005.slxm」。

範例 8-1_005.xlsm

只要執行這個巨集,
視窗就能同步捲動

```
Sub 並排與比較視窗()
    With Windows
        .CompareSideBySideWith "Book2.xlsx"
        .ResetPositionsSideBySide
        .Arrange ArrangeStyle:=xlArrangeStyleVertical
    End With
End Sub
```

分割視窗

物件.**SplitRow** ───────────────────── 取得

物件.**SplitRow** = 設定值 ─────────────── 設定

物件.**SplitColumn** ──────────────────── 取得

物件.**SplitColumn** = 設定值 ───────────── 設定

▶解説

要讓視窗上下分割可使用 SpliRow 屬性，要左右分割可使用 SplitColumn 屬性。
這兩個屬性也能取得視窗的上下分割位置或是左右分割位置。如果視窗未分割
就會傳回「0」。

▶設定項目

物件 .... 指定 Window 物件。

設定值 .... 在 SplitRow 屬性設定於左上角區塊顯示的列數，再於 SplitColumn
屬性設定欄數。請利用長整數類型 (Long) 的數值指定。

(避免發生錯誤)

由於可在螢幕顯示的儲存格範圍之內分割視窗，所以如果在顯示範圍過小的螢幕執行這
個巨集，有可能無法分割視窗。

範 例　分割視窗

要在左上角區塊顯示 2 列 4 欄的視窗。　　　　　　　　　　　範例 🔲 8-1_006.xlsxm

```
1  Sub 分割視窗()
2      With ActiveWindow
3          .SplitRow = 2
4          .SplitColumn = 4
5      End With
6  End Sub
```

1　「分割視窗」巨集
2　針對啟用中視窗執行下列處理 (With 陳述式的開頭)
3　設定在左上角顯示 2 列資料
4　設定在左上角顯示 4 欄資料
5　結束 With 陳述式
6　結束巨集

想分割視窗,藉此在
左上角區塊顯示 2 列
4 欄的資料

1 啟動 VBE,輸入程式碼

```
(一般)                              分割視窗

Option Explicit

Sub 分割視窗()
    With ActiveWindow
        .SplitRow = 2
        .SplitColumn = 4
    End With
End Sub
```

2 執行巨集

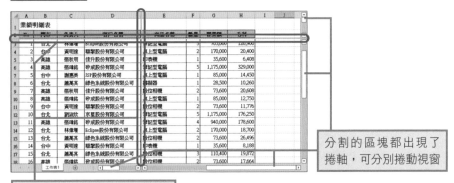

分割的區塊都出現了
捲軸,可分別捲動視窗

固定顯示上面 2 列及左側 4 欄

 凍結窗格

分割視窗之後,將 Window 物件的
FreezePanes 屬性設為 True,就能固定視
窗的外框,也就是分割的位置。

參照 凍結窗格……P.8-13

 解除視窗分割狀態

要解除視窗分割狀態可將 Window 物件
的 Split 屬性設為 False。此外,將 Split
屬性設為 True,就能以作用中儲存格為
分割視窗的基準。例如,要以作用中儲
存格為基準,分割視窗與顯示訊息,再
於關閉訊息時解除分割狀態,可將程式
碼寫成如下的內容。

範例 8-1_007.xlsm

```
Sub 解除視窗分割()
    ActiveWindow.Split = True
    MsgBox "視窗分割了"
    ActiveWindow.Split = False
End Sub
```

凍結窗格

物件.FreezePanes	取得
物件.FreezePanes =設定值	設定

▶解說

要凍結窗格可使用 FreezePanes 屬性。將 FreezePanes 設為 True,就能讓窗格凍結在目前選取的儲存格的左上角。要解除凍結窗格可將這個屬性設為 False。此外,取得 FreezePanes 屬性的值就能確定窗格是否凍結固定。

▶設定項目

物件 .... 指定 Window 物件。

設定值 .... 要凍結窗格就設為 True;要解除凍結就設為 False。

(避免發生錯誤)

如果已經凍結了窗格,就無法選取其他儲存格再凍結窗格。此時只能先解除凍結窗格,再於其他儲存格凍結窗格。

範例 凍結窗格

底下的範例要在 E3 儲存格的左上角凍結窗格,所以會先選取作為基準的 E3 儲存格 ,再利用 ActiveWindow 屬性參照啟用中視窗,接著凍結窗格。此外,若是已經凍結了窗格,就無法再次凍結窗格,所以範例先解除凍結再進行凍結窗格。

範例 🗎 8-1_008.slxm

```
1  Sub 凍結窗格()
2      With ActiveWindow
3          If .FreezePanes = True Then
4              .FreezePanes = False
5          End If
6          Range("E3").Select
7          .FreezePanes = True
8      End With
9  End Sub
```

1	「凍結窗格」巨集
2	針對啟用中視窗進行下列處理 (With 陳述式的開頭)
3	若已經凍結了窗格 (If 陳述式的開頭)
4	解除凍結窗格
5	結束 If 陳述式
6	選取 E3 儲存格
7	凍結窗格
8	結束 With 陳述式
9	結束巨集

1 啟動 VBE，輸入程式碼

想以 E3 儲存格為凍結窗格的基準

如果原本已經有凍結的窗格，要先解除凍結的窗格

取得凍結窗格的位置

FreezePanes 屬性是凍結窗格的屬性，若要取得凍結窗格的列位置，可用取得上下分割位置的 SplitRow 屬性，要取得凍結窗格的欄位置可用能取得左右分割位置的 SplitColumn 屬性。

參照 分割視窗……P.8-11

```
Option Explicit

Sub 凍結窗格()
    With ActiveWindow
        If .FreezePanes = True Then
            .FreezePanes = False
        End If
        Range("E3").Select
        .FreezePanes = True
    End With
End Sub
```

2 執行巨集

凍結窗格了

拖曳捲軸就能從 E 欄往右拖曳，以及從第 3 列往下拖曳

設定畫面顯示的位置

想讓畫面顯示在指定的某一欄、某一列，可利用 Window 物件的 ScrollRow 屬性設定上緣列，用 Window 物件的 ScrollColumn 屬性設定左側欄。例如，以 ScrollColumn 屬性取得與設定值時，A 欄的編號會是「1」。如果要將畫面的上緣列設為第 10 列，將左側欄設為第 3 欄，程式碼如下所示。

 範例 8-1_009.xlsm

```
Sub 設定視窗的顯示位置()
    With ActiveWindow
        .ScrollRow = 10
        .ScrollColumn = 3
    End With
End Sub
```

此外，若已經凍結了窗格，列的下方區塊與欄的右方區塊會是設定的對象，如果分割了視窗，則會以左上角的窗格為設定對象。

8-2 視窗的顯示設定

視窗的顯示設定

Excel VBA 可設定畫面元素的顯示狀態，例如讓視窗最大化或最小化，或是設定視窗的標題以及工作表的框線，而且還能變更視窗的顯示倍率或是視圖。

◆ 視窗的最小化
使用 WindowState 屬性讓視窗最小化

◆ 設定視窗的標題
利用 Caption 屬性設定視窗標題

◆ 隱藏框線
利用 DisplayGridlines 屬性隱藏框線

◆ 變更縮放倍率
使用 Zoom 屬性設定顯示倍率

參照 設定視窗畫面的屬性......P.8-27

讓視窗最大化或最小化

物件.WindowState ──────────────────────── 取得
物件.WindowState = 設定值 ──────────────── 設定

▶解説

要讓視窗最大化或最小化可使用 WindowState 屬性。物件參數可指定為 Window 物件或是 Application 物件，但不管指定哪一種，都只能操作啟用中視窗。

▶設定項目

物件 .... 指定為 Window 物件或是 Application 物件。

設定值 .... 以 XlWindowState 列舉型的常數指定視窗的顯示狀態。

XlWindowState 列舉型常數

常數	內容
xlMaximized	最大化
xlMinimized	最小化
xlNormal	標準大小

避免發生錯誤

要設定顯示狀態的 Window 物件的 EnableResize 屬性若設為 False 就會發生錯誤。

範例　讓啟用中視窗最小化

這個範例要讓啟用中視窗最小化。先利用 WindowState 屬性取得啟用中視窗的顯示狀態，並在該視窗為最大化的情況下，讓視窗最小化。　　範例 8-2_001.xlsm

參照 只在滿足一個條件的情況下執行處理……P.3-42

```
1  Sub 視窗最小化()
2      With ActiveWindow
3          If .WindowState = xlMaximized Then
4              .WindowState = xlMinimized
5          End If
6      End With
7  End Sub
```

1	「視窗最小化」巨集
2	針對啟用中視窗執行下列的處理 (With 陳述式的開頭)
3	當視窗為最大化的狀態 (If 陳述式的開頭)
4	讓視窗最小化
5	結束 If 陳述式
6	結束 With 陳述式
7	結束巨集

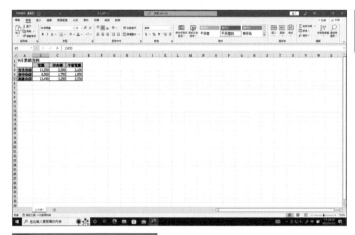

想讓最大化的啟用
視窗最小化

1 啟動 VBE，輸入程式碼

```
(一般)                              視窗最小化

Option Explicit

Sub 視窗最小化()
    With ActiveWindow
        If .WindowState = xlMaximized Then
            .WindowState = xlMinimized
        End If
    End With
End Sub
```

2 執行巨集

視窗最小化了

🔆 隱藏視窗

要讓視窗顯示或隱藏,可使用 Window 物件的 **Visible** 屬性。將 Visible 屬性設為 False 就能隱藏視窗,設為 True 就能顯示視窗。例如,要讓啟用中視窗隱藏可將程式碼寫成下列內容。

若要再次顯示視窗請執行**顯示視窗**程序。若要在 Excel 的環境下顯示視窗,請切換到**檢視**頁次的**視窗**區按下**取消隱藏視窗**鈕,並在**取消隱藏**交談窗中按下**確定**鈕。

範例 8-2_002.xlsm

```
Sub 隱藏視窗()
    ActiveWindow.Visible = False
End Sub

Sub 顯示視窗()
    Windows("8-2_002.xlsm").Visible = True
End Sub
```

設定視窗標題

物件.**Caption** ——————————————— 取得

物件.**Caption** = 設定值 ——————————— 設定

▶解說

要設定視窗標題可使用 Window 物件的 Caption 屬性。視窗標題就是在視窗標題列顯示視窗名稱。預設值為活頁簿的名稱。此外,也可以利用 Caption 屬性取得視窗的標題。一般來說,Caption 屬性傳回的字串會包含副檔名,但如果活頁簿還沒儲存,或是在 Caption 屬性設定了未包含副檔名的字串,就會傳回不包含副檔名的字串。

參照 變更視窗標題列右側的名稱……P.8-20

▶設定項目

物件 .... 指定 Window 物件。

設定值................... 以 Variant 型別的值設定視窗名稱 (字串)。

[避免發生錯誤]

就算利用 Caption 屬性變更視窗的標題,活頁簿名稱也不會跟著變更。此外,設定了視窗的標題後,標題也不會儲存。

範例 設定視窗的標題

此範例要將**業績彙整表**工作表的 A1 儲存格的值設成視窗標題。　範例 8-2_003.xlsm

```
1  Sub 設定視窗標題()
2      ActiveWindow.Caption = Worksheets("業績彙整表").Range("A1").Value
3  End Sub
```

1 「設定視窗標題」巨集
2 將啟用中視窗的標題設為「業績彙整表」工作表 A1 儲存格的值
3 結束巨集

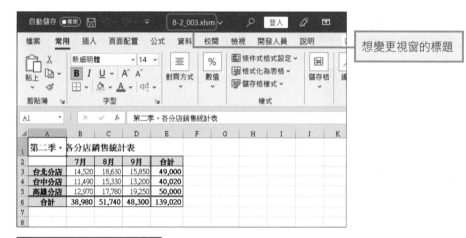

想變更視窗的標題

1 啟動 VBE，輸入程式碼

2 執行巨集

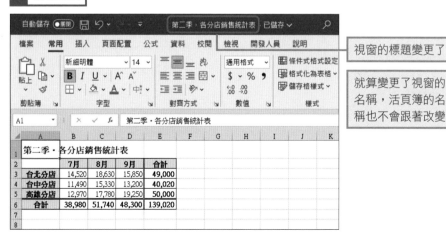

視窗的標題變更了

就算變更了視窗的名稱，活頁簿的名稱也不會跟著改變

💡 變更視窗標題列右側的名稱

視窗標題列的標題預設在「-」的左側顯示活頁簿名稱。這個部分可利用 Window 物件的 Caption 屬性暫時變更。另外，「-」的右側預設會顯示應用程式名稱「Excel」。這個部分可利用 Application 物件的 Caption 屬性暫時變更。例如，要讓標題右側變更為「試算表軟體」，可將程式碼寫成下列的內容。

範例 📂 8-2_004.xlsm

```
Sub 變更應用程式視窗標題()
    Application.Caption = "試算表軟體"
End Sub
```

> 8-2_004.xlsm [Excel]
>
> 資料　校閱　檢視　開發人員

> 標題右側變更為**試算表軟體**了

> 8-2_004.xlsm [試算表軟體]
>
> 資料　校閱　檢視　開發人員

此外，Microsoft 365 Excel 的標題列通常會顯示活頁簿名稱，一旦修改了檔案的內容再儲存，就會顯示「已儲存」這類資訊。在所有活頁簿都關閉的狀態下，會改為顯示應用程式名稱，新視窗 (視窗的複本) 的視窗標題名稱則是「活頁簿名稱 – 編號 – 應用程式名稱」。

此外，**搜尋方塊** (Microsoft Search 方塊) 若是顯示在標題列中央，會遮住「Excel」的顯示，請執行**檔案→選項**，開啟 **Excel 選項**交談窗，勾選**一般**頁次中的**預設摺疊 Microsoft 搜尋方塊**項目，將**搜尋方塊**以按鈕形式顯示。

參照 📖 新視窗名稱的差異……P.8-5

設定儲存格格線的顯示狀態

物件.DisplayGridlines───────────────── 取得
物件.DisplayGridlines = 設定值───────── 設定

▶解説

要設定工作表格線的顯示狀態可用 DisplayGridlines 屬性。將這個屬性設為 False，就能隱藏格線，設為 True 就會顯示格線。

參照 📖 設定視窗畫面的屬性……P.8-27

▶設定項目

物件 .... 指定 Window 物件。

設定值 .... 要隱藏格線就設為 False，要顯示格線就設為 True。

(避免發生錯誤)

若參照了未開啟的視窗就會發生錯誤，所以必須先確認要參照的視窗是否已經開啟。要特別注意的是，副檔名的顯示設定也會影響程式是否能夠正常執行。

參照 📖 指定視窗名稱時的注意事項……P.8-5

範例 隱藏格線

在此要讓啟用中視窗的工作表隱藏格線。

範例 8-2_005.xlsm

```
1  Sub 隱藏格線()
2      ActiveWindow.DisplayGridlines = False
3  End Sub
```

1 「隱藏格線」巨集
2 將啟用中視窗的工作表設為隱藏格線的狀態
3 結束巨集

想隱藏格線

	A	B	C	D	E	F	G
1	第二季・各分店銷售統計表						
2		7月	8月	9月	合計		
3	台北分店	14,520	18,630	15,850	49,000		
4	台中分店	11,490	15,330	13,200	40,020		
5	高雄分店	12,970	17,780	19,250	50,000		
6	合計	38,980	51,740	48,300	139,020		
7							
8	第二季・各商品銷售統計						
9		7月	8月	9月	合計		
10	電腦	28,370	35,980	34,200	98,550		
11	印表機	5,640	8,150	7,500	21,290		
12	數位相機	4,970	7,610	6,600	19,180		
13	合計	38,980	51,740	48,300	139,020		
14							
15							

1 啟動 VBE，輸入程式碼

```
(一般)                              ▼   隱藏格線
Option Explicit

Sub 隱藏格線()
    ActiveWindow.DisplayGridlines = False
End Sub
```

2 執行巨集

格線隱藏了

	A	B	C	D	E	F	G
1	第二季・各分店銷售統計表						
2		7月	8月	9月	合計		
3	台北分店	14,520	18,630	15,850	49,000		
4	台中分店	11,490	15,330	13,200	40,020		
5	高雄分店	12,970	17,780	19,250	50,000		
6	合計	38,980	51,740	48,300	139,020		
7							
8	第二季・各商品銷售統計						
9		7月	8月	9月	合計		
10	電腦	28,370	35,980	34,200	98,550		
11	印表機	5,640	8,150	7,500	21,290		
12	數位相機	4,970	7,610	6,600	19,180		
13	合計	38,980	51,740	48,300	139,020		
14							
15							

HINT 切換格線的顯示/隱藏狀態

使用 **Not** 運算子就能撰寫切換格線顯示狀態的程序。底下的範例利用 Not 運算子右邊的 DisplayGridlines 屬性取得目前的格線狀態，再利用 Not 運算子轉換成相反的設定值，並指定給左邊的 DisplayGridlines 屬性。這樣就能在目前的設定為 True 時切換成 False，並在目前的設定為 False 時設定成 True。

範例 8-2_006.xlsm

執行這個巨集就能切換格線的顯示狀態

```
Sub 切換格線的顯示狀態()
    With ActiveWindow
        .DisplayGridlines = Not .DisplayGridlines
    End With
End Sub
```

參照 Not 運算子的使用方法……P.3-37

調整視窗的顯示倍率

| 物件.**Zoom** ──────────────────────────── | 取 得 |
| 物件.**Zoom** = 設定值 ──────────────────── | 設 定 |

▶ 解説

要調整視窗的顯示倍率可使用 Zoom 屬性。顯示倍率能以**百分比**為單位設定，也能讓選取的儲存格範圍放大至全螢幕。

▶ 設定項目

物件 .... 指定為 Window 物件。

設定值 .... 顯示倍率的設定範圍為 10 ～ 400。若要放大選取的儲存格範圍可設為 True。若設為 False 就會縮小為 100% 的大小。

[避免發生錯誤]

如果設定 Zoom 屬性時超過 10 ～ 400 這個範圍的數值就會發生錯誤。此外，能以 Zoom 屬性設定顯示倍率的只有啟用中工作表。若要設定其他工作表的顯示倍率，必須先啟用該工作表。

範例 放大顯示選取範圍

此範例要讓「業績彙總表」工作表的 A1 ～ E6 儲存格範圍放大至全螢幕。由於要讓選取的儲存格範圍放大，所以將 Zoom 屬性設為 True。

範例 📄 8-2_007.xlsm

```
1   Sub␣放大顯示選取範圍()
2       Worksheets("業績彙總表").Activate
3       Range("A1:E6").Select
4       ActiveWindow.Zoom␣=␣True
5   End␣Sub
```

1 「放大顯示選取範圍」巨集
2 啟用「業績彙總表」工作表
3 選取 A1 ～ E6 儲存格
4 放大顯示選取範圍
5 結束巨集

想放大顯示 A1 ～ E6 儲存格

設定視窗的大小

要設定視窗的大小，可用 **Width** 屬性設定**寬度**，用 **Height** 屬性設定**高度**。設定的單位為**點**。例如，要將啟用中視窗設為寬 550 點、高 400 點，可將程式碼寫成如下的內容。若是在視窗最大化或最小化的狀態，以 Width 屬性或 Height 屬性設定視窗的大小就會發生錯誤，所以得先讓視窗恢復成標準大小再做設定。

範例 8-2_008.xlsm

```
Sub 設定視窗大小()
    With ActiveWindow
        .WindowState = xlNormal
        .Width = 550
        .Height = 400
    End With
End Sub
```

1 啟動 VBE，輸入程式碼

2 執行巨集

選取的儲存格範圍放大至整個畫面

設定視窗的顯示位置

要在桌面的顯示範圍設定視窗的顯示位置，可利用 **Top** 屬性設定視窗上緣位置，以及利用 **Left** 屬性設定視窗的左側位置。設定的單位為**點**。例如，要將啟用中視窗的顯示位置設定為距離畫面上緣 50 點，距離左側 100 點，可將程式碼寫成如右圖的內容。假設在視窗為最大化的狀態下利用 Top 屬性或 Left 屬性設定視窗位置就會發生錯誤，所以範例先讓視窗恢復成標準大小，再設定視窗的位置。

範例 8-2_009.xlsm

```
Sub 視窗的顯示位置()
    With ActiveWindow
        .WindowState = xlNormal
        .Top = 50
        .Left = 100
    End With
End Sub
```

切換為分頁預覽

物件.View ——————————————————————— 取得
物件.View = 設定值 ————————————————— 設定

▶解説

要切換視窗的顯示模式可使用 Window 物件的 View 屬性。這個屬性可根據程序的處理內容自動設定視窗的顯示模式。取得 View 屬性的設定值就能知道目前視窗的顯示模式。

▶設定項目

物件 .... 指定為 Window 物件。

設定值 .... 以 XlWindowView 列舉型的常數指定視窗的顯示模式。

View 屬性的設定值 (XlWindowView 列舉型的常數)

常數	值	顯示模式的種類
xlNormalView	1	標準模式
xlPageBreakPreview	2	分頁預覽
xlPageLayoutView	3	整頁模式 (2021 版為**頁面配置**模式)

避免發生錯誤

切換之後的顯示模式無法儲存。要儲存切換後的顯示模式必須用 Workbook 物件的 Save 方法儲存活頁簿。

範例 切換成分頁預覽模式

將啟用中視窗的顯示模式切換成**分頁預覽**模式。　　範例 ▤ 8-2_010.xlsm

```
1  Sub␣切換預覽狀態()
2      ActiveWindow.View␣=␣xlPageBreakPreview
3  End␣Sub
```

1 「切換預覽狀態」巨集
2 將啟用中視窗的顯示模式切換成**分頁預覽**模式
3 結束巨集

想將顯示模式切換
成**分頁預覽**模式

1 啟動 VBE，輸入程式碼

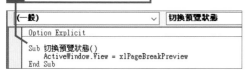

```
(一般)                              切換預覽狀態

Option Explicit

Sub 切換預覽狀態()
    ActiveWindow.View = xlPageBreakPreview
End Sub
```

2 執行巨集

切換成**分頁預覽**模式了

設定「資料編輯列」的高度

物件.**FormulaBarHeight**	取得
物件.**FormulaBarHeight** = 設定值	設定

▶解說

要設定**資料編輯列**的高度，可使用 Application 物件的 FormulaBarHeight 屬性。
要在**資料編輯列**中查看儲存格中輸入的多行資料時，可調整**資料編輯列**的高度。

▶設定項目

物件.....................指定為 Application 物件。

設定值..................以長整數型別 (Long) 的數值指定列數，藉此設定**資料編輯列**的高度。

（避免發生錯誤）

當 FormulaBarHeight 屬性設定為小於 0 的數值就會發生錯誤。此外，FormulaBarHeight 屬性是由 Excel 設定，所以開啟其他活頁簿後，**資料編輯列**就會恢復原本的高度 (註：2021 版不會恢復原本的高度)。使用 Workbook_BeforeClose 事件程序就能讓**資料編輯列**的設定還原。

範例 設定「資料編輯列」的高度

此範例要將**資料編輯列**的高度設為 3 行。　　　　　　　　　　**範例** 8-2_011.xlsm

```
1  Sub␣設定資料編輯列的高度()
2      Application.FormulaBarHeight␣=␣3
3  End␣Sub
```

1　「設定資料編輯列的高度」巨集
2　將**資料編輯列**的高度設為 3 行高
3　結束巨集

1 啟動 VBE，輸入程式碼

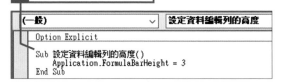

2 執行巨集

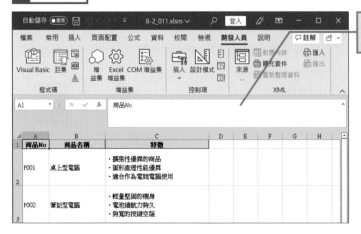

變更**資料編輯列**的高度了

設定視窗畫面的屬性

在此統一介紹設定視窗畫面各元素顯示狀態的屬性。這些屬性都能取得與設定值，要**顯示元素**就設為 **True**，要**隱藏元素**就設為 **False**。此外，設為隱藏後，就算在關閉活頁簿時儲存檔案，之後再開啟檔案，也只會顯示**狀態列**。若是在設為隱藏後，在關閉活頁簿時不儲存檔案，只有**資料編輯列**會隱藏。設定各種元素顯示狀態的程序，可利用活頁簿的 Workbook_Open 事件程序或 Workbook_BeforeClose 事件程序建立。

參照■ 確實設定視窗元素顯示狀態……P.8-28
參照■ 在關閉活頁簿之前執行處理……P.2-35

設定顯示狀態的元素	屬性	目標物件
① 資料編輯列	DisplayFormulaBar 屬性	Application 物件
② 欄列編號的標題	DisplayHeadings 屬性	Window 物件
③ 格線 參照■ 設定格線的顯示狀態……P.8-20	DisplayGridlines 屬性	Window 物件
④ 垂直捲軸	DisplayVerticalScrollBar 屬性	Window 物件
⑤ 水平捲軸	DisplayHorizontalScrollBar 屬性	Window 物件
⑥ 工作表索引標籤	DisplayWorkbookTabs 屬性	Window 物件
⑦ 狀態列	DisplayStatusBar 屬性	Application 物件

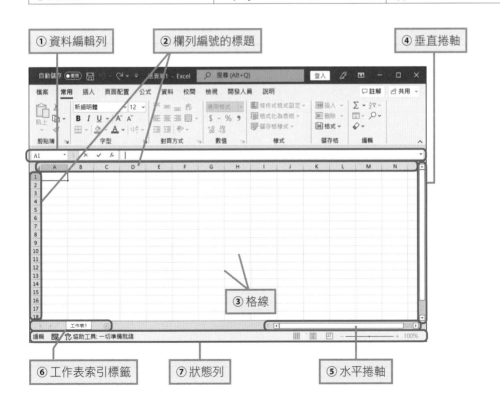

確實設定視窗元素的顯示狀態

要確實隱藏視窗元素可使用 Workbook_Open 事件程序，在開啟活頁簿時設為隱藏。此外，要恢復成視窗元素顯示的狀態，可使用 Workbook_BeforeClose 事件程序，在關閉活頁簿時還原設定。

範例 8-2_012.xlsm

```
Private Sub Workbook_BeforeClose(Cancel As Boolean)
    With Application
        .DisplayFormulaBar = True
        .DisplayStatusBar = True
    End With
    With ActiveWindow
        .DisplayHeadings = True
        .DisplayGridlines = True
        .DisplayVerticalScrollBar = True
        .DisplayHorizontalScrollBar = True
        .DisplayWorkbookTabs = True
    End With
End Sub

Private Sub Workbook_Open()
    With Application
        .DisplayFormulaBar = False
        .DisplayStatusBar = False
    End With
    With ActiveWindow
        .DisplayHeadings = False
        .DisplayGridlines = False
        .DisplayVerticalScrollBar = False
        .DisplayHorizontalScrollBar = False
        .DisplayWorkbookTabs = False
    End With
End Sub
```

此外，隱藏視窗元素以及功能區，並將視窗標題的「Excel」變更為其他字串，看起來就不像是用 Excel 撰寫的程式了。

參照 開啟活頁簿時執行處理·········P.2-32
參照 關閉活頁簿前執行處理···········P.2-35
參照 隱藏功能區·····························P.8-28
參照 變更視窗標題列右側的名稱·······P.8-20

隱藏功能區

使用 Excel 4.0 的巨集函數 **SHOW.TOOLBAR** 就能透過 Excel VBA 隱藏**功能區**。SHOW.TOOLBAR 函數是切換 Excel 工具列顯示狀態的函數，第一個參數可設為要設定顯示狀態的工具列名稱，第二個參數可指定為 True（顯示）或 False（隱藏）。要透過 Excel VBA 執行 SHOW.TOOLBAR 函數可用 Application 物件的 ExecuteExcel4Macro 方法。用「"」（雙引號）在參數 String 指定要執行的巨集函數。

此外，SHOW.TOOLBAR 函數是以「"」（雙引號）括住，所以用「"」（雙引號）括住 SHOW.TOOLBAR 函數的第一個參數時，需要連續輸入兩次雙引號。例如，要切換**功能區**的顯示狀態可將程式碼寫成下列內容。代表**功能區**的工具列名稱為「Ribbon」。

範例 8-2_013.xlsm

```
Sub 隱藏功能區()
    Application.ExecuteExcel4Macro _
        String:="SHOW.TOOLBAR(""Ribbon"",False)"
End Sub

Sub 重新顯示功能區()
    Application.ExecuteExcel4Macro _
        String:="SHOW.TOOLBAR(""Ribbon"",True)"
End Sub
```

Excel 2013 版之後的視窗操作

Excel 2013 之後的版本或是 Microsoft 365 的 Excel 都採用了**單一檔案介面 (SDI)**，所以一個 Excel 視窗只有一個活頁簿，使用者是在桌面的顯示範圍內操作視窗。Excel 2010 之前的版本採用的是**多重檔案介面 (MDI)**，所以會在一個 Excel 視窗（應用程式視窗的範圍內）內操作多個活頁簿，如此一來，視窗的操作就會變得很複雜。SDI 介面則是以一個視窗操作一個活頁簿的方式解決了上述的問題。再者，Excel 2010 之前的版本在執行 WindowState 屬性的巨集，有時會因執行環境的不同而得到不同的執行結果，而這就是 SDI 與 MDI 的差異所造成的。

第 9 章

資料的彙整與篩選

9-1 尋找、取代與排序資料

尋找、取代與排序資料

Excel 內建了尋找、取代、排序與篩選資料的功能，要以 VBA 執行這類功能時，可使用 Find 方法、FindNext 方法執行**尋找**功能，**取代**功能可使用 Replace 方法執行，**排序**則使用 Sort 方法、Sort 物件，**篩選**功能則可使用 AutoFilter 方法或 AdvancedFilter 方法執行。

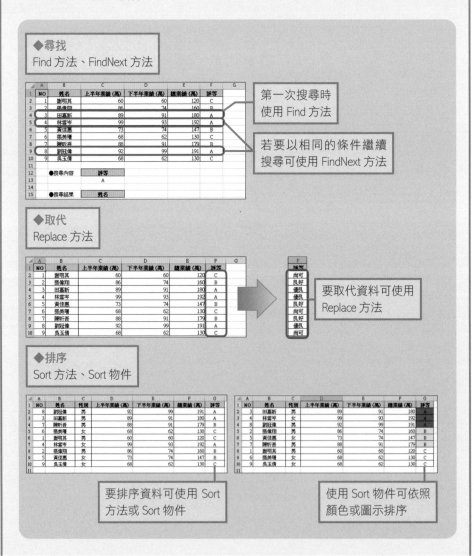

◆尋找
Find 方法、FindNext 方法

第一次搜尋時使用 Find 方法

若要以相同的條件繼續搜尋可使用 FindNext 方法

◆取代
Replace 方法

要取代資料可使用 Replace 方法

◆排序
Sort 方法、Sort 物件

要排序資料可使用 Sort 方法或 Sort 物件

使用 Sort 物件可依照顏色或圖示排序

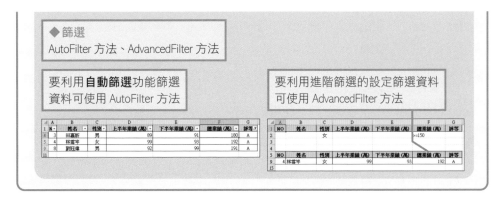

尋找資料

物件.**Find**(What, After, LookIn, LookAt, SearchOrder, SearchDirection, MatchCase, MatchByte, SearchFormat)

▶解説

Find 方法可從儲存格範圍中尋找特定值，再傳回最先找到這個值的 Range 物件，如果沒有找到這個值就傳回 Nothing。Find 方法的參數與**尋找及取代**交談窗的設定內容相同。從**常用**頁次的**編輯**區點選**尋找與選取**，再點選**尋找**即可開啟**尋找及取代**交談窗。

▶設定項目

物件 ....指定 Range 物件。

What ....以 Variant 型別的資料指定要尋找的值。

After ....指定尋找範圍內的單一儲存格。會從指定儲存格的下個儲存格開始尋找，指定的儲存格則會在最後尋找。若省略這個參數，將從尋找範圍中的最左上角儲存格旁邊的儲存格開始尋找 (可省略)。

LookIn ....以 XlFindLookIn 列舉型常數指定尋找對象。xlFormulas 為尋找公式，xlValues 為尋找內容，xlComments 為尋找註解 (可省略)。

LookAt ....以 XlLookAt 列舉型常數指定尋找內容是否與參數 What 指定的內容完全相同。xlWhole 為尋找完全相同的內容，xlPart 為尋找部分相同的內容 (可省略)。

SearchOrder ....以 XlSearchOrder 列舉型常數指定尋找方向。xlByRows 為沿著列方向尋找，xlByColumns 為沿著欄方向尋找 (可省略)。

SearchDirection ....以 XlSearchDirection 列舉型常數指定尋找方向。省略或是設定為 xlNext 時，列方向的尋找方向會是由左至右，欄方向的尋找方向會是由上至下。如果設定為 xlPrevious，列方向的尋找方向會是由右至左，欄方向的尋找方向會是由下至上 (可省略)。

MatchCase.........要區分大小寫英文字母時設為 True，不需要區分設為 False (可省略)。

MatchByte..........需要區分全形半形字元時設為 True，不需要區分設為 False (可省略)

SearchFormat...指定尋找的儲存格格式 (可省略)。

避免發生錯誤

參數 LookIn、LookAt、SearchOrder、MatchCase、MatchByte 的設定會在每次執行 Find 方法時儲存，也會套用在**尋找及取代交談窗**。若省略這些參數，就會以儲存在**尋找及取代交談窗**的設定尋找。若要正確尋找資料，最好不要省略參數。

範例 尋找資料

這次要在表格的 F1 ～ F10 儲存格尋找與 C13 儲存格的相同的評等，並在 C16 儲存格顯示第一個找到的儲存格姓名。如果沒有找到相同的評等，就顯示「沒有相同評等的人」訊息。由於範例在 F1 ～ F10 儲存格設定了公式，所以將參數 LookIn 設為 xlValues 再尋找值。在此將程式碼指定的搜尋儲存格範圍設為 F1 到 F10，並從第一個數值資料開始搜尋。

範例 9-1_001.xlsm

```
1  Sub 尋找資料()
2      Dim myRange As Range
3      Set myRange = Range("F1:F10").Find(What:=Range("C13").Value, _
           LookIn:=xlValues)
4      If Not myRange Is Nothing Then
5          Cells(16, "C").Value = myRange.Offset(, -4).Value
6      Else
7          MsgBox "沒有相同評等的人"
8      End If
9  End Sub
```

註：「_ (換行字元)」，當程式碼太長要接到下一行程式時，可用此斷行符號連接→參照 P.2-15

1 「尋找資料」巨集
2 宣告 Range 型別的變數 myRange
3 在 F1 ～ F10 儲存格尋找與 C13 儲存格相同的值，再將找到的儲存格存入變數 myRange
4 如果變數 myRange 的值不為 Nothing (找到相同評等) (If 陳述式的開頭)
5 在 C16 儲存格顯示找到的儲存格左側 4 格儲存格的值 (姓名)
6 否則 (沒找到相同評等)
7 顯示「沒有相同評等的人」
8 結束 If 陳述式
9 結束巨集

想尋找與 C13 儲存格相同評等的姓名

1 啟動 VBE，輸入程式碼

```
Sub 尋找資料()
    Dim myRange As Range
    Set myRange = Range("F1:F10").Find(What:=Range("C13").Value, LookIn:=xlValues)
    If Not myRange Is Nothing Then
        Cells(16, "C").Value = myRange.Offset(, -4).Value
    Else
        MsgBox "沒有相同評等的人"
    End If
End Sub
```

2 執行巨集

顯示第一個與指定尋找條件相同的姓名

以相同的尋找條件繼續尋找

物件.**FindNext**(After)

▶解說

FindNext 方法可沿續在 Find 方法設定的尋找條件繼續尋找。從參數 After 指定儲存格的下一格儲存格重新尋找，再以 Range 物件傳回含有要尋找的內容。

▶設定項目

物件 .... 指定為 Range 物件。

After .... 指定尋找範圍內的單一儲存格。會從指定儲存格的下個儲存格開始尋找，指定的儲存格則會在最後尋找。若省略這個參數，將從尋找範圍中的最左上角儲存格旁邊的儲存格開始尋找 (可省略)。

在指定的尋找範圍結束尋找後，就會立刻從尋找範圍的起點開始尋找。為了避免重複尋找，必須先將 Find 方法找到的第一個 Range 物件存入變數，並且尋找到這個 Range 物件的時候結束尋找。

範例　利用相同的尋找條件繼續尋找

這個範例要在表格的 F1 ～ F10 儲存格尋找與 C13 儲存格相同的評等並在 C16 儲存格顯示與第一個找到的儲存格對應的姓名。以相同的條件尋找，再於 C16 儲存格下方依序顯示找到符合條件的姓名。在此將程式碼指定的搜尋儲存格範圍設為 F1 到 F10，並從第一個數值資料開始搜尋。

範例 9-1_002.xlsm

9-1 尋找、取代與排序資料

```
1   Sub 以相同條件尋找()
2       Dim myRange As Range, srcRange As Range, _
            myAddress As String, i As Integer
3       Set srcRange = Range("F1:F10")
4       Set myRange = srcRange.Find(What:=Range("C13").Value, _
            LookIn:=xlValues)
5       If Not myRange Is Nothing Then
6           myAddress = myRange.Address
7           i = 16
8           Do
9               Cells(i, "C").Value = myRange.Offset(, -4).Value
10              Set myRange = srcRange.FindNext(After:=myRange)
11              i = i + 1
12          Loop Until myRange.Address = myAddress
13      Else
14          MsgBox "沒有相同評等的人"
15      End If
16  End Sub
```

註：「_（換行字元）」，當程式碼太長要接到下一行程式時，可用此斷行符號連接→參照 P.2-15

1　「以相同條件尋找」巨集
2　宣告 Range 型別的變數 myRange、srcRange、字串型別的變數 myAddress、整數型別的變數 i
3　將尋找範圍的 F1 ～ F10 儲存格存入變數 srcRange
4　在指定的儲存格範圍變數 srcRange 的尋找範圍內尋找與 C13 儲存格相同的內容，再將第一個找到的儲存格存入變數 myRange
5　假設變數 myRange 不為 Nothing（找到相同評等）（If 陳述式的開頭）
6　將找到的儲存格位址存入變數 myAddress
7　將 16 存入變數 i（因為要寫入值的第一個儲存格為第 16 列）
8　重複下列的處理（Do 陳述式的開頭）
9　找到相符的資料後，在第 i 列 C 欄的儲存格顯示該儲存格左側 4 格儲存格的值（姓名）
10　以相同的條件從變數 Range 的下一格儲存格開始尋找，再將找到的儲存格存入變數 myRange
11　讓變數 i 遞增 1
12　不斷重複上述處理，直到發現與第一個儲存格擁有相同位置資訊的儲存格為止

13	否則（沒找到相同的評等）
14	顯示「沒有相同評等的人」
15	結束 If 陳述式
16	結束巨集

	A	B	C	D	E	F	G
1	NO	姓名	上半年業績 (萬)	下半年業績 (萬)	總業績 (萬)	評等	
2	1	謝明其	60	60	120	C	
3	2	張偉翔	86	74	160	B	
4	3	田嘉新	89	91	180	A	
5	4	林雪岑	99	93	192	A	
6	5	黃佳惠	73	74	147	B	
7	6	張美珊	68	62	130	C	
8	7	陳昕吾	88	91	179	B	
9	8	劉冠偉	92	99	191	A	
10	9	吳玉倩	68	62	130	C	
11							
12		●搜尋內容	評價				
13			A				
14							
15		●搜尋結果	姓名				
16							
17							

想搜尋與指定評等相同的人，並製作姓名清單

1 啟動 VBE，輸入程式碼

| (一般) | ∨ | 以相同條件尋找 |

```
Option Explicit

Sub 以相同條件尋找()
    Dim myRange As Range, srcRange As Range, _
        myAddress As String, i As Integer
    Set srcRange = Range("F1:F10")
    Set myRange = srcRange.Find(What:=Range("C13").Value, _
        LookIn:=xlValues)
    If Not myRange Is Nothing Then
        myAddress = myRange.Address
        i = 16
        Do
            Cells(i, "C").Value = myRange.Offset(, -4).Value
            Set myRange = srcRange.FindNext(After:=myRange)
            i = i + 1
        Loop Until myRange.Address = myAddress
    Else
        MsgBox "沒有相同評等的人"
    End If
End Sub
```

2 執行巨集

	A	B	C	D	E	F	G
1	NO	姓名	上半年業績 (萬)	下半年業績 (萬)	總業績 (萬)	評等	
2	1	謝明其	60	60	120	C	
3	2	張偉翔	86	74	160	B	
4	3	田嘉新	89	91	180	A	
5	4	林雪岑	99	93	192	A	
6	5	黃佳惠	73	74	147	B	
7	6	張美珊	68	62	130	C	
8	7	陳昕吾	88	91	179	B	
9	8	劉冠偉	92	99	191	A	
10	9	吳玉倩	68	62	130	C	
11							
12		●搜尋內容	評價				
13			A				
14							
15		●搜尋結果	姓名				
16			田嘉新				
17			林雪岑				
18			劉冠偉				
19							

顯示評等相同的所有姓名

▌取代資料

物件.**Replace**(What, Replacement, LookAt, SearchOrder, MatchCase, MatchByte, SearchFormat, ReplaceFormat)

▶ 解説

Replace 方法可將儲存格範圍內的指定內容取代成其他內容。參數內容與**尋找及取代**交談窗的設定內容對應。從**常用**頁次的**編輯**區點選**尋找與選取**，再點選**取代**，即可開啟**尋找及取代**交談窗。

▶ 設定項目

物件 .... 指定 Range 物件。

What .... 以 Variant 型別的資料指定要尋找的字串。

Replacement ..... 以 Variant 型別的資料指定要置換的字串。

LookAt .... 以 XlLookAt 列舉型常數指定尋找內容是否與參數 What 指定的內容完全相同。xlWhole 為尋找完全相同的內容，xlPart 為尋找部分相同的內容 (可省略)。

SearchOrder ...... 以 XlSearchOrder 列舉型常數指定尋找方向。xlByRows 為沿著列方向尋找，xlByColumns 為沿著欄方向尋找 (可省略)。

MatchCase .... 要區分大小寫英文字母時設為 True，不需要區分時設為 False (可省略)。

MatchByte .... 需要區分全形半形字元時設為 True，不需要區分時設為 False (可省略)

SearchFormat ... 指定尋找的儲存格格式 (可省略)。

ReplaceFormat ... 指定取代的儲存格格式 (可省略)。

避免發生錯誤

參數 LookAt、SearchOrder、MatchCase、MatchByte 的設定會在每次執行 Replace 方法時儲存，也會套用在**尋找及取代**交談窗。若省略這些參數，就會以儲存在**尋找及取代**交談窗的設定尋找。若要正確尋找資料，最好不要省略參數。

範例 取代資料

這個範例要將 F2 ～ F10 儲存格的「A」換成「優良」，將「B」換成「良好」，將「C」換成「尚可」。由於 F2 ～ F10 儲存格已經輸入了公式，所以要將公式中的「A」、「B」、「C」分別換成「優良」、「良好」、「尚可」。因此，將參數 LookAt 設定為部分相同的 xlPart。

範例 📄 9-1_003.xlsm

```
1   Sub 取代資料()
2       With Range("F2:F10")
3           .Replace What:="A", Replacement:="優良", Lookat:=xlPart
4           .Replace What:="B", Replacement:="良好", Lookat:=xlPart
5           .Replace What:="C", Replacement:="尚可", Lookat:=xlPart
6       End With
7   End Sub
```

1   「取代資料」巨集
2   對 F2 ～ F10 儲存格進行下列處理 (With 陳述式的開頭)
3   將字串「A」取代為「優良」
4   將字串「B」取代為「良好」
5   將字串「C」取代為「尚可」
6   結束 With 陳述式
7   結束巨集

	A	B	C	D	E	F	
1	NO	姓名	上半年業績 (萬)	下半年業績 (萬)	總業績 (萬)	評等	
2	1	謝明其	60	60	120	C	
3	2	張偉翔	86	74	160	B	
4	3	田嘉新	89	91	180	A	
5	4	林雪岑	99	93	192	A	
6	5	黃佳惠	73	74	147	B	
7	6	張美瑀	68	62	130	C	
8	7	陳昕吾	88	91	179	B	
9	8	劉冠偉	92	99	191	A	
10	9	吳玉倩	68	62	130	C	

想將「A」、「B」、「C」取代為「優良」、「良好」、「尚可」

1 啟動 VBE，輸入程式碼

```
(一般)                        取代資料
Option Explicit

Sub 取代資料()
    With Range("F2:F10")
        .Replace What:="A", Replacement:="優良", Lookat:=xlPart
        .Replace What:="B", Replacement:="良好", Lookat:=xlPart
        .Replace What:="C", Replacement:="尚可", Lookat:=xlPart
    End With
End Sub
```

2 執行巨集

	A	B	C	D	E	F	
1	NO	姓名	上半年業績 (萬)	下半年業績 (萬)	總業績 (萬)	評等	
2	1	謝明其	60	60	120	尚可	
3	2	張偉翔	86	74	160	良好	
4	3	田嘉新	89	91	180	優良	
5	4	林雪岑	99	93	192	優良	
6	5	黃佳惠	73	74	147	良好	
7	6	張美瑀	68	62	130	尚可	
8	7	陳昕吾	88	91	179	良好	
9	8	劉冠偉	92	99	191	優良	
10	9	吳玉倩	68	62	130	尚可	

公式被改寫，儲存格的內容也改變了

Replace 的尋找對象只能是「公式」，不能是公式產生的值。如果直接在儲存格輸入字串，該字串可以作為尋找對象，但如果是像範例這種在儲存格輸入公式的情況，該公式產生的值就無法作為搜尋對象。此範例是取代公式中的字串，但如果要取代的不是公式，而是值的話，就必須將公式轉換成字串。如果在 Replace 方法之前撰寫「Range ("F2:F10") .Value=Range ("F2:F10") .Value」程式碼，就能將 F2 ～ F10 儲存格的值（計算結果）取代成字串。

排序資料 ①

物件.Sort(Key1, Order1, Key2, Type, Order2, Key3, Order3, Header, OrderCustom, MatchCase, Orientation, SortMethod, DataOption1, DataOption2, DataOption3)

▶解說

要排序資料可使用 Range 物件的 Sort 方法。指定參數 Key1、Key2、Key3，就能一次以三個欄位作為排序基準。

參照🔢 排序資料 ②......P.9-13
參照🔢 如何使用說明......P.2-51

▶設定項目

物件......................以 Range 物件指定要排序的儲存格範圍。若指定單一儲存格，包含該儲存格的作用中儲存格範圍就會成為排序對象。

Key1....................以 Range 物件、欄位名稱指定最優先排序的欄位 (可省略)。

Order1.................以 XlSortOrder 列舉型常數指定以參數 Key1 指定的欄位排列順序。xlDescending 為降冪，xlAscending (預設值) 為升冪 (可省略)。

Key2....................以 Range 物件、欄位名稱指定第二優先排序的欄位 (可省略)。

Type.....................只能在排序樞紐分析表時使用，可利用 XlSortType 列舉型常數指定 (可省略)。

Order2.................以 XlSortOrder 列舉型常數指定以參數 Key2 指定的欄位排列順序。

Key3....................以 Range 物件、欄位名稱指定第三優先排序的欄位 (可省略)。

Order3.................以 XlSortOrder 列舉型常數指定以參數 Key3 指定的欄位排列順序。

Header................以 XlYesNoGuess 列舉型常數指定儲存格範圍的第 1 列是否為標題。xlGuess 是由 Excel 判斷第 1 列是否為標題，xlNo (預設值) 是不將第 1 列視為標題，直接排序指定的儲存格範圍。xlYes 則是將第 1 列視為標題，先排除開頭第一列再進行排序 (可省略)。

OrderCustom ..... 以整數指定自訂清單內的排序清單 (可省略)。

MatchCase .... 要區分大小寫英文字母時設為 True，不區分則設為 False (可省略)。

Orientation .... 以 XlSortOrientation 列舉型常數指定排序的單位。xlSortRows (預設值) 是以列為單位，xlSortColumns 是以欄為單位 (可省略)。

SortMethod .... 以 XlSortMethod 列舉型常數指定排序方法。xlPinYin (預設值) 是根據注音的順序排序，xlStroke 則是根據各字元輸入的次數排序 (可省略)。

DataOption1 ...... 以 XlSortDataOption 列舉型常數指定在 Key1 指定欄位的文字排序方法 (可省略)。

DataOption2 ...... 以 XlSortDataOption 列舉型常數指定在 Key2 指定欄位的文字排序方法 (可省略)。

DataOption3 ...... 以 XlSortDataOption 列舉型常數指定在 Key3 指定欄位的文字排序方法 (可省略)。

XlSortDataOption 列舉型常數

常數	排序方法
xlSortTextAsNumbers	將文字當成數值資料排序
xlSortNormal（預設值）	將數值資料與文字資料分開排序

避免發生錯誤

參數 Header、Order1、Order2、Order3、Orientation 的設定會在每次執行 Sort 方法時儲存，所以在下次執行 Sort 方法省略這些參數的話，就會直接套用前次執行時的設定內容。為了能正確地排序，建議大家不要省略這些參數。此外，Sort 方法只能排序值，若使用 Sort 物件就能以顏色或圖示進行排序。

範例 使用 Sort 方法排序資料

這次要對包含 A1 儲存格的作用中儲存格範圍排序。除了將第一列視為標題列，還要以 C 欄的性別進行升冪排序，再以 F 欄的總業績進行降冪排序。

範例 9-1_004.xlsm

1	Sub␣資料排序1()
2	Range("A1").**Sort**␣Key1:=Range("C2"),␣Order1:=xlAscending,␣_
	Key2:=Range("F2"),␣Order2:=xlDescending,␣Header:=xlYes
3	End␣Sub 　　　　　　　註：「_（換行字元）」，當程式碼太長要接到下一行
	程式時，可用此斷行符號連接→參照 P.2-15

1 「資料排序 1」巨集

2 以 C2 儲存格的欄位為第一優先，替包含 A1 儲存格的作用中儲存格範圍排序，再以 F2 儲存格的
欄位為第二優先，進行降冪排序。排序時，將第 1 列當成標題列。

3 結束巨集

想根據 C 欄與 F 欄的
順序排列資料

▲	A	B	C	D	E	F	G
1	NO	姓名	性別	上半年業績 (萬)	下半年業績 (萬)	總業績 (萬)	評等
2	1	謝明其	男	60	60	120	C
3	2	張偉翔	男	86	74	160	B
4	3	田嘉新	男	89	91	180	A
5	4	林雷岑	女	99	93	192	A
6	5	黃佳惠	女	73	74	147	B
7	6	張美瑂	女	68	62	130	B
8	7	陳昕吾	男	88	91	179	B
9	8	劉玨偉	男	92	99	191	A
10	9	吳玉倩	女	68	62	130	C
11							

1 啟動 VBE，輸入程式碼

```
(一般)                            ∨    資料排序1

Option Explicit

Sub 資料排序1()
    Range("A1").Sort Key1:=Range("C2"), Order1:=xlAscending, _
        Key2:=Range("F2"), Order2:=xlDescending, Header:=xlYes
End Sub
```

2 執行巨集

▲	A	B	C	D	E	F	G
1	NO	姓名	性別	上半年業績 (萬)	下半年業績 (萬)	總業績 (萬)	評等
2	4	林雷岑	女	99	93	192	A
3	5	黃佳惠	女	73	74	147	B
4	6	張美瑂	女	68	62	130	B
5	9	吳玉倩	女	68	62	130	C
6	8	劉玨偉	男	92	99	191	A
7	3	田嘉新	男	89	91	180	A
8	7	陳昕吾	男	88	91	179	B
9	2	張偉翔	男	86	74	160	B
10	1	謝明其	男	60	60	120	C
11							

由於第 1 列指定為標題列，
所以不會被當作排序對象

資料重新排序了

排序資料 ②

物件.Sort ─────────────────────────── 取得

▶解説

Sort 物件除了可根據值排序，還能根據儲存格、文字顏色、圖示排序，最多可指定64 種排序基準。Sort 物件可透過 Sort 屬性取得，再利用各種方法或屬性設定排序方式。

▶設定項目

物件......................指定為 Worksheet 物件、ListObject 物件、AutoFilter 物件、QueryTable 物件。

Sort 物件的主要方法與屬性

方法	內容
Apply	執行排序
SetRange	設定要排序的儲存格範圍

屬性	內容
Header	利用 XlYesNoGuess 列舉型常數取得或設定第一列是否包含標題
MatchCase	設為 True 時，大小寫英文字母將視為不同，設為 False 則視為相同
Orientation	利用 XlSortOrientation 列舉型常數取得或設定排序方向
SortFields	取得代表排序欄位集合的 SortFields 集合
SortMethod	利用 XlSortMethod 列舉型常數取得或設定注音的排序方式

避免發生錯誤

排序工作表的表格時，通常會將物件指定為 Worksheet 物件，但如果表格已轉換成**表格**，請將物件指定為 ListObject。

參照**!!** 排序資料 ①……P.9-10

增加排序欄位

物件.**Add**(Key, SortOn, Order, CustomOrder, DataOption)

▶解説

要利用 Sort 物件排序必須使用 SortFields 集合的 Add 方法增加 SortField 物件。SortField 物件包含單一排序欄位的資訊或是排序方式等資訊。Add 方法可建立 SortField 物件，再傳回建立的 SortField 物件。先新增的 SortField 物件的優先順序會比後新增的 SortField 物件更高。SortFields 集合最多可新增 64 個 SortField 物件。

▶設定項目

物件 .... 指定為 SortFields 集合。SortFields 集合可利用 Sort 物件的 SortFields 屬性取得。

Key .... 以 Range 物件指定作為排序基準欄位的儲存格。

SortOn.................. 以 XlSortOn 列舉型常數指定排序基準 (可省略)。

XlSortOn 列舉型常數

方法	內容
xlSortOnValues (預設值)	值
xlSortOnCellColor	儲存格的顏色
xlSortOnFontColor	文字顏色
xlSortOnicon	儲存格的圖示

Order .... 利用 XlSortOrder 列舉型常數指定排序的順序。xlDescending 為降冪，xlAscending 為升冪。若省略這個參數，就會自動設為 xlAscending (可省略)。

CustomOrder .... 以字串指定自訂清單的排序順序，或是以數值由上而下指定**自訂清單**交談窗裡的排序順序 (可省略)。

DataOption......... 以 XlSortDataOption 列舉型常數指定文字的排序方法。設為 xlSortNormal 或省略這個參數時，會分別替數值與文字排序，若設定為 xlSortTextAsNumber，就會將文字當成數值排序 (可省略)。

[避免發生錯誤]

新增的 SortField 物件會在執行排序之後儲存，所以若是再以 Add 方法新增 SortField 物件，就會增加在剛剛儲存的 SortField 物件之後，優先順序也會比較低。為了能夠正確排序，可利用 SortFields 集合的 Clear 方法清除儲存的排序設定，再利用 Add 方法新增排序設定。

範例 利用 Sort 物件排序資料

這次要利用 Sort 物件執行 9-12 頁的範例。將 C 欄的**性別**進行升冪排序，再將 F 欄的**總業績**降冪排序。如果之前已經儲存了排序設定，就有可能無法正確排序，所以此範例利用 SortFields 集合的 Clear 方法刪除排序設定，再利用 Add 方法新增排序欄位。先增加的 SortField 擁有較高的優先順序。

範例 ▤ 9-1_005.xlsm

1	`Sub␣資料排序2()`
2	`　　With␣ActiveSheet.Sort`
3	`　　　　.SortFields.Clear`
4	`　　　　.SortFields.Add␣Key:=Range("C2"),␣_` `　　　　　　SortOn:=xlSortOnValues,␣Order:=xlAscending`
5	`　　　　.SortFields.Add␣Key:=Range("F2"),␣_` `　　　　　　SortOn:=xlSortOnValues,␣Order:=xlDescending`
6	`　　　　.SetRange␣Range("A1").CurrentRegion`
7	`　　　　.Header␣=␣xlYes`
8	`　　　　.Apply`
9	`　　End␣With`
10	`End␣Sub`

註：「_ (換行字元)」，當程式碼太長要接到下一行程式時，可用此斷行符號連接→參照 P.2-15

1	「資料排序 2」巨集
2	對作用中工作表的 Sort 物件進行下列處理 (With 陳述式的開頭)
3	刪除之前的排序設定
4	對包含 C2 儲存格的欄位增加升冪排序設定
5	對包含 F2 儲存格的欄位增加降冪排序設定
6	將排序範圍設為包含 A1 儲存格的作用中儲存格範圍
7	將第 1 列視為標題列
8	執行排序
9	結束 With 陳述式
10	結束巨集

A	B	C	D	E	F	G	H
NO	姓名	性別	上半年業績 (萬)	下半年業績 (萬)	總業績 (萬)	評等	
1	謝明其	男	60	60	120	C	
2	張偉翔	男	86	74	160	B	
3	田嘉新	男	89	91	180	A	
4	林雪岑	女	99	93	192	A	
5	黃佳惠	女	73	74	147	B	
6	張美瑂	女	68	62	130	C	
7	陳昕吾	男	88	91	179	B	
8	劉珽偉	男	92	99	191	A	
9	吳玉倩	女	68	62	130	C	

想根據 C 欄與 F 欄的順序排序

1 啟動 VBE，輸入程式碼

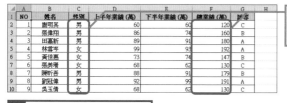

```
(一般)                          ▼    資料排序2
Option Explicit

Sub 資料排序2()
    With ActiveSheet.Sort
        .SortFields.Clear
        .SortFields.Add Key:=Range("C2"), _
            SortOn:=xlSortOnValues, Order:=xlAscending
        .SortFields.Add Key:=Range("F2"), _
            SortOn:=xlSortOnValues, Order:=xlDescending
        .SetRange Range("A1").CurrentRegion
        .Header = xlYes
        .Apply
    End With
End Sub
```

	A	B	C	D	E	F	G	H
1	NO	姓名	性別	上半年業績(萬)	下半年業績(萬)	總業績(萬)	評等	
2	4	林霏岑	女	99	93	192	A	
3	5	黃佳惠	女	73	74	147	B	
4	6	張美瑗	女	68	62	130	C	
5	9	吳玉倩	女	68	62	130	C	
6	8	劉廷偉	男	92	99	191	A	
7	3	田嘉新	男	89	91	180	A	
8	7	陳昕晉	男	88	91	179	B	
9	2	張偉翔	男	86	74	160	B	
10	1	謝明其	男	60	60	120	C	

完成排序了

 以儲存格或文字的顏色為排序基準

要以儲存格的顏色為排序基準可將 Add 方法的參數 SortOn 設為 xlSortOnCellColor，如果要利用文字顏色排序，可將這個參數指定為 xlSortOnFontColor。顏色可利用 SortField 物件的 SortOnValue 屬性的 Color 屬性。語法為「SortField 物件 .SortOnValue.Color=RGB 函數」。例如，要以「紅」、「黃」的順序排序儲存格的顏色，可將程式碼寫成如圖的內容。

範例 9-1_006.xlsm

```
Sub 依儲存格的顏色排序()
    With ActiveSheet.Sort
        .SortFields.Clear
        .SortFields.Add(Key:=Range("G2"), SortOn:=xlSortOnCellColor, _
            Order:=xlAscending).SortOnValue.Color = RGB(255, 0, 0)
        .SortFields.Add(Key:=Range("G2"), SortOn:=xlSortOnCellColor, _
            Order:=xlAscending).SortOnValue.Color = RGB(255, 255, 0)
        .SetRange Range("A1").CurrentRegion
        .Header = xlYes
        .Apply
    End With
End Sub
```

利用圖示排序

要依**條件式格式**的圖示種類排序時，可將 Add 方法的參數 SortOn 設為 xlSortOnIcon。圖示可利用 SortField 物件的 SetIcon 方法指定。語法為「SortFields 物件 .SetIcon (Icon)」。參數 Icon 可指定為圖示的種類。圖示的種類可利用「ActiveWorkbook.IconSets (圖示的常數).Item(由右至左的順序)」指定。

範例 9-1_006.xlsm

參照 圖示集的種類……P.4-144

以圖示集「xl3Symbols2」的右邊第三個圖示排序

```
Sub 依圖示集排序()
    With ActiveSheet.Sort
        .SortFields.Clear
        .SortFields.Add(Key:=Range("F2"), SortOn:=xlSortOnIcon, _
            Order:=xlAscending).SetIcon Icon:=ActiveWorkbook.IconSets(xl3Symbols2).Item(3)
        .SortFields.Add(Key:=Range("F2"), SortOn:=xlSortOnIcon, _
            Order:=xlAscending).SetIcon Icon:=ActiveWorkbook.IconSets(xl3Symbols2).Item(2)
        .SetRange Range("A1").CurrentRegion
        .Header = xlYes
        .Apply
    End With
End Sub
```

以圖示集「xl3Symbols2」的右邊第二個圖示排序

利用自訂的順序排序

如果不想以升冪或降冪排序，而是想以自訂的順序排序，可依照此範例在 Add 方法的參數 CustomOrder 以半形逗號間隔字串。假設已經將自訂的排序方法新增到**自訂清單**，也可依照清單由上而下的順序指定排序方式。要解除自訂的排序方式可將參數 CustomOrder 指定為 0。

範例 9-1_007.xlsm

想依照「蛋糕、冰淇淋、餅乾」的順序排序

```
Sub 自訂排序()
    With ActiveSheet.Sort
        .SortFields.Clear
        .SortFields.Add Key:=Range("B4")
            CustomOrder:="蛋糕,冰淇淋,餅乾"
        .SetRange Range("A3:D6")
        .Header = xlYes
        .Apply
    End With
End Sub
```

自動篩選

物件.**AutoFilter**(Field, Criteria1, Operator, Criteria2, VisibleDropDown)

▶ 解説

要在 VBA 操作**自動篩選**可使用 Range 物件的 AutoFilter 方法。透過參數指定各種篩選資料的條件。此外，若省略所有參數就會在設定自動篩選時解除自動篩選，若未設定自動篩選，就會顯示自動篩選的下拉選單箭頭。

▶ 設定項目

物件 .... 以 Range 物件指定作為篩選來源的儲存格範圍。若指定為單一儲存格，就會以包含該儲存格的作用中儲存格範圍為對象。

Field .... 指定作為篩選條件的欄編號。欄編號可利用整數指定以篩選範圍左側數來第幾欄的編號。

Criteria1 .... 指定作為第一個篩選條件的字串。若省略這個參數將自動設定為 All。此外，將參數 Operator 設為 xlTop10Items 時，可指定為項目數 (可省略)。 参照 設定篩選條件的方法……P.9-19

Operator .... 以 XlAutoFilterOperator 列舉型常數指定篩選條件。

XlAutoFilterOperator 列舉型常數

名稱	説明
xlAnd	And 條件 (Criteria1 和 Criteria2)
xlOr	OR 條件 (Criteria1 或 Criteria2)
xlTop10Items	前 10 個 Criteria1 指定的項目數
xlBottom10Items	最後 10 個 Criteria1 指定的項目數
xlTop10Percent	前 10% Criteria1 指定的比例
xlBottom10Percent	最後 10% Criteria1 指定的比例
xlFilterValues	篩選條件值
xlFilterCellColor	儲存格的顏色
xlFilterFontColor	文字的顏色
xlFilterIcon	篩選條件圖示
xlFilterDynamic	動態篩選條件

Criteria2 .... 指定作為第二個篩選條件的字串。利用參數 Operator 指定與參數 Criteria1 的關係，設定多個條件 (可省略)。 参照 設定篩選條件的方法……P.9-19

VisibleDropDown ... 當這個參數為 True 或是省略時，會顯示自動篩選的下拉選單箭頭，設定為 False 則不會顯示。

> **避免發生錯誤**
>
> 執行自動篩選功能時，若資料已經先透過自動篩選功能篩選，就會對目前的狀態再次篩選。
> 如果想重新篩選，就必須先解除所有的自動篩選。

範例　利用自動篩選功能篩選資料

這次要對含有 A1 儲存格的作用中儲存格範圍執行自動篩選功能，從第 7 欄篩選出評等為「A」的資料。此外，顯示所有資料的方法請參考 9-21 頁的 HINT「顯示所有資料」。

範例 9-1_008.xlsm

參照 顯示所有資料……P.9-21

```
1  Sub 利用自動篩選功能篩選資料()
2      Range("A1").AutoFilter Field:=7, Criteria1:="A"
3  End Sub
```

1 「利用自動篩選功能篩選資料」巨集
2 對含有 A1 儲存格的作用中儲存格範圍執行自動篩選功能，以資料為「A」的篩選條件從第 7 欄篩選出符合條件的資料。
3 結束巨集

▲	A	B	C	D	E	F	G	H
1	NO	姓名	性別	上半年業績 (萬)	下半年業績 (萬)	總業績 (萬)	評等	
2	1	謝明其	男	60	60	120	C	
3	2	張偉翔	女	86	74	160	B	
4	3	田嘉新	男	89	91	180	A	
5	4	林雪岑	女	99	93	192	A	
6	5	黃佳惠	女	73	74	147	B	
7	6	張美珊	男	68	62	130	C	
8	7	陳昕吾	男	88	91	179	B	
9	8	劉冠偉	男	92	99	191	A	
10	9	吳玉倩	女	68	62	130	C	
11								

只想顯示評等為 A 的資料

1 啟動 VBE，輸入程式碼

```
(一般)                     利用自動篩選功能篩選資料
Option Explicit

Sub 利用自動篩選功能篩選資料()
    Range("A1").AutoFilter field:=7, Criteria1:="A"
End Sub
```

2 執行巨集

套用自動篩選了

▲	A	B	C	D	E	F	G	H
1	N	姓名	性別	上半年業績 (萬)	下半年業績 (萬)	總業績 (萬)	評等	
4	3	田嘉新	男	89	91	180	A	
5	4	林雪岑	女	99	93	192	A	
9	8	劉冠偉	男	92	99	191	A	
11								

只顯示評等為「A」的資料

計算以自動篩選功能篩選的資料筆數

要計算以自動篩選功能篩選了多少筆資料，可計算可視儲存格（顯示中的儲存格）數量。要取得可視儲存格可使用 Range 物件的 SpecialCells (xlCellTypeVisible)，將程式碼寫成下列的內容。

範例 📄 9-1_009.xlsm

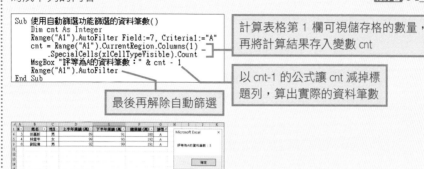

計算表格第 1 欄可視儲存格的數量，再將計算結果存入變數 cnt

以 cnt-1 的公式讓 cnt 減掉標題列，算出實際的資料筆數

最後再解除自動篩選

```
Sub 使用自動篩選功能篩選的資料筆數()
    Dim cnt As Integer
    Range("A1").AutoFilter Field:=7, Criteria1:="A"
    cnt = Range("A1").CurrentRegion.Columns(1) _
        .SpecialCells(xlCellTypeVisible).Count
    MsgBox "評等為A的資料筆數：" & cnt - 1
    Range("A1").AutoFilter
End Sub
```

 設定多個條件

要對同一欄設定多個條件時，可利用參數 Criteria1 與 Criteria2 設定條件，再利用參數 Operator 指定 xlAnd 或 xlOr，這兩種條件的關係。要對不同欄位設定多個條件時，可分別執行 AutoFilter 方法。例如，希望篩選出性別為男，總業績高於 180 萬的資料，可將程式碼寫成右圖的內容。此外，也能用 Array 函數設定 Or 條件。例如，「A 或 B」的條件可寫成「Criteria1:=Array ("A","B")」語法。此時的參數 Operator 需指定為 xlFilterValues。使用 Array 函數，可設定三個以上的條件。

分別執行 AutoFilter 方法就能設定 AND 條件

```
Sub 多重條件2()
    Range("A1").AutoFilter Field:=3, Criteria1:="男"
    Range("A1").AutoFilter Field:=6, Criteria1:=">=180"
End Sub
```

範例 📄 9-1_009.xlsm

參照 📖 利用 Array 函數在陣列變數儲存值……P.3-26

利用 Array 函數設定 OR 條件，要將參數 Operator 設定為 xlFilterValue

```
Sub 使用Array函數的多個條件()
    Range("A1").AutoFilter Field:=7, Criteria1:=Array("A", "B"), Operator:=xlFilterValues
End Sub
```

設定篩選條件

篩選條件可利用比較運算子、萬用字元的「*」(代替多個字元) 或「?」(代替單一字元) 設定。例如，將篩選條件寫成「A*」，代表以 A 為開頭的任何資料，寫成「*A」就是以 A 為結束的任何資料，至於「*A*」則代表含有 A 的任何資料。

篩選條件	寫法	篩選條件	寫法
等於 A	"=A"	大於 10	">10"
不等於 A	"<>A"	大於等於 10	">=10"
包含 A	"=*A*"	小於 10	"<10"
不包含 A	"<>*A*"	小於等於 10	"<=10"
空白儲存格	"="	非空白的儲存格	"<>"

利用各種條件篩選資料

物件.**AdvancedFilter**(Action, CriteriaRange, CopyToRange, Unique)

▶解説

使用進階篩選的設定就能以各種條件篩選資料。要利用 VBA 操作進階篩選的設定可使用 Range 物件的 AdvancedFilter 方法。使用進階篩選的設定可自由地設定各種條件，以便根據在工作表輸入的條件篩選資料。

▶設定項目

物件 ....以 Range 物件指定篩選來源的儲存格範圍。若指定為單一儲存格，就會以含有該儲存格的作用中儲存格範圍為對象。

Action ....利用 XlFilterAction 列舉型常數指定篩選目的地。若指定為 xlFilterCopy，就會將資料複製到參數 CopyToRange 指定的儲存格範圍，若指定為 XlFilterInPlace，就會折疊篩選來源的表格再顯示資料。

CriteriaRange ... 指定輸入了篩選條件的儲存格範圍。若省略，則視為沒有篩選條件 (可省略)。

CopyToRange ... 只在參數 Action 為 xlFilterCopy 時啟用，可指定作為篩選目的地的儲存格範圍 (可省略)。

Unique ....設為 True 時，不篩選重複的資料，設為 False 或省略，會篩選重複的資料。

（避免發生錯誤）

當參數 Action 指定為 XlFilterCopy 時，請務必設定參數 CopyToRange。此外，為了在篩選來源範圍折疊時，也能隨時顯示篩選條件範圍，請在篩選來源範圍上方建立篩選條件範圍。

範例 利用工作表的篩選條件篩選資料

這次要以包含 A5 儲存格的表格為篩選來源範圍，以及將含有 A1 儲存格的表格視為篩選條件範圍，再利用進階篩選的設定將篩選目的地設為篩選來源範圍內，再執行篩選功能。將篩選來源範圍設為 A5 儲存格這種單一儲存格，就能讓作用中儲存格範圍成為操作對象。　　　　　　　　　　　　　　　　　　範例 9-1_010.xlsm

```
1  Sub 利用進階篩選的設定篩選資料()
2      Range("A5").AdvancedFilter Action:=xlFilterInPlace, _
           CriteriaRange:=Range("A1").CurrentRegion
3  End Sub  註：「_(換行字元)」，當程式碼太長要接到下一行程式時，可用此斷行符號連接→參照 P.2-15
```

1　「利用進階篩選的設定篩選資料」巨集
2　將含有 A5 儲存格的作用中儲存格範圍設為篩選來源範圍，再將含有 A1 的篩選條件範圍設定為作用中儲存格範圍，以及將篩選目的地設定在篩選來源範圍內，再篩選資料
3　結束巨集

想在工作表輸入篩選條件再篩選資料

將含有 A1 儲存格的作用中儲存格範圍設定為條件範圍

	A	B	C	D	E	F	G	H
1	NO.	姓名	性別	上半年業績 (萬)	下半年業績 (萬)	總業績 (萬)	評等	
2			女			>=150		
3								
4								
5	NO.	姓名	性別	上半年業績 (萬)	下半年業績 (萬)	總業績 (萬)	評等	
6	1	謝明其	男	60	60	120	C	
7	2	張偉翔	男	86	74	160	B	
8	3	田嘉新	男	89	91	180	A	
9	4	林靈岑	女	99	93	192	A	
10	5	黃佳惠	女	73	74	147	B	
11	6	張美珊	女	68	62	130	C	
12	7	陳昕吾	男	88	91	179	B	
13	8	劉冠偉	男	92	99	191	A	
14	9	吳玉倩	女	68	62	130	C	

將資料的篩選目的地指定為包含 A5 儲存格的作用中儲存格範圍

1 啟動 VBE，輸入程式碼

(一般)　　利用進階篩選的設定篩選資料

```
Option Explicit

Sub 利用進階篩選的設定篩選資料()
    Range("A5").CurrentRegion.AdvancedFilter Action:=xlFilterInPlace, _
        CriteriaRange:=Range("A1").CurrentRegion
End Sub
```

2 執行巨集

	A	B	C	D	E	F	G	H
1	NO.	姓名	性別	上半年業績 (萬)	下半年業績 (萬)	總業績 (萬)	評等	
2			女			>=150		
3								
4								
5	NO.	姓名	性別	上半年業績 (萬)	下半年業績 (萬)	總業績 (萬)	評等	
9	4	林靈岑	女	99	93	192	A	

根據指定的條件篩選資料了

篩選條件的設定方法

AdvancedFilter 方法的參數 CriteriaRange 可指定作為篩選條件的儲存格範圍。要設定 AND 篩選條件時，可在同一列輸入條件式，要設定 OR 篩選條件時，可在不同列輸入條件式。要注意的是，如果在指定篩選條件範圍時，該範圍有空白列，就會顯示所有的資料。

顯示所有資料

利用 AdvancedFilter 方法或 AutoFilter 方法篩選資料後（篩選模式），要解除篩選模式，顯示所有的資料可使用 Worksheet 物件的 ShowAllData 方法。若在非篩選模式的情況執行這個方法就會發生錯誤，所以要先確認 FilterMode 屬性是否為 True（已是篩選模式）之後再執行 ShowAllData 方法。

```
Sub 清除篩選()
    If ActiveSheet.FilterMode Then
        ActiveSheet.ShowAllData
    End If
End Sub
```

若已套用篩選，就解除篩選，顯示所有資料

範例 9-1_011.xlsm

9-2　使用表格處理資料

使用表格處理資料

將第 1 列設定為標題列，並從第 2 列開始輸入資料的表格可被辨識為**表格**。
一旦被辨識為表格，就能顯示**合計列**，以及顯示各欄資料筆數、加總或是平均，
所以表格很適合用來整理資料。此外，使用表格樣式可調整表格的整體外觀。
在此要介紹以 VBA 操作表格的基本方法。

	A	B	C	D	E	F	G
1	NO	姓名	性別	上半年業績 (萬)	下半年業績 (萬)	總業績 (萬)	評等
2	1	謝明其	男	60	60	120	C
3	2	張偉翔	男	86	74	160	B
4	3	田嘉新	男	89	91	180	A
5	4	林雪岑	女	99	93	192	A
6	5	黃佳惠	女	73	74	147	B
7	6	張美瑀	女	68	62	130	C
8	7	陳昕吾	男	88	91	179	B
9	8	劉廷偉	男	92	99	191	A
10	9	吳玉倩	女	68	62	130	C
11							

◆將一般資料轉換成表格
ListObjects 集合的 Add 方法

◆將表格轉換成一般資料
ListObject 物件的 UnList 方法

	A	B	C	D	E	F	G
1	NO	姓名	性別	上半年業績 (萬)	下半年業績 (萬)	總業績 (萬)	評等
2	3	田嘉新	男	89	91	180	A
3	8	劉廷偉	男	92	99	191	A
4	2	張偉翔	男	86	74	160	B
8	7	陳昕吾	男	88	91	179	B
9	1	謝明其	男	60	60	120	C
11	合計					166	5
12							

◆變更表格樣式
ListObject 物件的
TableStyle 屬性

◆切換合計列的顯示狀態
ListObject 物件的 ShowTotals 屬性

◆變更彙整 (計算) 方式
ListColumn 物件的 TotalCalculation 屬性

建立表格

物件.Add(SourceType, Source, LinkSource,
XlListObjectHasHeaders,Destination, TableStyleName)

▶ 解說

要在工作表中建立表格可使用 ListObjects 集合的 Add 方法。利用 Add 方法建立
ListObject 物件，就會傳回 ListObjec 物件。如果省略所有的參數，就會根據作用
中工作表的作用中儲存格範圍建立表格。要參照 ListObject 物件可使用 ListObjects
(1)、ListObjects ("表格1") 指定索引編號或是表格名稱的語法。

▶ 設定項目

物件 .... 指定 ListObjects 集合。利用 Worksheet 物件的 ListObjects 屬性取
得。

SourceType .... 以 XlListObjectSourceType 列舉型常數指定表格的原始資料種類
(可省略)。

XlListObjectSourceType 列舉型常數

名稱	說明
xlSrcExternal	外部資料來源 (Microsoft SharePoint Fondation 網站)
xlSrcRange (預設值)	儲存格範圍
xlSrcXml	XML
xlSrcQuery	佇列
xlSrcModel	PowerPivot 模型

Source .... 指定來源資料。當參數 SourceType 為 xlSrcRange，可利用 Range
物件指定作為來源資料的儲存格範圍。如果省略這個參數，將
以作用中儲存格範圍為來源資料。當參數 SourceType 為
xlSrcExternal，可指定與資料來源連線的陣列。此外，陣列的各
元素請參考 Excel 的說明 (可省略)。 **參照!** 如何使用說明……P.2-51

LinkSource .... 指定外部資料來源是否與 ListObject 連結。參數 SourceType 為
xlSrcExternal，這個參數的預設值為 True，而當參數 SourceType
為 xlSrcRange 時，就無法使用這個參數 (可省略)。

XlistObjectHasHeaders ... 利用 XlYesNoGuress 列舉型常數指定第一列是否為標題列。如果
沒有標題將自動產生標題 (可省略)。

Destination .... 以 Range 物件指定新增的 ListObject 左上角的單一儲存格。可將
要建立的 ListObject 指定為同一張工作表的儲存格。當參數
SourceType 為 xlSrcExternal 就一定要指定這個參數，如果指定為
xlSrcRange，這個參數就會被忽略。

TableStyleName ... 指定表格樣式名稱。若省略這個參數就會自動套用預設的表格
樣式 (可省略)。

避免發生錯誤

對已經轉換成表格的資料執行 Add 方法會出現錯誤。為了避免錯誤，必須額外撰寫錯誤處理程式碼。

範例 將資料轉換成表格

這次要將包含 A1 儲存格的作用中儲存格範圍轉換成表格，並將第 1 列設為標題列，再將新增的表格命名為「Table01」。如果指定的儲存格範圍已經是表格，執行這個巨集就會發生錯誤，所以要額外撰寫錯誤處理程式碼。將資料轉換成表格後，會自動套用表格樣式。

範例 ▤ 9-2_001.xlsm
參照 ▤ 顯示所有資料……P.9-21

```
1  Sub 建立表格()
2      On Error GoTo errHandler
3      ActiveSheet.ListObjects.Add(SourceType:=xlSrcRange, _
           Source:=Range("A1").CurrentRegion, _
           XlListObjectHasHeaders:=xlYes).Name = "Table01"
4  Exit Sub
5  errHandler:
6      MsgBox "表格建立完畢"          註：「_（換行字元）」，當程式碼太長要接到下一行
7  End Sub                           程式時，可用此斷行符號連接→參照 P.2-15
```

1 「建立表格」巨集
2 如果發生錯誤，將處理移到行標籤 errHanler
3 將作用中工作表裡包含 A1 儲存格在內的作用儲存格區域，轉為以第一列為標題的表格，並建立名稱為「Table01」的表格
4 完成處理
5 行標籤 errHanler（發生錯誤時移動到此）
6 顯示「表格建立完畢」訊息
7 結束巨集

▲	A	B	C	D	E	F	G	H
1	NO	姓名	性別	上半年業績（萬）	下半年業績（萬）	總業績（萬）	評等	
2	1	謝明其	男	60	60	120	C	
3	2	張偉翔	男	86	74	160	B	
4	3	田嘉新	男	89	91	180	A	
5	4	林雪岑	女	99	93	192	A	
6	5	黃佳惠	女	73	74	147	B	
7	6	張美瑨	女	68	62	130	C	
8	7	陳昕吾	男	88	91	179	B	
9	8	劉冠偉	男	92	99	191	A	
10	9	吳玉倩	女	68	62	130	C	

想將資料轉換成表格

1 啟動 VBE，輸入程式碼

```
(一般)                        ∨   建立表格
Option Explicit

Sub 建立表格()
    On Error GoTo errHandler
    ActiveSheet.ListObjects.Add(SourceType:=xlSrcRange, _
        Source:=Range("A1").CurrentRegion, _
        XlListObjectHasHeaders:=xlYes).Name = "Table01"
Exit Sub
errHandler:
    MsgBox "表格建立完畢"
End Sub
```

2 執行巨集

	A	B	C	D	E	F	G	H
1	Nº▾	姓名 ▾	性別▾	上半年業績 (萬)▾	下半年業績 (萬)▾	總業績 (萬)▾	評等▾	
2	1	謝明其	男	60	60	120	C	
3	2	張偉翔	男	86	74	160	B	
4	3	田嘉新	男	89	91	180	A	
5	4	林雲岑	女	99	93	192	A	
6	5	黃佳惠	女	73	74	147	B	
7	6	張美瑂	女	68	62	130	C	
8	7	陳昕吾	男	88	91	179	B	
9	8	劉冠偉	男	92	99	191	A	
10	9	吳玉倩	女	68	62	130	C	
11								

> 資料轉換成表格，會套用表格樣式

 轉換成未套用表格樣式的表格

雖然轉換成表格就會自動套用表格樣式，但是表格的標題有時已經另外套用了儲存格格式，此時儲存格格式與表格樣式就會重疊。如果不想套用表格樣式可將 ListObject 物件的 TableStyle 屬性設為「""」。　　　　　　　　　　　　範例 ▤ 9-2_002.xlsm

```
Sub 建立表格()
    On Error GoTo errHandler
    With ActiveSheet.ListObjects.Add(SourceType:=xlSrcRange,
        Source:=Range("A1").CurrentRegion, XlListObjectHasHeaders:=xlYes)
        .Name = "Table01"
        .TableStyle = ""
    End With
Exit Sub
errHandler:
    MsgBox "表格建立完成"
End Sub
```

> 將「""」代入 TableStyle 屬性

	A	B	C	D	E	F	G	H
1	Nº▾	姓名 ▾	性別▾	上半年業績 (萬)▾	下半年業績 (萬)▾	總業績 (萬)▾	評等▾	
2	1	謝明其	男	60	60	120	C	
3	2	張偉翔	男	86	74	160	B	
4	3	田嘉新	男	89	91	180	A	
5	4	林雲岑	女	99	93	192	A	
6	5	黃佳惠	女	73	74	147	B	
7	6	張美瑂	女	68	62	130	C	
8	7	陳昕吾	男	88	91	179	B	
9	8	劉冠偉	男	92	99	191	A	
10	9	吳玉倩	女	68	62	130	C	
11								

> 轉換成未套用表格樣式的表格了

 將表格還原為儲存格範圍

要將表格還原為儲存格範圍，可使用 ListObject 物件的 Unlist 方法。如果指定的 ListObject 不存在就會發生錯誤，所以要額外撰寫錯誤處理程式碼。此外，將表格還原成儲存格範圍後，表格樣式還是存在，所以得在 Unlist 方法之前撰寫「Activesheet. ListObjects (1) .TableStyle=""」，解除表格樣式。

範例 ▤ 9-2_003.xlsm

參照 ▣ 套用表格樣式……P.9-29

```
Sub 轉換為儲存格範圍()
    On Error Resume Next
    ActiveSheet.ListObjects(1).TableStyle = ""
    ActiveSheet.ListObjects(1).Unlist
End Sub
```

> 將第一張表格還原為儲存格範圍

顯示合計列

物件.**ShowTotals**──────────────────────── 取得

物件.**ShowTotals** = 設定值──────────────── 設定

▶解説

ListObject 物件的 ShowTotals 屬性可取得或設定合計列的顯示狀態。設定為 True 代表顯示，設定為 False 代表隱藏。此外，可利用代表 ListObject 物件的欄位的 ListColumn 物件指定彙整 (計算) 資料的方法。

▶設定項目

物件.....................指定為 ListObject 物件。

設定值..................指定為 True 代表顯示合計列，指定為 False 代表隱藏。

〔避免發生錯誤〕

如果指定的表格不存在就會發生錯誤。請視情況加上錯誤處理程式碼。此外，若顯示了合計列，又以 Unlist 方法將表格轉換成儲存格範圍，合計列也會轉換成儲存格範圍。如果不需要合計列，可在執行 Unlist 方法之前將 ShowTotals 屬性指定為 Fasle，隱藏合計列。

設定「合計列」彙整資料的方法

物件.**TotalsCalculation**──────────────── 取得

物件.**TotalsCalculation** = 設定值──────── 設定

▶解説

要在表格的**合計列**設定彙整方法，可用 ListColumn 物件的 TotalsCalculation 屬性。

▶設定項目

物件.....................指定為 ListColumn 物件。ListColumn 物件為 ListObject 物件的 ListColumns 集合的成員。要參照各 ListColumn 物件可使用索引 編號 (由左至右的編號) 或是欄的標題名稱，例如可利用 ListColumns (1) 或是 ListColumns ("評等") 語法參照。

設定值..................利用 XlTotalsCalculation 列舉型常數指定彙整方法。

XlTotalsCalculation 列舉型常數

名稱	説明
xlTotalsCalculationNone	無
xlTotalsCalculationSum	合計
xlTotalsCalculationAverage	平均值
xlTotalsCalculationCount	非空白的儲存格數量（計數）
xlTotalsCalculationCountNums	數值資料筆數
xlTotalsCalculationMin	最小值
xlTotalsCalculationMax	最大值
xlTotalsCalculationStdDev	標準差
xlTotalsCalculationVar	變異數
xlTotalsCalculationCustom	自訂計算

避免發生錯誤

將 ShowTotals 屬性設定為 True，顯示合計列之後，會只顯示右端欄位的彙整結果。Excel 會根據欄的資料的種類自動設定彙整方式。如果不需要右端欄位的彙整結果，可將 TotalsCalCulation 屬性設定為 xlTotalsCalculationNone，指定為不彙整。

範例 **在表格設定篩選、排序與彙整方法**

這次要將含有 A1 儲存格的作用中儲存格範圍建立成表格，再篩選出男性的資料。接著採用由大至小的方式排序總業績，顯示**合計列**，再於**總業績**欄位設定平均業績。此外，Excel 會自動根據**評等**欄位計算資料筆數。　　範例 9-2_004.xlsm

```
1   Sub 篩選與排序設定()
2       On Error GoTo errHandler
3       With ActiveSheet.ListObjects.Add(SourceType:=xlSrcRange, _
            Source:=Range("A1").CurrentRegion)
4           .Range.AutoFilter Field:=3, Criteria1:="男"
5           .Range.Sort Key1:=Range("F2"), Order1:=xlDescending
6           .ShowTotals = True
7           .ListColumns("總業績").TotalsCalculation = xlTotalsCalculationAverage
8       End With
9       Exit Sub
10  errHandler:
11      MsgBox Err.Number & ":" & Err.Description
12  End Sub
```

註：「_（換行字元）」，當程式碼太長要接到下一行程式時，可用此斷行符號連接→參照 P.2-15

1	「篩選與排序設定」巨集
2	發生錯誤時，移動到行標籤 errHandler
3	將包含 A1 儲存格的作用中儲存格範圍轉換成表格，再對這張表格進行下列處理 (With 陳述式的開頭)
4	以第三欄為篩選條件，篩出資料為「男」的自動篩選功能
5	以降冪排序 F2 儲存格的欄位
6	顯示**合計列**
7	將**總業績**欄位的合計方式設為**平均值**
8	結束 With 陳述式
9	結束處理（如果到第 8 行程式碼都正常執行，就不會執行錯誤處理）
10	行標籤 errHandler（發生錯誤時會跳到這裡）
11	顯示錯誤編號與錯誤內容
12	結束巨集

> 想將儲存格範圍轉換成表格，
> 再執行篩選與排序

	A	B	C	D	E	F	G	H
1	NO	姓名	性別	上半年業績(萬)	下半年業績(萬)	總業績(萬)	評等	
2	1	謝明其	男	60	60	120	C	
3	2	張偉翔	男	86	74	160	B	
4	3	田嘉新	男	89	91	180	A	
5	4	林霞岑	女	99	93	192	A	
6	5	黃佳惠	女	73	74	147	B	
7	6	張美瑜	女	68	62	130	C	
8	7	陳昕晉	男	88	91	179	B	
9	8	劉冠偉	男	92	99	191	A	
10	9	吳玉倩	女	68	62	130	C	
11								

1 啟動 VBE，輸入程式碼

```
Sub 設定篩選與排序與彙整()
    On Error GoTo errHandler
    With ActiveSheet.ListObjects.Add(SourceType:=xlSrcRange, _
            Source:=Range("A1").CurrentRegion)
        .Range.AutoFilter Field:=3, Criteria1:="男"
        .Range.Sort Key1:=Range("F2"), Order1:=xlDescending
        .ShowTotals = True
        .ListColumns("總分").TotalsCalculation = xlTotalsCalculationAverage
    End With
    Exit Sub
errHandler:
    MsgBox Err.Number & ":" & Err.Description
End Sub
```

2 執行巨集

	A	B	C	D	E	F	G	H
1	NO	姓名	性別	上半年業績(萬)	下半年業績(萬)	總業績(萬)	評等	
2	8	劉冠偉	男	92	99	191	A	
3	3	田嘉新	男	89	91	180	A	
4	7	陳昕晉	男	88	91	179	B	
8	2	張偉翔	男	86	74	160	B	
9	1	謝明其	男	60	60	120	C	
11	合計					166	5	
12								

> 新增**合計列**，顯示
> 總業績的**平均值**，
> 也顯示**評等**資料的
> 筆數

> 只篩選出「男」，並且重新排序總業績

在轉換成表格後，要對該表格執行篩選與排序可使用 ListObject 物件的 Range 屬性取得作為 ListObject 物件套用範圍的 Range 物件，再對這個 Range 物件執行 AutoFilter 方法或是 Sort 方法。此外，要利用 Sort 物件排序可利用 ListObject 物件的 Sort 屬性取得 Sort 物件，再設定排序方式。

參照 排序資料 ①……P.9-10
參照 排序資料 ②……P.9-13
參照 操作自動篩選……P.9-17

套用表格樣式

> **物件.TableStyle** ────────────────── 取得
> **物件.TableStyle = 設定值** ────────── 設定

▶解說

ListObject 物件的 TableStyle 屬性可取得或設定表格的表格樣式。設定時，可利用字串指定表格樣式。

▶設定項目

物件............指定為 ListObject 物件。

設定值........以字串指定表格樣式。**淺色**的表格樣式可指定 TableStyleLight1 ～ 21，
中等色可指定 TableStyleMedium1 ～ 28，**深色**可指定 TableStyleDark1
～ 11。將滑鼠游標移到**表格設計**頁次的**表格樣式**的樣式上，就會顯
示樣式的編號，而這些編號與上述樣式的數值對應。若將設定值指
定為空白字串「""」就可解除表格樣式。

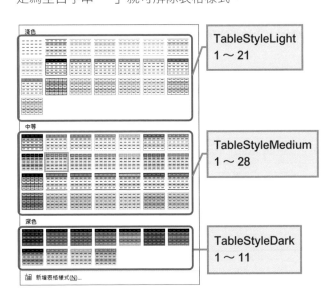

> **避免發生錯誤**
>
> 如果儲存格範圍在轉換成表格之前，就已經先設定了框線或顏色等儲存格格式，這些儲存格格式比表格樣式的優先權更高，所以會被保留。如果是沒有設定格式的儲存格則可套用表格樣式。此外，變更活頁簿的佈景主題色彩，對應的表格樣式也會跟著改變。如果想套用與佈景主題色彩無關的樣式，請直接對儲存格範圍設定顏色或是字型。

範例 變更表格樣式

此範例要將 **Table01** 的表格樣式設為**淺藍，表格樣式淺色 2**。　　**範例** 9-2_005.xlsm

```
1  Sub 變更表格樣式()
2      ActiveSheet.ListObjects("Table01").TableStyle = "TableStyleLight2"
3  End Sub
```

1	「變更表格樣式」巨集
2	將 **Table01** 的表格樣式變更為**淺藍，表格樣式淺色 2**
3	結束巨集

A	B	C	D	E	F	G
NO	姓名	性別	上半年業績 (萬)	下半年業績 (萬)	總業績 (萬)	評等
1	謝明其	男	60	60	120	C
2	張偉翔	男	86	74	160	B
3	田嘉新	男	89	91	180	A
4	林雪岑	女	99	93	192	A
5	黃佳惠	女	73	74	147	B
6	張美瑋	女	68	62	130	C
7	陳昕吾	男	88	91	179	B
8	劉冠偉	男	92	99	191	A
9	吳玉倩	女	68	62	130	C

想變更表格的樣式

1 啟動 VBE，輸入程式碼

```
(一般)                              變更表格樣式

Option Explicit

Sub 變更表格樣式()
    ActiveSheet.ListObjects("Table01").TableStyle = "TableStyleLight2"
End Sub
```

2 執行巨集

表格樣式變更為**淺藍，表格樣式淺色 2** 了

A	B	C	D	E	F	G
NO	姓名	性別	上半年業績 (萬)	下半年業績 (萬)	總業績 (萬)	評等
1	謝明其	男	60	60	120	C
2	張偉翔	男	86	74	160	B
3	田嘉新	男	89	91	180	A
4	林雪岑	女	99	93	192	A
5	黃佳惠	女	73	74	147	B
6	張美瑋	女	68	62	130	C
7	陳昕吾	男	88	91	179	B
8	劉冠偉	男	92	99	191	A
9	吳玉倩	女	68	62	130	C

> **HINT 解除表格樣式**
>
> 要解除表格樣式可將 TableStyle 屬性指定為空白字串「""」。例如，要解除第 1 個表格的表格樣式可寫成「Activesheet.ListObjects (1).TableStyle=""」。

9-3 利用大綱彙整資料

大綱的折疊與展開

在工作表的列或欄加入折疊線，讓列或欄可以折疊的功能稱為**大綱**。設定大綱後，就能隱藏資料的詳細內容，只顯示小計結果。在此要說明以 VBA 操作大綱的基本方法。

◆ 建立大綱
Range 物件的 Group 方法

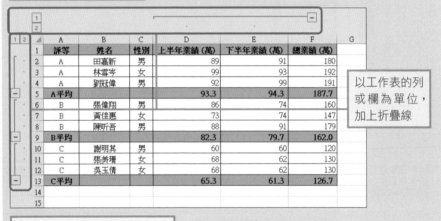

以工作表的列或欄為單位，加上折疊線

評等	姓名	性別	上半年業績 (萬)	下半年業績 (萬)	總業績 (萬)
A	田嘉新	男	89	91	180
A	林雷岑	女	99	93	192
A	劉冠偉	男	92	99	191
A平均			93.3	94.3	187.7
B	張偉翔	男	86	74	160
B	黃佳惠	女	73	74	147
B	陳昕吾	男	88	91	179
B平均			82.3	79.7	162.0
C	謝明其	男	60	60	120
C	張美瑀	女	68	62	130
C	吳玉倩	女	68	62	130
C平均			65.3	61.3	126.7

◆ 大綱的折疊與展開
Outline 物件的 ShowLebels 方法

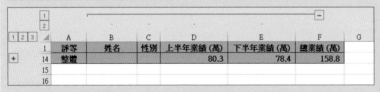

評等	姓名	性別	上半年業績 (萬)	下半年業績 (萬)	總業績 (萬)
整體			80.3	78.4	158.8

在指定的層級折疊或展開工作表

評等	總業績 (萬)
A平均	187.7
B平均	162.0
C平均	126.7
整體	158.8

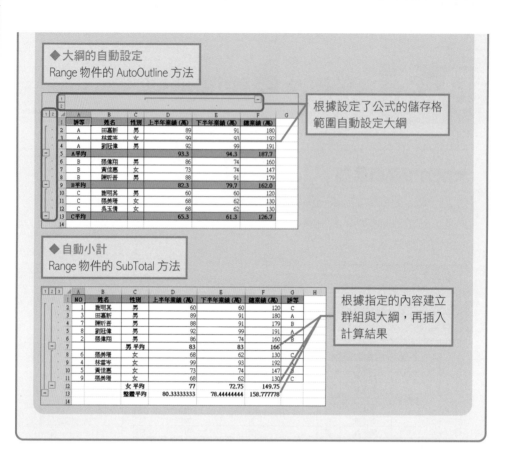

◆ 大綱的自動設定
Range 物件的 AutoOutline 方法

根據設定了公式的儲存格範圍自動設定大綱

◆ 自動小計
Range 物件的 SubTotal 方法

根據指定的內容建立群組與大綱，再插入計算結果

建立大綱

物件.Group

▶解說

要在工作表的任意範圍建立大綱可使用 Range 物件的 Group 方法。由於大綱是以列或欄為單位，所以 Range 物件可利用 Rows 屬性或 Columns 屬性參照列或欄。

▶設定項目

物件 .... 指定 Range 物件。利用 Columns 屬性指定要隱藏的欄位，以及利用 Rows 屬性指定要隱藏的列。

(避免發生錯誤)

請利用列或欄指定 Range 物件。如果指定為 Range ("A1:F4") 這種儲存格範圍，就無法正確指定 Range 物件。

範例 建立大綱與群組

此範例要在工作表的第 2 ～ 4 列、第 6 ～ 8 列、第 10 ～ 12 列以及第 B ～ E 欄建立大綱，再以 A、B、C 三種評等單位替列建立群組，以及利用總業績替欄建立群組。

範例 9-3_001.xlsm

```
1  Sub 建立大綱()
2      Rows("2:4").Group
3      Rows("6:8").Group
4      Rows("10:12").Group
5      Columns("B:E").Group
6  End Sub
```

1 「建立大綱」巨集
2 在第 2 ～ 4 列建立大綱
3 在第 6 ～ 8 列建立大綱
4 在 10 ～ 12 列建立大綱
5 在 B ～ E 欄建立大綱
6 結束巨集

想在第 2 ～ 4 列、6 ～ 8 列、10 ～ 12 列
與 B ～ E 欄建立大綱

	A	B	C	D	E	F	G
1	評等	姓名	性別	上半年業績 (萬)	下半年業績 (萬)	總業績 (萬)	
2	A	田嘉新	男	89	91	180	
3	A	林雪岑	女	99	93	192	
4	A	劉冠偉	男	92	99	191	
5	A平均			93.3	94.3	187.7	
6	B	張偉翔	男	86	74	160	
7	B	黃佳惠	女	73	74	147	
8	B	陳昕吾	男	88	91	179	
9	B平均			82.3	79.7	162.0	
10	C	謝明其	男	60	60	120	
11	C	張美珊	女	68	62	130	
12	C	吳玉倩	女	68	62	130	
13	C平均			65.3	61.3	126.7	
14							

1 啟動 VBE，輸入程式碼

2 執行巨集

	A	B	C	D	E	F
1	評等	姓名	性別	上半年業績 (萬)	下半年業績 (萬)	總業績 (萬)
2	A	田嘉新	男	89	91	180
3	A	林雪岑	女	99	93	192
4	A	劉冠偉	男	92	99	191
5	A平均			93.3	94.3	187.7
6	B	張偉翔	男	86	74	160
7	B	黃佳惠	女	73	74	147
8	B	陳昕吾	男	88	91	179
9	B平均			82.3	79.7	162.0
10	C	謝明其	男	60	60	120
11	C	張美瑂	女	68	62	130
12	C	吳玉倩	女	68	62	130
13	C平均			65.3	61.3	126.7
14						

在指定的列與欄建立大綱

 解除群組

要解除群組可使用 Range 物件的 Ungroup 方法。設定了大綱的列或欄可分別使用 Rows 屬性與 Columns 屬性參照,例如要解除 B～E 欄或 2～12 列的大綱可寫成下列的內容。

範例 9-3_002.xlsm

```
Sub 取消群組()
    Columns("B:E").Ungroup
    Rows("2:12").Ungroup
End Sub
```

折疊與展開大綱

物件.**ShowLevels**(RowLevels, ColumnLevels)

▶**解說**

建立大綱後,工作表就會自動新增 Outline 物件。要折疊或展開大綱可使用 Outline 物件的 ShowLevels 方法。這個物件可利用 Worksheet 物件的 Outline 屬性取得。

參照 建立大綱……P.9-32

▶**設定項目**

物件 ....指定 Outline 物件。

RowLevels ....以數值指定在大綱顯示的列層級。假設這個數值大於大綱的層級數,整個大綱就會展開。這個參數若是省略或指定為 0,列的部分就不會產生任何變化 (可省略)。

ColumnsLevels ...以數值指定在大綱顯示的欄層級。假設這個數值大於大綱的層級數,整個大綱就會展開。這個參數若是省略或指定為 0,欄的部分就不會產生任何變化 (可省略)。

避免發生錯誤

參數 RowLevels 與參數 ColumnLevels 一定要指定其中一個,兩個都不指定的話就會發生錯誤。

範例 大綱的折疊與展開

這次要將作用中工作表的列層級設為「2」，以及將欄層級設為「1」，層級較小的會折疊，層級較大的會展開。

範例 9-3_003.xlsm

參照 建立大綱與群組……P.9-33

```
1   Sub 大綱的折疊與展開()
2       ActiveSheet.Outline.ShowLevels RowLevels:=2, _
            ColumnLevels:=1              註：「_（換行字元）」，當程式碼太長要接到下一行
3   End Sub                             程式時，可用此斷行符號連接→參照 P.2-15
```

1 「大綱的折疊與展開」巨集

2 將工作表的大綱設定列層級為「2」，欄層級為「1」

3 結束巨集

指定列層級與欄層級，
執行大綱的折疊與展開

1 啟動 VBE，輸入程式碼

```
(一般)                            ∨   大綱的折疊與展開

Option Explicit

Sub 大綱的折疊與展開()
    ActiveSheet.Outline.ShowLevels RowLevels:=2, _
        ColumnLevels:=1
End Sub
```

2 執行巨集

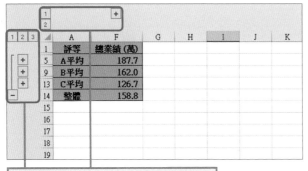

將列層級設為「2」後，讓列層級展開，
將欄層級設為「1」後，讓欄層級折疊

自動建立大綱

物件.AutoOutline

▶解説

要根據資料的內容在工作表自動建立大綱可使用 AutoOutline 方法。套用合計公式的表格可根據公式的欄或列自動建立大綱。為了讓設定公式的欄或列在折疊時顯示，將會自動建立大綱。　　　　　　　　　　　參照 🔖 建立大綱……P.9-32

▶設定項目

物件 .... 指定為 Range 物件。若只指定單一儲存格，就會替整張工作表建立大綱。

(避免發生錯誤)

如果沒有設定合計或平均值這類公式的列或欄存在，就會發生錯誤。此外，現有的大綱會被自動置換為新的大綱。

範例 自動建立大綱

這次要在工作表中自動建立大綱。主要是以工作表的合計或平均的列、欄為基準，自動建立大綱。　　　　　　　　　　　　　　　　範例 📄 9-3_004.xlsm
　　　　　　　　　　　　　　　　　　　　　　　參照 🔖 建立大綱與群組……P.9-33

```
1  Sub␣自動建立大綱()
2      Range("A1").AutoOutline
3  End␣Sub
```

1 「自動建立大綱」巨集
2 在作用中工作表上建立大綱
3 結束巨集

	A	B	C	D	E	F	G
1	評等	姓名	性別	上半年業績 (萬)	下半年業績 (萬)	總業績 (萬)	
2	A	田嘉新	男	89	91	180	
3	A	林雪岑	女	99	93	192	
4	A	劉冠偉	男	92	99	191	
5	A平均			93.3	94.3	187.7	
6	B	張偉翔	男	86	74	160	
7	B	黃佳惠	女	73	74	147	
8	B	陳昕晉	男	88	91	179	
9	B平均			82.3	79.7	162.0	
10	C	謝明其	男	60	60	120	
11	C	張美瑋	女	68	62	130	
12	C	吳玉倩	女	68	62	130	
13	C平均			65.3	61.3	126.7	
14							

想在工作表中
自動建立大綱

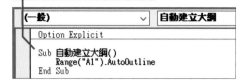

1 啟動 VBE，輸入程式碼

| (一般) | ∨ | 自動建立大綱 |

```
Option Explicit

Sub 自動建立大綱()
    Range("A1").AutoOutline
End Sub
```

2 執行巨集

	A	B	C	D	E	F
1	評等	姓名	性別	上半年業績 (萬)	下半年業績 (萬)	總業績 (萬)
2	A	田嘉新	男	89	91	180
3	A	林雪岑	女	99	93	192
4	A	劉冠偉	男	92	99	191
5	A平均			93.3	94.3	187.7
6	B	張偉翔	男	86	74	160
7	B	黃佳惠	女	73	74	147
8	B	陳昕吾	男	88	91	179
9	B平均			82.3	79.7	162.0
10	C	謝明其	男	60	60	120
11	C	張美瑂	女	68	62	130
12	C	吳玉倩	女	68	62	130
13	C平均			65.3	61.3	126.7
14						

根據公式的欄或列自動建立大綱

💡 **解除大綱**

要自動解除大綱可使用 Range 物件的 ClearOutline 方法。若要一口氣解除工作表中的所有大綱可將程式碼寫成下列的內容。

 9-3_005.xlsm

```
Sub 解除大綱()
    Range("A1").ClearOutline
End Sub
```

替資料建立群組再進行彙總

物件.**SubTotal**(GroupBy, Function, TotalList, Replace, PageBreaks, SummaryBelowData)

▶解説

要替資料建立群組再進行彙總可使用 SubTotal 方法。此時可利用參數 GroupBy 指定群組化基準的欄位，以及在這些欄位的值切換時插入彙總列，藉此建立大綱。

▶設定項目

物件 .... 以 Range 物件指定要彙總的儲存格範圍。若只有指定單一儲存格，就會以包含該儲存格的作用中儲存格範圍為對象。

GroupBy .... 整表格的左側數來，以 1 為開頭的整數設定群組化基準的欄位。

Function .... 以 XlConsolidationFunction 列舉型常數指定。

XIConsolidationFunction 列舉型的主要常數

常數	內容
xlSum	合計
xlCount	個數
xlAverage	平均值
xlMax	最大值
xlMin	最小值
xlProduct	乘積
xlCountNums	數值的個數

TotalList ....以陣列指定要顯示彙總結果的欄位。例如要在第 2 欄與第 4 欄顯示彙總結果，可利用 Array 函數寫成「Array (2,4)」。

Replace ....要置換現有的彙總表就指定為 True (預設值) (可省略)。

PageBreaks ....要讓每個群組換頁可指定為 True，若不換頁可指定為 False (預設值) (可省略)

SummaryBelowData...可指定顯示彙總結果的位置。若設定為 xlSummaryAbove，可在詳細資料列的上方顯示彙總列，若設定為 xlSummaryBelow 則可在下方顯示 (可省略)。

避免發生錯誤

在執行 SubTotal 方法之前，最好先以群組化基準的欄位進行排序。此外，SubTotal 方法無法對**表格**使用，只能對一般的表格資料執行。

範例 建立大綱，再彙總每個群組

此範例要以升冪的方式替**性別**欄位重新排序，再於不同性別下計算**上半年業績**、**下半年業績**、**總業績**的平均值。

範例 9-3_006.xlsm

```
1  Sub根據男女分類彙總()
2      Range("A1").Sort Key1:=Range("C1"), _
       Order1:=xlAscending, Header:=xlYes
3      Range("A1").Subtotal GroupBy:=3, Function:=xlAverage, _
       TotalList:=Array(4, 5, 6), Replace:=True, PageBreaks:=False
4  End Sub
```
註：「_ (換行字元)」，當程式碼太長要接到下一行程式時，可用此斷行符號連接→參照 P.2-15

1 「根據男女分類彙總」巨集

2 在含有 A1 儲存格的作用中儲存格範圍，以升冪的方式將 C 欄 (**性別**欄位) 重新排序

3 在含有 A1 儲存格的作用中儲存格範圍，將第 3 欄 (**性別**欄位) 設定為群組化基準，再將彙總方式設為「平均值」，計算第 4、5、6 欄資料的平均值。如果已經進行過其他計算，則以新的結果取代舊的計算結果

4 結束巨集

想要排序**性別**欄位，再分別依男、女類別，計算
上半年業績、**下半年業績**、**總業績**的平均值

	A	B	C	D	E	F	G	H
1	NO	姓名	性別	上半年業績 (萬)	下半年業績 (萬)	總業績 (萬)	評等	
2	1	謝明其	男	60	60	120	C	
3	2	張偉翔	男	86	74	160	B	
4	3	田嘉新	男	89	91	180	A	
5	4	林雪岑	女	99	93	192	A	
6	5	黃佳惠	女	73	74	147	B	
7	6	張美珊	女	68	62	130	C	
8	7	陳昕吾	男	88	91	179	B	
9	8	劉冠偉	男	92	99	191	A	
10	9	吳玉倩	女	68	62	130	C	
11								

1 啟動 VBE，輸入程式碼

(一般)　　　　　　　　　　　　　　　　根據男女分類彙總

```
Option Explicit

Sub 根據男女分類彙總()
    Range("A1").Sort Key1:=Range("C1"), _
        Order1:=xlAscending, Header:=xlYes
    Range("A1").Subtotal GroupBy:=3, Function:=xlAverage, _
        TotalList:=Array(4, 5, 6), Replace:=True, PageBreaks:=False
End Sub
```

2 執行巨集

1 2 3		A	B	C	D	E	F	G	H
	1	NO	姓名	性別	上半年業績 (萬)	下半年業績 (萬)	總業績 (萬)	評等	
	2	4	林雪岑	女	99	93	192	A	
	3	5	黃佳惠	女	73	74	147	B	
	4	6	張美珊	女	68	62	130	C	
	5	9	吳玉倩	女	68	62	130	C	
	6			女 平均值	77	72.75	149.75		
	7	1	謝明其	男	60	60	120	C	
	8	2	張偉翔	男	86	74	160	B	
	9	3	田嘉新	男	89	91	180	A	
	10	7	陳昕吾	男	88	91	179	B	
	11	8	劉冠偉	男	92	99	191	A	
	12			男 平均值	83	83	166		
	13			總計平均值	80.33333333	78.44444444	158.7777778		
	14								

建立大綱，再替每個性別建立平均值的資料

💡 **解除彙總**

要讓 SubTotal 方法建立的彙總表還原為一般的資料表，可使用 Range 物件的
RemoveSubtotal 方法。RemoveSubtotal 方法只會刪除插入的彙總列與大綱，所以要讓排
列順序還原，必須根據 NO 欄位重新排序。若想將經過彙總的表格解除彙總列，再依
照 **NO** 欄位重新以升冪排序，還原到最初的狀態，可將程式碼寫成下列內容。

範例 9-3_007.xlsm

```
Sub 解除彙總()
    Range("A1").RemoveSubtotal
    Range("A1").Sort Key1:=Range("A1"), Order1:=xlAscending, Header:=xlYes
End Sub
```

9-4 用樞紐分析表篩選資料

用樞紐分析表篩選資料

樞紐分析表很適合彙總與分析業績表這類的資料。要透過 VBA 操作樞紐分析表需要完成下列三個步驟。在此說明透過 VBA 建立樞紐分析表的方法。

建立樞紐分析表的流程

Step1：建立樞紐分析表快取記憶體
利用 PivotCaches 集合的 Create 方法將建立樞紐分析表的原始資料存入記憶體。

Step2：建立樞紐分析表
利用 PivotCache 物件的 CreatePivotTable 方法建立空白的樞紐分析表。

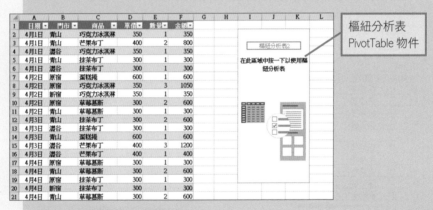

樞紐分析表
PivotTable 物件

Step3：在樞紐分析表新增欄位
在 PivotField 物件新增列欄位、欄欄位與值欄位，完成樞紐分析表。

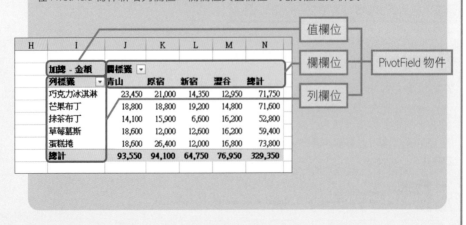

值欄位

欄欄位 ─── PivotField 物件

列欄位

建立樞紐分析表快取記憶體

物件.**Create**(SourceType, SourceData, Version)

▶ 解説

要建立樞紐分析表快取記憶體可使用 PivotCaches 集合的 Create 方法。利用 Create 方法建立 PivotCache 物件後，會傳回 PivotCache 物件。

▶ 設定項目

物件 .... 指定為 PivotCaches 集合。可利用 Worksheet 物件的 PivotCaches 屬性取得這個集合。

SourceType .... 以 XlPivotTableSourceType 列舉型常數指定原始資料的種類。若未指定為 xlExternal，就必須指定參數 SourceData。

XlPivotTableSourceType 列舉型的主要常數

常數	內容
xlDatabase	Excel 的清單或資料庫
xlExternal	外部應用程式的資料
xlConsolidation	多個工作表範圍

SourceData .... 指定新的樞紐分析表快取記憶體的資料。假設參數 SourceType 為 xlDatabase 或 xlConsolidation，就會指定為原始資料的儲存格範圍 (可省略)。

Version .... 以 XlPivotTableVersionList 列舉型常數指定樞紐分析表的版本。若省略此參數，就會自動設為 xlPivotTableVersion12 (可省略)。

XlPivotTableVersionList 列舉型的主要常數

常數	值	內容
xlPivotTableVersion12	3	Excel 2007
xlPivotTableVersion14	4	Excel 2010
xlPivotTableVersion15	5	Excel 2013
無	6	Excel 2016 之後的版本

(避免發生錯誤)

就算建立了樞紐分析表快取記憶體，畫面也不會顯示任何結果，必須根據 PivotCache 物件建立樞紐分析表。此外，若省略了參數 Version，就會自動套用 xlPivotTableVersion12 的設定，也就是將樞紐分析表視為 Excel 2007 的版本。這個版本的樞紐分析表雖然也可以在 Microsoft 365、Excel 2021 / 2019 / 2016 / 2013 執行，但如果想指定為 Microsoft 365、Excel 2021 / 2019 / 2016 的版本，建議不要以常數指定，而是以「6」這個值指定。

建立樞紐分析表

物件.**CreatePivotTable**(TableDestination, TableName)

▶解説

要建立樞紐分析表可使用 PivotCache 物件的 CreatePivotTable 方法。以
CreatePivotTable 方法建立 PivotTable 物件後，會傳回 PivotTable 物件。

▶設定項目

物件 .... 指定為 PivotCache 物件。

TableDestination .. 指定樞紐分析表的左上角儲存格。

TableName......... 指定樞紐分析表的名稱。若省略這個參數，將自動設為「樞紐
分析表1」名稱 (可省略)。

(避免發生錯誤)

參數 TableDestination 中指定的儲存格範圍，請指定活頁簿中建立樞紐分析表的儲存格。

新增與變更欄位

物件.**Orientation**───────────────────── 取得
物件.**Orientation** = 設定值──────────────── 設定

▶解説

要在樞紐分析表新增或變更欄位可使用 PivotField 物件的 Orientation 屬性。

▶設定項目

物件 .... 指定為 PivotField 物件。PivotField 物件可利用 PivotTable 物件的
PivotFields 方法取得。

設定值 .... 利用 XlPivotFieldOrientation 列舉型常數指定要新增的欄位。若指
定為 xlHidden，就會從樞紐分析表刪除指定的欄位。

XlPivotTableVersionist 列舉型的主要常數

常數	值	內容
xlHidden	0	隱藏
xlRowField	1	列
xlColumnField	2	欄
xlPageField	3	分頁
xlDataField	4	值

避免發生錯誤

請使用 Function 屬性對設定值為 xlDataField 的欄位設定彙總方法。

參照 指定彙總方法……P.9-43

指定彙總方法

物件.**Function** ──────────────────────── 取得
物件.**Function** = 設定值 ──────────────── 設定

▶解說

要指定樞紐分析表的彙總方法,可對代表值欄位的 PivotField 物件使用 Function
屬性。

▶設定項目

物件 .... 指定為參照值欄位的 PivotField 物件。要參照 PivotField 物件可使
用 PivotTable 物件的 PivotFields 方法。

參照 參照樞紐分析表的欄位……P.9-45

設定值 .... 以 XlConsolidationFunction 列舉型的常數指定欄位。

參照 XlConsolidationFunction 列舉型的主要常數……P.9-38

避免發生錯誤

能利用 Function 屬性設定彙總方法的是參照值欄位的 PivotField 物件。請不要搞
錯要設定彙總方法的欄位。

範例 建立樞紐分析表

這次要根據包含 A1 儲存格的作用中儲存格範圍的資料建立樞紐分析表。這張樞紐分析表的開始位置為 H1 儲存格，列欄位為**商品**、欄欄位為**門市**、值欄位為**金額**，值欄位的彙總方法為**合計**，欄位名稱為**合計金額**，數值的儲存格格式為「#,##0」。上述這些設定是由 Function 屬性、Caption 屬性與 NumberFormat 屬性進行。

範例 ▤ 9-4_001.xlsm

```
1   Sub 建立樞紐分析表()
2       Dim pvCache As PivotCache
3       Dim pvTable As PivotTable
4       Set pvCache = ActiveWorkbook.PivotCaches.Create _
            (SourceType:=xlDatabase, _
            SourceData:=Range("A1").CurrentRegion)
5       Set pvTable = pvCache.CreatePivotTable _
            (TableDestination:=Range("H1"), TableName:="Pivot01")
6       With pvTable
7           .PivotFields("商品").Orientation = xlRowField
8           .PivotFields("門市").Orientation = xlColumnField
9           With .PivotFields("金額")
10              .Orientation = xlDataField
11              .Function = xlSum
12              .Caption = "合計金額"
13              .NumberFormat = "#,##0"
14          End With
15      End With
16  End Sub
```

註：「_（換行字元）」，當程式碼太長要接到下一行程式時，可用此斷行符號連接→參照 P.2-15

1 「建立樞紐分析表」巨集
2 宣告 PivotCache 型別的物件變數 pvCache
3 宣告 PivotTable 型別的物件變數 pvTable
4 將包含 A1 儲存格的作用中儲存格範圍的資料，建立樞紐分析表快取記憶體，再將這個快取記憶體代入變數 pvCache
5 根據代入變數 pvCache 的樞紐分析表快取記憶體建立以 H1 儲存格為開始位置，名稱為 **Pivot01** 的樞紐分析表，再將這張樞紐分析表代入變數 pvTable
6 對代入變數 pvTable 的樞紐分析表進行下列處理 (With 陳述式的開頭)
7 在列欄位新增**商品**欄位
8 在欄欄位新增**門市**欄位
9 對**金額**欄位進行下列處理 (With 陳述式的開頭)
10 新增到值欄位
11 將彙總方法設為合計
12 將值的欄位名稱設為**合計金額**
13 將儲存格格式設為「#,##0」
14 結束 With 陳述式
15 結束 With 陳述式
16 結束巨集

根據含有 A1 儲存格的表格製作加總各商品、各門市營業額的樞紐分析表

▲	A	B	C	D	E	F
1	日期 ▼	門市 ▼	商品 ▼	單價 ▼	數量 ▼	金額 ▼
2	4月1日	青山	巧克力冰淇淋	350	1	350
3	4月1日	青山	芒果布丁	400	2	800
4	4月1日	澀谷	巧克力冰淇淋	350	1	350
5	4月1日	青山	抹茶布丁	300	1	300
6	4月1日	澀谷	抹茶布丁	300	1	300
7	4月2日	原宿	蛋糕捲	600	1	600
8	4月2日	原宿	巧克力冰淇淋	350	3	1050
9	4月2日	新宿	巧克力冰淇淋	350	1	350
10	4月2日	原宿	草莓慕斯	300	2	600
11	4月2日	青山	草莓慕斯	300	1	300
12	4月3日	青山	抹茶布丁	300	2	600
13	4月3日	澀谷	抹茶布丁	300	1	300
14	4月3日	青山	蛋糕捲	600	1	600
15	4月3日	澀谷	芒果布丁	400	3	1200
16	4月3日	澀谷	芒果布丁	400	1	400

> 💡 **參照樞紐分析表**
>
> 要參照樞紐分析表可使用 Worksheet 物件的 PivotTables 方法。語法為「Worksheet 物件 .PivotTables (Index)」，參數 Index 可指定為索引編號或是樞紐分析表名稱。
>
> 例如，要參照作用中工作表的 **Pivot01** 樞紐分析表，可寫成「Activesheet.PivotTables ("Pivot01")」。此外，要參照**工作表 1** 工作表的第一張樞紐分析表可將程式碼寫成「Worksheets ("工作表1") .PivotTables (1)」。

1 啟動 VBE，輸入程式碼

```
(一般)                              建立樞紐分析表
Option Explicit

Sub 建立樞紐分析表()
    Dim pvCache As PivotCache
    Dim pvTable As PivotTable
    Set pvCache = ActiveWorkbook.PivotCaches.Create _
        (SourceType:=xlDatabase, _
        SourceData:=Range("A1").CurrentRegion)
    Set pvTable = pvCache.CreatePivotTable _
        (TableDestination:=Range("H1"), TableName:="Pivot01")
    With pvTable
        .PivotFields("商品").Orientation = xlRowField
        .PivotFields("門市").Orientation = xlColumnField
        With .PivotFields("金額")
            .Orientation = xlDataField
            .Function = xlSum
            .Caption = "合計金額"
            .NumberFormat = "#,##0"
        End With
    End With
End Sub
```

2 執行巨集

建立以 H1 儲存格為起點的樞紐分析表了

▲	A	B	C	D	E	F	G	H	I	J	K	L	M	N
1	日期 ▼	門市 ▼	商品 ▼	單價 ▼	數量 ▼	金額 ▼		加總 - 金額	欄標籤 ▼					
2	4月1日	青山	巧克力冰淇淋	350	1	350		列標籤 ▼	青山	原宿	新宿	澀谷	總計	
3	4月1日	青山	芒果布丁	400	2	800		巧克力冰淇淋	23,450	21,000	14,350	12,950	71,750	
4	4月1日	澀谷	巧克力冰淇淋	350	1	350		芒果布丁	18,800	18,800	19,200	14,800	71,600	
5	4月1日	青山	抹茶布丁	300	1	300		抹茶布丁	14,100	15,900	6,600	16,200	52,800	
6	4月1日	澀谷	抹茶布丁	300	1	300		草莓慕斯	18,600	12,000	12,600	16,200	59,400	
7	4月2日	原宿	蛋糕捲	600	1	600		蛋糕捲	18,600	26,400	12,000	16,800	73,800	
8	4月2日	原宿	巧克力冰淇淋	350	3	1050		總計	93,550	94,100	64,750	76,950	329,350	
9	4月2日	新宿	巧克力冰淇淋	350	1	350								
10	4月2日	原宿	草莓慕斯	300	2	600								
11	4月2日	青山	草莓慕斯	300	1	300								
12	4月3日	青山	抹茶布丁	300	2	600								
13	4月3日	澀谷	抹茶布丁	300	1	300								

> 💡 **參照樞紐分析表的欄位**
>
> 要參照樞紐分析表的欄位可使用 PivotTable 物件的 PivotFields 方法。語法為「PivotTable 物件 .PivotFields(Index)」，參數 Index 可指定為索引編號或是欄位。列欄位或欄欄位可利用新增時的欄位名稱參照。例如，要參照列欄位的**商品**欄，可將程式碼寫成「PivotFields(" 商品 ")」。如果要參照的是值欄位，可利用在樞紐分析表顯示的字串參照。例如，樞紐分析表的值欄位顯示為「總計 / 金額」，可將程式碼寫成「PivotFields (" 總計 / 金額 ")。若以 Caption 屬性命名樞紐分析表，就能直接使用這個名稱參照。

清除樞紐分析表

要清除樞紐分析表可使用 PivotTable 物件的 ClearTable 方法。這個方法會刪除樞紐分析表所有的欄位、篩選設定、排序設定，讓樞紐分析表變成空白。此外，若要刪除樞紐分析表，可刪除建立樞紐分析表使用的儲存格範圍。 範例 9-4_002.xlsm

```
Sub 清除樞紐分析表()
    ActiveSheet.PivotTables("Pivot01").ClearTable
End Sub
```

 利用 AddDataField 方法新增值欄位

也可以利用 PivotTable 物件的 AddDataField 方法在樞紐分析表新增值欄位。AddDataField 方法會在新增值欄位後，傳回 PivotField 物件。語法為「PivotTable 物件.AddDataField (Field,Caption,Function)」，可在參數 Field 指定欄位名稱，在參數 Caption 指定樞紐分析表顯示的欄位名稱 (可省略) 以及可在參數 Function 指定彙總方法 (可省略)。 範例 9-4_003.xlsm

 9-4 用樞紐分析表篩選資料

避免在新增樞紐分析表後發生錯誤

範例是在還沒有新增樞紐分析表的情況下新增樞紐分析表。如果在已經新增樞紐分析表的情況下執行這個巨集就會發生錯誤。所以要避免這個錯誤必須額外撰寫錯誤處理或是加上更新樞紐分析表的程式碼。以下的範例會在工作表中已經有一個樞紐分析表的情況下執行更新樞紐分析表的處理。

範例 9-4_004.xlsm

參照 重新整理樞紐分析表……P.9-49

如果已經建立樞紐分析表，請更新樞紐分析表並完成處理

```
Sub 建立樞紐分析表2()
    Dim pvCache As PivotCache
    Dim pvTable As PivotTable

    If ActiveSheet.PivotTables.Count = 1 Then
        ActiveSheet.PivotTables(1).PivotCache.Refresh
        Exit Sub
    End If

    Set pvCache = ActiveWorkbook.PivotCaches.Create _
        (SourceType:=xlDatabase, SourceData:=Range("A1").CurrentRegion)
    Set pvTable = pvCache.CreatePivotTable _
        (TableDestination:=Range("H1"), TableName:="Pivot01")
    With pvTable
        .PivotFields("商品").Orientation = xlRowField
        .PivotFields("門市").Orientation = xlColumnField
        With .PivotFields("金額")
            .Orientation = xlDataField
            .Function = xlSum
            .Caption = "合計金額"
            .NumberFormat = "#,##0"
        End With
    End With
End Sub
```

範例 變更樞紐分析表的欄位

要變更樞紐分析表的欄位可刪除目前的欄位再新增需要的欄位。這次要刪除樞紐分析表「Pivot01」列欄位的**商品**欄位,再新增**日期**欄位。

範例 📗 9-4_005.xlsm

```
1  Sub 變更樞紐分析表的欄位()
2      With ActiveSheet.PivotTables("Pivot01")
3          .PivotFields("商品").Orientation = xlHidden
4          .PivotFields("日期").Orientation = xlRowField
5      End With
6  End Sub
```

1 「變更樞紐分析表的欄位」巨集
2 對工作表中的樞紐分析表「Pivot01」進行下列處理 (With 陳述式的開頭)
3 刪除**商品**欄位
4 在列欄位新增**日期**欄位
5 結束 With 陳述式
6 結束巨集

要刪除列欄位的**商品**欄位,
再建立**日期**欄位

合計金額	欄標籤 ▼					
H	I	J	K	L	M	N
列標籤 ▼	青山	原宿	新宿	澀谷	總計	
巧克力冰淇淋	23,450	21,000	14,350	12,950	71,750	
芒果布丁	18,800	18,800	19,200	14,800	71,600	
抹茶布丁	14,100	15,900	6,600	16,200	52,800	
蛋糕捲	18,600	26,400	12,000	16,800	73,800	
草莓慕斯	18,600	12,000	12,600	16,200	59,400	
總計	93,550	94,100	64,750	76,950	329,350	

1 啟動 VBE,輸入程式碼

```
(一般)                                    變更樞紐分析表的欄位

    Option Explicit

    Sub 變更樞紐分析表的欄位()
        With ActiveSheet.PivotTables("Pivot01")
            .PivotFields("商品").Orientation = xlHidden
            .PivotFields("日期").Orientation = xlRowField
        End With
    End Sub
```

合計金額	欄標籤				
列標籤	青山	原宿	新宿	澀谷	總計
4月1日	1,450			650	2,100
4月2日	300	2,250	350		2,900
4月3日	1,200			1,900	3,100
4月4日	1,200	600	300		2,100
4月5日	700			700	1,400
4月6日		1,800	2,000		3,800
4月7日	1,600			600	2,200
4月8日	300	2,200			2,500
4月9日	1,800			1,300	3,100
4月10日	1,200	800	600		2,600
4月11日	1,100			600	1,700
4月12日		2,000	1,400		3,400
4月15日	1,400			2,350	3,750
4月16日	600	900	1,750		3,250
4月17日	1,300	600		400	2,300
4月18日	350	2,250		900	3,500
4月19日	1,200			900	2,100
4月20日	1,000		1,100		2,100
4月21日	300			350	650
4月22日			1,200	1,200	2,400
4月23日	300		1,400	900	2,600

變更樞紐分析表的欄位了

在相同區塊新增多個欄位

如果利用 Orientation 屬性設定相同的值，就能在相同的區塊新增多個欄位。例如，要在列欄位新增**門市**欄位與**商品**欄位，可將程式碼寫成下列的內容。先增加的欄位會變成上層欄位。

範例 9-4_006.xlsm

```
Sub 在相同區塊新增多個欄位()
    Dim pvTable As PivotTable
    Set pvTable = ActiveSheet.PivotTables("Pivot01")
    With pvTable
        .PivotFields("門市").Orientation = xlRowField
        .PivotFields("商品").Orientation = xlRowField
        .AddDataField Field:=pvTable.PivotFields("金額"), _
            Caption:="合計金額", Function:=xlSum
        .PivotFields("合計金額").NumberFormat = "#,##0"
    End With
End Sub
```

變更樞紐分析表的列或欄標籤

樞紐分析表的列標題與欄標題預設為**列標籤**和**欄標籤**。若要將這些標籤變更為其他名稱，可分別使用 CompactLayoutRowHeader 屬性或 CompactLayoutColumnHeader 屬性。此外，就算變更列標籤或欄標籤，列欄位名稱或欄欄位名稱也不會跟著變更。要參照欄位可直接使用欄位名稱。

範例 9-4_007.xlsm

```
Sub 變更列標籤與欄標籤()
    ActiveSheet.PivotTables("Pivot01").CompactLayoutRowHeader = "商品名稱"
    ActiveSheet.PivotTables("Pivot01").CompactLayoutColumnHeader = "門市名稱"
End Sub
```

重新整理樞紐分析表

物件.Refresh

▶解說

假設樞紐分析表的原始資料有任何變動，就必須重新整理樞紐分析表，否則無法套用這些變動。要重新整理樞紐分析表可使用 Refresh 方法。

▶設定項目

物件 .... 指定為 PivotCache 物件。PivotCache 物件可利用 PivotTable 物件的 PivotCache 方法取得。

避免發生錯誤

若還沒有新增樞紐分析表就會出現錯誤。請在建立樞紐分析表之後再執行這個方法。

範例 重新整理樞紐分析表

在此要將工作表中的第一張樞紐分析表重新整理為最新的狀態。由於還沒新增樞紐分析表就執行這個巨集會發生錯誤，所以要先確認工作表中是否已經至少有一張樞紐分析表，再重新整理樞紐分析表。

範例檔 9-4_008.xlsm

```
1  Sub 重新整理樞紐分析表()
2      If ActiveSheet.PivotTables.Count = 1 Then
3          ActiveSheet.PivotTables(1).PivotCache.Refresh
4      End If
5  End Sub
```

1	「重新整理樞紐分析表」的巨集
2	當工作表中有一張樞紐分析表 (If 陳述式的開頭)
3	重新整理工作表中的第一張樞紐分析表
4	結束 If 陳述式
5	結束巨集

希望原始資料的變更套用到樞紐分析表

⊿	A	B	C	D	E	F	G	H	I	J	K	L	M	N
1	日期	門市	商品	單價	數量	金額		合計金額	欄標籤					
2	4月1日	青山	巧克力冰淇淋	350	100	35000		列標籤	青山	原宿	新宿	澀谷	總計	
3	4月1日	青山	芒果布丁	400	2	800		巧克力冰淇淋	23,450	21,000	14,350	12,950	71,750	
4	4月1日	澀谷	巧克力冰淇淋	350	1	350		芒果布丁	18,800	18,800	19,200	14,800	71,600	
5	4月1日	青山	抹茶布丁	300	1	300		抹茶布丁	14,100	15,900	6,600	16,200	52,800	
6	4月1日	澀谷	抹茶布丁	300	1	300		蛋糕捲	18,600	26,400	12,000	16,800	73,800	
7	4月2日	原宿	蛋糕捲	600	1	600		草莓慕斯	18,600	12,000	12,600	16,200	59,400	
8	4月2日	原宿	巧克力冰淇淋	350	3	1050		總計	93,550	94,100	64,750	76,950	329,350	
9	4月2日	新宿	巧克力冰淇淋	350	1	350								
10	4月2日	原宿	草莓慕斯	300	2	600								

1 啟動 VBE，輸入程式碼

```
(一般)                          ▼    重新整理樞紐分析表
Option Explicit

Sub 重新整理樞紐分析表()
    If ActiveSheet.PivotTables.Count = 1 Then
        ActiveSheet.PivotTables(1).PivotCache.Refresh
    End If
End Sub
```

2 執行巨集

⊿	A	B	C	D	E	F	G	H	I	J	K	L	M	N
1	日期	門市	商品	單價	數量	金額		合計金額	欄標籤					
2	4月1日	青山	巧克力冰淇淋	350	100	35000		列標籤	青山	原宿	新宿	澀谷	總計	
3	4月1日	青山	芒果布丁	400	2	800		巧克力冰淇淋	58,100	21,000	14,350	12,950	106,400	
4	4月1日	澀谷	巧克力冰淇淋	350	1	350		芒果布丁	18,800	18,800	19,200	14,800	71,600	
5	4月1日	青山	抹茶布丁	300	1	300		抹茶布丁	14,100	15,900	6,600	16,200	52,800	
6	4月1日	澀谷	抹茶布丁	300	1	300		蛋糕捲	18,600	26,400	12,000	16,800	73,800	
7	4月2日	原宿	蛋糕捲	600	1	600		草莓慕斯	18,600	12,000	12,600	16,200	59,400	
8	4月2日	原宿	巧克力冰淇淋	350	3	1050		總計	128,200	94,100	64,750	76,950	364,000	
9	4月2日	新宿	巧克力冰淇淋	350	1	350								
10	4月2日	原宿	草莓慕斯	300	2	600								
11	4月2日	青山	草莓慕斯	300	1	300								

樞紐分析表重新整理為最新狀態了

9-4 用樞紐分析表篩選資料

以月為單位，替樞紐分析表建立群組

物件.Group(Start, End, By, Periods)

▶解說

要以月為單位，替樞紐分析表的日期欄位建立群組可使用 Group 方法。Group 方法可根據參數 Periods 的設定以月、季、年這些單位替日期欄位建立群組。

▶設定項目

物件 .... 指定為 Range 物件。指定要群組化欄位的其中一個儲存格。

Start .... 指定群組化的第一個值。這個參數為 True 或省略時，就會自動設為欄位的第一個值。若要指定起始日期可用 DateSerial 函數。

End .... 指定群組化的最後一個值。這個參數為 True 或是省略時，就會自動設為欄位的最後一個值。若要指定結束日期可利用 DateSerial 函數。

By .... 若要建立群組的是數值欄位，可設定各群組的大小。假設是日期欄位，而且由參數 Periods 指定的陣列只有第四個元素為 True，就指定各群組內的天數，否則就忽略這個參數，直接套用預設的群組大小。

Periods .... 可在替日期欄位建立群組時使用這個參數。利用 Array 函數指定設定群組期間的布林型別陣列。將陣列的元素設為 True，就能依照與該元素對應的期間建立群組，若是將元素設為 False，就不會建立群組。要以月為單位，建立群組時，只需要將第 5 個參數設為 True，其餘的參數全部設為 False。

陣列元素	期間
1	秒
2	分
3	小時
4	天
5	月
6	季
7	年

(避免發生錯誤)

Range 物件需指定為要群組化欄位的某個儲存格。若是指定為儲存格範圍就無法進行處理，但也不會顯示錯誤訊息。

範例 以月為單位，替樞紐分析表建立群組

在此要以月為單位，替**日期**欄位建立群組。對**日期**欄位的 H3 儲存格執行 Group 方法，再將參數 Periods 的 Array 函數的第 5 個參數設為 True，就能以月為單位建立群組。

範例 9-4_009.xlsm

```
1   Sub␣以月為單位替樞紐分析表建立群組()
2       Range("H3").Group␣_
            Periods:=Array(False,␣False,␣False,␣False,␣_
            True,␣False,␣False)     註:「_(換行字元)」,當程式碼太長要接到下一行
3   End␣Sub                         程式時,可用此斷行符號連接→參照 P.2-15
```

1 | 「以月為單位替樞紐分析表建立群組」巨集
2 | 以月為單位，替包含 H3 儲存格的欄位 (日期欄位) 建立群組
3 | 結束巨集

以月為單位，替日期欄位建立群組

▲	H	I	J	K	L	M	N	O
1	合計金額	欄標籤 ▼						
2	列標籤 ▼	青山	原宿	新宿	澀谷	總計		
3	4月1日	1450			650	2100		
4	4月2日	300	2250	350		2900		
5	4月3日	1200			1900	3100		
6	4月4日	1200	600	300		2100		
7	4月5日	700			700	1400		
8	4月6日		1800	2000		3800		
9	4月7日	1600			600	2200		
10	4月8日	300	2200			2500		
11	4月9日	1800			1300	3100		
12	4月10日	1200	800	600		2600		
13	4月11日	1100			600	1700		
14	4月12日		2000	1400		3400		
15	4月15日	1400			2350	3750		
16	4月16日	600	900	1750		3250		
17	4月17日	1300	600		400	2300		
18	4月18日	350	2250		900	3500		
19	4月19日	1200			900	2100		
20	4月20日	1000		1100		2100		
21	4月21日	300			350	650		
22	4月22日			1200	1200	2400		
23	4月23日	300		1400	900	2600		
24	4月24日			1200	900	2100		

1 啟動 VBE，輸入程式碼

2 執行巨集

建立以月為單位的群組

解除群組

要解除群組可使用 Range 物件的 Ungroup 方法。Range 物件可指定為群組化欄位的某個儲存格。

範例 9-4_010.xlsm

```
Sub 取消群組()
    Range("H3").Ungroup
End Sub
```

自動替日期建立群組

Microsoft 365、Excel 2019 / 2016 都能使用 PivotField 物件的 AutoGroup 方法自動替欄位建立群組。要利用 AutoGroup 方法替日期欄位建立群組可將程式碼寫成下列內容。一旦自動建立群組，就會以年、季、月這類單位建立群組。

範例 9-4_011.xlsm

執行範例的巨集就能建立如圖的群組

```
Sub 自動建立群組()
    ActiveSheet.PivotTables("Pivot01").PivotFields("日期").AutoGroup
End Sub
```

指定樞紐分析表的儲存格範圍

物件.TableRange1 ── 取得
物件.TableRange2 ── 取得

▶解說

要透過 VBA 取得樞紐分析表的儲存格範圍可使用 TableRange1 屬性或是 TableRange2 屬性。TableRange1 屬性可取得樞紐分析表未包含分頁欄位的 Range 物件，TableRange2 屬性則可取得樞紐分析表包含分頁欄位的 Range 物件。這兩個屬性都只能取得物件，無法設定物件。

▶設定項目

物件 .... 指定為 PivotTable 物件。

假設分頁欄位沒有任何項目，TableRange1 屬性與 TableRange2 屬性將取得相同儲存格範圍的 Range 物件。

範例 建立樞紐分析圖

樞紐分析圖是根據樞紐分析表繪製的圖表。建立樞紐分析圖的方法與建立一般的圖表一樣，都是利用 ChartObjects 集合的 Add 方法，但是資料範圍要指定為樞紐分析表的儲存格範圍。這個資料範圍可利用 PivotTable 物件的 TableRange1 屬性取得。這次的範例要根據工作表中的第一張樞紐分析表在儲存格範圍 O1 ～ U12 建立橫條圖。

範例 9-4_012.xlsm

參照 建立圖表……P.12-7

```
1  Sub 繪製樞紐分析圖()
2      Dim r As Range
3      Set r = Range("O1:U12")
4      With ActiveSheet.ChartObjects.Add _
           (r.Left, r.Top, r.Width, r.Height)
5          .Chart.SetSourceData Source:=ActiveSheet _
           .PivotTables(1).TableRange1
6          .Chart.ChartType = xlBarClustered
7      End With
8  End Sub
```

註：「_ (換行字元)」，當程式碼太長要接到下一行
程式時，可用此斷行符號連接→參照 P.2-15

1 「繪製樞紐分析圖」巨集
2 宣告 Range 型別的物件變數 r
3 將儲存格 O1 到 U12 代入變數 r
4 在儲存格 O1 ～ U12 建立嵌入工作表的圖表，再對圖表框線進行下列處理 (With 陳述式的開頭)
5 將圖表的資料範圍設為工作表中的第一張樞紐分析表的儲存格範圍
6 將圖表的種類設為**群組橫條圖**
7 結束 With 陳述式
8 結束巨集

想根據樞紐分析表建立樞紐分析圖

▲	H	I	J	K	L	M	N	O	P	Q	R	S	T	U	V	W
1	合計金額	欄標籤 ▼														
2	列標籤 ▼	青山	原宿	新宿	澀谷	總計										
3	巧克力冰淇淋	23,450	21,000	14,350	12,950	71,750										
4	芒果布丁	18,800	18,800	19,200	14,800	71,600										
5	抹茶布丁	14,100	15,900	6,600	16,200	52,800										
6	蛋糕捲	18,600	26,400	12,000	16,800	73,800										
7	草莓慕斯	18,600	12,000	12,600	16,200	59,400										
8	總計	93,550	94,100	64,750	76,950	329,350										
9																
10																
11																
12																
13																
14																
15																

1 啟動 VBE，輸入程式碼

(一般)	▼	繪製樞紐分析圖

```
Option Explicit

Sub 繪製樞紐分析圖()
    Dim r As Range
    Set r = Range("O1:U12")
    With ActiveSheet.ChartObjects.Add _
        (r.Left, r.Top, r.Width, r.Height)
        .Chart.SetSourceData Source:=ActiveSheet _
        .PivotTables(1).TableRange1
        .Chart.ChartType = xlBarClustered
    End With
End Sub
```

2 執行巨集

新增樞紐分析圖了

第 **10** 章

列印

編註：在進行本章的列印練習時，建議您可先將預設的印表機設
為「Adobe PDF」，列印成檔案，以避免實際列印造成紙張的浪費。

10-1 列印工作表

列印工作表

Excel VBA 內建了列印工作表與圖表的**方法**(method)，這些方法可執行**列印**交談窗的設定。如果能將常用的列印設定寫成程式碼，之後就不需要一再執行重複的操作。此外，也有**預覽列印**以及**分頁列印**的方法，所以可視用途撰寫需要的列印程式。

◆「列印」交談窗

版面設定、列印的份數，這些在**列印**交談窗的設定，都可以透過 Exce VBA 執行

◆「預覽列印」的畫面

◆「分頁列印」的設定

執行列印

物件.PrintOut(From, To, Copies, Preview, ActivePrinter, PrintToFile, Collate, PrToFileName, IgnorePrintAreas)

▶解説

要執行列印可用 PrintOut 方法。各參數代表的是**列印**交談窗中的設定,而要列印的對象會指定為物件。

▶設定項目

物件 .... 可 指 定 為 Workbook 物 件、Sheets 集 合、Worksheet 物 件、 Worksheets 集 合、Chart 物 件、Charts 集 合、Range 物 件 與 Window 物件。

From .... 指定開始列印的頁碼。若省略這個參數,將從第一頁開始列印 (可省略)。

To .... 指定結束列印的頁碼。若省略這個參數,將列印到最後一頁 (可省略)。

Copies .... 指定列印份數。若省略,將列印一份 (可省略)。

Preview .... 想在列印之前預覽內容可設為 True,若不需要預覽就設為 False。若是省略這個參數,將自動設為 False (可省略)。

ActivePrinter ..... 指定印表機名稱。若省略將自動設為目前使用中的印表機 (可省略)。在**列印**交談窗中的**印表機**可查看目前使用中的印表機名稱。

PrintToFile .... 若想將列印的內容輸出為檔案,可指定為 True。輸出的檔案名稱可於 PrToFileName 參數指定 (可省略)。

Collate .... 想要列印多份並自動分頁,請設為 True;否則將自動設為 False (可省略)。

PrToFileName ... 指定要輸出的檔案名稱 (只有在參數 PrintToFile 為 True 時可以設定)。若是省略將開啟指定檔案名稱的交談窗 (可省略)。

IgnorePrintAreas .. 若設為 True,會忽略列印範圍,並列印整個物件 (此時的物件只能是 Workbook 物件、Sheets 集合、Worksheet 物件、Worksheets 集合)。若省略,將自動設為 False (可省略)。

(避免發生錯誤)

當參數 Preview 指定為 True,就會在列印時開啟預覽列印畫面。按下**預覽列印**頁次**預覽**區的**關閉預覽列印**鈕,就不會列印。如果想在關閉預覽列印後列印,請用 PrintPreview 方法開啟預覽列印畫面。此外,參數 ActivePrinter 可指定為作業系統可辨識的印表機。要取得作業系統可辨識的印表機,可先將要取得名稱的印表機設為目前使用中的印表機,再於 VBE 的**即時運算視窗**輸入「?Application.ActivePrinter」,最後按下 Enter 鍵。

參照 📖 開啟預覽列印……P.10-5

範例 指定列印的頁面 (工作表)，再分別列印兩份

此範例要指定列印的頁面 (工作表) 及份數。將列印起始的頁面設為第 2 頁，結束頁面設為第 3 頁，再以份數為單位，分別列印兩份。　**範例** 10-1_001.xlsm

```
1  Sub␣指定頁面與列印 2 份()
2      ActiveWorkbook.PrintOut␣From:=2,␣To:=3,␣Copies:=2,␣_
          Collate:=True
3  End␣Sub
```

1	「指定頁面與列印 2 份」巨集
2	以份數為單位，列印啟用中活頁簿的第 2 頁至第 3 頁，並且將每頁列印 2 份
3	結束巨集

將活頁簿的第 2 頁及第 3 頁 (工作表)，各印 2 份

HINT 若工作表為空白

假設在 Excel 執行**列印**命令時，工作表是空白的，會顯示**找不到任何內容可供列印**的訊息，但若是利用 PrintOut 方法列印，就不會顯示任何訊息，會直接輸出一張白紙。

1 啟動 VBE，輸入程式碼

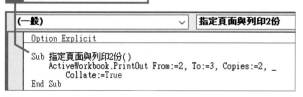

```
(一般)                              ▼    指定頁面與列印2份
Option Explicit

Sub 指定頁面與列印2份()
    ActiveWorkbook.PrintOut From:=2, To:=3, Copies:=2, _
        Collate:=True
End Sub
```

2 執行巨集　依照指定的條件列印

第 2 頁	第 3 頁	第 2 頁	第 3 頁

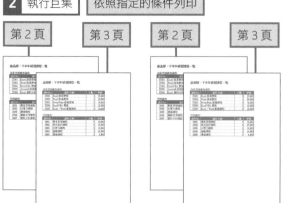

開啟預覽列印

物件.**PrintPreview**(EnableChanges)

▶解説

要開啟**預覽列印**可使用 PrintPreview 方法。EnableChanges 參數可指定為預覽列印畫面的**預覽列印**頁次**列印**區的**版面設定**與**預覽**區的**顯示邊界**是否啟用。此外，在關閉預覽列印畫面前，PrintPreview 方法之後的陳述式都不會執行。

▶設定項目

物件...................... 可以指定為 Workbook 物件、Sheets 集合、Worksheet 物件、Worksheets 集合、Chart 物件、Charts 集合、Range 物件與 Window 物件。

EnableChanges... 要停用預覽列印畫面的**預覽列印**頁次**列印**區的**版面設定**與**預覽**區的**顯示邊界**，可設為 False，要啟用則設為 True。若是省略將自動設為 True (可省略)。

(避免發生錯誤)

在預覽列印畫面的**預覽列印**頁次按下**列印**區的**列印**鈕，就會開始列印，列印完畢會關閉預覽列印畫面，這樣 PrintPreview 方法之後的陳述式才會繼續執行。請注意，若是按下**預覽列印**頁次**預覽**區的**關閉預覽列印**鈕，那麼在 PrintPreview 之後執行 PrintOut 方法，就會重複列印兩次。　　　　　　　　　　　　　　　[參照] 執行列印······P.10-3

[範例] **開啟預覽列印畫面**

此範例要開啟作用中工作表的預覽列印畫面。為了禁止在預覽列印畫面變更版面設定與顯示邊界，所以將參數 EnableChanges 設為 False。　[範例] 10-1_002.xlsm

```
1  Sub 開啟預覽列印畫面()
2      ActiveSheet.PrintPreview EnableChanges:=False
3  End Sub
```

1 「開啟預覽列印畫面」巨集
2 停用**版面設定**與**顯示邊界**功能選項，以及顯示啟用中工作表的預覽列印畫面
3 結束巨集

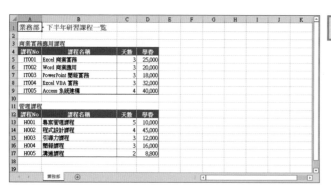

想開啟預覽列印畫面

1 啟動 VBE，輸入程式碼

| (一般) | ✔ | **開啟預覽列印畫面** |

```
Option Explicit

Sub 開啟預覽列印畫面()
    ActiveSheet.PrintPreview EnableChanges:=False
End Sub
```

2 執行巨集

開啟預覽列印畫面 了

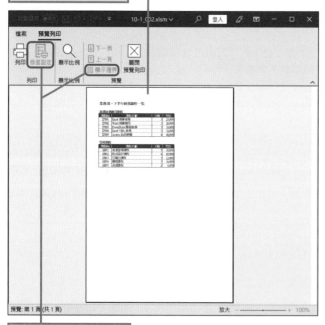

無法點選**版面設定**與
顯示邊界選項

 若工作表為空白

若是在工作表為空白的
情況下執行 PrintPreview
方法，則不會開啟預覽
列印畫面，只會在工作
表套用分頁設定。

設定水平分頁

物件.**Add**(Before)

▶解說

要設定水平分頁可使用 HPageBreaks 集合的 Add 方法。HPageBreaks 集合為工作表內所有水平分頁的集合，可透過 Worksheet 物件的 HPageBreaks 屬性取得。水平分頁的位置會在參數 Before 指定的儲存格 (Range 物件) 上方。

▶設定項目

物件 ....指定為 HPageBreaks 集合。

Before ....指定為位在水平分頁下方的儲存格 (Range 物件)。

避免發生錯誤

參數 Before 若指定為第 1 列或是超過 1,048,576 列的儲存格就會發生錯誤。

範例 設定水平分頁

此範例要在工作表的第 10 列與第 11 列之間設定水平分頁。第一步先利用 Worksheet 物件的 HPageBreaks 屬性取得代表水平分頁的 HPageBreaks 集合，再利用 Add 方法設定水平分頁。

範例 🖹 10-1_003.xlsm

```
1  Sub 水平分頁()
2      ActiveSheet.HPageBreaks.Add Before:=Range("A11")
3  End Sub
```

1 「水平分頁」巨集
2 在啟用中工作表的 A11 儲存格上方設定水平分頁
3 結束巨集

想設定水平分頁

1 啟動 VBE，輸入程式碼

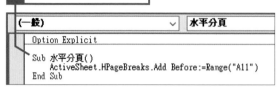

| (一般) | ∨ | 水平分頁 |

```
Option Explicit

Sub 水平分頁()
    ActiveSheet.HPageBreaks.Add Before:=Range("A11")
End Sub
```

2 執行巨集

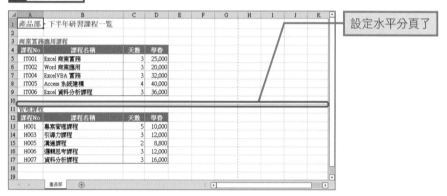

設定水平分頁了

要解除所有分頁可使用 Worksheet 物件的 ResetAllPageBreaks 方法。例如，要解除啟用中工作表的所有水平、垂直分頁，可寫成下列內容。

範例 10-1_004.xlsm

```
Sub 取消分頁()
    ActiveSheet.ResetAllPageBreaks
End Sub
```

💡 **設定垂直分頁**

要設定垂直分頁可使用 VPageBreaks 集合的 Add 方法。VPageBreaks 集合是代表工作表中的垂直分頁的集合，可利用 Worksheet 物件的 VPageBreaks 屬性取得。垂直分頁的位置會位於參數 Before 指定的儲存格 (Range 物件) 左側。例如，要在啟用中工作表的 E 欄與 F 欄之間設定垂直分頁，可寫成下列內容。

範例 10-1_005.xlsm

```
Sub 垂直分頁()
    ActiveSheet.VPageBreaks.Add Before:=Range("F1")
End Sub
```

10-2 列印設定

列印的相關設定

Excel 的**版面設定**交談窗中，所有項目都可以透過 PageSetup 物件的屬性進行設定。只要了解各項目與屬性的對應關係，就能透過 VBA 進行相關的列印設定。

◆「版面設定」交談窗

各頁次內的項目，都能透過 Excel VBA 設定

◆讓內容以指定的頁數列印

預覽: 第 1 頁 (共 2 頁)　　預覽: 第 1 頁 (共 1 頁)

◆以公分為單位設定邊界　　◆頁首與頁尾的設定

◆標題列的設定

依照頁數列印

物件.**FitToPagesTall** ──────────────── 取得
物件.**FitToPagesTall** = 設定值 ──────────── 設定
物件.**FitToPagesWide** ──────────────── 取得
物件.**FitToPagesWide** = 設定值 ──────────── 設定

▶ 解説
要依照頁數列印可用 PageSetup 物件的 FitToPagesTall 屬性或是 FitToPagesWide
屬性，設定垂直或水平方向的頁數。列印的縮放比例會隨著這兩個屬性的設定
值自動調整。 　　　　　　　　　　　參照📖 認識 PageSetup 物件……P.10-11

▶ 設定項目
物件 .... 設定 PageSetup 物件。
設定值 .... 設定容納所有列印內容的頁數。若不想設定頁數可設為 False。

(避免發生錯誤)
假設利用 Zoom 屬性設定了列印的縮放比例，FitToPagesTall 屬性與 FitToPagesWide 屬性
的設定就會失效。要設定這兩個屬性的值，要先將 Zoom 屬性設為 False。

參照📖 設定「頁面」頁次各項目的屬性……P.10-12

範例 **將工作表的內容全部印在同一頁裡**

此範例要讓啟用中工作表的內容全部印在同一頁裡，再開啟預覽列印畫面。為
了使用 FitToPagesWide 屬性，所以將 Zoom 屬性設為 False。

範例 📗 10-2_001.xlsm 　　參照📖 設定「頁面」頁次各項目的屬性……P.10-12　　參照📖 開啟預覽列印……P.10-5

```
1  Sub 指定頁數再列印()
2      With ActiveSheet.PageSetup
3          .Zoom = False
4          .FitToPagesWide = 1
5      End With
6      ActiveSheet.PrintPreview
7  End Sub
```

1	「指定頁數再列印」巨集
2	針對啟用中工作表的頁面設定進行下列處理 (With 陳述式的開頭)
3	停用 Zoom 屬性
4	將所有內容收納在水平方向的一頁裡
5	結束 With 陳述式
6	顯示啟用中工作表的預覽列印畫面
7	結束巨集

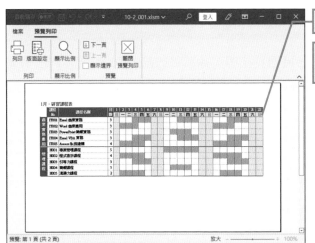

表格的右側被裁掉了

希望讓啟用中工作表的
內容全部印在同一頁裡

1 啟動 VBE，輸入程式碼

2 執行巨集

開啟啟用中工作表的預覽列印畫面了

整張表格縮小，全部縮印在橫向的同一頁裡

認識 PageSetup
物件

PageSetup 物件是代表列
印版面設定的物件，可設
定**版面設定**交談窗中的所
有項目。要取得 PageSetup
物件可用 Worksheet 物件
或 Chart 物件的 PageSetup
屬性。

此外，要開啟**版面設定**交
談窗可在**頁面配置**頁次的
版面設定區按下 ↘ 鈕，
開啟交談窗。

◆「版面設定」交談窗

「版面設定」交談窗「頁面」頁次的設定項目

在此將列出**版面設定**交談窗的**頁面**頁次中，各項目的 PageSetup 物件的所有屬性。任何屬性都可取得與設定值。

設定「頁面」頁次各項目的屬性

設定項目	屬性	設定值
① 列印方向	Orientation	以 XlPageOrientation 列舉型常數指定列印的方向 XlPageOrientation 列舉型常數 | 常數	內容
---	---
xlPortrait	直向
xlLandscape	橫向	
② 縮放比例	Zoom	縮放比例可設為 10 ～ 400 (%) 的範圍。 ※ 假設 Zoom 屬性設為 False，縮放比例就依 FitToPagesTall 屬性或 FitToPagesWide 屬性自動設定 參照📖 依照頁數列印……P.10-10
③ 調整成頁寬	FitToPagesWide	設定水平方向的頁數 參照📖 依照頁數列印……P.10-10
④ 調整成頁高	FitToPagesTall	設定垂直方向的頁數 參照📖 依照頁數列印……P.10-10
⑤ 紙張大小	PaperSize	以 XlPageSize 列舉型常數指定紙張大小 參照📖 主要的 XlPaperSize 列舉型常數……P.10-13 ※ 如果設定了印表機不支援的紙張大小就會發生錯誤
⑥ 列印品質	PrintQuality	設定代表列印品質的值。不同的印表機有不同的解析度數值與代表列印品質的常數。 ※ 詳情請參考 VBA 的線上說明
⑦ 起始頁碼	FirstPageNumber	設定代表起始頁碼的數值 ※ 若設為常數 xlAutomatic，就會自動設為第一頁 ※ 要列印指定的頁面，可在頁首或頁尾設定「&P」代碼

主要的 XlPaperSize 列舉型常數

常數	值	內容
xlPaperA3	8	A3 (297mm×420mm)
xlPaperA4	9	A4 (210mm×297mm)
xlPaperB4	12	B4 (250mm×354mm)
xlPaperB5	13	B5 (182mm×257mm)
xlPaperEnvelopeItaly	36	信封 (110mm×230mm)
xlPaperFanfoldUS	39	美國標準影印紙 (14-7/8×11 英吋)
xlPaperNote	18	筆記本 (8-12×11 英吋)

※ 範例檔案資料夾中，隨附 XlPaperSize 列舉型常數清單。

設定上、下邊界

物件.**TopMargin** ─────────────────────── 取得
物件.**TopMargin** = 設定值 ──────────────── 設定
物件.**BottomMargin** ──────────────────── 取得
物件.**BottomMargin** = 設定值 ────────────── 設定

▶解説
要設定上、下邊界可用 TopMargin 屬性與 BottomMargin 屬性。邊界的單位為**點**。

▶設定項目
物件 .... 指定 PageSetup 物件。
設定值 .... 邊界的單位為**點**。可設為**雙精度浮點數** (Double)。

(避免發生錯誤)
切換到**版面設定**交談窗的**邊界**頁次後，邊界的單位為**公分**，此時若要以 TopMargin 屬性或 BotoomMargin 屬性設定邊界，就必須用 CentimetersToPoints 方法將單位轉換成**點**。此外，若設定了超過頁面大小的邊界就會發生錯誤。
參照 將「公分」單位的值轉換成「點」單位的值……P.10-14

範例 以公分為單位設定版面的邊界

在此要以公分為單位，設定啟用中工作表的邊界。此範例會將上方邊界與左側邊界設為 5 公分，之後再開啟預覽列印畫面，確認設定的內容。

範例 10-2_002.xlsm
參照 將「公分」單位的值轉換成「點」單位的值……P.10-14
參照 設定「頁面」頁次各項目的屬性……P.10-12
參照 開啟預覽列印……P.10-5

```
1  Sub␣設定邊界()
2      With␣ActiveSheet.PageSetup
3          .TopMargin␣=␣Application.CentimetersToPoints(5)
4          .LeftMargin␣=␣Application.CentimetersToPoints(5)
5      End␣With
6      ActiveSheet.PrintPreview
7  End␣Sub
```

1	「設定邊界」巨集
2	對啟用中工作表的版面進行下列的處理 (With 陳述式的開頭)
3	將上方邊界設為 5 公分
4	將左側邊界設為 5 公分
5	結束 With 陳述式
6	開啟啟用中工作表的預覽列印畫面
7	結束巨集

想設定上方與左側的邊界

1 啟動 VBE，輸入程式碼　　**2** 執行巨集

```
Option Explicit

Sub 設定邊界()
    With ActiveSheet.PageSetup
        .TopMargin = Application.CentimetersToPoints(5)
        .LeftMargin = Application.CentimetersToPoints(5)
    End With
    ActiveSheet.PrintPreview
End Sub
```

將上方與左側邊界設為 5 公分

💡 將以公分為單位的值轉換成以點為單位的值

要將以**公分**為單位的值，轉換成以**點**為單位的值，可用 Application 物件的 CentimetersToPoints 方法。將參數 Centimeters 設為要轉換的公分單位值。

例如，將 3 公分的值轉換成點單位的值，可寫成「CentimetersToPoints(3)」。此外，在參數 Centimeters 指定的值以及 CentimetersToPoints 方法傳回的值都是雙精度浮點數 (Double)。

💡 將以英吋為單位的值轉換成以點為單位的值

要將以**英吋**為單位的值，轉換成以**點**為單位的值，可用 Application 物件的 InchesToPoints 方法。將參數 Inches 設為要轉換的英吋單位值。

例如，將 1.5 英吋的值轉換成點單位的值，可寫成「InchesToPoints(1.5)」。此外，在參數 Inches 指定的值以及 InchesToPoints 方法傳回的值都是雙精度浮點數 (Double)。

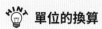

單位的換算

點 (pt)、公分 (cm)、英吋 (in) 的值，可如下換算。

$$1pt ≒ 0.03528cm ≒ 1/72in$$

此外，Excel 的預設單位為**點**。

▶「版面設定」交談窗「邊界」頁次的設定項目

下表是與**版面設定**交談窗的**邊界**頁次各項目對應的 PageSetup 物件的各種屬性。這些屬性都可取得與設定值。

與「邊界」頁次對應的屬性

設定項目	屬性	設定值
① 上邊界	TopMargin	以**點**為單位的數值設定上方邊界
② 下邊界	BottomMargin	以**點**為單位的數值設定下方邊界
③ 左邊界	LeftMargin	以**點**為單位的數值設定左側邊界
④ 右邊界	RightMargin	以**點**為單位的數值設定右側邊界
⑤ 頁首邊界	HeaderMargin	以**點**為單位的數值設定頁首邊界 ※ 頁首邊界就是紙張上緣到頁首的距離
⑥ 頁尾邊界	FooterMargin	以**點**為單位的數值設定頁尾邊界 ※ 頁尾邊界就是紙張下緣到頁尾的距離
⑦ 水平置中	Center+Horizontally	希望列印位置在版面水平中央時，可設為 True ※ 如果左右兩側的邊界不相等，就無法列印在紙張中央
⑧ 垂直置中	CenterVertically	希望列印位置在版面垂直中央時，可設為 True ※ 如果上下兩邊的邊界不相等，就無法列印在紙張中央

※ ① ～ ⑥ 的詳細設定可參考設定**上下邊界**的說明。　參照 設定上下邊界……P.10-13

※ ⑦ ⑧ 設定的列印位置會放在減去邊界後的範圍中央。此外，如果內容超出一頁，會排列在下一頁的中央位置。

設定左、右兩邊的頁首資訊

物件.**LeftHeader** ——————————————————————— 取得
物件.**LeftHeader** = 設定值 ——————————————— 設定
物件.**RightHeader** ——————————————————————— 取得
物件.**RightHeader** = 設定值 ——————————————— 設定

▶解説

要在頁首的左、右側加上相關資訊，可使用 LeftHeader 屬性與 RightHeader 屬性。
頁首資訊可用 VBA 代碼加上製作日期、檔案名稱或是頁面編號，也可以利用格
式代碼設定頁首的文字大小及樣式等格式。

> 參照🔖 在頁首與頁尾使用的 VBA 代碼……P.10-24
> 參照🔖 在頁首與頁尾使用的格式代碼……P.10-24
> 參照🔖 VBA 代碼與格式代碼的語法……P.10-25

▶設定項目

物件 .... 指定為 PageSetup 物件。

設定值 .... 利用 VBA 代碼或是格式代碼撰寫要在頁首顯示的內容。

(避免發生錯誤)

要設定字型時，必須完全依照**字型**清單中的名稱設定，尤其要注意是否有半形空白字元
或是全形與半形的差異。

範例 設定頁首與頁尾

此範例要在工作表的右側頁首設定「製作日期：現在的日期－現在的時間」，並
在頁尾的中央設定「頁碼／總頁數」。此外，要將頁首字型設成**微軟正黑體**，並
且在「現在的日期－現在的時間」套用**底線**樣式。所有設定後的結果會在預覽
列印畫面顯示。

> 範例 📗 10-2_003.xlsm
> 參照🔖 設定「頁首／頁尾」頁次項目的屬性……P.10-23
> 參照🔖 開啟預覽列印……P.10-5

```
1  Sub 設定頁首頁尾()
2      With ActiveSheet.PageSetup
3          .RightHeader = "&""微軟正黑體""製作日期:&U&D-&T"
4          .CenterFooter = "&P/&N"
5      End With
6      ActiveSheet.PrintPreview
7  End Sub
```

1	「設定頁首頁尾」巨集
2	對工作表的版面設定進行下列處理 (With 陳述式的開頭)
3	在右側頁首設定「製作日期：現在的日期－現在的時間」(字型為**微軟正黑體**，並且在現在的日期套用**底線**樣式)
4	在頁尾的中央設定「頁碼 / 總頁數」
5	結束 With 陳述式
6	顯示作用中工作表的預覽列印畫面
7	結束巨集

想在頁首右側與頁尾中央顯示相關資訊

1 啟動 VBE，輸入程式碼

```
(一般)                          設定頁首頁尾
Option Explicit

Sub 設定頁首頁尾()
    With ActiveSheet.PageSetup
        .RightHeader = "&""微軟正黑體""製作日期：&U&D-&T"
        .CenterFooter = "&P/&N"
    End With
    ActiveSheet.PrintPreview
End Sub
```

2 執行巨集

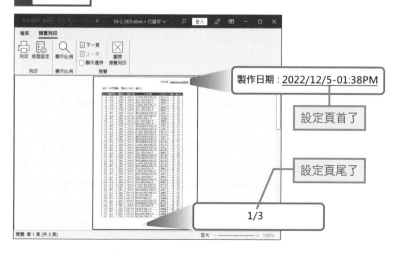

製作日期：2022/12/5-01:38PM

設定頁首了

設定頁尾了

1/3

在偶數頁設定不同的頁首與頁尾資訊

物件.**OddAndEvenPagesHeaderFooter** ——————— 取得
物件.**OddAndEvenPagesHeaderFooter** = 設定值 — 設定

▶解説

要在偶數頁另外設定頁首與頁尾資訊,可將 OddAndEvenPagesHeaderFooter 屬性設為 True。設定頁首與頁尾的內容時,可先用 PageSetup 物件的 EvenPage 屬性取得代表偶數頁的 Page 物件,再利用 Page 物件的 LeftHeader 屬性將頁首與頁尾當成 HeaderFooter 物件取得。頁首與頁尾的內容可使用預設的 VBA 代碼或是格式代碼指定給這個 HedaerFooter 物件的 Text 屬性。

參照 認識 Page 物件……P.10-20
參照 認識 HeaderFooter 物件……P.10-20
參照 在頁首與頁尾使用的 VBA 代碼……P.10-24
參照 在頁首與頁尾使用的格式代碼……P.10-24
參照 VBA 代碼與格式代碼的語法……P.10-25
參照 只在開頭頁面設定不同的頁首與頁尾……P.10-20

▶設定項目

物件 .... 指定為 PageSetup 物件。

設定值.................. 要在偶數頁設定不同的頁首與頁尾時,可設為 True。

避免發生錯誤

一般的頁首或頁尾可利用 PageSetup 物件的 LeftHeader 屬性或其他屬性設定,但偶數頁的頁首與頁尾必須利用 HeaderFooter 物件的 Text 屬性設定。請注意,使用的參數完全不同。

範例 **在偶數頁設定不同的頁首與頁尾資訊**

此範例要在啟用中工作表的頁首中央放置「工作表名稱」,並在頁尾中央設定「頁碼 +"頁 "」,再於偶數頁的右側頁首設定「製作日期:現在的日期」,並將「現在的日期」套用**粗體**樣式。由於想在頁尾中央替所有頁面設定頁碼,所以偶數頁的頁尾中央也要和奇數頁一樣,設定「頁碼 +"頁 "」。這些設定結果都會顯示在預覽列印畫面中,讓使用者確認。

範例 10-2_004.xlsm
參照 設定「頁首/頁尾」頁次項目的屬性……P.10-23
參照 開啟預覽列印……P.10-5

```
 1  Sub␣在偶數頁設定不同的頁首與頁尾()
 2      With␣ActiveSheet.PageSetup
 3          .CenterHeader␣=␣"&A"
 4          .CenterFooter␣=␣"&P頁"
 5          .OddAndEvenPagesHeaderFooter␣=␣True
 6          .EvenPage.RightHeader.Text␣=␣"製作日期:&B&D"
 7          .EvenPage.CenterFooter.Text␣=␣"&P頁"
 8      End␣With
 9      ActiveSheet.PrintPreview
10  End␣Sub
```

1	「在偶數頁設定不同的頁首與頁尾」巨集
2	對工作表的版面設定進行下列處理 (With 陳述式的開頭)
3	在頁首中央顯示「工作表名稱」
4	在頁尾中央顯示「頁碼 +" 頁 "」
5	在偶數頁設定不同的頁首與頁尾
6	在偶數頁的頁首右側設定「製作日期：現在的日期」(「現在的日期」套用**粗體**樣式)
7	在偶數頁的頁尾中央設定「頁碼 +" 頁 "」
8	結束 With 陳述式
9	顯示工作表的預覽列印畫面
10	結束巨集

想在偶數頁與奇數頁
設定不同的頁首資訊

1 啟動 VBE，輸入程式碼　　**2** 執行巨集

設定了奇數頁的頁首與頁尾

在偶數頁設定了與奇數頁不同的頁首

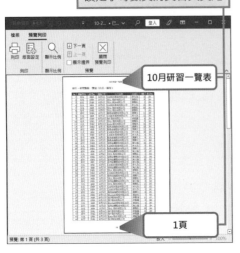

10月研習一覽表

1頁

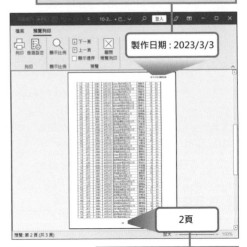

製作日期：2023/3/3

2頁

頁尾的設定與奇數頁相同

 認識 Page 物件

Page 物件是 PageSetup 物件的下層物件，通常會在設定頁首或頁尾時使用。使用 PageSetup 物件的 EvenPage 屬性可取得代表偶數頁的 Page 物件，使用 FirstPage 屬性可取得代表第一頁的 Page 物件。

 認識 HeaderFooter 物件

HeaderFooter 物件是 Page 物件的下層物件，代表各種頁首與頁尾。例如，使用 Page 物件的 LeftHeader 屬性可取得頁首左側的 HeaderFooter 物件。

HeaderFooter 物件可使用設定頁首與頁尾內容的 Text 屬性，以及在頁首與頁尾設定圖片的 Picture 屬性。

 只在第一頁設定不同的頁首與頁尾

若是只想在第一頁設定不同的頁首與頁尾，可將 PageSetup 物件的 DifferentFirstPageHeaderFooter 屬性設為 True。要設定頁首與頁尾的內容可先透過 PageSetup 物件的 FirstPage 屬性取得第一頁頁面的 Page 物件，再利用 Page 物件的 LeftHeader 屬性將要設定的頁首與頁尾當成 HeaderFooter 物件取得。

頁首與頁尾的內容可在這個 HeaderFooter 物件的 Text 屬性設定。例如，要在第一頁的頁首中央加上「機密文件」字樣，並設為**粗體**與*斜體*、在頁尾中央加上「現在的日期 +" 製作"」、在其他頁面的頁首右側加上「工作表名稱」，以及在頁尾中央設定頁碼，可將程式碼寫成如圖的內容。

```
Sub 在第一頁設定不同的頁首與頁尾()
    With ActiveSheet.PageSetup
        .RightHeader = "&A"
        .CenterFooter = "&P頁"
        .DifferentFirstPageHeaderFooter = True
        .FirstPage.CenterHeader.Text = "&B&I機密文件"
        .FirstPage.CenterFooter.Text = "&D製作"
    End With
    ActiveSheet.PrintPreview
End Sub
```

範例 10-2_005.xlsm

在頁首設定圖片

物件.**LeftHeaderPicture** ————————————— 取得
物件.**CenterHeaderPicture** ———————————— 取得
物件.**RightHeaderPicture** ———————————— 取得

▶ **解説**

要在頁首設定圖片可使用 LeftHeaderPicture 屬性、CenterHeaderPicture 屬性與 RightHeaderPicture 屬性。這些屬性都可取得代表頁首圖片的 Graphic 物件。圖片檔的細節可利用 Graphic 物件的屬性設定。要顯示圖檔可將 PageSetup 物件的 LeftHeader 屬性以及設定頁首的屬性設為 VBA 代碼的「&G」。

> 參照 取得在頁首與頁尾設定圖片的 Graphic 物件的屬性……P.10-24
> 參照 在頁首與頁尾使用的 VBA 代碼……P.10-24
> 參照 VBA 代碼與格式代碼的語法……P.10-25

▶ **設定項目**

物件 .... 設定為 PageSetup 物件。

Graphic 物件的主要屬性

屬性	取得與設定的內容
Filename	圖片檔的存放路徑
Height	圖片檔的高度（單位：點）
Width	圖片檔的寬度（單位：點）

避免發生錯誤

如果設定路徑後，找不到對應的圖片檔案就會發生錯誤。請事先確認圖片檔案是否存在。

範例 在頁首設定圖片

此範例要在工作表的頁首右側插入圖片，圖片檔案存放在 C 磁碟機下的**資料**資料夾裡。利用 RightHeaderPicture 屬性取得 Graphic 物件後，再設定圖片的檔案路徑、高度與寬度，接著將 PageSetup 物件的 RightHeader 屬性設為「&G」以顯示圖片。此外，為了避免圖片超出列印範圍，會在上邊界設定頁首邊界的高度加上圖片的高度。

> 範例 10-2_006.xlsm
> 參照 設定「頁首／頁尾」頁次項目的屬性……P.10-23
> 參照 開啟預覽列印……P.10-5

```
1   Sub␣設定頁首圖片()
2       With␣ActiveSheet.PageSetup
3           .RightHeaderPicture.Filename␣=␣"C:\資料\電腦插圖.bmp"
4           .RightHeaderPicture.Height␣=␣50
5           .RightHeaderPicture.Width␣=␣50
6           .TopMargin␣=␣.HeaderMargin␣+␣50
7           .RightHeader␣=␣"&G"
8       End␣With
9       ActiveSheet.PrintPreview
10  End␣Sub
```

1	「設定頁首圖片」巨集
2	對工作表的版面設定進行下列處理 (With 陳述式的開頭)
3	將頁首右側的圖片檔名，設為包含檔案路徑的「C:\ 資料 \ 電腦插圖 .bmp」
4	將頁首右側的圖片高度設為 50 點
5	將頁首右側的圖片寬度設為 50 點
6	將上方邊界設為頁首留白加 50 點 (圖片高度) 的高度
7	顯示頁首右側的圖片
8	結束 With 陳述式
9	開啟預覽列印畫面
10	結束巨集

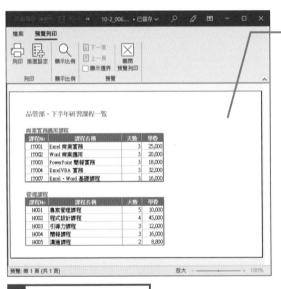

想在頁首右上角設定圖片

1 啟動 VBE，輸入程式碼

💡 Graphic 物件

Graphic 物件是用來設定頁首與頁尾圖片的各種屬性。Graphic 物件有 Filename 屬性、Height 屬性與 Width 屬性，還有調整圖片亮度、對比、大小的屬性。相關細節請參考 VBA 的說明檔。

參照 如何使用說明……P.2-51

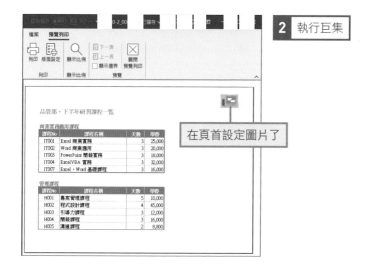

「版面設定」交談窗「頁首與頁尾」頁次的設定

下表整理了**版面設定**交談窗**頁首/頁尾**頁次中各項目的 PageSetup 物件屬性。這些屬性都可以取得與設定值。

設定「頁首/頁尾」頁次各項目的屬性

設定項目	屬性	設定值
① 頁首左側	LeftHeader	可利用 VBA 代碼與格式代碼設定內容 參照 在頁首與頁尾使用的 VBA 代碼……P.10-24 參照 在頁首與頁尾使用的格式代碼……P.10-24
② 頁首中央	CenterHeader	
③ 頁首右側	RightHeader	
④ 頁尾左側	LeftFooter	
⑤ 頁尾中央	CenterFooter	
⑥ 頁尾右側	RightFooter	
⑦ 奇數頁與 偶數頁不同	OddAndEvenPagesHeaderFooter	要在奇數頁與偶數頁設定不同的頁首與頁尾時,可將這個屬性設為 True 參照 在偶數頁設定其他的頁首與頁尾……P.10-18
⑧ 第一頁不同	DifferentFirstPageHeaderFooter	要在第一頁設定不同的頁首與頁尾時,可將這個屬性設為 True 參照 只在第一頁設定不同的頁首與頁尾…P.10-20
⑨ 隨文件縮放	ScaleWithDocHeaderFooter	要依工作表的設定調整頁首與頁尾的文字大小與列印縮放比例時,可設為 True
⑩ 對齊頁面 邊界	AlignMarginsHeaderFooter	要讓頁首與頁尾的邊界與工作表的邊界對齊時,可將這個屬性設定為 True

※ ① ~ ⑥ 設定圖片選項時,一定要取得代表圖片的 Graphic 物件。

參照 取得在頁首與頁尾設定圖片的 Graphic 物件屬性……P.10-24
參照 在頁首設定圖片……P.10-21

取得在頁首與頁尾中設定圖片的 Graphic 物件的屬性

設定圖片的位置	屬性
頁首左側	LeftHeaderPicture
頁首中央	CenterHeaderPicture
頁首右側	RightHeaderPicture
頁尾左側	LeftFooterPicture
頁尾中央	CenterFooterPicture
頁尾右側	RightFooterPicture

在頁首、頁尾使用的 VBA 代碼

VBA 代碼	在頁首與頁尾設定的內容
&D	現在的日期
&T	現在的時間
&A	工作表的標題
&F	檔案名稱
&Z	檔案路徑
&N	檔案的總頁數
&P	頁碼
&P+ < 數值 >	要在頁碼增加的 < 數值 >
&P- < 數值 >	要在頁碼減少的 < 數值 >
&G	在 Graphic 物件設定的圖片
&&	& (And 符號)

在頁首與頁尾使用的格式代碼

格式代碼	在頁首、頁尾設定的內容
& " 字型名稱 "	字型種類
&nn	字型大小 ※「nn」代表單數的兩位數數值
&Color	文字顏色 ※「color」可指定為 16 進位的色彩值 可用「K」加上數值來表示，例如「K000000」
&L	文字靠左對齊
&C	文字居中對齊
&R	文字靠右對齊
&I	文字套用斜體
&B	文字套用粗體
&U	文字套用底線
&E	文字套用雙底線
&S	文字套用刪除線
&X	文字套用上標
&Y	在文字套用下標

VBA 代碼與格式代碼的語法

VBA 代碼與格式代碼的語法如下。

■ **使用半形英文字母或數字，設定的內容要以「"（雙引號）」括起來**

■ **字串與 VBA 代碼要接在一起**

  範例 要列印「製作日期：（現在的日期）」可寫成「"製作日期：&D"」。

■ **格式代碼要寫在套用格式的元素前面**

  範例 要在「製作日期：（現在的日期）」的日期部分套用底線，可寫成「"製作日期：&U&D"」

■ **要替數字開頭的字串設定字型大小時，需在數值前面輸入半形空白**

  範例 要以 14 點字型大小列印「2 年 2 班」時，可寫成「"&14 2 年 2 班"」

■ **要設定字型時，可在設定內容前面輸入「"&"" 字型名稱 "」**

  範例 要將「製作日期：（現在的日期）」設為「微軟正黑體」這類的字型時，可寫成「"&"" 微軟正黑體 "" 製作日期：&D"」

設定列印範圍

物件.PrintArea ———————————————————— 取得

物件.PrintArea = 設定值 ———————————————— 設定

▶解說

要設定列印範圍可使用 PrintArea 屬性。列印範圍可利用 A1 格式設定儲存格編號，要解除設定可設為 False 或是「""（空字串)」。

參照 認識「A1 格式」、「R1C1 格式」……P.4-47

▶設定項目

物件 .... 指定為 PageSetup 物件。

設定值 .... 以 A1 格式設定列印範圍（儲存格範圍的儲存格編號），再以「"（雙引號)」括住。

避免發生錯誤

若以 Range 屬性或 Cells 屬性設定儲存格範圍，會因為設定了 Range 物件而發生錯誤。PrintArea 屬性必須設定代表儲存格編號的字串。

範例 **設定列印範圍**

此範例要列印工作表中的 A11 ～ D17 儲存格範圍。設定結果會在預覽列印畫面中顯示。

範例 10-2_007.xlsm
參照 開啟預覽列印……P.10-5

```
1  Sub 設定列印範圍()
2      With ActiveSheet
3          .PageSetup.PrintArea = "A11:D17"
4          .PrintPreview
5      End With
6  End Sub
```

1 「設定列印範圍」巨集
2 對工作表進行下列的處理 (With 陳述式的開頭)
3 將列印範圍設為 A11 ～ D17 儲存格
4 開啟預覽列印畫面
5 結束 With 陳述式
6 結束巨集

	A	B	C	D	E
1	產品部・下半年研習課程一覽				
2					
3	商業實務應用課程				
4	課程No	課程名稱	天數	學費	
5	IT001	Excel 商業實務	3	25,000	
6	IT002	Word 商業應用	3	20,000	
7	IT004	ExcelVBA 實務	3	32,000	
8	IT005	Access 系統建構	4	40,000	
9	IT006	Excel 資料分析課程	3	36,000	
10					
11	管理課程				
12	課程No	課程名稱	天數	學費	
13	H001	專案管理課程	5	10,000	
14	H003	引導力課程	3	12,000	
15	H005	溝通課程	2	8,800	
16	H006	邏輯思考課程	3	12,000	
17	H007	資料分析課程	3	16,000	

想將列印範圍設為 A11 ～ D17 儲存格

1 啟動 VBE，輸入程式碼

```
(一般)                          ▽   設定列印範圍

Option Explicit

Sub 設定列印範圍()
    With ActiveSheet
        .PageSetup.PrintArea = "A11:D17"
        .PrintPreview
    End With
End Sub
```

2 執行巨集

一次指定多個列印範圍

要將多個儲存格範圍設為列印範圍，可在
設定時，利用「,(逗號)」隔開多個儲存
格範圍。此時每個列印範圍都會以分頁的
方式列印。例如，要將 A1 ～ D9 儲存格與
F1 ～ I9 儲存格設為列印範圍，可將程式
碼寫成如圖的內容。

範例 10-2_008.xlsm

```
(一般)                        ▽   設定多個列印範圍

Option Explicit

Sub 設定多個列印範圍()
    ActiveSheet.PageSetup.PrintArea = "A1:D9,F1:I9"
End Sub
```

列印範圍設為 A11 ～ D17 儲存格了

設定標題列

物件.PrintTitleRows ————————————————— 取得
物件.PrintTitleRows = 設定值 ———————————— 設定

▶解説

要設定標題列 (在各頁面上緣列印的列) 可使用 PrintTitleRows 屬性。標題列可利用 A1 格式設定列編號,也可以指定特定列的單一儲存格,將整列設為標題列。要解除設定可指定為 False 或是「"" (空字串)」。

参照🔜 認識「A1 格式」、「R1C1 格式」……P.4-47

▶設定項目

物件 ....指定為 PageSetup 物件。

設定值................以 A1 格式設定代表標題列的列編號,並以「" (雙引號)」括起來。

(避免發生錯誤)

若以 Range 屬性或 Cells 屬性設定儲存格範圍,會因為設定了 Range 物件而發生錯誤。PrintArea 屬性必須設定代表儲存格編號的字串。此外,若不以「$」進行絕對參照,有可能會無法正確設定標題列。

参照🔜 切換為絕對參照……P.1-10

10-27

範例 設定標題列

此範例要將工作表的標題列設為 1 ～ 3 列。設定的結果會在預覽列印畫面顯示。

範例 📗 10-2_009.xlsm
參照 📖 開啟預覽列印……P.10-5

```
1  Sub␣設定標題列()
2      With␣ActiveSheet
3          .PageSetup.PrintTitleRows␣=␣"$1:$3"
4          .PrintPreview
5      End␣With
6  End␣Sub
```

1 「設定標題列」巨集
2 對工作表進行下列處理 (With 陳述式的開頭)
3 將標題列設為第 1 ～ 3 列
4 開啟預覽列印畫面
5 結束 With 陳述式
6 結束巨集

目前只在第 1 頁的開頭顯示標題列

第 2 頁沒有標題列

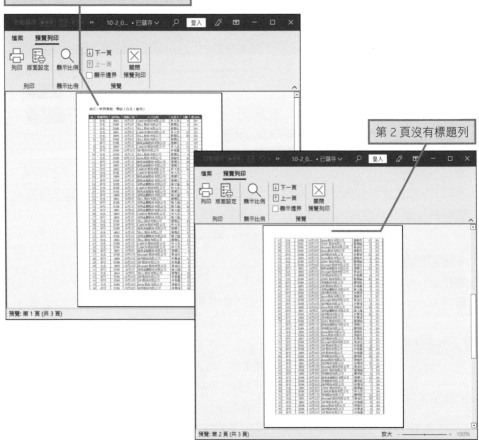

1 啟動 VBE，輸入程式碼

(一般) ∨	設定標題列

```
Option Explicit

Sub 設定標題列()
     With ActiveSheet
          .PageSetup.PrintTitleRows = "$1:$3"
          .PrintPreview
     End With
End Sub
```

2 執行巨集　　　　　第 2 頁的開頭也顯示標題列了

預覽: 第 2 頁 (共 3 頁)　　　　　放大 — ⊕ — + 100%

設定標題欄

要設定標題欄（在各頁面左側列印的欄）可使用 PrintTitleColumns 屬性。設定標題欄時可使用 A1 格式設定欄編號。指定欄內的某個儲存格，藉此將整欄設為標題欄。若要解除設定可設為 False 或是「""（空字串）」。例如，要將工作表的標題欄設為 A ～ D 欄，可將程式碼寫成如圖的內容。

範例 ➡ 10-2_010.xlsm
參照 ➡ 認識「A1 格式」、「R1C1 格式」……P.4-47

(一般) ∨	設定標題欄

```
Option Explicit

Sub 設定標題欄()
     ActiveSheet.PageSetup.PrintTitleColumns = "$A:$D"
End Sub
```

「版面設定」交談窗「工作表」頁次的設定項目

下表是**版面設定**交談窗**工作表**頁次中，各個項目對應的 PageSetup 物件的所有屬性。這些屬性都可取得或設定值。

設定「工作表」頁次各項目的屬性

設定項目	屬性	設定值
① 列印範圍	PrintArea	以 A1 格式設定儲存格編號，只印出該儲存格範圍 **參照** 設定列印範圍……P.10-25
② 標題列	PrintTitleRows	以 A1 格式設定標題列的列編號 **參照** 設定標題列……P.10-27
③ 標題欄	PrintTitleColumns	以 A1 格式設定標題欄的欄編號 **參照** 設定標題欄……P.10-29
④ 列印格線	PrintGridlines	要列印儲存格的格線可設為 True
⑤ 儲存格 單色列印	BlackAndWhite	要以單色列印可設為 True
⑥ 草稿品質	Draft	要以草稿品質列印（只列印儲存格的資料）可設為 True
⑦ 列與欄標題	PrintHeadings	要列印列與欄編號可設為 True
⑧ 註解	PrintComments	以 XlPrintLocation 列舉型常數設定列印註解的方法 XlPrintLocation 列舉型常數 {table}
⑨ 儲存格 錯誤為	PrintErrors	利用 XlPrintErrors 列舉型常數設定錯誤值的列印方法 XlPrintErrors 列舉型常數 {table}
⑩ 列印方式	Order	利用 XlOrder 列舉型常數指定列印方向 XlOrder 列舉型常數 {table}

⑧ 註解 — PrintComments：

常數	內容
xlPrintNoComments	不列印註解
xlPrintSheetEnd	註解會顯示在工作表底端
xlPrintInPlace	和工作表上的顯示狀態相同

⑨ 儲存格錯誤為 — PrintErrors：

常數	內容
xlPrintErrorsDisplayed	列印錯誤值
xlPrintErrorsBlank	不列印錯誤值（空白）
xlPrintErrorsDash	將所有錯誤值取代為「──」（連接號）
xlPrintErrorsNA	將所有錯誤值取代為 #N/A

⑩ 列印方式 — Order：

常數	內容
xlDownThenOver	循欄列印（由左至右）
xlOverThenDown	循列列印（由上至下）

取得列印的總頁數

物件. Count ——————————————————————— 取得

▶解説

要取得列印的總頁數可使用 Pages 集合的 Count 屬性，以取得列印的張數。
Pages 集合是代表所有列印頁面的集合，可使用 PageSetup 物件的 Pages 屬性
參照。

▶設定項目

物件 .... 指定為 Pages 集合。

(避免發生錯誤)

只有 Worksheet 物件與 Chart 物件可以參照 PageSetup 物件。參照 Pages 集合的 Pages 屬
性為 PageSetup 物件的屬性，所以若是以 Worksheet 物件與 Chart 物件以外的物件或集合
為對象，取得列印的總頁數就會發生錯誤。若以 Workbook 物件為列印的對象，取得活
頁簿的列印總頁數，就會算出各工作表的列印頁數總和。

參照🔖 認識 PageSetup 物件……P.10-11
參照🔖 取得活頁簿的列印總頁數……P.10-32

範例 取得列印總頁數

此範例要在列印工作表之前，先取得列印總頁數再以訊息的方式顯示頁數。由
於可在列印之前確認總頁數，所以能避免「列印紙張不足」的問題。

範例📄 10-2_011.xlsm

1	Sub␣列印總頁數()
2	MsgBox␣"列印總頁數:"␣&␣_
	ActiveSheet.PageSetup.Pages.**Count**␣&␣vbCrLf␣&␣_
	"請準備足夠的列印用紙"
3	ActiveSheet.PrintOut 註：「_ (換行字元)」，當程式碼太長要接到下一行
4	End␣Sub 程式時，可用此斷行符號連接→參照 P.2-15

1 「列印總頁數」巨集
2 取得列印總頁數再以訊息的方式顯示
3 列印作用中工作表
4 結束巨集

想先確認列印的
總頁數再列印

1 啟動 VBE，輸入程式碼

```
(一般)                    列印總頁數

Option Explicit

Sub 列印總頁數()
    MsgBox "列印總頁數：" & _
        ActiveSheet.PageSetup.Pages.Count & vbCrLf & _
        "請準備足夠的列印用紙"
    ActiveSheet.PrintOut
End Sub
```

2 執行巨集

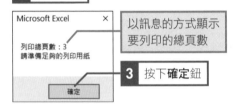

以訊息的方式顯示
要列印的總頁數

Microsoft Excel

列印總頁數：3
請準備足夠的列印用紙

3 按下**確定**鈕

確定

總共列印了三頁

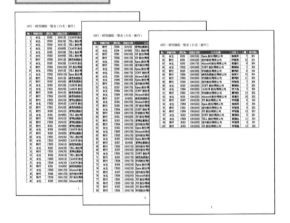

> ### 💡 取得活頁簿的列印總頁數
>
> 要取得活頁簿的列印總頁數會先
> 加總所有工作表的列印頁數。例
> 如，要先以訊息的方式顯示活頁
> 簿中的列印總頁數再列印，可將
> 程式碼寫成如圖的內容。
>
> **範例** 10-2_012.xlsm
>
> ```
> Sub 活頁簿的列印總頁數1()
>     Dim myCount As Long
>     Dim mySheet As Variant
>     myCount = 0
>     For Each mySheet In ActiveWorkbook.Sheets
>         myCount = myCount + mySheet.PageSetup.Pages.Count
>     Next
>     MsgBox "列印總頁數：" & myCount & vbCrLf & _
>         "請準備足夠的列印用紙"
>     ActiveWorkbook.PrintOut
> End Sub
> ```

第 **11** 章

圖形與圖案的操作

11-1 參照圖形

工作表中的圖形

在工作表中可配置的**圖形**包含圖片、圖案、SmartArt、圖表、文字藝術師，這些在工作表中建立的所有圖形，VBA 都當成 Shapes 集合，而每個圖形則被當成 Shape 物件操作。若要操作多個圖形可用代表圖形範圍的 ShapeRange 集合。在此要說明參照這些圖形的集合或物件方法。

Shapes 集合

代表工作表的所有圖形。可在統一操作所有圖形時使用。

ShapeRange 集合

代表工作表的所有圖形或是選取圖形時的範圍。可在指定多個圖形時使用。

Shape 物件

代表工作表中的單一圖形。可在操作單一圖形時使用。

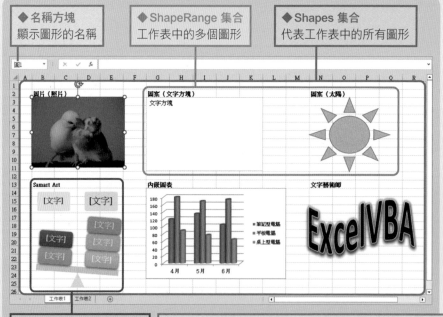

◆名稱方塊
顯示圖形的名稱

◆ShapeRange 集合
工作表中的多個圖形

◆Shapes 集合
代表工作表中的所有圖形

◆Shape 物件
代表工作表中的單一圖形

編註：這裡所指的**圖形**是泛指圖片、SmartArt、…等，而**圖案**則是指**插入**頁次中，按下**圖案**鈕產生的各種圖案

參照圖形

物件.**Shapes**(Index) ──────────── 取得

▶ 解説
要取得工作表中單一圖形的 Shape 物件，可使用 Shapes 屬性。在參數指定索引
值或是圖形名稱就能參照指定的圖形。若省略 Shapes 屬性的參數，就會參照工
作表中所有圖形的 Shapes 集合。

▶ 設定項目
物件 .... 指定為 Worksheet 物件或是 Chart 物件。
Index .... 指定為索引值或是圖形名稱。

〔避免發生錯誤〕
圖形的索引值是根據圖形的重疊順序，由下往上分配 1、2、3 這類編號。一般來説，製
作順序會與重疊順序一致，但有時候會調整圖形的重疊順序，也有可能會刪除圖形，此
時索引值就會重新編號，因此要利用索引值參照圖形必須特別注意這點。建議使用圖形
的名稱參照特定圖形。　　　　　　　　　　　　　　參照▣ 參照與選取特定圖案……P.11-4

範例　刪除工作表中的所有圖形

此範例要刪除工作表中的所有圖形。要參照所有圖形可省略 Shapes 屬性的參數，
直接參照 Shapes 集合。Shapes 集合沒有 Delete 方法，所以要先用 SelectAll 方法
選取所有圖形，再利用 Selection 屬性參照目前選取的圖形，利用 ShapeRange 取
得選取的圖形範圍，最後再用 Delete 方法刪除。

範例▣ 11-1_001.xlsm　參照▣ 參照圖案……P.11-5

```
1  Sub 刪除所有圖形()
2      ActiveSheet.Shapes.SelectAll
3      Selection.ShapeRange.Delete
4  End Sub
```

1　「刪除所有圖形」巨集
2　選取工作表裡的所有圖形
3　刪除選取的多個圖形
4　結束巨集

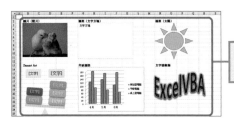

要刪除工作表
中的所有圖形

1 啟動 VBE，輸入程式碼

2 執行巨集

先選取工作表中的所有圖形，再利用 Delete 方法刪除

範例 在圖案上顯示索引值並選取特定圖案

此範例要以索引值來參照工作表中的圖案，並在圖案上顯示索引值。接著以圖案名稱參照與選取**圓柱 3** 圖案。這個範例可看到圖案的索引值是從最下層的重疊順序開始，以 1、2、3……的順序編號。

範例 📄 11-1_002.xlsm

```
1  Sub 參照與選取圖案()
2      Dim i As Integer
3      For i = 1 To ActiveSheet.Shapes.Count
4          ActiveSheet.Shapes(i).TextFrame.Characters.Text = i
5      Next
6      ActiveSheet.Shapes("圓柱 3").Select
7  End Sub
```

1 「參照與選取圖案」巨集
2 宣告整數型別的變數 i
3 將變數 i 從 1 開始依序代入到工作表中的圖案數量，再重複進行下列處理（For 陳述式的開頭）
4 在索引編號 i 的圖案顯示字串 i
5 讓變數 i 遞增 1，再回到第 4 行的程式碼
6 選取工作表中的**圓柱 3** 圖案
7 結束巨集

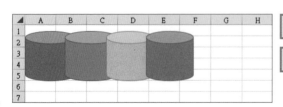

想在圖案中加上索引值

要利用圖案名稱參照圖案

1 啟動 VBE，輸入程式碼

```
(一般)                          ∨   參照與選取圖案
Option Explicit

Sub 參照與選取圖案()
    Dim i As Integer
    For i = 1 To ActiveSheet.Shapes.Count
        ActiveSheet.Shapes(i).TextFrame.Characters.Text = i
    Next
    ActiveSheet.Shapes("圓柱 3").Select
End Sub
```

2 執行巨集

顯示圖案的索引值了

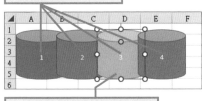

利用**圓柱 3** 參照與選取圖案

> ### 取得圖案的索引值
>
> 圖案的索引值可根據圖案的重疊順序取得。圖案的重疊順序可利用 ZOrderPosition 屬性取得。例如，將程式碼寫成「MsgBox Selection.ShapeRange.ZOrderPosition」，就能取得目前選取圖案的索引值，還能以訊息的方式顯示結果。此外，ZOrderPosition 屬性只能取得值，無法設定值，所以要調整圖案的重疊順序必須使用 ZOrder 方法。

> ### 取得圖案的名稱
>
> 圖案的名稱會顯示在**名稱方塊**。要參照圖案時，請直接使用在**名稱方塊**中顯示的名稱。此外，將程式碼寫成「MsgBox Activesheet.Shapes(1). Name」，就能以訊息的方式顯示索引值為 1 的圖案名稱。在 Microsoft 365、Excel 2021/2019/2016/2013 的版本中，就算**名稱方塊**顯示的是中文，Name 屬性還是傳回英文名稱，使用英文名稱同樣能參照圖案。
>
> **參照** 替圖案命名……P.11-7
> **參照** 圖案的預設名稱……P.11-8

參照圖案

物件.**Range**(Index) ──────────────── 取得
物件.**ShapeRange** ──────────────── 取得

▶解說

要同時刪除多個圖案或是設定格式，可使用代表圖案範圍的 ShapeRange 集合。ShapeRange 集合可利用 Shapes 集合的 Range 屬性或 ShapeRange 屬性取得。要以 Range 屬性參照多個圖案可使用 Array 函數以陣列的方式指定目標圖案。此外，ShapeRange 屬性可在參照選取的圖案、嵌入的圖表或是 OLE 物件使用。

參照 利用 Array 函數在陣列變數儲存值……P.3-26

▶設定項目

物件 .... 使用 Range 屬性參照時，可指定為 Shapes 集合，使用 ShapeRange 屬性可指定為以 Selection 屬性參照的繪圖物件、ChartObject 物件、OLEObject 物件、ChartObjects 集合與 OLEObjects 集合。

Index .... 指定為圖案的索引編號、名稱或陣列。

┌─────────────┐
│ 避免發生錯誤 │
└─────────────┘

Shapes 集合沒有 ShapeRange 屬性。如果要對啟用中工作表的所有圖案進行相同處理，可先利用 ActiveSheet.Shapes.SelectAll 語法選取所有圖案，再利用 Selection.ShapeRange 參照 ShapeRange 集合，完成各種設定。

範例 變更多個圖案的框線與填色

此範例要將工作表中的所有圖案設為黑色框線，再將**愛心 2** 與**太陽 3** 這兩個圖案的填色設為紅色。若要對所有圖案進行處理可先選取所有圖案，再以 ShapeRange 屬性對 Selection 取得 ShapeRange 集合。此外，要指定**愛心 2** 與**太陽 3**，可利用 Array 函數將這兩個圖案存入陣列，再將這兩個圖案當成 Range 屬性的參數使用，藉此取得 ShapeRange 集合。

範例 📖 11-1_003.xlsm

參照 📖 利用 Array 函數在陣列變數儲存值……P.3-26

```
1  Sub 同時處理多個圖案()
2      ActiveSheet.Shapes.SelectAll
3      Selection.ShapeRange.Line.ForeColor.RGB = rgbBlack
4      ActiveSheet.Shapes.Range(Array(2, 3)). _
           Fill.ForeColor.RGB = rgbRed
5  End Sub
```

註：「_ (換行字元)」程式碼太長要接到下一行程式時，可用此斷行符號連接→參照 P.2-15

1 「同時處理多個圖案」巨集
2 選取工作表中的所有圖案
3 將所有選取的圖案設為黑色框線
4 將**愛心 2** 與**太陽 3** 這兩個圖案的填滿紅色
5 結束巨集

要將所有圖案的框線變成黑色　　要將**愛心 2** 與**太陽 3** 這兩個圖案填滿紅色

1 啟動 VBE，輸入程式碼

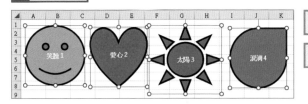

```
(一般)                                  同時對多個圖案執行處理
Option Explicit

Sub 同時對多個圖案執行處理()
    ActiveSheet.Shapes.SelectAll
    Selection.ShapeRange.Line.ForeColor.RGB = rgbBlack
    ActiveSheet.Shapes.Range(Array(2, 3)). _
        Fill.ForeColor.RGB = rgbRed
End Sub
```

2 執行巨集

選取所有圖案，將框線設為黑色

只有**愛心 2** 與**太陽 3** 填滿紅色

單獨選取內嵌圖表

啟用中工作表的所有內嵌圖表都可利用 ChartObjects 集合參照。若要單獨選取工作表中的所有內嵌圖表，可用 ShapeRange 屬性，將程式碼寫成「ActiveSheet.ChartObjects.ShapeRange.Select」即可。

替圖案命名

物件**.Name** ———————————————————————— 取 得
物件**.Name** = 設定值 —————————————————— 設 定

▶解説
在操作圖案時，除了可透過索引編號指定圖案，也可以利用名稱指定圖案。圖案的名稱會在建立時自動設定，只要選取圖案，**名稱方塊**就會顯示圖案的名稱。使用 Name 屬性可以在 VBA 取得及設定圖案名稱。為了方便在 VBA 操作圖案，建議使用 Name 屬性替圖案取一個簡單易懂的名稱。

參照 在建立直線的同時指定名稱與格式……P.11-11

▶設定項目
物件 .... 指定為 Shape 物件、ShapeRange 集合。
設定值 .... 利用字串指定圖案的名稱。

避免發生錯誤
同一張工作表中的圖案請設為不同的名稱。此外，要以預設名稱參照圖案時，以 Microsoft 365、Excel 2019 / 2016 / 2013 的 Name 屬性取得的名稱，並非**名稱方塊**的名稱，而是英文名稱。要以預設的名稱參照圖案時，必須特別注意這點。 **參照** 圖案的預設名稱……P.11-8

此範例要將**十字 1** 的圖案名稱設為 **Shape01**。　　　　　**範例檔** 11-1_004.xlsm

```
1  Sub 設定圖案名稱()
2      ActiveSheet.Shapes("十字 1").Name = "Shape01"
3  End Sub
```

1　「設定圖案名稱」巨集
2　將工作表的**十字 1** 圖案名稱設為 **Shape01**
3　結束巨集

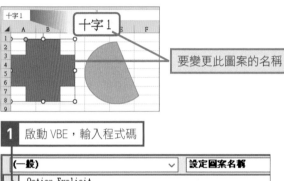

要變更此圖案的名稱

1 啟動 VBE，輸入程式碼

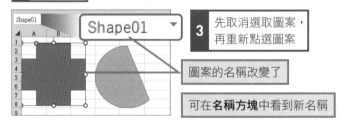

```
Option Explicit

Sub 設定圖案名稱()
    ActiveSheet.Shapes("十字 1").Name = "Shape01"
End Sub
```

2 執行巨集

3 先取消選取圖案，再重新點選圖案

圖案的名稱改變了

可在**名稱方塊**中看到新名稱

圖案的預設名稱

在 Microsoft 365、Excel 2019 / 2016 / 2013 新增圖案時，會自動套用**名稱方塊**裡顯示的中文名稱以及在 VBA 使用的英文名稱（內部名稱）。例如，在工作表中新增圓形，會自動套用**橢圓 1** 中文名稱以及 **Oval 1** 英文名稱，要參照圖案時這兩個名稱都能使用。例如，使用「Shapes("橢圓 1")」與「Shapes("Oval 1")」都可以參照這個圓形。如果沿用預設值，可用 Name 屬性取得英文名稱**Oval 1**。如果利用 Name 屬性替圖案命名，**名稱方塊**的名稱與 Name 屬性取得的名稱就會相同。若是之後要用 VBA 操作圖案，建議先以 Name 屬性替圖案命名。

11-2 建立圖案

建立圖案

要利用 VBA 建立圖案可使用 Shpaes 集合的方法。建立不同圖案需要使用不同的方法，在此介紹建立直線、文字方塊與圖案的方法。

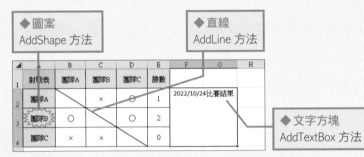

方法	內容
AddCallout	建立無框線的對話框
AddChart2	建立內嵌圖表
AddConnector	建立連接器
AddCurve	新增貝茲曲線
AddFormControl	新增控制器
AddLabel	新建標籤
AddLine	新增直線
AddOLEObject	新增 OLE 物件

方法	內容
AddPicture AddPicture2	根據現有的圖片建立圖案
AddPolyline	建立開放曲線或封閉曲線的多邊形
AddShape	建立圖案
AddSmartArt	建立 SmartArt 圖形
AddTextBox	建立文字方塊
AddTextEffect	建立文字藝術師
BuildFreeform	建立任意多邊形

建立直線

物件.**AddLine**(BeginX, BeginY, EndX, EndY)

▶解說

可使用 Shapes 集合的 AddLine 方法在工作表中繪製直線。利用參數 BeginX、BeginY 設定直線的起點，再利用參數 EndX、EndY 指定直線的終點，設定直線的長度與位置。

▶設定項目

物件 .... 指定為 Shapes 集合。

BeginX .... 以左端為基準，指定直線的起點位置，單位為**點**。

BeginY .... 以頂端為基準，指定直線的起點位置，單位為**點**。

EndX .... 以左端為基準，指定直線的終點位置，單位為**點**。

EndY .... 以頂端為基準，指定直線的終點位置，單位為**點**。

〔避免發生錯誤〕

AddLine 方法可以指定直線的粗細、顏色與箭頭樣式，這些設定必須對後續新增的 Shape 物件指定。

〔範 例〕 **繪製直線**

此範例要繪製直線，將直線的顏色設為黑色，並命名為 **Line01**。

〔範例 🔒〕 11-2_001.xlsm

```
1  Sub 繪製直線く()
2      With ActiveSheet.Shapes.AddLine(60, 32, 227, 130)
3          .Line.ForeColor.SchemeColor = rgbBlack
4          .Name = "Line01"
5      End With
6  End Sub
```

1 「繪製直線」巨集
2 將距離工作表左側 60 點的位置、距離頂端 32 點的位置設為起點，再將距離工作表左側 227 點以及距離頂端 130 點的位置設為終點，藉此繪製直線。接著對這條直線進行下列處理（With 陳述式的開頭）
3 將直線設為黑色
4 將直線的名稱設為 **Line01**
5 結束 With 陳述式
6 結束巨集

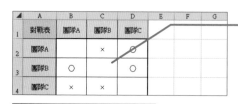

想在工作表中繪製直線

1 啟動 VBE，輸入程式碼

2 執行巨集

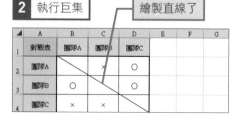

繪製直線了

💡 **利用儲存格或儲存格範圍繪製直線**

在繪製直線時,是以**點**為單位,設定起點與終點的位置,所以只能直接將「100」或「200」這類的數值指定給參數,但如果能根據儲存格或是儲存格範圍設定,直線的位置會更準確。例如要以 B2 ～ D4 儲存格的左上角為直線起點,以右下角為直線的終點,可利用 B2 ～ D4 儲存格的 Left、Top、Width、Height 屬性撰寫程式。

範例 自 11-2_001.xlsm

> 執行這個巨集可以依儲存格範圍繪製直線

```
Sub 在指定範圍內繪製直線()
    Dim myRange As Range
    Set myRange = Range("B2:D4")
    With ActiveSheet.Shapes.AddLine(myRange.Left, myRange.Top, _
        myRange.Left + myRange.Width, myRange.Top + myRange.Height)
        .Line.ForeColor.RGB = rgbBlack
        .Name = "Line01"
    End With
End Sub
```

Range("B2:D4").Left Range("B2:D4").Top

BeginX：Range("B2:D4").Left
BeginY：Range("B2:D4").Top

Range("B2:D4").Witdh

Range("B2:D4").Height

EndX：Range("B2:D4").Left+Range("B2:D4").Width
EndY：Range("B2:D4").Top+Range("B2:D4").Height

💡 **在建立直線的同時指定名稱與格式**

AddLine 方法會傳回代表圖案的 Shape 物件,所以可在繪製直線的同時設定直線名稱或格式。剛才的範例先用 AddLine 方法建立 Shape 物件,再對該物件進行多項設定,所以使用 With 陳述式以及 Line 屬性設定直線的格式,再利用 Name 屬性設定名稱。

建立文字方塊

物件.**AddTextbox**(Orientation, Left, Top, Width, Height)

▶解説

Shapes 集合的 AddTextbox 方法可在工作表建立文字方塊與傳回 Shape 物件。參數 Orientation 可指定文字的方向,參數 Left、Top 可指定文字方塊的起始位置,參數 Width、Height 可指定文字方塊的大小。

▶ 設定項目

物件 .... 指定為 Shapes 集合。

Orientation .... 利用 MsoTextOrientation 列舉型常數指定文字方塊的文字方向。

MsoTextOrientaion 列舉型的常數

常數	內容
msoTextOrientationHorizontal	橫書
msoTextOrientationUpward	由下至上
msoTextOrientationDownward	由上至下
msoTextOrientationVerticalFarEast	直書（支援亞洲文字）
msoTextOrientationVertical	垂直方向
msoTextOrientationHorizontalRotatedFarEast	水平方向或旋轉 （支援亞洲文字）

Left .... 以**點**為單位，設定文字方塊左端的位置。

Top .... 以**點**為單位，設定文字方塊頂端的位置。

Width .... 以**點**為單位，設定文字方塊的寬度。

Height .... 以**點**為單位，設定文字方塊的高度。

（避免發生錯誤）

在 MsoTextOrientation 列舉型常數中，有些會因為電腦安裝的語言或選擇的語言而無法使用。此外，在中文環境下，橫書的情況通常會設定為 msoTextOrientationHorizontal、直書的情況通常會設定為 msoTextOrientationVerticalFarEast。

範例 **在指定範圍建立文字方塊**

此範例要在 F2 ～ G4 儲存格建立橫書的文字方塊。首先將 F2 ～ G4 儲存格存入 Range 型別 myRange 變數，再利用 Range 物件的 Left、Top、Width、Height 屬性設定文字方塊的起始位置與大小。此外，將這個文字方塊命名為 **TextBox1**，並在文字方塊中輸入「（今日日期）的比賽結果」字串。　　範例 📗 11-2_002.xlsm

```
1  Sub 在指定範圍建立文字方塊()
2      Dim myRange As Range
3      Set myRange = Range("F2:G4")
4      With ActiveSheet.Shapes.AddTextbox _
          (msoTextOrientationHorizontal, _
        myRange.Left, myRange.Top, myRange.Width, myRange.Height)
5          .Name = "TextBox01"
6          .TextFrame.Characters.Text = Date & "的比賽結果"
7      End With
8      Set myRange = Nothing
9  End Sub
```

註：「_（換行字元）」，當程式碼太長要接到下一行程式時，可用此斷行符號連接→參照 P.2-15

1	「在指定範圍建立文字方塊」巨集
2	宣告 Range 型別物件 myRange 變數
3	將 F2 ～ G4 儲存格存入 myRange 變數
4	在工作表的 F2 ～ G4 儲存格範圍，建立橫書的文字方塊，再執行下列的處理（With 陳述式的開頭）
5	將文字方塊命名為 **TextBox01**
6	在文字方塊輸入「(今日日期) 的比賽結果」這個字串
7	結束 With 陳述式
8	釋放對 myRange 變數的參照
9	結束巨集

	A	B	C	D	E	F	G	H
1	對戰表	團隊A	團隊B	團隊C				
2	團隊A		×	○				
3	團隊B	○		○				
4	團隊C	×	×					
5								

想建立文字方塊以及設定文字

1 啟動 VBE，輸入程式碼

```
(一般)                              在指定範圍建立文字方塊
Option Explicit

Sub 在指定範圍建立文字方塊()
    Dim myRange As Range
    Set myRange = Range("F2:G4")
    With ActiveSheet.Shapes.AddTextbox _
        (msoTextOrientationHorizontal, _
        myRange.Left, myRange.Top, myRange.Width, myRange.Height)
        .Name = "TextBox01"
        .TextFrame.Characters.Text = Date & "的比賽結果"
    End With
    Set myRange = Nothing
End Sub
```

2 執行巨集

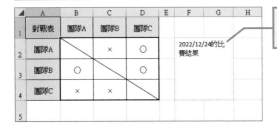

	A	B	C	D	E	F	G	H
1	對戰表	團隊A	團隊B	團隊C				
2	團隊A		×	○		2022/12/24的比賽結果		
3	團隊B	○		○				
4	團隊C	×	×					
5								

建立文字方塊，也輸入了包含日期的字串

💡 在圖案上顯示文字

要在圖案上顯示文字，可使用「Shape 物件 .TextFrame.Characters.Text=" 字串 "」的語法。利用 TextFrame 屬性取得代表 Shape 物件外框的 TextFrame 物件，再利用 Characters 方法參照代表字串的 Characters 物件，最後再利用 Text 屬性指定字串。此外，如果已經選取了 Shape 物件，就能直接以「Selection.Text=" 字串 "」如此簡潔的程式碼輸入字串。

建立圖案

物件.**AddShape**(Type, Left, Top, Width, Height)

▶ **解說**

Shapes 集合的 AddShape 方法可在工作表建立圖案以及傳回 Shape 物件。指定參數 Type 後，就能建立矩形、星型或愛心這類圖案。利用參數 Left、Top 指定圖案的起始位置，再利用參數 Width 與 Height 指定圖案的大小。

▶ **設定項目**

物件 .... 指定 Shapes 集合。

Type .... 利用 MsoAutoShapeType 列舉型常數指定圖案的種類。

MsoAutoShapeType 列舉型的主要常數

圖案	值	常數
□	1	msoShapeRectangle
△	7	msoShapeIsoscelesTriangle
○	9	msoShapeOval
⇨	33	msoShapeRightArrow
✧	93	msoShape8pointStar

※ 可連同範例一併下載 MsoAutoShapeType 列舉型常數表。

範例 📄 列舉型常數表 .pdf

Left .... 以**點**為單位，指定圖案的左端位置。

Top .... 以**點**為單位，指定圖案的頂端位置。

Width .... 以**點**為單位，指定圖案的寬度。

Height .... 以**點**為單位，指定圖案的高度。

避免發生錯誤

請注意！AddShape 方法雖然可建立各種圖案，但無法建立直線與文字方塊。請透過 MsoAutoShapeType 列舉型常數指定可建立的圖案。此外，要建立直線或文字方塊可使用 AddLine、AddConnector、AddTextBox 這些方法。

參照 📖 建立直線……P.11-9
參照 📖 建立文字方塊……P.11-11

範例 **在指定範圍建立圖案**

此範例要在 A3 儲存格建立**星形：十六角**圖案。為了在指定的儲存格範圍建立圖案而將儲存格範圍存入 Range 型別的 myRange 變數，再利用 Range 物件的 Left、Top、Width、Height 屬性設定圖案的起點與大小。此外，為了顯示儲存格的文字將圖案的填色設為**無填滿**。

範例 📄 11-2_003.xlsm

```
1   Sub␣在指定範圍建立圖案()
2       Dim␣myRange␣As␣Range
3       Set␣myRange␣=␣Range("A3")
4       With␣ActiveSheet.Shapes.AddShape(msoShape16pointStar,␣_
            myRange.Left,␣myRange.Top,␣myRange.Width,␣myRange.Height)
5           .Line.ForeColor.RGB␣=␣rgbRed
6           .Fill.Visible␣=␣False
7       End␣With
8       Set␣myRange␣=␣Nothing
9   End␣Sub
```

註:「_（換行字元）」,當程式碼太長要接到下一行程式時,可用此斷行符號連接→參照 P.2-15

1	「在指定範圍建立圖案」巨集
2	宣告 Range 型別的 myRange 變數
3	將 A3 儲存格存入 myRange 變數
4	使用 A3 儲存格的左端位置、頂端位置以及寬度與高度,建立**星形:十六角**圖案, 再針對這個圖案執行下列的處理
5	將圖案的框線設為紅色
6	將圖案的填色設為**無填滿**
7	結束 With 陳述式
8	釋放對 myRange 變數的參照
9	結束巨集

1 啟動 VBE,輸入程式碼

2 執行巨集 以 A3 儲存格的大小繪製圖案

	A	B	C	D	E	F	G	H
1	對戰表	團隊A	團隊B	團隊C	勝場			
2	團隊A		×	○	1			
3	團隊B	○		○	2			
4	團隊C	×	×		0			

🔅 變更圖案種類

要變更圖案的種類,可使用 Shape 物件或是 ShapeRange 集合的 AutoShapeType 屬性。設定值為 MsoAutoShapeType 列舉型的常數。例如,要將工作表的第一個圖案設為**太陽**,可將程式碼寫成「ActiveSheet. Shapes(1).AutoShapeType = msoShapeSun」。

🔅 在最大值的儲存格建立圖案

剛才的範例,若要在 E 欄勝場場數最多的儲存格自動建立圖案,可使用下列的程式碼。第一步先從表格的 E 欄第 2 列到第 4 列找出最大值的列,再於該列的 A 欄儲存格建立圖案。如此一來,就算重新排序儲存格,也能自動在最大值的儲存格建立圖案。　**範例 🔅** 11-2_004_1.xlsm

執行下列巨集就能在最大值的儲存格建立圖案

11-3 設定圖案的格式

設定圖案的格式

建立圖案後,可進一步調整圖案的框線粗細、顏色,也能設定填色的種類、漸層以及材質。要設定圖案的框線可使用 LineFormat 物件,要設定填色可使用 FillFormat 物件。此外,還可以使用圖案樣式一次調整多個圖案的外觀。本節將說明在圖案套用格式的方法。

設定框線的格式(LineFormat 物件)

設定直線或圖案的框線格式。

可設定框線的樣式、粗細、箭頭或顏色等格式

設定填色的格式(FillFormat 物件)

可設定圖案的填色、漸層、材質與圖片等效果。

 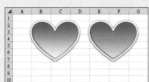

可設定填色或漸層

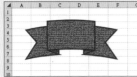 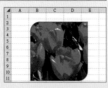

可設定材質與圖片

圖案的樣式(ShapeStyle 屬性)

可利用內建的樣式快速設定框線或填色等其他效果。

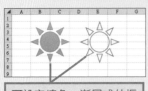

可設定填色、漸層或外框

設定框線的格式

物件.Line ——————————————————— 取得

▶解說

要設定直線或圖案框線的格式，可使用 Shape 物件或 ShapeRange 集合的 Line 屬性取得 LineFormat 物件。LineFormat 物件可用來設定顏色、粗細、箭頭等框線格式。在此要利用 Line 屬性取得 LineFormat 物件，再設定框線的格式。

▶設定項目

物件 .... 指定為 Shape 物件或 ShapeRange 集合。

避免發生錯誤

LineFormat 物件雖然內建許多用於設定直線或圖案框線的屬性，但有些屬性無法使用在圖案框線中，例如箭頭樣式。

範例 **設定框線的格式**

此範例要將工作表中的第一個圖案框線設為虛線，並且變更顏色。虛線樣式可利用 DashStyle 屬性設定，顏色可利用 LineFormat 物件的 ForeColor 屬性設定，取得代表框線顏色的 ColorFormat 物件，再利用 SchemeColor 屬性設為紅色。

範例 11-3_001.xlsm
參照 可利用 SchemeColor 屬性指定的顏色……P.11-19

```
1   Sub 設定框線的格式()
2       With ActiveSheet.Shapes(1).Line
3           .DashStyle = msoLineDash
4           .ForeColor.SchemeColor = 10
5       End With
6   End Sub
```

1 「設定框線的格式」巨集
2 對工作表中的第一個圖案框線進行下列處理（With 陳述式的開頭）
3 將虛線種類設為**虛線 1**
4 將框線設為紅色
5 結束 With 陳述式
6 結束巨集

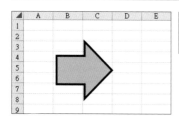

想要將箭頭的框線
設為紅色虛線

1 啟動 VBE，輸入程式碼

2 執行巨集

框線的顏色與
外觀都改變了

替框線設定顏色

要設定框線顏色，可用 ColorFormat 物件。框線的 ColorFormat 物件可利用 ForeColor 屬性取得。顏色可利用 RGB 屬性的 RGB 函數或是 XlRgbColor 列舉型常數指定，也可以用 SchemeColor 屬性的顏色編號指定。此外，ObjectThemeColor 屬性可利用 MsoThemeColorIndex 列舉型常數指定佈景主題的顏色或是利用 TintAndShade 屬性設定明暗度。

參照 利用 SchemeColor 屬性指定顏色⋯P.11-19

11-3

設定圖案的格式

範例 在指定的儲存格範圍建立箭頭

想用 InputBox 方法在選取的儲存格範圍繪製水平雙箭頭。起點的箭頭形狀可用 BeginArrowHeadStyle 屬性指定，終點的箭頭形狀可用 EndArrowHeadStyle 屬性指定，這兩個屬性的值都可指定為 MsoArrowHeadStyle 列舉型常數。箭頭的粗細可用 Weight 屬性指定，顏色可用 ForColor 屬性取得 ColorFormat 物件，再利用 RGB 屬性設定。

範例 11-3_002.xlsm

```
1  Sub␣繪製箭頭()
2      Dim␣r␣As␣Range
3      Set␣r␣=␣Application.InputBox("選擇繪製箭頭的儲存格範圍",␣Type:=8)
4      With␣ActiveSheet.Shapes.AddLine(r.Left,␣r.Top␣+␣r.Height␣/␣2,␣_
           r.Left␣+␣r.Width,␣r.Top␣+␣r.Height␣/␣2).Line
5          .BeginArrowheadStyle␣=␣msoArrowheadTriangle
6          .EndArrowheadStyle␣=␣msoArrowheadTriangle
7          .Weight␣=␣6
8          .ForeColor.RGB␣=␣rgbBlue
9      End␣With
10 End␣Sub
```

註：「_ (換行字元)」，當程式碼太長要接到下一行程式時，可用此斷行符號連接→參照 P.2-15

1	「繪製箭頭」巨集
2	選擇 Range 型別的變數 r
3	開啟**輸入**對話框，再將拖曳選取的儲存格範圍存入變數 r
4	根據變數 r 的儲存格範圍在工作表中繪製水平直線，再對該直線（LineFormat 物件）進行下列處理（With 陳述式的開頭）
5	將箭頭的起點形狀設為「msoArrowheadTriangle」
6	將箭頭的終點形狀設為「msoArrowheadTriangle」
7	將粗細設為 6 點
8	將框線的顏色設為藍色
9	結束 With 陳述式
10	結束巨集

想在選取的儲存格範圍繪製水平箭頭

1 啟動 VBE，輸入程式碼

```
(一般)                              ∨   繪製箭頭
Option Explicit

Sub 繪製箭頭()
    Dim r As Range
    Set r = Application.InputBox("選擇繪製箭頭的儲存格範圍", Type:=8)
    With ActiveSheet.Shapes.AddLine(r.Left, r.Top + r.Height / 2, _
        r.Left + r.Width, r.Top + r.Height / 2).Line
        .BeginArrowheadStyle = msoArrowheadTriangle
        .EndArrowheadStyle = msoArrowheadTriangle
        .Weight = 6
        .ForeColor.RGB = rgbBlue
    End With
End Sub
```

2 執行巨集   **開啟輸入對話框**   **3** 拖曳選取 F2 ～ L2 儲存格範圍

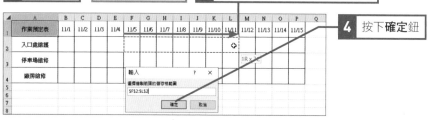

4 按下確定鈕

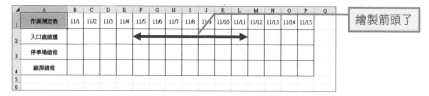

繪製箭頭了

💡 **利用 SchemeColor 屬性指定顏色**

利用 SchemeColor 屬性可指定的顏色請參考下表。此外，SchemeColor 屬性的值與 ColorIndex 屬性的索引編號不同，千萬不要混淆。 參照 🔲 與顏色的索引編號對應的顏色…P.4-100

顏色	值	顏色	值	顏色	值	顏色	值	顏色	值	顏色	值	顏色	值	顏色	值
■	8	■	60	■	59	■	58	■	56	■	18	■	62	■	63
■	16	■	53	■	19	■	17	■	21	■	12	■	54	■	23
■	10	■	52	■	50	■	57	■	49	■	48	■	20	■	55
■	14	■	51	■	13	■	11	■	15	■	40	■	61	■	22
■	45	■	47	□	43	■	42	■	41	■	44	■	46	□	9
■	24	■	25	■	26	■	27	■	28	■	29	■	30	■	31
■	32	■	33	■	34	■	35	■	36	■	37	■	38	■	39

要繪製水平線必須將 AddLine 方法的第 2 個參數 BeginY 與第 4 個參數 EndY 設成相同的值。範例為了在指定的儲存格範圍繪製一條垂直居中的水平線,將起點與終點的頂端位置設為「r.Top + r.Height / 2」。

LineFormat 物件的主要屬性

屬性	內容	設定值
Style	線條的樣式	MsoLineStyle 列舉型常數
Weight	線條的粗細	點單位
DashStyle	虛線的樣式	MsoLineDashStyle 列舉型常數
ForeColor	取得 ColorFormat 物件	RGB 屬性、ObjectThemeColor 屬性、SchemeColor 設定顏色
BeginArrowheadStyle	箭頭的起點樣式	MsoArrowheadStyle 列舉型常數
EndArrowheadStyle	箭頭的終點樣式	
BeginArrowheadLength	箭頭的起點長度	MsoArrowheadLength 列舉型常數
EndArrowheadLength	箭頭的終點長度	
BeginArrowheadWidth	箭頭的起點寬度	MsoArrowheadWidth 列舉型常數
EndArrowheadWidth	箭頭的終點寬度	
Visible	顯示/隱藏線條	msoTrue/msoFalse

設定填色

物件.Fill ──────────────────── 取得

▶解說

要設定圖案的填色,可用 Shape 物件或 ShapeRange 集合的 Fill 屬性取得 FillFormat 物件。這個物件是用於設定圖案填色的物件,可設定顏色、漸層、圖片、材質等格式。

▶設定項目

物件 ....指定為 Shape 物件或 ShapeRange 集合。

避免發生錯誤

Fill 屬性不能在直線或連接器這類的圖案做設定。

範例 **設定圖案的填色**

此範例要將工作表中的圖案填色設為紅色。要設定填色可使用 ForeColor 屬性參照 ColorFormat 物件。此範例要用 SchemeColor 屬性將圖案的填色設為紅色。

範例 11-3_003.xlsm
參照 利用 SchemeColor 屬性指定顏色……P.11-19

```
1   Sub␣設定圖案的填色()
2       ActiveSheet.Shapes(1).Fill.ForeColor.SchemeColor␣=␣10
3   End␣Sub
```

1   「設定圖案的填色」巨集
2   將工作表中的第一個圖案填滿紅色
3   結束巨集

想將此圖案
填滿紅色

1 啟動 VBE，輸入程式碼

2 執行巨集

填色變成紅色了

將填色設為漸層色

物件.**OneColorGradient**(GradientStyle, Variant, Degree)
物件.**TwoColorGradient**(GradientStyle, Variant)

▶解説

要將圖案的填色設為漸層色時，可使用單色漸層填色的 OneColorGradient 方法與
雙色漸層填色的 TwoColorGradient 方法。若使用單色漸層填色方法可利用
ForeColor 屬性指定顏色，以及利用亮度指定灰階顏色。若使用雙色漸層填色方
法可利用 ForColor 屬性指定第一個顏色，再利用 BackColor 屬性指定第二個顏色。

▶設定項目

物件 .... 指定為 FillFormat 物件或 ChartFillFormat 物件。
GradientStyle .... 利用 MsoGradientStyle 列舉型常數指定漸層種類。

MsoGradientStyle 類別的常數

樣式	值	常數
	1	msoGradientHorizontal
	2	msoGradientVertical
	3	msoGradientDiagonalUp
	4	msoGradientDiagonalDown
	5	msoGradientFromCorner
	6	msoGradientFromTitle(僅 Excel 2003 / 2002 可使用)
	7	msoGradientFromCenter

Variant.................. 使用整數 1 ～ 4 來指定漸層的變化。

Degree .... 以 0.0 (暗) ～ 1.0 (亮) 之間的單精度浮點數指定漸層的亮度。

(避免發生錯誤)

OneColorGradient 方法與 TwoColorGradient 方法雖然可設定漸層,但無法設定漸層的顏色,必須另外利用 ForeColor 屬性與 BackColor 屬性指定顏色。此外,以參數 GradientStyle 設定 msoGradientFromCenter 時,參數 Variant 可設為 1 或 2。

範例 將填色設定成漸層色

先以單色漸層填滿圖案,再以雙色漸層填滿另一個圖案。　　範例 11-3_004.xlsm

```
1  Sub 將填色設定為漸層色()
2      With ActiveSheet.Shapes(1).Fill
3          .OneColorGradient msoGradientHorizontal, 1, 1
4          .ForeColor.RGB = RGB(255, 0, 0)
5      End With
6      With ActiveSheet.Shapes(2).Fill
7          .TwoColorGradient msoGradientHorizontal, 1
8          .ForeColor.RGB = RGB(255, 0, 0)
9          .BackColor.RGB = RGB(255, 255, 0)
10     End With
11 End Sub
```

1 「將填色設定為漸層色」巨集
2 對工作表中索引編號為 1 的圖案填色 (FillFormat 物件) 並進行以下處理 (With 陳述式的開頭)
3 設定方向往下的單色明亮漸層
4 利用 ForeColor 屬性將漸層色設為 RGB (255, 0, 0) 的紅色。
5 結束 With 陳述式
6 對工作表中索引編號為 2 的圖案填色 (FillFormat 物件) 並進行以下處理 (With 陳述式的開頭)

7 設定方向往下的雙色漸層
8 利用 ForeColor 屬性將漸層色設為 RGB（255, 0, 0）的紅色
9 利用 BackColor 屬性將漸層色設為 RGB（255, 255, 0）的黃色
10 結束 With 陳述式
11 結束巨集

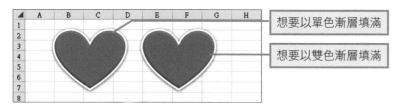

想要以單色漸層填滿

想要以雙色漸層填滿

1 啟動 VBE，輸入程式碼

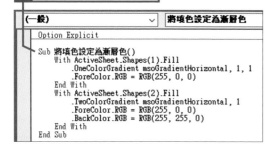

```
（一般）                          將填色設定為漸層色

Option Explicit

Sub 將填色設定為漸層色()
    With ActiveSheet.Shapes(1).Fill
        .OneColorGradient msoGradientHorizontal, 1, 1
        .ForeColor.RGB = RGB(255, 0, 0)
    End With
    With ActiveSheet.Shapes(2).Fill
        .TwoColorGradient msoGradientHorizontal, 1
        .ForeColor.RGB = RGB(255, 0, 0)
        .BackColor.RGB = RGB(255, 255, 0)
    End With
End Sub
```

2 執行巨集

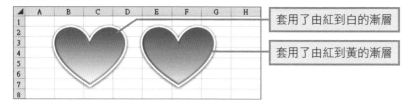

套用了由紅到白的漸層

套用了由紅到黃的漸層

💡 參數 Variant 的設定值

Variant 參數可用 1 到 4 的整數指定漸層的變化。例如，將 ForeColor 設為紅色，再以 OneColorGradient 方法將參數 GradientStyle 設 為 msoGradientHorizontal，就 能 利 用 Variant 的設定值（1 到 4）設定右側的漸層變化。

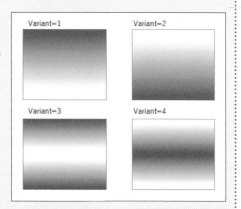

套用預設的漸層

使用 FillFormat 物件的 PresetGradient 方法就能在圖案套用內建的漸層。語法為「FillFormat 物件.PresetGradient(Style, Variant, PresetGradientType)」。參數 Style 可使用 MsoGradientStyle 列舉型常數指定，參數 Variant 可利用整數指定漸層的種類。參數 PresetGradientType 可利用 MsoPresetGradientType 類別的常數指定。右圖的範例可在所有圖案套用內建的**孔雀**漸層。 範例 11-3_005.xlsm

```
Sub 套用內建的漸層()
    ActiveSheet.Shapes.SelectAll
    Selection.ShapeRange.Fill.PresetGradient _
        msoGradientHorizontal, 1, msoGradientPeacock
    Range("A1").Select
End Sub
```

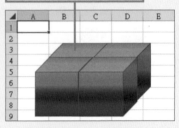

套用了內建的**孔雀**漸層
（msoGradientPeacock）

樣式	值	常數
	1	msoGradientEarlySunset
	2	msoGradientLateSunset
	3	msoGradientNightfall
	4	msoGradientDaybreak
	5	msoGradientHorizon
	6	msoGradientDesert
	7	msoGradientOcean
	8	msoGradientCalmWater
	9	msoGradientFire
	10	msoGradientFog
	11	msoGradientMoss
	12	msoGradientPeacock

樣式	值	常數
	13	msoGradientWheat
	14	msoGradientParchment
	15	msoGradientMahogany
	16	msoGradientRainbow
	17	msoGradientRainbowII
	18	msoGradientGold
	19	msoGradientGoldII
	20	msoGradientBrass
	21	msoGradientChrome
	22	msoGradientChromeII
	23	msoGradientSilver
	24	msoGradientSapphire

替圖案套用透明度效果

要設定圖案的透明度，可將 FillFormat 物件的 Transparency 屬性設為 0.0(不透明) ～ 1.0(透明) 這種倍精度浮點數。語法為「物件.Transparency = 設定值」。這個屬性值可取得也可設定。例如圖中的範例就將第 2、3、4 個圖案的透明度設為 50%。

範例 11-3_006.xlsm

```
Sub 設定透明度()
    ActiveSheet.Shapes.Range(Array(2, 3, 4)).Fill. _
        Transparency = 0.5
End Sub
```

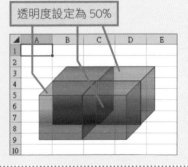

透明度設定為 50%

▶ 將填色設為材質

物件.**PresetTextured**(PresetTexture)

▶解説

使用 FillFormat 物件的 PresetTextured 方法，就能將圖案的填色設為材質。

▶設定項目

物件........................指定為 FillFormat 物件或 ChartFillFormat 物件。

PresetTextured... 以 MsoPresetTexture 列舉型常數指定材質的種類。

MsoPresetTexture 列舉型的常數

樣式	值	常數	樣式	值	常數
	1	msoTexturePapyrus		13	msoTextureNewsprint
	2	msoTextureCanvas		14	msoTextureRecycledPaper
	3	msoTextureDenim		15	msoTextureParchment
	4	msoTextureWovenMat		16	msoTextureStationery
	5	msoTextureWaterDroplets		17	msoTextureBlueTissuePaper
	6	msoTexturePaperBag		18	msoTexturePinkTissuePaper
	7	msoTextureFishFossil		19	msoTexturePurpleMesh
	8	msoTextureSand		20	msoTextureBouquet
	9	msoTextureGreenMarble		21	msoTextureCork
	10	msoTextureWhiteMarble		22	msoTextureWalnut
	11	msoTextureBrownMarble		23	msoTextureOak
	12	msoTextureGranite		24	msoTextureMediumWood

(避免發生錯誤)

假設將填色設為材質，ForeColor 屬性與 BackColor 屬性的設定不會對材質造成影響，無法改變材質的顏色。

範 例 將填色設為材質

此範例要將工作表中的第一個圖案填滿**牛仔布**材質。　　　　範例 11-3_007.xlsm

```
1  Sub 將填色設定為材質()
2      ActiveSheet.Shapes(1).Fill.PresetTextured msoTextureDenim
3  End Sub
```

1 「將填色設定為材質」巨集
2 將工作表中的第一個圖案填滿**牛仔布**材質
3 結束巨集

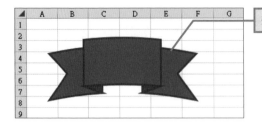

想在圖案中填滿**牛仔布**材質

1 啟動 VBE，輸入程式碼

```
(一般)                          ∨    將填色設定為材質
   Option Explicit

 ┌ Sub 將填色設定為材質()
 └     ActiveSheet.Shapes(1).Fill.PresetTextured msoTextureDenim
   End Sub
```

2 執行巨集

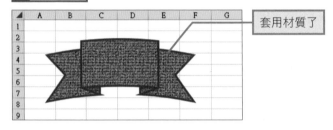

套用材質了

將填色設成圖片

物件.**UserPicture**(PictureFile)

▶解說

要將數位相機拍攝的照片或插圖設為圖案的填色時，可使用 FillFormat 物件的
UserPicture 方法。

▶設定項目

物件 .... 設為 FillFormat 物件、ChartFillFormat 物件。

PictureFile .... 指定要載入的圖檔名稱。

(避免發生錯誤)

如果找不到以參數 PictureFile 指定的檔案就會發生錯誤。

範例 將填色設成圖片

將圖案的填色，設成指定圖片。

範例自 11-3_008.xlsm

```
1  Sub 將填色設定為圖片()
2      ActiveSheet.Shapes(1).Fill.UserPicture _
           ThisWorkbook.Path & "\photo\tulip.png"
3  End Sub
```

註：「_（換行字元）」，當程式碼太長要接到下一行
程式時，可用此斷行符號連接→參照 P.2-15

1 「將填色設定為圖片」巨集
2 將工作表中第一個圖案的填色設定成圖片，圖片存放在「11-3」節資料夾中的「photo」資料夾下的「tulip.png」
3 結束巨集

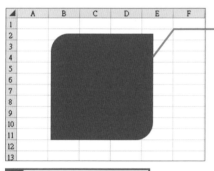

想將圖案的填色
設成圖片

1 啟動 VBE，輸入程式碼

2 執行巨集

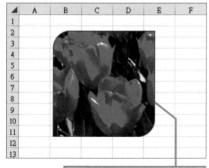

利用指定的圖片填滿圖案

 以並排的方式填滿圖片

以 UserPicture 方法載入圖片後，圖片會自動
依圖案的大小縮放，如果想要在圖案中填滿
圖片或插圖，可用取得 Fill 屬性的 FillFormat
物件的 UserTextured 方法。

語法為「物件.UserTextured（PictureFile）」，
其中的參數 PictureFile 可指定為圖檔名稱。
此時圖片就不會依照圖案的大小縮放，而是
沿用原始尺寸，所以當圖片比圖案還小，圖
片就會以磁磚拼貼的方式在圖案中排列。

調整圖片的顏色、亮度與對比

要調整圖片的顏色、亮度與對比，可使用 Shape 物件的 PictureFormat 屬性取得 PictureFormat 物件，再進行設定。PictureFormat 物件的屬性請參考下表。

範例 11-3_008.xlsm

屬性	內容	設定值
ColorType	控制色調	MsoPictureColorType 列舉型常數
Brightness	亮度	0.0（暗）～ 1.0（亮）的單精度浮點數
Contrast	對比	0.0（最小）～ 1.0（最大）的單精度浮點數

將圖案設成灰階，再將對比設成 0.5，亮度調整為 0.65

```
Sub 調整圖片()
    With ActiveSheet.Shapes(1).PictureFormat
        .ColorType = msoPictureGrayscale
        .Contrast = 0.5
        .Brightness = 0.65
    End With
End Sub
```

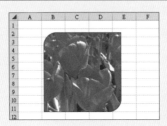

將填色設成圖樣

要將填色設成圖樣，可用 Fill 屬性取得 FillFormat 物件，再使用 Patterned 方法設定圖樣種類。語法為「物件.Patterned(Pattern)」，其中參數 Pattern 可指定為 MsoPatternType 列舉型常數。圖樣的顏色可用 ForeColor 屬性指定，圖樣的背景色可用 BackColor 屬性設定。

範例 11-3_009.xlsm

在圖案中套用**對角線：寬左斜**圖樣，再將圖樣設為**紅色**，並將背景色設為**粉紅色**

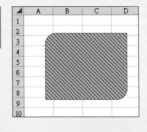

```
Sub 將填色設定為圖樣()
    With ActiveSheet.Shapes(1).Fill
        .Patterned msoPatternWideDownwardDiagonal
        .ForeColor.RGB = rgbRed
        .BackColor.RGB = rgbPink
    End With
End Sub
```

MsoPatternType 列舉型的主要常數

圖樣	值	常數
	1	msoPattern5Percent
	25	msoPatternWideDownwardDiagonal
	35	msoPatternHorizontalBrick
	51	msoPatternCross

※MsoPatternType 列舉型常數表，可連同範例檔一併下載。

設定圖案效果

要替圖案套用光量、反射、柔邊、陰影與立體旋轉效果,可使用 Shape 物件或 SnapeRange 集合的下層物件:ShadowFormat、ThreeDFormat、SoftEdgeFormat、GlowFormat與 ReflectionFormat 物件。

範例 11-3_010.xlsm

●設定光量

要套用**光量**效果,可使用 GlowFormat 物件的 Glow 屬性,再用 Radius 屬性設定**半徑值** (大小),Color 屬性則是用來指定顏色。

```
Sub 設定光量()
    With ActiveSheet.Shapes(1).Glow
        .Radius = 20
        .Color.RGB = rgbIndianRed
    End With
End Sub
```

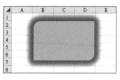

將光量的**半徑值** (大小) 設為 20,再將顏色設為暗紅色

●設定反射

要套用**反射**效果,可利用 Reflection 屬性取得 ReflectionFormat 物件,再利用 MsoReflectionType 列舉型常數指定代表反射種類的 Type 屬性。

```
Sub 設定反射()
    ActiveSheet.Shapes(1).Reflection.Type = msoReflectionType5
End Sub
```

套用**半反射:4 點位移**的反射效果

●設定柔邊

要套用**柔邊**效果,可用 SoftEdge 屬性取得 SoftEdgeFormat 物件,再利用 MsoSoftEdgeType 列舉型常數指定代表柔邊種類的 Type 屬性。

```
Sub 設定柔邊()
    ActiveSheet.Shapes(1).SoftEdge.Type = msoSoftEdgeType3
End Sub
```

設定 5 點的模糊程度

●設定陰影

要套用**陰影**效果,可使用 Shadow 屬性取得 ShadowFormat 物件,再利用 MsoShadowType 列舉型常數指定代表陰影種類的 Type 屬性。

```
Sub 設定陰影()
    With ActiveSheet.Shapes(1).Shadow
        .Type = msoShadow6
        .Transparency = 0.7
    End With
End Sub
```

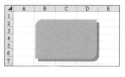

陰影樣式 6、透明度:0.7

●立體旋轉效果 (3D 效果)

立體旋轉效果,可用 ThreeDFormat 物件的 ThreeD 屬性,再用 SetPresetCamera 方法搭配 MsoPresetCamera 列舉型常數指定 3D 的攝影機效果。此外,還可以用 RotationX、RotationY、RotationZ 屬性指定 X、Y、Z 軸的旋轉角度,旋轉角度介於 -90 ~ 90 度之間。

設定**軸線:右上**效果,**X 軸旋轉**:25 度、**Y 軸旋轉**:35 度

```
Sub 設定ThreeD()
    With ActiveSheet.Shapes(1).ThreeD
        .SetPresetCamera (msoCameraIsometricRightUp)
        .RotationX = 25
        .RotationY = 35
        .RotationZ = 0
    End With
End Sub
```

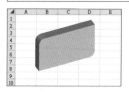

替圖案套用現成的樣式

物件.**ShapeStyle** ────────────────── 取得

物件.**ShapeStyle** = 設定值 ─────────── 設定

▶解説

使用 Shape 物件或 ShapeRange 集合的 ShapeStyle 屬性，可以在圖案上套用預設的**樣式**。樣式就是對圖案套用填色、框線顏色、陰影或立體旋轉等「效果集」。

▶設定項目

物件 .... 指定為 Shape 物件或是 ShapeRange 集合。

設定值 .... 以 MsoShapeStyleIndex 列舉型常數指定圖案的樣式。在 Microsoft 365、Excel 2019 / 2016 / 2013 的環境，常數 msoShapeStylePreset 1 ～ msoShapeStylePreset 77 預設了圖案的填色與框線樣式，msoLineStylePreset 1 ～ msoLineStylePreset 42 只預設了圖案的框線樣式。Excel 2013 只有 msoShapeStylePreset 1 ～ 42 以及 msoLineStylePreset 1 ～ 21 可以使用。 **參照!** MsoShapeStyleIndex 列舉型常數……P.11-31

[避免發生錯誤]

msoShapeStylePreset 43 以及 msoLineStylePreset 22 之後的樣式，都是 Excel 2016 新增的樣式，所以在 Excel 2013 中指定就會發生錯誤。此外，若是變更活頁簿的佈景主題，配色也會跟著改變。如果不想變更配色，可利用 RGB 屬性或是 SchemeColor 屬性設定填色或是框線的顏色。

範例 在圖案套用樣式

此範例要替圖案套用樣式。首先要在第一個圖案套用 msoShapeStylePreset24，在第二個圖案套用 msoLineStylePreset17。由於第二個圖案只套用了框線樣式，所以填色的部分為「無」。 **範例圓** 11-3_011.xlsm

```
1  Sub 設定圖案的樣式()
2      ActiveSheet.Shapes(1).ShapeStyle = msoShapeStylePreset24
3      ActiveSheet.Shapes(2).ShapeStyle = msoLineStylePreset17
4  End Sub
```

1	「設定圖案的樣式」巨集
2	將工作表的第一個圖案設為**輕微效果 - 橙色，輔色 2**
3	將工作表的第二個圖案設為**色彩外框 - 橙色，輔色 2**
4	結束巨集

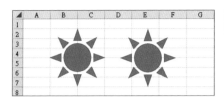

要分別替兩個圖案設定不同的樣式

1 啟動 VBE，輸入程式碼

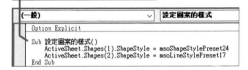

2 執行巨集

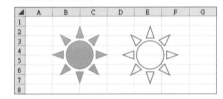

套用不同的樣式了

💡 **MsoShapeStyleIndex 列舉型常數**

MsoShapeStyleIndex 列舉型常數與**繪圖工具**頁次下**圖形格式**頁次中的**圖案樣式**對應。Excel 2016 之後的版本，新增了**預設格式**的部分（msoShapeStylePreset43 ～ msoShapeStylePreset77、msoLineStylePreset22 ～ msoLineStylePreset42）。如果會在 Excel 2013 執行相同的巨集，請使用上半部的**佈景主題樣式**就好。

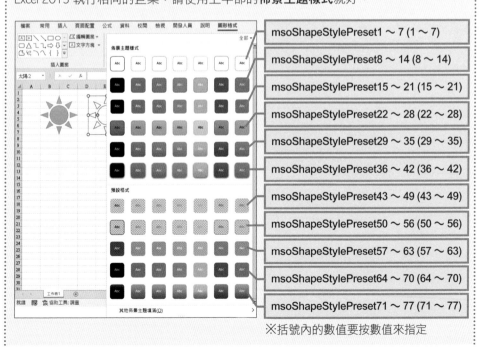

	msoShapeStylePreset1 ～ 7 (1 ～ 7)
	msoShapeStylePreset8 ～ 14 (8 ～ 14)
	msoShapeStylePreset15 ～ 21 (15 ～ 21)
	msoShapeStylePreset22 ～ 28 (22 ～ 28)
	msoShapeStylePreset29 ～ 35 (29 ～ 35)
	msoShapeStylePreset36 ～ 42 (36 ～ 42)
	msoShapeStylePreset43 ～ 49 (43 ～ 49)
	msoShapeStylePreset50 ～ 56 (50 ～ 56)
	msoShapeStylePreset57 ～ 63 (57 ～ 63)
	msoShapeStylePreset64 ～ 70 (64 ～ 70)
	msoShapeStylePreset71 ～ 77 (71 ～ 77)

※括號內的數值要按數值來指定

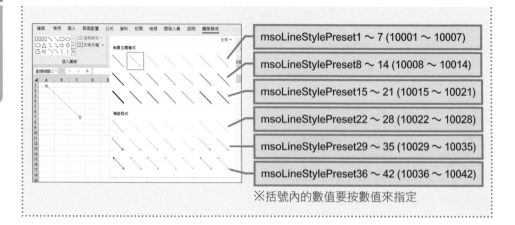

msoLineStylePreset1 ～ 7 (10001 ～ 10007)

msoLineStylePreset8 ～ 14 (10008 ～ 10014)

msoLineStylePreset15 ～ 21 (10015 ～ 10021)

msoLineStylePreset22 ～ 28 (10022 ～ 10028)

msoLineStylePreset29 ～ 35 (10029 ～ 10035)

msoLineStylePreset36 ～ 42 (10036 ～ 10042)

※括號內的數值要按數值來指定

複製圖案的格式

若想將圖案的格式複製到其他圖案上,可使用格式的複製與貼上方法。複製格式為 PickUp 方法,貼上格式為 Apply 方法。

範例 11-3_012.xlsm

要將第 1 個圖案的格式複製到第 2 個圖案

```
Sub 複製圖案的格式()
    ActiveSheet.Shapes(1).PickUp
    ActiveSheet.Shapes(2).Apply
End Sub
```

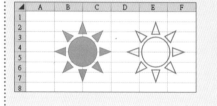

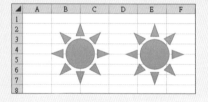

11-4 移動、縮放、刪除與群組化圖案

圖案的各種操作

要讓工作表的圖案移動、縮放、刪除可使用相關的屬性與方法。此外，也可以將多個圖案組成群組，當成一個圖案來操作。本節將說明操作圖案的方法。

移動圖案

使用 Left 屬性、Top 屬性調整圖案的位置。

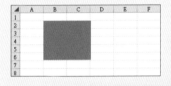
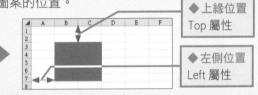

◆上緣位置
Top 屬性

◆左側位置
Left 屬性

縮放圖案

利用 Width 屬性與 Height 屬性調整圖案的大小。

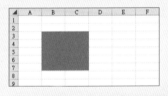
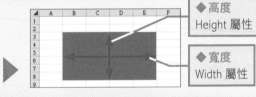

◆高度
Height 屬性

◆寬度
Width 屬性

群組化圖案

將多個圖案組成群組，當成一個圖案操作。

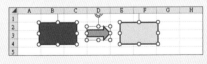
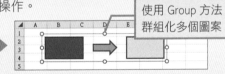

使用 Group 方法
群組化多個圖案

刪除圖案

一口氣刪除所有多餘的圖案。

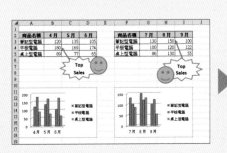
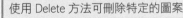
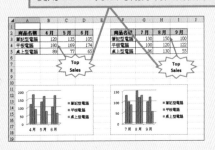

使用 Delete 方法可刪除特定的圖案

移動圖案

物件.**Left** ──────────────────────────── 取得

物件.**Left** = 設定值 ──────────────────── 設定

物件.**Top** ──────────────────────────── 取得

物件.**Top** = 設定值 ───────────────────── 設定

▶解説

圖案的位置可利用 Left 屬性與 Top 屬性取得或設定。Left 屬性為圖案的左側位置，Top 屬性為圖案的上緣位置。

▶設定項目

物件......................指定為 Shape 物件與 ShapeRange 集合。

設定值..................以點為單位，設定圖案的左側與上緣位置。

避免發生錯誤

如果想在移動圖案時，讓圖案之間保持原有的相對位置，可先群組化圖案，再利用 Left 屬性與 Top 屬性調整位置。　　　　　　　　　　　　參照🔰 群組化圖案……P.11-37

範例 **讓圖案對齊儲存格**

此範例要讓圖案與 D4 儲存格對齊。要讓圖案與儲存格對齊可將 Shape 物件的 Left 屬性設成 D4 儲存格的 Left 屬性。此外，將 Shape 物件的 Top 屬性設成 D4 儲存格的 Top 屬性以及 D4 儲存格高度的一半（Height 屬性的 1/2），就能讓圖案位於 D4 儲存格正中央。　　　　　　　　　　　範例📄 11-4_001.xlsm

```
1  Sub 移動圖案()
2      With ActiveSheet.Shapes(1)
3          .Left = Range("D4").Left
4          .Top = Range("D4").Top + Range("D4").Height / 2
5      End With
6  End Sub
```

1 「移動圖案」巨集
2 對工作表中第一個圖案執行下列處理（With 陳述式的開頭）
3 將圖案的左側位置，設成 D4 儲存格的左側位置
4 將圖案的上緣位置，設成 D4 儲存格的上緣位置，以及 D4 儲存格高度的一半
5 結束 With 陳述式
6 結束巨集

要將紅色箭頭移到 D4 儲存格

1 啟動 VBE，輸入程式碼

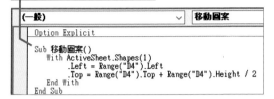

```
(一般)                          移動圖案
Option Explicit

Sub 移動圖案()
    With ActiveSheet.Shapes(1)
        .Left = Range("D4").Left
        .Top = Range("D4").Top + Range("D4").Height / 2
    End With
End Sub
```

2 執行巨集

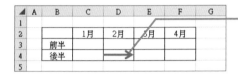

箭頭與 D4 儲存格對齊了

⚡HINT 將目前的位置當作移動圖案的基準

要以目前的位置當作移動圖案的基準時，水平方向的移動可使用 IncrementLeft 方法，垂直方向的移動可使用 IncrementTop 方法。這兩個方法的語法分別為「IncrementLeft(Increment)」、「IncrementTop (Increment)」，參數 Increment 要以**點**為單位，指定移動的距離。如果指定為正值，圖案就會朝右方或下方移動，若指定為負值，則往左方或上方移動。請參考右圖改寫後的程式碼。

範例 11-4_001.xlsm

將圖案以 C3 儲存格的寬度距離向右移動，以及用 C3 儲存格的高度距離向下移動

```
Sub 讓圖案根據基準位置移動()
    With ActiveSheet.Shapes(1)
        .IncrementLeft Range("C3").Width
        .IncrementTop Range("C3").Height
    End With
End Sub
```

⚡HINT 旋轉圖案

要改變圖案的角度，可用 Rotation 屬性旋轉圖案。例如，想讓圖案順時針旋轉 45 度可將程式碼寫成「ActiveSheet.Shapes(1).Rotation = 45」。

範例 11-4_002.xlsm

```
Sub 旋轉圖案()
    ActiveSheet.Shapes(1).Rotation = 45
End Sub
```

讓圖案順時針旋轉 45 度

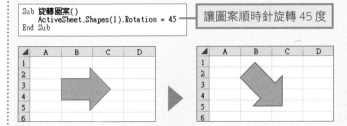

縮放圖案

物件.Height	取得
物件.Height = 設定值	設定
物件.Width	取得
物件.Width = 設定值	設定

▶解説

調整圖案的大小可利用 Height 屬性、Width 屬性取得與設定。與 Height 屬性對應的是圖案的高度，與 Width 屬性對應的是圖案的寬度，這兩個屬性都是用**點**為單位自由設定。

▶設定項目

物件...................... 指定為 Shape 物件或 ShapeRange 集合。

設定值.................... 以**點**為單位，設定圖案的高度或寬度。

避免發生錯誤

如果想在縮放圖案時，保持圖案與其他圖案的相對位置，可先群組化圖案再設定 Height 屬性與 Width 屬性。　　　　　　　　　　　　參照🔎 群組化圖案……P.11-37

範例 縮放圖案

此範例要將工作表中第二個圖案的寬度變更為目前寬度的 2 倍，再將第三個圖案的高度設成目前高度的 1.5 倍。　　　　　　　　　　範例📄 11-4_003.xlsm

```
1  Sub␣縮放圖案()
2      ActiveSheet.Shapes(2).Width␣=␣ActiveSheet.Shapes(2).Width␣*␣2
3      ActiveSheet.Shapes(3).Height␣=␣ActiveSheet.Shapes(3).Height␣*␣1.5
4  End␣Sub
```

1 「縮放圖案」巨集
2 將工作表中第 2 個圖案的寬度設成現在的 2 倍
3 將工作表中第 3 個圖案的高度設成現在的 1.5 倍
4 結束巨集

◢	A	B	C	D	E	F	G
1							
2			1月	2月	3月	4月	
3		第一階段					
4		第二階段					
5		第三階段					
6		第四階段					
7							

想將**第二階段**的箭頭調整為現在的 2 倍寬

想將**第三階段**的箭頭調整為現在的 1.5 倍高

1 啟動 VBE，輸入程式碼

```
(一般)                        ▽    縮放圖案
  Option Explicit

  Sub 縮放圖案()
      ActiveSheet.Shapes(2).Width = ActiveSheet.Shapes(2).Width * 2
      ActiveSheet.Shapes(3).Height = ActiveSheet.Shapes(3).Height * 1.5
  End Sub
```

2 執行巨集

箭頭的大小改變了

🔅HINT 讓圖案等比例縮放

上述的範例為了基於目前的圖案大小來縮放，所以使用 Height 及 Width 屬性，將比率設為現值的幾倍再指定給 Height 及 Width 屬性。改用 ScaleHeight 方法或 ScaleWidth 方法，也可以基於目前圖案的大小進行縮放。其語法為「物件 .ScaleHeight（Factor, RelativeToOriginalSize, Scale）」、「物件 .ScaleWidth（Factor, RelativeToOriginalSize, Scale），參數 Factor 可設定比率，參數 RelativeToOriginalSize 的 msoFalse 是基於**目前圖案的大小**進行調整，msoTrue 則是基於**原始圖案的大小**進行調整。參數 Scale 可利用 MsoScaleFrom 列舉型常數指定在圖案縮放時固定的部分。下圖是以 ScaleHeight 方法與 SacleWidth 方法，改寫上述範例的結果。　範例 🔢 11-4_004.xlsm

```
Sub 縮放圖案2()
    ActiveSheet.Shapes(2).ScaleWidth 2, msoFalse
    ActiveSheet.Shapes(3).ScaleHeight 1.5, msoFalse
End Sub
```

將圖案群組化

物件.Group

▶ 解説

若是希望在移動或縮放圖案時，讓圖案維持相對位置，可先群組化這些圖案，這樣就能有效率地完成操作。Group 方法可群組化多個圖案，再傳回 Shape 物件。

▶ 設定項目

物件 .... 指定為 ShapeRange 集合。

（避免發生錯誤）

Group 方法至少要參照 2 個以上的圖案，否則會發生錯誤。此外，一旦群組化，圖案的索引編號就會重新編號，要以索引編號參照圖案時，請特別注意。　參照🔢 參照圖形……P.11-3

11-4

移動、縮放、刪除與群組化圖案

範例 群組化圖案

此範例要將工作表中的所有圖案群組化，再將群組後的圖案命名為 **Group01**。

範例 11-4_005.xlsm

```
1  Sub 群組化圖案()
2      ActiveSheet.Shapes.SelectAll
3      Selection.ShapeRange.Group.Name = "Group01"
4  End Sub
```

1 「群組化圖案」巨集
2 選取工作表中的所有圖案
3 群組化選取的圖案，再將群組化後的圖案命名為 **Group01**
4 結束巨集

 想將這 3 個圖案群組起來

1 啟動 VBE，輸入程式碼

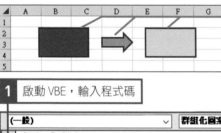

2 執行巨集

💡 **解除群組化**

要解除群組化可使用 UnGroup 方法。例如，要解除剛剛群組化的 **Group01** 圖案，可將程式碼寫成「Activesheet.Shapes("Group01").Ungroup」。

點選**名稱方塊**就會看到這個群組圖案的名稱為 **Group01**

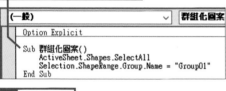

這 3 個圖案群組在一起了

點選圖案就會發現這 3 個圖案以一個群組方框圍住

💡 **參照群組圖案中的特定圖案**

要參照群組圖案中的特定圖案，可用 GroupItems 屬性取得圖案。語法為「物件.GroupItems(Index)」，參數 Index 可指定圖案的名稱或是索引編號。例如，要選取 **Group01** 這個群組圖案中的第 2 個圖案，程式碼可寫成「Activesheet.Shapes("Group01").GroupItems(2).Select」。

範例 11-4_006.xlsm

要選取群組圖案中的第 2 個圖案

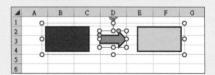

刪除圖案

物件.Delete

▶ 解説

要刪除圖案，可以使用刪除 Shape 物件或 ShapeRange 集合的 Delete 方法。

▶ 設定項目

物件.....................指定為 Shape 物件或 ShapeRange 集合。

（避免發生錯誤）

不能對 Shapes 集合使用 Delete 方法，必須先用 SelectAll 方法選取所有的圖案再刪除，或是用 For Each 陳述式逐步刪除每個 Shape 物件。　　**參照!** 刪除工作表中的所有圖形……P.11-3

　　　　　　　　　　　　　　　　　　　　　　　　參照! 對同類型的物件執行相同處理……P.3-52

範 例　刪除指定種類的圖案

此範例只要從工作表中的多種圖案裡，刪除「笑臉」圖案。要知道指定的 Shape 物件是否為「笑臉」圖案，可以檢查 Shape 物件的 AutoShapeType 屬性的值是否為 msoShapeSmileyFace。此範例用 For Each 陳述式將工作表的 Shape 物件逐次存入 Shape 型別的變數 myShape 中，並在其中找到「笑臉」圖案時刪除。

範例自 11-4_007.xlsm

```
1  Sub 刪除特定種類的圖案()
2      Dim myShape As Shape
3      For Each myShape In ActiveSheet.Shapes
4          If myShape.AutoShapeType = msoShapeSmileyFace Then
5              myShape.Delete
6          End If
7      Next
8  End Sub
```

1 「刪除特定種類的圖案」巨集
2 宣告 Shape 型別的變數 myShape
3 將工作表中的 Shape 物件逐次存入 myShape 變數，再重複執行下列的處理
　(For 陳述式的開頭）
4 假設 myShape 變數的圖案種類為「笑臉」（If 陳述式的開頭）
5 刪除 myShape 變數的圖案
6 結束 If 陳述式
7 存入下一個 Shape 物件，回到第 4 行程式碼
8 結束巨集

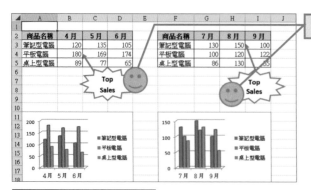

只想要刪除「笑臉」圖案

1 啟動 VBE，輸入程式碼

```
(一般)                              刪除特定種類的圖案
Option Explicit

Sub 刪除特定種類的圖案()
    Dim myShape As Shape
    For Each myShape In ActiveSheet.Shapes
        If myShape.AutoShapeType = msoShapeSmileyFace Then
            myShape.Delete
        End If
    Next
End Sub
```

2 執行巨集

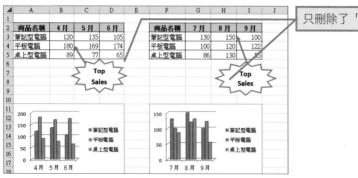

只刪除了「笑臉」圖案

💡 暫時隱藏圖案

如果只要隱藏圖案，而不想刪除圖案，可用 Visible 屬性。例如，要隱藏第 1 個圖案可寫成「Activesheet.Shapes(1).Visible=msoFalse」，如果要顯示圖案可設為 msoTrue。

💡 取得圖案的種類

想知道圖案是矩形、笑臉還是太陽，可用 Shape 物件或是 ShapeRange 集合的 AutoShapeType 屬性，確認 MsoAutoShapeType 列舉型的常數。以矩形為例，會取得 msoShapeRectangle。此外，圖表或是 OLE 物件的圖案可用 Type 屬性確認 MsoShapeType 列舉型的常數。以直線為例，會取得 msoLine。另外，直線或箭頭會被當成連接器使用，所以只要確認物件的 Connector 屬性為 True 或是 False，就能知道該物件是否為連接器。

第 **12** 章

圖表的操作

12-1　繪製圖表

繪製圖表

Excel 圖表分為兩種，一種是將圖表單獨放在工作表中的**圖表工作表**，另一種是內嵌在工作表中的圖表。對 VBA 而言，圖表工作表中的圖表是代表活頁簿圖表工作表集合的 Charts 集合成員，當成 Chart 物件操作，而內嵌在工作表的圖表則是代表工作表內嵌圖表集合的 ChartObjects 集合的成員，被當成 ChartObject 物件操作。此外，ChartObject 物件也是內嵌圖表的圖表實體 Chart 物件的**容器**（Container）。

◆Charts 集合
活頁簿的所有圖表工作表的集合

◆Chart 物件
各圖表工作表的圖表

◆ChartObjects 集合
工作表中的所有內嵌圖表

◆ChartObject 物件
工作表中的內嵌圖表

▲	A	B	C	D	E	F	G	H	I	J	K	L
1	商品名稱	原宿	澀谷	新宿	青山	合計						
2	蛋糕捲	26,400	16,800	12,000	18,600	73,800						
3	巧克力冰淇淋	21,000	12,950	14,350	23,450	71,750						
4	芒果布丁	18,800	14,800	19,200	18,800	71,600						
5	抹茶布丁	15,900	24,600	6,600	14,100	61,200						
6	草莓慕斯	12,000	16,200	12,600	18,600	59,400						

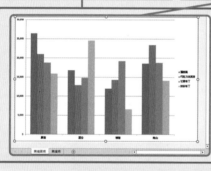

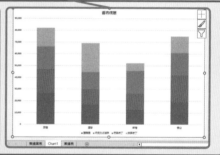

◆Chart 物件
ChartObject 中的圖表

新增圖表工作表

物件.**Add**(Before, After, Count)

▶解説

要在活頁簿新增圖表工作表可使用 Charts 集合的 Add 方法。Add 方法可新增圖表工作表與傳回 Chart 物件。如果省略所有參數，就會在啟用中工作表的前方插入圖表工作表。Charts 集合是活頁簿中，所有圖表工作表的集合，而每一張圖表工作表的圖表都是 Chart 物件。

▶設定項目

物件 .... 指定 Charts 集合。

Before .... 在指定的工作表前方新增圖表工作表（可省略）。

After .... 在指定的工作表後方新增圖表工作表（可省略）。

Count .... 指定新增的圖表工作表的張數。省略時預設為 1（可省略）。

避免發生錯誤

無法同時指定 Before 與 After 參數，一次只能指定一個參數。如果兩個參數都省略，就會在啟用中工作表的前方新增圖表工作表。

範例 插入圖表工作表

此範例要在啟用中工作表的前面新增**業績圖表**工作表，將圖表範圍設為**業績表**工作表的 A1 ～ E6 儲存格。此外，要利用 Name 屬性命名圖表。圖表工作表的名稱為圖表名稱。此外，圖表範圍是以 SetSourceData 方法指定。如果不指定圖表的種類，就會沿用預設圖表（預設是**直條圖**）。

範例 🗎 12-1_001.xlsm　　**參照 📖** 指定圖表資料範圍……P.12-5

```
1  Sub 新增圖表工作表()
2      With Charts.Add(Before:=ActiveSheet)
3          .Name = "業績圖表"
4          .SetSourceData Sheets("業績表").Range("A1:E6")
5      End With
6  End Sub
```

1　「新增圖表工作表」巨集
2　在啟用中工作表前方新增圖表工作表，再對新增的圖表（Chart 物件）執行下列的處理（With 陳述式的開頭）
3　將圖表工作表名稱，命名為**業績圖表**
4　將圖表的資料範圍指定為**業績表**工作表的 A1 ～ E6 儲存格
5　結束 With 陳述式
6　結束巨集

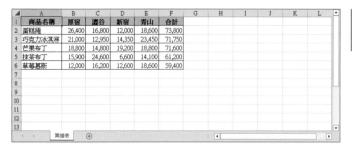

要在**業績表**工作表的前面，新增圖表工作表

1 啟動 VBE，輸入程式碼

| (一般) | ∨ | **新增圖表工作表** |

```
Option Explicit

Sub 新增圖表工作表()
    With Charts.Add(Before:=ActiveSheet)
        .Name = "業績圖表"
        .SetSourceData Sheets("業績表").Range("A1:E6")
    End With
End Sub
```

2 執行巨集

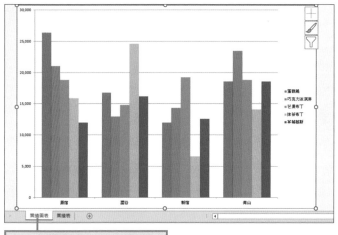

新增**業績圖表**工作表以及圖表

取得圖表工作表的 Chart 物件

要取得圖表工作表的 Chart 物件可使用 Charts 屬性，寫成 Charts(Index)。參數 Index 可指定為圖表工作表的索引編號 (從左側數來第幾個)，或是圖表工作表的名稱。此外，如果已經選取了圖表工作表，就能利用 ActiveChart 屬性取得 Chart 物件。

Chart 物件也是 Sheets 集合的成員

圖表工作表之一的 Chart 物件也是代表活頁簿所有工作表集合的 Sheets 集合的成員，所以 Sheets(Index) 的語法也能參照 Chart 物件。

參照 參照工作表……P.5-2

指定圖表的資料範圍

物件.**SetSourceData**(Source, PlotBy)

▶ 解説

圖表的資料範圍可用 Chart 物件的 SetSourceData 方法指定，也可以同時指定資料類別。

▶ 設定項目

物件 .... 指定為 Chart 物件。

Source .... 指定圖表來源的儲存格範圍。

PlotBy .... 以 XlRowCol 列舉型常數指定圖表的資料類別。xlColumns 為欄方向，xlRows 為列方向。如果省略這個參數，資料列數多於資料欄數時，會設為欄方向，如果列數與欄數相同或是列數小於欄數，則會設為列方向（可省略）。

XlRowCol 列舉型常數

常數	內容
xlColumns	欄方向
xlRows	列方向

避免發生錯誤

參數 Source 指定的儲存格範圍若沒有資料就會建立空白的圖表。

範例 指定圖表的資料範圍

在此要將**業績圖表**工作表的資料範圍指定為**業績表**工作表的 A1 ～ D6 儲存格，並將資料類別變更為列方向。

範例 12-1_002.xlsm

```
1  Sub␣指定圖表的資料範圍()
2      Charts("業績圖表").SetSourceData␣_
           Sheets("業績表").Range("A1:D6"),␣xlRows
3  End␣Sub
```
註：「_（換行字元）」，當程式碼太長要接到下一行程式時，可用此斷行符號連接→參照 P.2-15

1 「指定圖表的資料範圍」巨集
2 將**業績圖表**工作表的資料範圍指定為**業績表**工作表的 A1 ～ D6 儲存格，再將資料類別設為列方向
3 結束巨集

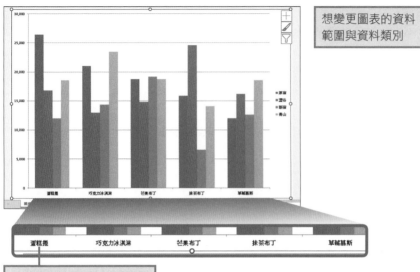

想變更圖表的資料
範圍與資料類別

目前的資料類別為商品名稱

	A	B	C	D	E	F	G
1	商品名稱	原宿	澀谷	新宿	青山	合計	
2	蛋糕捲	26,400	16,800	12,000	18,600	73,800	
3	巧克力冰淇淋	21,000	12,950	14,350	23,450	71,750	
4	芒果布丁	18,800	14,800	19,200	18,800	71,600	
5	抹茶布丁	15,900	24,600	6,600	14,100	61,200	
6	草莓慕斯	12,000	16,200	12,600	18,600	59,400	

12-1

繪
製
圖
表

1 | 啟動 VBE，輸入程式碼

| (一般) | ✓ | **指定圖表的資料範圍** |

```
Option Explicit

Sub 指定圖表的資料範圍()
    Charts("業績圖表").SetSourceData
        Sheets("業績表").Range("A1:D6"), xlRows
End Sub
```

2 | 執行巨集

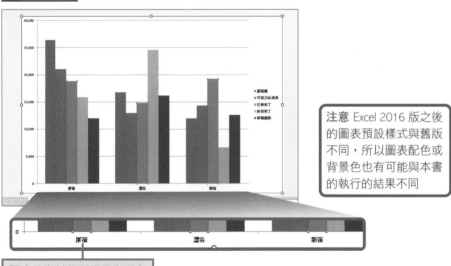

注意 Excel 2016 版之後
的圖表預設樣式與舊版
不同，所以圖表配色或
背景色也有可能與本書
的執行的結果不同

圖表的資料類別變更為門市

建立內嵌在工作表中的圖表

物件.**Add**(Left, Top, Width, Height)

▶ 解説

要在工作表中新增內嵌圖表可使用 ChartObjects 集合的 Add 方法。Add 方法會在建立新的內嵌圖表後，傳回 ChartObject 物件。ChartObjects 集合是工作表的所有內嵌圖表的集合，而每一張內嵌圖表都是 ChartObject 物件。ChartObject 物件是圖表的外框，可用來操作圖表的大小與外觀。若要操作內嵌圖表的圖表可使用 ChartObject 物件的 Chart 屬性取得 Chart 物件。

▶ 設定項目

物件 .... 指定為 ChartObjects 集合。
Left .... 以點為單位，指定內嵌圖表的左端位置。
Top .... 以點為單位，指定內嵌圖表的上緣位置。
Width .... 以點為單位，指定內嵌圖表的寬度。
Height .... 以點為單位，指定內嵌圖表的高度。

(避免發生錯誤)

內嵌圖表也是圖案物件，所以當成 Shape 物件或 ShapeRange 集合取得。內嵌圖表的大小與位置可參照調整 Shape 物件的大小與位置。

參照 ▇ 移動圖案……P.11-34
參照 ▇ 縮放圖案……P.11-36

範 例 在指定的儲存格範圍新增內嵌圖表

此範例，要在 A8 ～ F19 儲存格範圍建立內嵌圖表。將 A8 ～ F19 儲存格範圍存入 Range 型別的變數 myRange，再將變數 myRange 的 Left、Top、Width、Height 屬性設為內嵌圖表的左端位置、上緣位置、寬度與高度。利用 Add 方法建立 ChartObject 物件後，再用 Chart 屬性取得圖表實體的 Chart 物件，並設定圖表的資料範圍與圖表類型。

範例 ▇ 12-1_003.xlsm

```
1  Sub 新增內嵌圖表()
2      Dim myRange As Range
3      Set myRange = Range("A8:F19")
4      With ActiveSheet.ChartObjects.Add( _
           myRange.Left, myRange.Top, myRange.Width, myRange.Height)
5          .Name = "業績 G"
6          .Chart.SetSourceData Range("A1:E6")
7          .Chart.ChartType = xl3DColumn
8      End With
9  End Sub
```

註：「_（換行字元）」，當程式碼太長要接到下一行
程式時，可用此斷行符號連接→參照 P.2-15

1	「新增內嵌圖表」巨集
2	宣告 Range 型別的變數 myRange
3	將 A8 ～ F19 儲存格存入變數 myRange
4	在啟用中工作表的 A8 ～ F19 儲存格建立內嵌圖表，再對該圖表進行下列處理（With 陳述式的開頭）
5	將內嵌圖表命名為「業績 G」
6	將圖表的資料範圍設為 A1 ～ E6 儲存格
7	將圖表類型設為**立體直條圖**
8	結束 With 陳述式
9	結束巨集

	A	B	C	D	E	F	G
1	商品名稱	原宿	澀谷	新宿	青山	合計	
2	蛋糕捲	26,400	16,800	12,000	18,600	73,800	
3	巧克力冰淇淋	21,000	12,950	14,350	23,450	71,750	
4	芒果布丁	18,800	14,800	19,200	18,800	71,600	
5	抹茶布丁	15,900	24,600	6,600	14,100	61,200	
6	草莓慕斯	12,000	16,200	12,600	18,600	59,400	
7							
8							
9							
10							
11							
12							

要在此新增內嵌圖表

1 啟動 VBE，輸入程式碼

```
(一般)                          新增內嵌圖表

Option Explicit

Sub 新增內嵌圖表()
    Dim myRange As Range
    Set myRange = Range("A8:F19")
    With ActiveSheet.ChartObjects.Add( _
        myRange.Left, myRange.Top, myRange.Width, myRange.Height)
        .Name = "業績G"
        .Chart.SetSourceData Range("A1:E6")
        .Chart.ChartType = xl3DColumn
    End With
End Sub
```

2 執行巨集

	A	B	C	D	E	F	G
1	商品名稱	原宿	澀谷	新宿	青山	合計	
2	蛋糕捲	26,400	16,800	12,000	18,600	73,800	
3	巧克力冰淇淋	21,000	12,950	14,350	23,450	71,750	
4	芒果布丁	18,800	14,800	19,200	18,800	71,600	
5	抹茶布丁	15,900	24,600	6,600	14,100	61,200	
6	草莓慕斯	12,000	16,200	12,600	18,600	59,400	

在程式碼中指定的 A8 ～ F19 儲存格範圍新增內嵌圖表

替內嵌圖表命名

內嵌圖表的 Chart 物件雖然可利用 Name 屬性參照名稱，卻無法設定名稱。要替內嵌圖表命名可如範例對 ChartObject 物件設定。

此外，若是圖表工作表，就能用「Charts(1).Name ="圖表 1"」這種寫法直接替圖表設定名稱。請大家務必注意內嵌圖表與圖表工作表的圖表在命名方式上的不同。

取得 ChartObject 物件

使用 ChartObjects(Index) 語法可參照內嵌圖表，而參數 Index 可指定為內嵌圖表的索引編號 (內嵌圖表的重疊順序) 或是圖表名稱。例如，要參照啟用中工作表的第一個內嵌圖表，程式碼可寫成「Activesheet.ChartObjects(1)」。

調整內嵌圖表的大小與位置

要調整內嵌圖表的大小或位置，可使用 ChartObject 物件的 Left、Top、Width、Height 屬性。此外，內嵌圖表也是圖案物件，可用「Activesheet.ChartObjects (" 業績 G").ShapeRange」或「Activesheet. Shapes(" 業績 G")」這類語法，將內嵌圖表當成 Shape 物件或 ShapeRange 集合，再利用相關的屬性與方法操作。例如，用 IncrementLeft、IncrementTop、ScaleHeight 或 ScaleWidth 方法讓內嵌圖表根據某個基準點移動或調整大小。

參照 以目前的位置為移動圖案的基準……P.11-35
參照 讓圖案等比例縮放……P.11-37

利用 AddChart2 方法建立內嵌圖表

用 Shapes 集合的 AddChart2 方法可以建立內嵌圖表。其語法為「Worksheet 物件.Shapes.AddChart2(Style, XlChartType, Left, Top, Width, Height, NewLayout)」。

參數 XlChartType 可利用 XlChartType 列舉型常數指定圖表的種類。若是省略，就會新增預設的圖表 (預設是**群組直條圖**)。參數 Style 可指定圖表的樣式。若指定為 -1 就沿用參數 XlChartType 指定的圖表的預設樣式（樣式 1）。

參數 Left、Top、Width、Height 可指定圖表的位置與大小。如果省略這些參數，就會在預設的位置 (視窗的正中央) 新增圖表以及套用預設的大小。

參數 NewLayout 若設為 True 或省略，就會顯示圖表標題，如果有多個類別，就會顯示圖例。

右圖的範例會以啟用中工作表的 A1 ～ E6 儲存格作為圖表的資料來源，並且新增**各商品業績 G** 這張內嵌圖表。圖表類型為**堆疊直條圖**，並套用預設的樣式、位置以及大小。

範例 12-1_004.xlsm

將儲存格 A1 ～ E6 設定為圖表的資料範圍，再於預設的位置新增預設的圖表

```
Sub 建立內嵌圖表2()
    With ActiveSheet.Shapes.AddChart2 _
        (Style:=-1, XlChartType:=xlColumnStacked)
        .Name = "各商品業績G"
        .Chart.SetSourceData Range("A1:E6")
    End With
End Sub
```

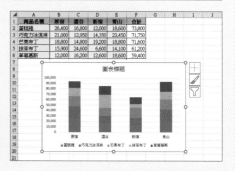

12-2 編輯圖表

編輯圖表

要在建立圖表後編輯圖表標題、座標軸、圖例以及圖表元素必須取得代表各種圖表元素的物件。此外，Excel 也內建圖表的樣式或編排方式，可簡單編輯圖表的外觀。在此將說明變更圖表類型、編輯圖表元素、圖表標題、編排方式這些方法。

變更圖表類型

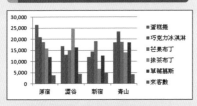

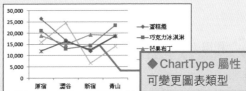

◆ ChartType 屬性
可變更圖表類型

圖表元素的物件

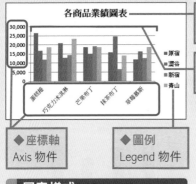

◆ 圖表標題
ChartTitle 物件

◆ 資料數列
Series 物件

◆ 座標軸
Axis 物件

◆ 圖例
Legend 物件

圖表樣式

◆ ChartStyle 屬性
快速調整圖表的外觀

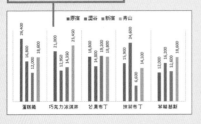

圖表編排方式

◆ ApplyLayout 方法
快速設定圖表的版面

各商品業績圖表

	蛋糕捲	巧克力冰淇淋	芒果布丁	抹茶布丁	草莓慕斯
■原宿	26,400	21,000	18,800	15,900	12,000
■澀谷	16,800	12,950	14,800	24,600	16,200
■新宿	12,000	14,350	19,200	6,600	12,600
■青山	18,600	23,450	18,800	14,100	18,600

變更圖表類型

物件.**ChartType** ──────────────── 取得
物件.**ChartType** = 設定值 ──────────── 設定

▶解説

要變更圖表類型可使用 Chart 物件的 ChartType 屬性。由於 ChartType 屬性可取得
也能設定，所以也可以查詢圖表的類型。此外，如果要建立的是組合圖表（例
如長條圖加折線圖），可對代表資料數列的 Series 物件設定 ChartType 屬性，變
更特定資料數列的圖表類型。

▶設定項目

物件 .... 指定為 Chart 物件、Series 物件。
設定值.................. 利用 XlChartType 列舉型常數指定圖表類型。

參照🔢 XlChartType 列舉型常數……P.12-25

(避免發生錯誤)

如果圖表的來源資料與圖表類型不匹配，就無法建立正確的圖表。請依照圖表的類型準
備適當的來源資料。

範例 **將圖表類型變更為折線圖**

此範例要將內嵌圖表的類型變更為**含有資料標記的折線圖**。利用 ChartObejct 物
件的 Chart 屬性取得 Chart 物件，再利用 ChartType 屬性變更圖表的類型。

範例📄 12-2_001.xlsm

```
1  Sub 變更圖表類型()
2      ActiveSheet.ChartObjects(1).Chart.ChartType = xlLineMarkers
3  End Sub
```

1 「變更圖表類型」巨集
2 將啟用中工作表的第一張內嵌圖表變更為**含有資料標記的折線圖**
3 結束巨集

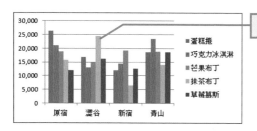
要將圖表類型變更為折線圖

1 啟動 VBE，輸入程式碼

(一般)	⌄	變更圖表類型

```
Option Explicit

Sub 變更圖表類型()
    ActiveSheet.ChartObjects(1).Chart.ChartType = xlLineMarkers
End Sub
```

2 執行巨集

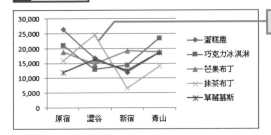

圖表類型變更為折線圖了

範例　只讓特定的資料數列變更成折線圖

此範例要將直條圖的**來客數**數列變更為折線圖，讓圖表轉換成組合圖表。要取得特定資料數列的 Series 物件可使用 Chart 物件的 SeriesCollection 方法。此外，要將該資料數列的圖表座標軸設為次要軸，可將 Series 物件的 AxisGroup 屬性設為 xlSecondary。

範例 12-2_002.xlsm

參照 取得資料數列……P.12-13

```
1  Sub 建立組合圖表()
2      With ActiveSheet.ChartObjects("業績 G")._
           Chart.SeriesCollection("來客數")
3          .ChartType = xlLineMarkers
4          .AxisGroup = xlSecondary
5      End With                     註：「_（換行字元）」，當程式碼太長要接到下一行
6  End Sub                           程式時，可用此斷行符號連接→參照 P.2-15
```

1 「建立組合圖表」巨集
2 針對啟用中圖表的**業績 G** 圖表的**來客數**資料數列進行下列處理（With 陳述式的開頭）
3 將圖表類型設為**含有資料標記的折線圖**
4 設定為次要軸
5 結束 With 陳述式
6 結束巨集

只要將**來客數**變更為折線圖

1 啟動 VBE，輸入程式碼

```
(一般)                    ∨    建立組合圖表
    Option Explicit

Sub 建立組合圖表()
    With ActiveSheet.ChartObjects("業績G"). _
        Chart.SeriesCollection("來客數")
        .ChartType = xlLineMarkers
        .AxisGroup = xlSecondary
    End With
End Sub
```

2 執行巨集

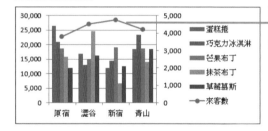

只有**來客數**變更
為折線圖

取得資料數列

要取得代表圖表資料數列的 Series 物件可使用 SeriesCollection 方法。語法為「Chart 物件 .SeriesCollection(Index)」，參數 Index 可指定為資料數列的名稱或是索引編號。如果省略這個參數就會取得代表所有資料數列的 SeriesCollection 集合。

組合圖表的主要軸與次要軸

建立組合圖表時，若數值的單位因圖表類型而有所不同，可將其中一個圖表類型設為次要軸。例如此範例將 Series 物件的 AxisGroup 屬性設為 xlSecondary，也就是設為次要軸。

順帶一提，若是要設為主要軸，可設為 xlPrimary。此外，要變更數值軸的刻度或是標籤，可操作 Axis 物件。

參照 設定圖表的座標軸……P.12-16
參照 設定刻度軸標籤……P.12-18

設定圖表的標題

物件.**HasTitle** ———————————————————	取得
物件.**HasTitle** = 設定值 ———————————	設定
物件.**ChartTitle** ——————————————————	取得

▶解説

Chart 物件的 HasTitle 屬性可取得圖表標題以及設定圖表標題是否顯示。當 HasTitle 屬性值為 True，就可以操作代表圖表標題的 ChartTitle 物件。ChartTitle 物件可利用 ChartTitle 屬性取得，再利用 ChartTitle 物件的各種屬性設定標題。

▶設定項目

物件 .... 指定為 Chart 物件。

ChartTitle 物件的主要屬性

屬性	內容	屬性	內容
Text	標題文字	Left、Top	左端位置與上緣位置（以點為單位）
Font	文字字型	VerticalAlignment	垂直的對齊方式
Orientation	文字角度	HorizontalAlignment	水平的對齊方式
Border	文字框線	Shadow	是否顯示陰影（True／False）

設定值 .... 設定為 True 時顯示標題，設定為 False 時隱藏標題。

避免發生錯誤

要設定圖表標題就必須先將 HasTitle 屬性設為 True。

範例　替圖表設定標題

此範例要在圖表中顯示**各商品業績圖表**標題。將 HasTitle 屬性設為 True 之後，用 ChartTitle 屬性取得 ChartTitle 物件，再設定要顯示的文字及文字大小。

範例 📄 12-2_003.xlsm

```
1  Sub 加上圖表標題()
2      With ActiveSheet.ChartObjects("業績 G").Chart
3          .HasTitle = True
4          .ChartTitle.Text = "各商品業績圖表"
5          .ChartTitle.Font.Size = 16
6      End With
7  End Sub
```

1	「加上圖表標題」巨集
2	對啟用中圖表的**業績 G** 圖表進行下列處理（With 陳述式的開頭）
3	顯示圖表標題
4	將圖表標題文字設為**各商品業績圖表**
5	將圖表標題的文字大小設為 16 點
6	結束 With 陳述式
7	結束巨集

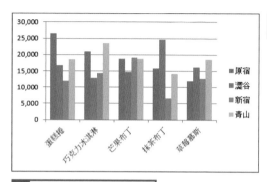

要加上圖表標題

1 啟動 VBE，輸入程式碼

```
(一般)                               加上圖表標題

Option Explicit

Sub 加上圖表標題()
    With ActiveSheet.ChartObjects("業績G").Chart
        .HasTitle = True
        .ChartTitle.Text = "各商品業績圖表"
        .ChartTitle.Font.Size = 16
    End With
End Sub
```

2 執行巨集

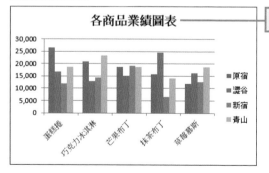

加上圖表標題了

設定圖表的座標軸

物件.**Axes**(Type, AxisGroup)

▶解說
要對圖表的數值軸或類別軸設定軸標籤或刻度時，可設定圖表的座標軸。使用 Axes 方法取得單軸的 Axis 物件，再對該 Axis 物件進行操作。參數 Type 可指定類別軸、數值軸，參數 AxisGroup 可指定主要軸與次要軸。如果省略這些參數，可取得代表圖表所有座標軸的 Axes 集合。

▶設定項目
物件.......................指定為 Chart 物件。
Type.......................可利用 XIAxisType 列舉型常數指定軸的種類（可省略）。
AxisGroup...........可利用 XIAxisGroup 列舉型常數指定軸的群組（可省略）。

XIAxisType 列舉型常數

常數	內容
xlCategory	類別軸
xlValue	數值軸
xlSeriesAxis	數列軸 ※ 只有立體圖表可以使用

XIAxisGroup 列舉型常數

常數	內容
xlPrimary	主要軸（下方／左側）群組（預設值）
xlSecondary	次要軸（上方／右側）群組 ※ 在立體圖表中，軸的群組只有一個

Axis 物件的主要屬性

屬性	內容
HasTitle	顯示／隱藏標題 （True／False）
AxisTitle	取得 AxisTitle 物件 （軸標籤）
HasMajorGridLines	顯示／隱藏主要軸的格線 （True／False）
TickLabels	取得 TickLabels 物件 （數值座標軸的刻度標籤）

屬性	內容
MaximumScale	設定數值軸的最大值
MinimumScale	設定數值軸的最小值
MajorUnit	刻度間距

（避免發生錯誤）
設定座標軸標籤時，必須先將 HasTitle 屬性設為 True。

範例 新增圖表的座標軸標籤

此範例要加上數值軸的座標軸標籤。數值軸可利用 **Axes(xlValue)** 的語法取得，而要顯示數值軸的座標軸標籤，要先將 HasTitle 屬性設為 True。利用 AxisTitle 屬性取得座標軸標籤，再利用 AxisTitle 物件的 Text 屬性設定座標軸標籤的文字，最後用 Orientation 屬性指定文字角度。

範例 12-2_004.xlsm

```
1  Sub 新增座標軸標籤()
2     With ActiveSheet.ChartObjects("業績G").Chart.Axes(xlValue)
3        .HasTitle = True
4        .AxisTitle.Text = "金額"
5        .AxisTitle.Orientation = xlVertical
6     End With
7  End Sub
```

1	「新增座標軸標籤」巨集
2	對啟用中工作表的**業績 G** 圖表的數值軸進行下列處理（With 陳述式的開頭）
3	顯示座標軸標籤
4	將座標軸標籤指定為「金額」
5	將座標軸標籤的方向指定為「直書」
6	結束 With 陳述式
7	巨集結束

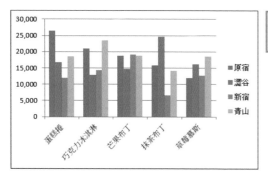

要在圖表的數值軸增加座標軸標籤

1 啟動 VBE，輸入程式碼

```
(一般)                              新增座標軸標籤

Option Explicit

Sub 新增座標軸標籤()
    With ActiveSheet.ChartObjects("業績G").Chart.Axes(xlValue)
        .HasTitle = True
        .AxisTitle.Text = "金額"
        .AxisTitle.Orientation = xlVertical
    End With
End Sub
```

2 執行巨集

新增座標軸標籤了

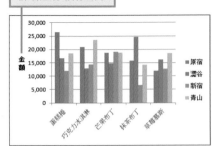

利用 AxisTitle 物件操作座標軸

Axis 物件的 AxisTitle 屬性可取得代表座標軸標籤的 AxisTitle 物件。AxisTitle 物件與 ChartTitle 物件擁有類似的屬性，可利用這些屬性設定座標軸標籤的文字、格式或是其他選項。

參照📖 設定圖表的標題……P.12-14

設定刻度軸標籤

要設定刻度軸標籤可用 Axis 物件的 TickLabels 屬性取得代表刻度軸標籤的 TickLables 物件，再利用 TickLables 物件的各種屬性設定刻度標籤。下面的範例會將數值軸的刻度標籤調整為以「仟」元為單位，再將類別軸的刻度軸標籤文字設為直書格式。

範例📄 12-2_005.xlsm

執行巨集後，可設定數值軸的顯示格式及刻度軸標籤的文字方向

```
Sub 設定軸刻度()
    With ActiveSheet.ChartObjects(1).Chart
        .Axes(xlValue).TickLabels.NumberFormat = "#,##0,仟元"
        .Axes(xlCategory).TickLabels.Orientation = xlVertical
    End With
End Sub
```

數值軸的格式以及類別軸標籤的文字方向改變了

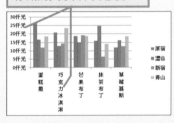

設定圖表圖例

物件.**HasLegend**	取得
物件.**HasLegend** = 設定值	設定
物件.**Legend**	取得

▶ 解説

要顯示或隱藏圖表的圖例可利用 Chart 物件的 HasLegend 屬性取得或設定圖例的狀態。設為 True 之後，就會顯示圖例。利用 Chart 物件的 Legend 屬性取得代表圖例的 Legend 物件，再對 Legend 物件設定圖例的各種格式。

▶ 設定項目

物件...................... 指定為 Chart 物件。

設定值.................. 設定為 True 會顯示圖例，設定為 False 會隱藏圖例。

避免發生錯誤

要設定圖例時，必須先將 HasLegend 屬性設為 True。

範例 **在圖表顯示圖例**

此範例要在圖表的右側顯示圖例。要顯示圖例就必須先將 HasLegend 屬性設為
True，而要設定圖例必須先利用 Legend 屬性取得 Legend 物件，再將圖例的位置
設定在右側。

範例 12-2_006.xlsm

參照 設定圖例的位置與文字大小……P.12-20

```
1  Sub 設定圖例()
2      With ActiveSheet.ChartObjects("業績 G").Chart
3          .HasLegend = True
4          .Legend.Position = xlLegendPositionRight
5      End With
6  End Sub
```

1 「設定圖例」巨集
2 對啟用中工作表的**業績 G** 圖表進行下列處理（With 陳述式的開頭）
3 顯示圖例
4 將圖例的位置設在圖表的右側
5 結束 With 陳述式
6 結束巨集

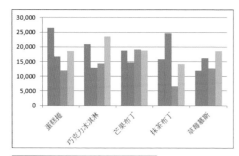

要在圖表中顯示圖例

12-2

編
輯
圖
表

1 啟動 VBE，輸入程式碼

2 執行巨集

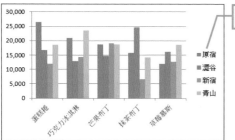

顯示圖例了

設定圖例的位置與文字大小

要設定圖例可用 Legend 物件的屬性。圖例的位置可利用 Position 屬性以及 XILegendPositon 列舉型常數指定。此外，文字大小可用「Chart 物件 .Legend.Font. Size = 11」的語法設定。

XILegendPosition 列舉型常數

名稱	說明
xlLegendPositionTop	上
xlLegendPositionBottom	下
xlLegendPositionLeft	左
xlLegendPositionRight	右
xlLegendPositionCorner	右上角

利用 ChartWizard 方法一次完成圖表的所有設定

ChartWizard 方法可一次設定圖表類型、圖例、標題、座標軸標題以及各種設定。語法為「Chart 物件 .ChartWizard(Source, Gallery, Format, PlotBy, CategoryLabels, SeriesLabels, HasLegend, Title, CategoryTitle, ValueTitle, ExtraTitle)」，詳情請參考線上說明。

範例 12-2_007.xlsm

12-2 設定圖表樣式

物件.ChartStyle ——————————————————— 取得
物件.ChartStyle = 設定值 ——————————————————— 設定

▶解說

Chart 物件的 ChartStyle 屬性可替圖表套用內建的圖表樣式，快速調整圖表的外觀。

▶設定項目

物件 .... 指定為 Chart 物件。

設定值 .... 以數值設定樣式。樣式與**圖表設計**頁次中的**圖表樣式**清單對應，但與圖表對應的數值會隨著圖表的類型不同而改變。建議大家利用**錄製巨集**功能確認樣式的數值。此外，若指定為 1 ～ 48 的數值，就能替任何一種圖表套用樣式。

參照 利用 1 ～ 48 的數值設定圖表的樣式……P.12-25

群組直條圖的數值

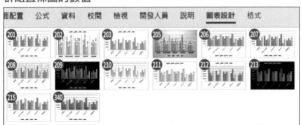

圓形圖的數值

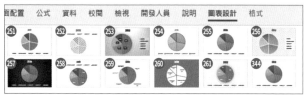

面配置　公式　資料　校閱　檢視　開發人員　說明　**圖表設計**　格式

避免發生錯誤

若變更活頁簿的佈景主題，樣式的配色也會跟著改變。若希望圖表的配色固定，可直接對資料數列（Series 物件）設定顏色。　參照!! 替資料數列設定顏色……P.12-22

範例　替圖表設定樣式

將**業績 G** 圖表設為**樣式 2** 的圖表樣式。　範例自 12-2_008.xlsm

```
1  Sub 替圖表設定樣式()
2      ActiveSheet.ChartObjects("業績G").Chart.ChartStyle = 202
3  End Sub
```

1　「替圖表設定樣式」巨集
2　在啟用中工作表的**業績 G** 圖表套用**樣式 2**
3　結束巨集

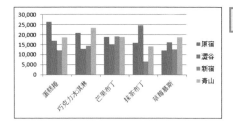

要替圖表套用**樣式 2**

1 啟動 VBE，輸入程式碼

```
(一般)                          ▽    替圖表設定樣式
    Option Explicit

Sub 替圖表設定樣式()
    ActiveSheet.ChartObjects("業績G").Chart.ChartStyle = 202
End Sub
```

2 執行巨集

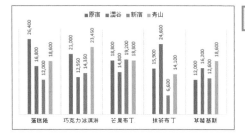

替圖表套用**樣式 2** 了

替資料數列指定顏色

對 Series 物件設定顏色就能對圖表的資料數列設定顏色。例如，要讓第一個資料數列
變成紅色，可如下撰寫程式碼。　　　　　　　　　　　　　範例 12-2_008.xlsm

```
Sub 替資料數列設定顏色()
    ActiveSheet.ChartObjects("業績G").Chart.SeriesCollection(1).Interior.Color = rgbRed
End Sub
```

執行巨集可將第一個資料數列設為紅色

 重設圖表元素的格式

Chart 物件的 ClearToMatchStyle 方法可重設指定圖表的圖表元素格式。

設定圖表的版面配置

物件.**ApplyLayout**(Layout)

▶解說

Chart 物件的 ApplyLayout 方法可套用版面配置，一口氣完成圖表的標題、圖例、
資料標籤等元素的設定，讓我們快速完成圖表的版面編排。

▶設定項目

物件 .... 指定為 Chart 物件。

Layout .... 以數值指定版面。選取圖表後，從
　　　　　　　　　　圖表設計頁次的**圖表版面配置**區，
　　　　　　　　　　按下**快速版面配置**鈕，就能開啟版
　　　　　　　　　　面列表，其中的版面與右圖的 ❶～
　　　　　　　　　　❶ 對應。

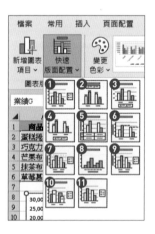

避免發生錯誤

快速版面配置中的版面編號，會因套用的圖表類型而有所不同，建議先從**圖表版面配置**
清單確認要套用的版面編號。此外，若套用含有圖表標題或座標軸標籤的版面，必須在
套用版面後，重新輸入圖表標題與座標軸標籤文字。

範 例 設定圖表的版面

此範例要將圖表的版面設為**版面配置 5**，再將圖表標題設為**各商品業績圖表**，以及將數值軸標籤設為**金額**。

範例 12-2_009.slxm

```
1  Sub␣設定圖表版面()
2      With␣ActiveSheet.ChartObjects("業績G").Chart
3          .ApplyLayout␣5
4          .ChartTitle.Text␣=␣"各商品業績圖表"
5          .Axes(xlValue).AxisTitle.Text␣=␣"金額"
6      End␣With
7  End␣Sub
```

1 「設定圖表版面」巨集
2 對啟用中工作表的**業績 G** 圖表執行下列處理（With 陳述式的開頭）
3 將圖表設為**版面配置 5**
4 將圖表標題設為**各商品業績圖表**
5 將圖表的數值軸標籤設為**金額**
6 結束 With 陳述式
7 結束巨集

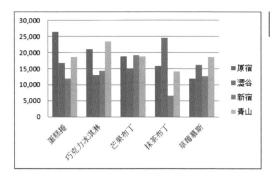

要替此圖表套用**版面配置 5**

1 啟動 VBE，輸入程式碼

```
(一般)                                    ∨    設定圖表版面
  Option Explicit

Sub 設定圖表版面()
    With ActiveSheet.ChartObjects("業績G").Chart
        .ApplyLayout 5
        .ChartTitle.Text = "各商品業績圖表"
        .Axes(xlValue).AxisTitle.Text = "金額"
    End With
End Sub
```

2 執行巨集

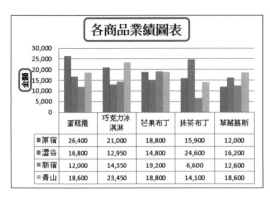

圖表套用了**版面配置 5**

新增了圖表標題

新增了座標軸標籤

 設定圖表元素的 SetElement 方法

要在 Chart 物件新增或設定圖表元素，可用內建的 SetElement 方法。語法為「Chart 物件 .SetElement(Element)」，參數 Element 可利用 MsoChartElementType 列舉型常數指定。此外，MsoChartElementType 列舉型常數清單可在**物件瀏覽器**確認。

參照 顯示瀏覽器物件……P.3-20

MsoChartElementType 列舉型的主常數

常數	內容
msoElementChartTitleAboveChart	在圖表區塊顯示標題
msoElementPrimaryCategoryAxisTitleAdjacentToAxis	在座標軸下方配置主橫軸標籤
msoElementPrimaryValueAxisTitleVertical	垂直配置主直軸標籤
msoElementLegendBottom	將圖例配置在下方
msoElementDataLabelCenter	在資料元素的正中央顯示資料標籤
msoElementDataTableShow	顯示資料表

 移動圖表

Chart 物件的 Location 方法可將圖表移動到圖表工作表或是其他工作表。語法為「Chart 物件 .Location(Where, Name)」，參數 Where 可利用 XlChartLocation 列舉型常數指定移動目的地，參數 Name 可指定為移動目的地的工作表名稱或圖表工作表名稱。例如，要讓內嵌圖表移動到新增的圖表工作表（圖表），可寫成如下的內容。

範例 12-2_010.xlsm

```
Sub 移動圖表()
    ActiveSheet.ChartObjects(1).Chart.Location xlLocationAsNewSheet, "圖表"
End Sub
```

XlChartLocation 列舉型常數

常數	內容
xlLocationAsNewSheet	移動到新工作表
xlLocationAsObject	嵌入現存的工作表
xlLocationAutomatic	由 Excel 決定圖表的位置

💡 **利用 1～48 的數值設定圖表的樣式**

在 Chart 物件的 ChartStyle 屬性設定 1～48 的數值,就能套用所有圖表都能使用的樣式。將滑鼠移到 Excel 2010／2007 的**圖表工具／設計**頁次的**圖表樣式**清單,就能顯示以下 1～48 種樣式。

參照📖 設定圖表樣式……P.12-20

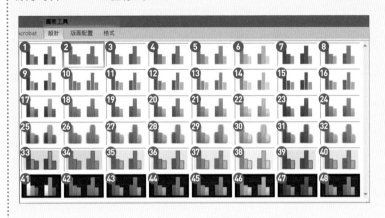

XlChartType 列舉型常數

常數	內容
xl3DArea	立體區域圖
xl3DAreaStacked	立體堆疊區域圖
xl3DAreaStacked100	百分比堆疊區域圖
xl3DBarClustered	立體群組橫條圖
xl3DBarStacked	立體堆疊橫條圖
xl3DBarStacked100	立體百分比堆疊橫條圖
xl3DColumn	立體直條圖
xl3DColumnClustered	立體群組直條圖
xl3DColumnStacked	立體堆疊直條圖
xl3DColumnStacked100	立體百分比堆疊直條圖
xl3DLine	立體折線圖
xl3DPie	立體圓形圖
xl3DPieExploded	分裂式立體圓形圖
xlArea	區域圖
xlAreaStacked	堆疊區域圖
xlAreaStacked100	百分比堆疊區域圖
xlBarClustered	群組橫條圖
xlBarOfPie	圓形圖帶有子橫條圖
xlBarStacked	堆疊橫條圖
xlBarStacked100	百分比堆疊橫條圖
xlBoxwhisker	盒鬚圖
xlBubble	泡泡圖

XlChartType 列舉型常數

常數	內容
xlBubble3DEffect	立體泡泡圖
xlColumnClustered	群組直條圖
xlColumnStacked	堆疊直條圖
xlColumnStacked100	百分比堆疊直條圖
xlConeBarClustered	群組圓錐柱圖
xlConeBarStacked	堆疊圓錐柱圖
xlConeBarStacked100	百分比堆疊圓錐柱圖
xlConeCol	立體圓錐條圖
xlConeColClustered	群組圓錐條圖
xlConeColStacked	堆疊圓錐條圖
xlConeColStacked100	百分比堆疊圓錐條圖
xlCylinderBarClustered	群組圓柱圖
xlCylinderBarStacked	堆疊圓柱圖
xlCylinderBarStacked100	百分比堆疊圓柱圖
xlCylinderCol	立體圓條圖
xlCylinderColClustered	群組圓錐條圖
xlCylinderColStacked	堆疊圓錐條圖
xlCylinderColStacked100	百分比堆疊圓條圖
xlDoughnut	環圈圖
xlDoughnutExploded	分裂式環圈圖
xlFunnel	漏斗圖
xlHistogram	直方圖
xlLine	折線圖
xlLineMarkers	含有資料標記的折線圖
xlLineMarkersStacked	含有資料標記的堆疊折線圖
xlLineMarkersStacked100	含有資料標記的百分比堆疊折線圖
xlLineStacked	堆疊折線圖
xlLineStacked100	百分比堆疊折線圖
xlPareto	柏拉圖
xlPie	圓形圖
xlPieExploded	分裂式圓形圖
xlPieOfPie	子母圓形圖
xlPyramidBarClustered	群組金字塔柱圖
xlPyramidBarStacked	堆疊金字塔柱圖
xlPyramidBarStacked100	百分比堆疊金字塔柱圖

※ XlChartType 列舉型常數清單，會隨著範例檔案提供下載，以方便搜尋
　與參照。

第 **13** 章

使用表單控制項

13-1 建立使用者表單

建立使用者表單 (UserForm)

Excel VBA 可利用自訂表單建立原創的交談窗。在自訂表單配置各種稱為控制項的零件，就能接收使用者的指令，也就能寫出功能更多元的程式。本節要說明製作一個簡單範例的過程，從建立自訂表單到執行自訂表單的整個流程，至於自訂表單以及各控制項的進階使用，將在 13-2 節之後介紹。

建立自訂表單到執行自訂表單的流程

❶ 建立使用者表單
在專案建立自訂表單

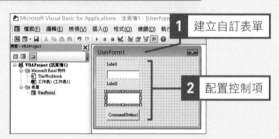

❷ 配置控制項
在剛剛建立的自訂表單配置文字方塊、命令按鈕這類必要的控制項。

❸ 設定屬性
設定控制項的大小、位置、字串以及定位點這類屬性。

❹ 建立事件處理常式
建立讓控制項執行處理的事件處理常式，再撰寫處理內容。

❺ 執行使用者表單
使用自訂表單，執行相關處理。

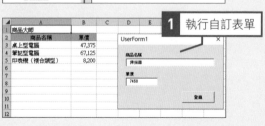

建立使用者表單

要建立新的自訂表單可於 VBE 進行。新增的自訂表單會以標準模組的方式新增為專案元素，可透過專案總管開啟或是刪除。

● 新增使用者表單

要新增使用者表單可點選**插入**選單的**自訂表單**。一個專案可新增多個自訂表單。接下來讓我們切換成 VBE 的畫面，試著新增一個自訂表單。

範例 13-1_001.xlsm
參照 新增或刪除模組……P.2-55

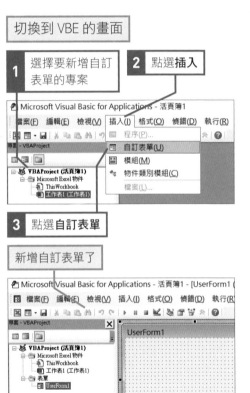

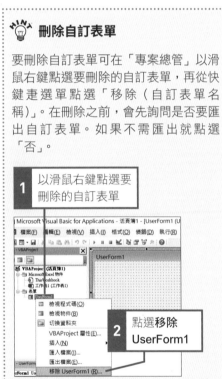

匯出使用者表單

如果想在其他的活頁簿使用自訂表單，可先匯出自訂表單。匯出自訂表單之後，會出現兩個檔案，副檔名分別為「frm」與「frx」。要使用匯出的自訂表單時，可匯入副檔名為「frm」的案。
參照 匯出或匯入模組……P.2-57

從工具列新增使用者表單

要從工作列新增自訂表單可點選「標準」工作表從左數來第二個按鈕的▼，再從中點選**自訂表單**。如果按鈕的圖案為□，只需要點選該按鈕就能新增自訂表單。

● 配置控制項

自訂表單可配置控制項這些零件,而這些控制項的種類非常多,而且各有不同的用途,例如接受使用者輸入內容的文字方塊、命令按鈕,或是在自訂表單顯示字串的標籤,主要可透過**工具箱**配置。

範例 📗 13-1_002.xlsm
參照 📘 「工具箱」的主要控制項……P.13-5

在此示範的是在自訂表單配置
文字方塊、標籤與命令按鈕

1 點選**文字方塊**

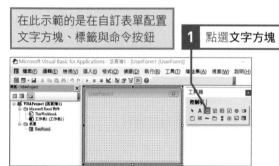

> 💡 **如果找不到「工具箱」**
>
> 如果找不到**工具箱**可點選**標準工具列**的**工具箱**按鈕(□)或是從**檢視**選單點選**工具箱**。

滑鼠游標的形狀改變了 ＋

在自訂表單點選要配置控制項的位置

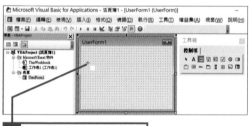

> 💡 **滑鼠游標的形狀會隨著控制項改變**
>
> 在**工具箱**選擇要配置的控制項後,將滑鼠游標移到自訂表單中,游標的形狀就會變成與該控制項對應的形狀,讓使用者立即看出可配置的控制項。

2 點選自訂表單的空白處

配置控制項了

參考操作 1 ～ 2 配置文字方塊、標籤與命令按鈕

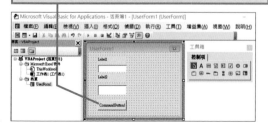

「工具箱」的主要控制項

控制項名稱		功能
標籤	**A**	顯示字串 　　　　　　　　　　　　　　　　參照📖 標籤……P.13-39
文字方塊	abl	顯示與輸入字串 　　　　　　　　　　　　參照📖 文字方塊……P.13-30
下拉式方塊	🔽	輸入字串、從一覽表選取項目 　　　　　參照📖 下拉式方塊……P.13-70
清單方塊	📋	從一覽表選取項目 　　　　　　　　　　　參照📖 清單方塊……P.13-58
核取方塊	☑	從多個項目選取多個項目 　　　　　　　參照📖 核取方塊……P.13-45
選項按鈕	⊙	從多個項目選取單一項目 　　　　　　　參照📖 選項按鈕……P.13-50
框架	[XY]	群組化控制項 　　　　　　　　　　　　　參照📖 框架……P.13-53
命令按鈕	ab	點選按鈕後執行命令 　　　　　　　　　參照📖 命令按鈕……P.13-26
索引標籤區域	▭	利用索引標籤切換頁面 　　　　　　　參照📖 索引標籤區域……P.13-72
多重頁面	🗂	利用索引標籤切換頁面（可在每一頁配置不同的控制項） 　　　　　　　　　　　　　　　　　　　參照📖 多重頁面……P.13-76
捲軸	🎚	利用捲動操作增減值 　　　　　　　　　參照📖 捲軸……P.13-78
微調按鈕	⬍	利用點選按鈕的操作增減值 　　　　　參照📖 微調按鈕……P.13-83
圖像	🖼	顯示圖像 　　　　　　　　　　　　　　　參照📖 圖像……P.13-41
RefEdit	🔳	選取儲存格範圍 　　　　　　　　　　　參照📖 RefEdit……P.13-85

操作控制項

自訂表單的控制項可以刪除與複製。刪除多餘的控制項，或是複製相同的控制項能更有效率地配置控制項。

● 選取控制項

點選「工具箱」的「選取物件」按鈕（🔁），滑鼠游標就會變成白色箭頭（⇖）。在這個狀態下點選控制項，就能選取控制項。要選取多個控制項可按住 Ctrl 鍵再點選需要的控制項，或是以拖曳選取的方式選取所有需要的控制項。

範例📄 13-1_003.xlsm

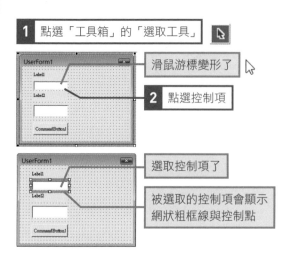

1 點選「工具箱」的「選取工具」

滑鼠游標變形了

2 點選控制項

選取控制項了

被選取的控制項會顯示
網狀粗框線與控制點

● 刪除控制項

要刪除控制項可在選取該控制項之後，按下 `Delete` 鍵刪除。　範例 📄 13-1_004.xlsm

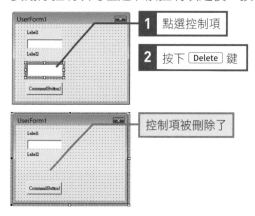

1 點選控制項

2 按下 `Delete` 鍵

控制項被刪除了

● 複製控制項

要複製控制項可按住 `Ctrl` 鍵再拖曳要複製的控制項。　範例 📄 13-1_005.xlsm

先選取控制項　　參照 📖 選取控制項……P.13-5

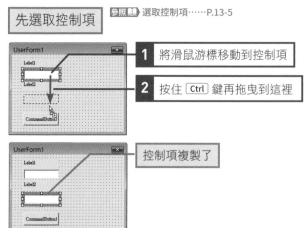

1 將滑鼠游標移動到控制項

2 按住 `Ctrl` 鍵再拖曳到這裡

控制項複製了

▶ 設定屬性

控制項與 VBA 的物件一樣，也有大小、顏色、字串這類屬性，這次要在**屬性視窗**或是自訂表單設定在控制項顯示的字串以及控制項的大小與位置。

● 在「屬性視窗」設定屬性

選取控制項之後，該控制項的所有屬性會在**屬性視窗**顯示，此時可直接在屬性旁邊輸入需要的值，或是利用調色盤設定。這次要試著在標籤的 Caption 屬性設定在標籤顯示的字串。

範例自 13-1_006.xlsm

參照▶ 屬性視窗……P.2-41

這次要示範在第一個標籤設定字串（Caption 屬性）的方法

1 點選標籤

標籤被選取了

2 點選 Caption

3 點選這裡

顯示滑鼠游標了

刪除原本的 Label1 字串

4 輸入要在標籤顯示的字串

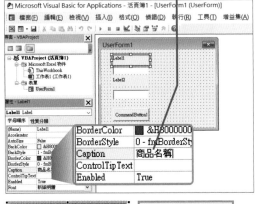

在標籤顯示剛剛輸入的字串了

預先設定在第二個標籤顯示的字串

ᴴᴵᴺᵀ **分類屬性**

在**屬性視窗**點選**性質分類**，就能依照性質分類屬性。這種分類方式能根據要設定的內容找到對應的屬性，所以能很快找到需要的屬性。

ᴴᴵᴺᵀ **開啟「屬性視窗」**

如果在 VBE 的畫面中沒有**屬性視窗**，可在**檢視**選單點選**屬性視窗**或是在**標準工具列**點選**屬性視窗**鈕（🖼️）。

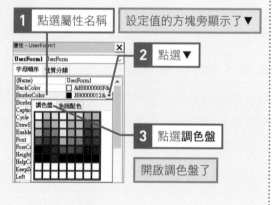

如果是透過調色盤或下拉式選單設定值的屬性，只要一點選屬性名稱，設定值的方塊旁邊就會顯示▼，點選這個▼就能開啟調色盤或是下拉式選單，從中設定屬性的內容。

1 點選屬性名稱 ── 設定值的方塊旁顯示了▼

2 點選▼

3 點選**調色盤**

開啟調色盤了

● 在使用者表單設定屬性

在標籤或命令按鈕顯示的字串都可以直接在使用者表單的控制項輸入與設定。要注意的是，點選控制項之後的外框，以及可輸入字串的外框是不同的。接下來要在自訂表單設定在命令按鈕顯示的字串，這個字串也會於命令按鈕的 Caption 屬性套用。

範例 📒 13-1_007.xlsm

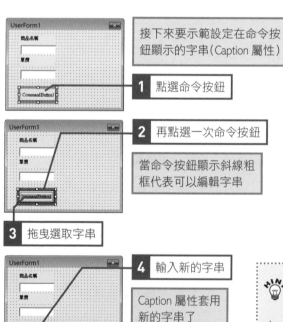

接下來要示範設定在命令按鈕顯示的字串（Caption 屬性）

1 點選命令按鈕

2 再點選一次命令按鈕

當命令按鈕顯示斜線粗框代表可以編輯字串

3 拖曳選取字串

4 輸入新的字串

Caption 屬性套用新的字串了

完成設定後，點選自訂表單，解除控制項的選取狀態

💡 **自訂表單的 Caption 屬性無法在自訂表單變更**

在自訂表單標題列顯示的字串必須在**屬性視窗**的 Caption 屬性設定，無法直接在自訂表單變更。
參照📖 在「屬性視窗」設定屬性……P.13-7

設定控制項的名稱

控制項的名稱就是透過程式碼參照控制項的物件名稱（Name 屬性的值），所以在自訂表單配置控制項之後，會以連續編號的方式自動替控制項命名。這個名稱可在「屬性視窗」的「(物件名稱)」變更。可用於命名的字元包含英文字母、數字、「_（底線）」、中文，但名稱開頭不能是數字或「_底線」。

 在程式碼中設定控制項的屬性

由於控制項也是物件，所以要在程式碼中設定控制項的屬性，可沿用操作屬性的基本語法，以「物件名稱（Name 屬性的值）.屬性 = 值」的語法即可。例如，要在自訂表單執行時，使用者按下命令按鈕時，在標籤 Label1 顯示變數 myLabelString 的值，可在點選命令按鈕的 Click 事件處理常式內，將標籤的 Caption 屬性設定為變數 myLabelString 的值。

範例 13-1_008.xlsm

```
Private Sub CommandButton1_Click()
    Dim myLabelString As String
    myLabelString = "命令按鈕被點選了"
    Label1.Caption = myLabelString
End Sub
```

參照 VBA 的基本語法……P.2-11
參照 撰寫於事件觸發時
執行的處理……P.13-13
參照 執行自訂表單……P.13-14

● 調整控制項的大小

控制項的大小可在選取控制項之後，拖曳控制點調整。拖曳控制點的時候會顯示框線，暗示變更之後的大小，所以可根據框線調整控制項的大小。接著讓我們試著在自訂表單調整文字方塊的大小。此外，調整之後的寬度會於 Width 屬性套用，高度則會於 Height 屬性套用。

範例 13-1_009.xlsm
參照 選取控制項……P.13-5
參照 調整格線的寬度與高度……P.13-10

先選取控制項

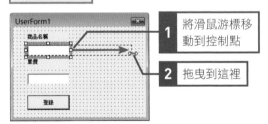

1 將滑鼠游標移動到控制點

2 拖曳到這裡

文字方塊的大小改變了

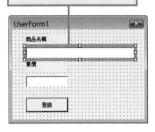

 讓多個控制項的大小一致

要讓多個控制項的大小一致，可先選取要調整的控制項，再從**格式**選單點選**調整大小**，然後從中選取要調整的內容。作為基準的控制項會顯示白色的控制點。要變更作為基準的控制項可在選取多個控制項之後，再點選要作為基準的控制項。

參照 選取控制項……P.13-5
參照 調整格線的寬度與高度……P.13-10

● 移動控制項

控制項可拖曳至任意的位置。只要開始拖曳，就會顯示代表移動目的地的框線，所以可參照該框線拖曳控制項。這次的範例要試著移動命令按鈕。此外，移動後的位置會於 Left 屬性與 Top 屬性套用。

範例 🖹 13-1_010.xlsm
參照 📖 選取控制項……P.13-5

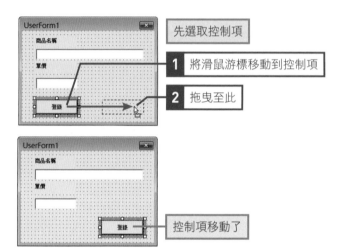

先選取控制項

1 將滑鼠游標移動到控制項

2 拖曳至此

控制項移動了

💡 對齊多個控制項的位置

要對齊多個控制項的位置可先選取要對齊的每個控制項，再從「格式」選單點選「對齊」，然後從選單選擇對齊方式。作為基準的控制項是顯示白色控制點的控制項。若要變更作為基準的控制項可在選取多個控制項之後，再另行點選。

參照 📖 選取控制項……P.13-5
參照 📖 調整格線的寬度與高度……P.13-10

💡 調整格線的寬度與高度

控制項的大小與位置可根據自訂表單的格線調整。要調整格線的寬度與高度可從**工具**選單點選**選項**，開啟**選項**交談窗之後，在**一般**頁次的**表單格線設定**的**寬度**與**高度**輸入數值即可。此外，若取消**控制項對齊格線**，就能不受格線的寬度與高度限制，隨意調整控制項的大小與位置。此外，若取消**顯示格線**選項，格線就不會再顯示。

💡 調整自訂表單的編排方式

在自訂表單配置控制項，以及決定控制項大致的大小與位置之後，可調整整體的編排方式，讓自訂表單的版面看起來更加協調。想要微調控制項的大小或位置時，可試著變更格線的寬度與高度。

範例 🖹 13-1_011.xlsm
參照 📖 調整格線的寬度與高度……P.13-10

調整標籤的大小與位置，讓整個版面看起來更協調

● 設定定位順序

控制項可接受鍵盤輸入內容的狀態稱為「焦點」，而焦點可利用 Tab 鍵移動，移動的順序稱為「定位順序」。預設的定位順序為控制項配置的順序，所以當控制項的位置與大小都固定之後，可試著依照操作順序修正定位順序。點選**檢視**選單的**定位順序**，開啟**定位順序**交談窗後，即可設定定位順序。　範例自 13-1_012.xlsm

1 點選**檢視**	**2** 點選**定位順序**

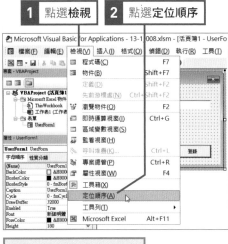

開啟「定位順序」交談窗

3 點選要設定定位順序的控制項	**4** 連按 3 次**向上移**鈕

定位順序修正了

依照相同的步驟將「CommandButton1」的定位順序移動到「TextBox2」的下方

5 按下**確定**鈕

💡 禁止 Tab 鍵移動焦點

如果不希望焦點被 Tab 鍵移動，可將控制項的 TabStop 屬性設定為 False。

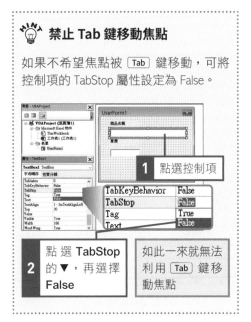

1 點選控制項

2 點 選 **TabStop** 的 ▼，再選擇 **False**

如此一來就無法利用 Tab 鍵移動焦點

💡 設定定位順序的屬性

設定定位順序的屬性是 TabIndex 屬性。這個屬性可依照定位順序從 0 依序設定，可在**屬性視窗**確認與設定 TabIndex 屬性。

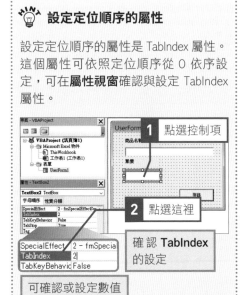

1 點選控制項

2 點選這裡

確 認 **TabIndex** 的設定

可確認或設定數值

撰寫要執行的處理

在自訂表單配置控制項以及設定屬性之後,接著可利用程式碼撰寫要執行的處理。觸發控制項執行處理的契機稱為「事件」,而程式碼可寫在事件處理常式之中。要建立事件處理常式需要將畫面切換至自訂表單的**程式碼視窗**。

參照 建立事件程序……P.2-27

● 建立事件處理常式

要從自訂表單的畫面建立事件處理常式可雙點要觸發事件的控制項,切換成**程式碼**視窗後,就會自動建立與該控制項預設事件對應的事件處理常式。

範例 13-1_013.xlsm
參照 控制項的主要事件一覽表……P.13-98

想建立點選命令按鈕時的事件處理常式

1 雙點命令按鈕

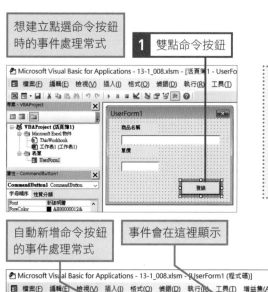

> **HINT 切換自訂表單的畫面與程式碼視窗**
>
> 點選**專案**視窗左上方的**檢視程式碼**鈕（🖳）就會切換到**程式碼**視窗。點選第 2 個按鈕**檢視物件**（🖾）,就會切換到自訂表單畫面。

自動新增命令按鈕的事件處理常式

事件會在這裡顯示

可在這裡撰寫在事件觸發時執行的處理

> **HINT 命令按鈕的 Click 事件處理常式**
>
> 命令按鈕的預設事件為 Click 事件,所以雙點自訂表單裡的命令按鈕就會自動新增 Click 事件處理常式。此時 Click 事件處理常式的程序名稱會自動設定成「命令按鈕的物件名稱 _Click」。命令按鈕的物件名稱就是 Name 屬性的值。此外,如果事先建立了 Click 事件處理常式以外的事件處理常式,做為命令按鈕的事件處理常式時,就不會自動新增 Click 事件處理常式,而是會自動選取已經建立的事件處理常式。如果想在這種狀態下建立 Click 事件處理常式,可在**程式碼**視窗的**事件方塊**點選▼,再從清單選擇 **Click**。
>
> 參照 設定控制項的名稱……P.13-9
> 參照 建立非預設事件的事件處理常式……P.13-13

在程式碼建立事件處理常式

在**程式碼**視窗的**物件方塊**點選▼，就會列出自訂表單的控制項的物件名稱，點選物件名稱之後，就會自動根據該控制項的預設事件建立事件處理常式。利用這個方法建立事件處理常式，就不需要雙點控制項，切換成自訂表單的畫面。

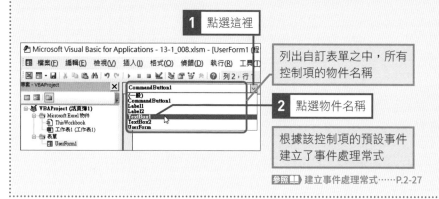

<u>1</u> 點選這裡

列出自訂表單之中，所有控制項的物件名稱

<u>2</u> 點選物件名稱

根據該控制項的預設事件建立了事件處理常式

参照📖 建立事件處理常式……P.2-27

建立非預設事件的事件處理常式

要建立非預設事件的事件處理常式可在**程式碼**視窗的**物件方塊**選擇要建立事件處理常式的物件名稱，再於**程序方塊**選擇要新增的事件名稱。**程序方塊**會根據在**物件方塊**選擇的物件列出可設定的事件。不同的控制項有不同的事件可以設定，所以最好在使用之前先確認。

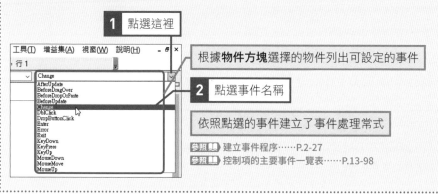

<u>1</u> 點選這裡

根據**物件方塊**選擇的物件列出可設定的事件

<u>2</u> 點選事件名稱

依照點選的事件建立了事件處理常式

参照📖 建立事件程序……P.2-27
参照📖 控制項的主要事件一覽表……P.13-98

● 撰寫於事件觸發時執行的處理

建立事件處理常式後，可在程序內撰寫處理內容。利用程式碼操作控制項與利用 VBA 操作物件一樣，都是使用「屬性」與「方法」這些基本語法。在此要在點選自訂表單（UserForm1）的命令按鈕（CommandButton1）之後，將文字方塊（TextBox1、TextBox2）的資料轉存至工作表的一覽表結尾處。 範例📒 13-1_014.xlsm

参照📖 VBA 的基本語法……P.2-11

```
1  Private␣Sub␣CommandButton1_Click()
2      With␣Range("A1").End(xlDown).Offset(1,␣0)
3          .Value␣=␣TextBox1.Value
4          .Offset(0,␣1).Value␣=␣TextBox2.Value
5      End␣With
6  End␣Sub
```

1	撰寫點選 CommandButton1 時執行的巨集
2	以儲存格 A1 為基準，取得下方最後一個儲存格的下一個儲存格，再進行下列的處理（With 陳述式）
3	將 TextBox1 的內容存入於第二行程式碼取得的儲存格
4	將 TextBox1 的內容存入於第二行程式碼取得的儲存格的右側儲存格
5	With 陳述式結束
6	結束巨集

切換成**程式碼**視窗　　　參照 切換自訂表單的畫面與程式碼視窗……P.13-12

1 輸入程式碼

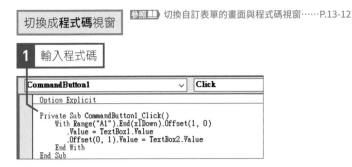

執行自訂表單

要執行自訂表單可在自訂表單的畫面或是開啟自訂表單的**程式碼**視窗時，按下 VBE 的**執行 Sub 或 UserForm** 鈕。　　　範例 13-1_15.xlsm

先開啟**程式碼**視窗　　　**1** 按下**執行 Sub 或 UserForm** 鈕　　　▶

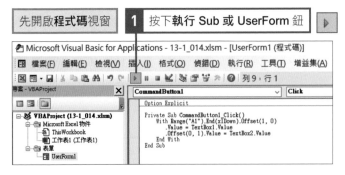

利用快捷鍵執行自訂表單

點選 F5 也可以執行自訂表單。

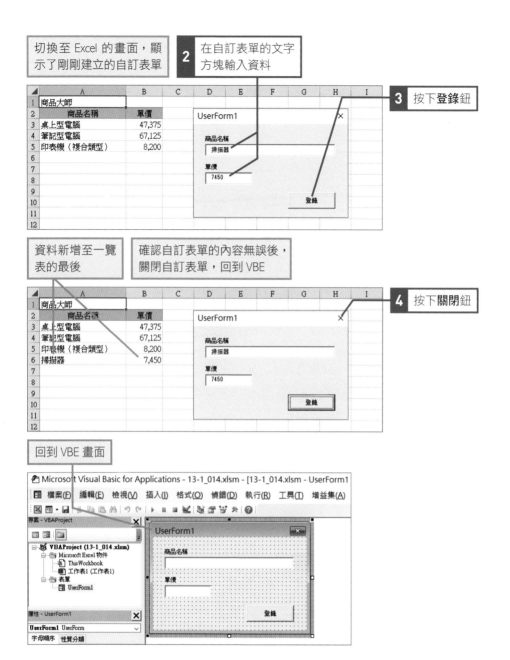

切換至 Excel 的畫面，顯示了剛剛建立的自訂表單

2 在自訂表單的文字方塊輸入資料

3 按下**登錄**鈕

資料新增至一覽表的最後

確認自訂表單的內容無誤後，關閉自訂表單，回到 VBE

4 按下**關閉**鈕

回到 VBE 畫面

13-2 操作自訂表單

操作自訂表單

使用者表單是配置各種控制項的基礎控制項,也是與使用者溝通的介面,因此可以設計自訂表單的外觀。此外,也可以視情況開啟或關閉自訂表單。

可以設定在標題列顯示的標題

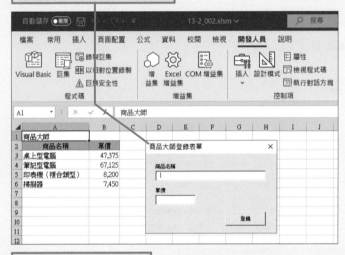

可以設定自訂表單的位置

可以開啟或關閉自訂表單　　可以在開啟自訂表單前執行巨集

設定標題

要設定自訂表單的標題列可使用 Caption 屬性。通常是在**屬性視窗**設定，但 Caption 屬性也可以利用事件處理常式在執行自訂表單時變更。 範例 13-2_001.xlsm

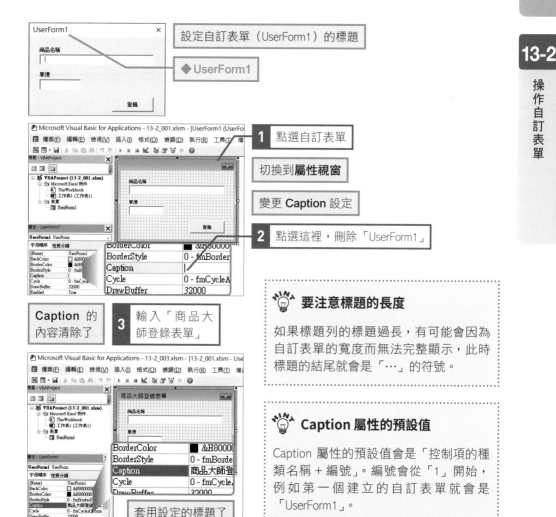

設定自訂表單（UserForm1）的標題

◆ UserForm1

1 點選自訂表單

切換到**屬性視窗**

變更 **Caption** 設定

2 點選這裡，刪除「UserForm1」

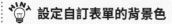

Caption 的內容清除了

3 輸入「商品大師登錄表單」

> 💡 **要注意標題的長度**
>
> 如果標題列的標題過長，有可能會因為自訂表單的寬度而無法完整顯示，此時標題的結尾就會是「⋯」的符號。

> 💡 **Caption 屬性的預設值**
>
> Caption 屬性的預設值會是「控制項的種類名稱＋編號」。編號會從「1」開始，例如第一個建立的自訂表單就會是「UserForm1」。

套用設定的標題了

> 💡 **設定自訂表單的背景色**
>
> 自訂表單的背景色可利用 BackColor 屬性設定。在「屬性」視窗點選 BackColor 屬性的欄位就會顯示「▼」，此時點選這個▼就可以從「調色盤」或「系統配色」選擇可設定為背景色的顏色。
>
> 參照 從調色盤或下拉式選單設定屬性值⋯⋯P.13-8

1 點選 BackColor 屬性

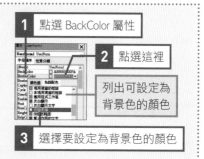

2 點選這裡

列出可設定為背景色的顏色

3 選擇要設定為背景色的顏色

設定顯示位置

自訂表單的位置可利用 StartUpPosition 屬性設定。如果想讓自訂表單在任何一個位置顯示可將 StartUpPosition 屬性設定為「0」，再利用 UserForm 物件的 Left 屬性或 Top 屬性設定位置。這個屬性的預設值為「1」，此時會以 Excel 應用程式視窗的位置為基準，在這個視窗的正中央顯示自訂表單。其他的設定值請參考下方的一覽表。

範例 13-2_002.xlsm

參照 設定視窗畫面的屬性……P.8-27

StartUpPosition 屬性的設定值

設定值	值	內容
Manual	0	手動
CenterOwner	1	所屬視窗（Excel 應用程式視窗）中央
CenterScreen	2	螢幕（畫面）中央
Windows Default	3	Windows 的預設值（畫面左上角）

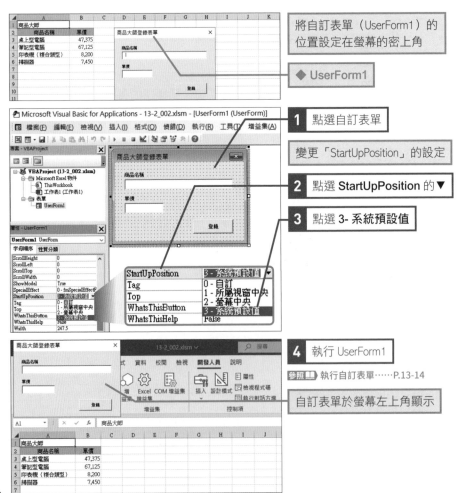

將自訂表單（UserForm1）的位置設定在螢幕的密上角

◆ UserForm1

1 點選自訂表單

變更「StartUpPosition」的設定

2 點選 StartUpPosition 的 ▼

3 點選 3- 系統預設值

4 執行 UserForm1

參照 執行自訂表單……P.13-14

自訂表單於螢幕左上角顯示

設定模態或非模態

要將自訂表單設定為模態或非模態可使用**屬性視窗**的 ShowModal 屬性。如果這個屬性設定為 True，自訂表單就會以模態交談窗的方式顯示，設定為 False 就會以非模態交談窗的方式顯示。此外，ShowModal 屬性是只能在**屬性視窗**設定的屬性。要在顯示自訂表單的時候，利用程式碼設定模態或非模態可使用 Show 方法的參數 Modal。

範例：13-2_003.xlsm

參照 顯示自訂表單……P.13-20
參照 模態……P.13-20
參照 非模態……P.13-20

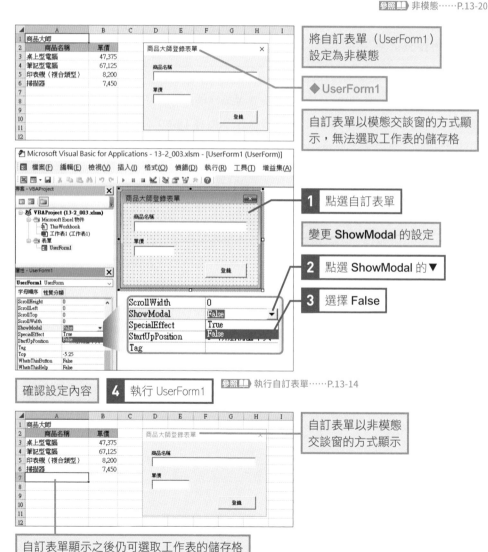

將自訂表單（UserForm1）設定為非模態

◆ UserForm1

自訂表單以模態交談窗的方式顯示，無法選取工作表的儲存格

1 點選自訂表單

變更 **ShowModal** 的設定

2 點選 ShowModal 的 ▼

3 選擇 False

確認設定內容　　**4** 執行 UserForm1

參照 執行自訂表單……P.13-14

自訂表單以非模態交談窗的方式顯示

自訂表單顯示之後仍可選取工作表的儲存格

模態

模態就是在顯示交談窗後，無法進行其他操作的狀態。若不希望使用者在此時進行其他操作，可將自訂表單設為**模態**。

 非模態

非模態就是在顯示交談窗後，仍可進行其他操作的狀態。若希望使用者在此時仍可進行其他操作，可將自訂表單設為**非模態**。

顯示自訂表單

物件.Show(Modal)

▶**解說**

要顯示自訂表單可使用 Show 方法。只要先寫好使用 Show 方法的陳述式，就不需要切換成 VBE，再點選**標準**工具列的**執行 Sub 或 UserForm**鈕，也能從控制項的事件處理常式或是 Sub 處理常式的程式碼顯示自訂表單。此外，一執行 Show 方法就會在顯示自訂表單之前，自動將自訂表單載入電腦的記憶體。

▶**設定項目**

物件.......................指定為自訂表單的物件名稱。

Modal....................以 FormShowConstants 列舉型常數指定自訂表單顯示的方式。如果省略這個參數，將依照參數 ShowModal 屬性的設定顯示自訂表單（可省略）。

FormShowConstants 列舉型常數

設定值	值	內容
vbModal	1	以模態的狀態顯示
vbModeless	0	以非模態的狀態顯示

參照 設定模態或非模態……P.13-19
參照 模態……P.13-20
參照 非模態……P.13-20

（避免發生錯誤）

如果先顯示了模態的自訂表單，又要顯示非模態的自訂表單就會發生錯誤。此外，配置了 RefEdit 的自訂表單若是以非模態的方式顯示，就會無法關閉。 **參照** RefEdit……P.13-85
參照 非模態……P.13-20

範例 顯示自訂表單

這次要將顯示自訂表單（UserForm1）的巨集寫成模組，而且要以非模態的方式
顯示自訂表單。

範例 13-2_004.xlsm

```
1  Sub␣顯示自訂表單()
2      UserForm1.Show␣vbModeless
3  End␣Sub
```

1 「顯示自訂表單」巨集
2 以非模態的方式顯示自訂表單
3 結束巨集

撰寫顯示自訂表單（UserForm1）的巨集

◆ UserForm1

1 啟動 VBE，輸入程式碼

2 執行巨集

顯示 UserForm1 了

💡 **將自訂表單載入記憶體**

要在不顯示自訂表單的狀態下，將自訂
表單載入記憶體可使用 Load 陳述式。例
如，要將自訂表單（UserForm1）載入記
憶體可使用下列的程式碼。

此外，要顯示存入記憶體的自訂表單，
可使用 Show 方法。此時已先將自訂表單
載入記憶體，所以只會執行顯示自訂表
單的處理。

範例 13-2_005.xlsm

```
Sub 載入自訂表單()
    Load UserForm1|
End Sub
```

關閉自訂表單

Unload 物件

▶解說

要關閉自訂表單可使用 Unload 陳述式。執行 Unload 陳述式就能在關閉自訂表單之後，從記憶體移除自訂表單。

▶設定項目

物件......................指定為自訂表單的物件名稱。

〔避免發生錯誤〕

一旦執行 Unload 方法就會從記憶體移除自訂表單，預留的記憶體也會釋放。如果只是想隱藏自訂表單，可改用 Hide 方法。　　　　　　　　　　參照!! 隱藏自訂表單……P.13-23

範例 關閉自訂表單

此範例要在自訂表單（UserForm1）配置命令按鈕（CommandButton2）。點選 CommandButton2 之後，會顯示確認訊息，並且只在按下**確定**時關閉自訂表單。

範例目 13-2_006.xlsm

```
1  Private␣Sub␣CommandButton2_Click()
2      Dim␣myBtn␣As␣Integer
3      myBtn␣=␣MsgBox("登錄完畢了嗎？",␣vbQuestion␣+␣vbOKCancel)
4      If␣myBtn␣=␣vbOK␣Then
5          Unload␣Me
6      End␣If
7  End␣Sub
```

1 點選 CommandButton2 時執行的巨集
2 宣告整數型別的變數 myBtn
3 以 MsgBox 函數顯示「登錄完畢了嗎？」訊息，再將點選的按鈕的傳回值存入變數 myBtn
4 當變數 myBtn 的值為 vbOK（If 陳述式的開頭）
5 關閉 UserForm1，並從記憶體移除
6 If 陳述式結束
7 結束巨集

點選命令按鈕（CommandButton2），關閉自訂表單（UserForm1）

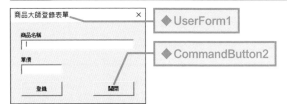

◆ UserForm1

◆ CommandButton2

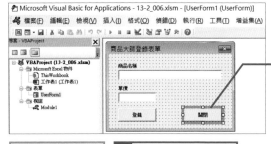

撰寫點選 CommandButton2
時執行的事件處理常式

1 雙點 CommandButton2

開啟**程式碼**視窗 | **2** 輸入下列的程式碼

```
CommandButton2                              Click
    Option Explicit

    Private Sub CommandButton2_Click()
        Dim myBtn As Integer
        myBtn = MsgBox("登錄完畢了嗎？", vbQuestion + vbOKCancel)
        If myBtn = vbOK Then
            Unload Me
        End If
    End Sub
```

3 執行 UserForm1

參照 執行自訂表單……P.13-14

4 點選 CommandButton2

顯示訊息了

5 按下**確定**鈕 | 關閉自訂表單

 關於 Me 關鍵字

Me 關鍵字是物件參照自己的關鍵字。
例如，在自訂表單（UserForm1）的**程
式碼**視窗撰寫 Me 關鍵字，Me 關鍵字
就會參照 UserForm1。

 隱藏自訂表單

要隱藏自訂表單可使用 Hide 方法。例
如，要在點選自訂表單（UserForm1）
的命令按鈕（CommandButton2）的時候
隱藏 UserForm1 可使用下列的程式碼。

```
Private Sub CommandButton2_Click()
    UserForm1.Hide
End Sub
```

此外，Hide 方法不會移除存入記憶體的
自訂表單。不需要再顯示的自訂表單可
利用 Unload 陳述式從記憶體移除。

範例 13-2_007.xlsm

設定在自訂表單顯示之前顯示的動作

Private Sub 物件_Initialize()

▶解説

Initialize 事件會在自訂表單載入記憶體之後，在自訂表單顯示之前觸發。只要使用在 Initialize 事件觸發時執行的 Initialize 事件處理常式，就能設定自訂表單或是自訂表單的控制項的初始狀態。

▶設定項目

物件 .... 指定為自訂表單的物件名稱。

〔避免發生錯誤〕

以 Hide 方法隱藏載入記憶體的自訂表單，以及透過 Show 方法再次顯示自訂表單的時候，不會觸發 Initialize 事件，請大家特別記住這點。

範 例 設定自訂表單顯示之前的初始狀態

這次要在自訂表單（UserForm1）顯示之前，將兩個文字方塊（TextBox1、TextBox2）的初始值設定為「""（長度為 0 的字串）」。　　　　　　範例 🗎 13-2_008.xlsm

```
1  Private␣Sub␣UserForm_Initialize()
2      TextBox1.Value␣=␣""
3      TextBox2.Value␣=␣""
4  End␣Sub
```

1　在 UserForm1 顯示前執行的巨集
2　將「""（長度為 0 的字串）」存入 TextBox1
3　將「""（長度為 0 的字串）」存入 TextBox2
4　結束巨集

在 UserForm1 顯示前，將 TextBox1 與 TextBox2 設定為「""（長度為 0 的字串）」

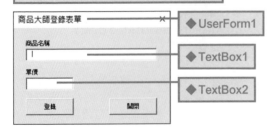

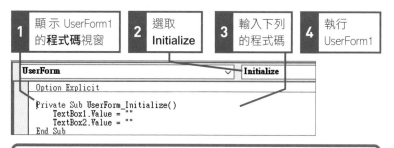

注意 這不是預設的事件，所以不要搞錯「Private Sub ～」底下的事件。

▲	A	B	C	D	E	F	G	H	I
1	商品大師								
2	商品名稱	單價							
3	桌上型電腦	47,375							
4	筆記型電腦	67,125							
5	印表機（複合類型）	8,200							
6	掃描器	7,450							
7									
8									
9									
10									
11									
12									

商品大師登錄表單　　　　×

商品名稱
[|]

單價
[　]

　登錄　　　　　　關閉

文字方塊的字串變成
「""（長度為 0 的字串）」了

💡 設定在自訂表單關閉之前執行的動作

自訂表單關閉之前會觸發 QueryClose 事件。使用在這個事件觸發時執行的 QueryClose 事件處理常式就能設定在自訂表單關閉之前執行的動作。例如，要在按下**關閉**鈕 ×，關閉自訂表單的時候顯示訊息，阻止自訂表單關閉的話，可將程式碼寫成下列的內容。要建立自訂表單的 QueryClose 事件處理常式可在**程式碼**視窗的**物件方塊**選擇自訂表單的物件名稱，再於**程序**方塊選擇「QueryClose」。

此外，QueryClose 事件處理常式的參數 CloseMode 可利用 VbQueryClose 列舉型常數決定關閉自訂表單的方法。此外，若是將 QueryClose 事件處理常式內部的參數 Cancel 設定為 True，就可以取消關閉自訂表單的處理。

範例 📄 13-2_009.xlsm

```
Private Sub UserForm_QueryClose(Cancel As Integer, CloseMode As Integer)
    If CloseMode = vbFormControlMenu Then
        MsgBox "點選「×」無法關閉自訂表單"
        Cancel = True
    End If
End Sub
```

VbQueryClose 列舉型的主要常數

常數	值	內容
vbFormControlMenu	0	按下**關閉**鈕（ × ）關閉自訂表單
vbFormCode	1	利用程式碼關閉自訂表單

13-3 命令按鈕

操作命令按鈕

命令按鈕是透過點選操作執行處理的介面，基本的使用方法已在13-1節介紹
過。本節要介紹的是將命令按鈕設定成利用 Enter 鍵或 Esc 鍵決定是否執
行的按鈕，以避免不小心誤觸命令按鈕的方法。

建立命令按鈕

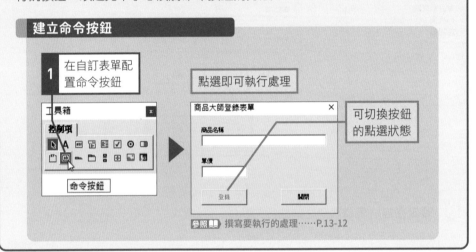

1 在自訂表單配置命令按鈕

點選即可執行處理

可切換按鈕的點選狀態

參照 撰寫要執行的處理……P.13-12

設定成按下 Enter 鍵或 Esc 鍵就能執行的狀態

命令按鈕可設定為預設按鈕或是取消按鈕。所謂預設按鈕就是在沒有焦點的
狀態下，按下 Enter 鍵就能點選的按鈕。要將命令按鈕設定為預設按鈕可將
Default 屬性設為 True。另一方面，取消按鈕就是在沒有焦點的狀態按下 Esc 鍵
也能取消的按鈕。要將命令按鈕設定為取消按鈕可將 Cancel 屬性設為 True。

範例 13-3_001.xlsm

將 CommandButton1 這個命令按鈕設定為預設按鈕，
以及將 CommandButton2 這個按鈕設定為取消按鈕

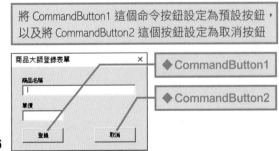

◆ CommandButton1

◆ CommandButton2

設定預設按鈕

1 點選 CommandButton1　　切換到**屬性視窗**

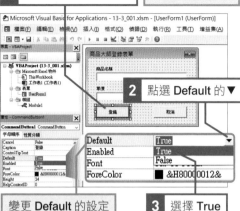

2 點選 Default 的▼

變更 **Default** 的設定　　**3** 選擇 True

接著設定取消按鈕

4 點選 CommandButton2

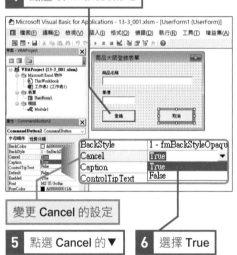

變更 **Cancel** 的設定

5 點選 Cancel 的▼　　**6** 選擇 True

預設按鈕與取消按鈕都設定完成了

💡 利用 Enter 鍵選取

就算不是預設按鈕的命令按鈕，在有焦點的狀態按下 Enter 鍵，一樣可以點選該命令按鈕。

💡 設定存取按鍵

存取按鍵就是在選單或按鈕名稱後面以括號括住的按鍵，只要搭配 Alt 鍵一起按，就能選擇或執行該選單或按鈕。要替控制項設定存取按鍵可在「屬性」視窗的 Accelerator 屬性輸入按鍵。要顯示存取按鍵可在 Caption 屬性的字串結尾處輸入存取按鍵，再以括號括起來。

範例 13-3_002.xlsm

設定存取按鍵的命令按鈕

💡 設定工具提示

工具提示就是在滑鼠游標移入按鈕時顯示的說明。要替命令按鈕設定工具提示可在「屬性」視窗的 ControlTipText 屬性輸入工具提示的字串。

範例 13-3_003.xlsm

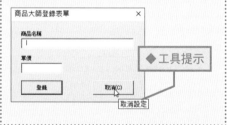

◆工具提示

💡 可設定為預設按鈕與取消按鈕的個數

自訂表單裡的預設按鈕與取消按鈕只能各有一個。如果自訂表單配置了多個命令按鈕，而其中有一個命令按鈕的 Default 屬性設定為 True，其他的命令按鈕的 Default 屬性就會自動設定為 False。同理可證，Cancel 屬性也有相同的現象。

13-27

切換命令按鈕的使用狀態

物件.**Enabled** ─────────────────── 取得

物件.**Enabled** = 設定值 ───────────── 設定

▶解說

要切換命令按鈕的使用狀態可使用 Enabled 屬性。被停用的命令按鈕的字串會變成灰色，此時無法點選或是移入焦點。此外，Enabled 屬性可透過**屬性視窗**與程式碼設定。

▶設定項目

物件.....................指定為命令按鈕的物件名稱。

設定值.................要啟用命令按鈕可設為 True，要停用則可設為 False。

避免發生錯誤

停用的按鈕也能透過程式碼操作。

範例 啟用原本停用的命令按鈕

此範例要在兩個文字方塊（TextBox1、TextBox2）都有資料時，將命令按鈕（CommandButton1）設為啟用。在 TextBox1 與 TextBox2 的 Change 事件處理常式撰寫文字方塊的 Change 事件，確認文字方塊是否已經輸入了資料。此外，範例使用了自訂表單的 Initialize 事件處理程序，預先將命令按鈕（CommandButton1）設為停用。

範例 13-3_004.xlsm

參照 將命令按鈕預設為停用……P.13-29

```
1  Private Sub TextBox1_Change()
2      If TextBox1.Value <> "" And TextBox2.Value <> "" Then
3          CommandButton1.Enabled = True
4      Else
5          CommandButton1.Enabled = False
6      End If
7  End Sub
```

1	撰寫在 TextBox1 的內容有所變更時執行的巨集
2	當 TextBox1 的值不為「""」（空字串），而且 TextBox2 的值也不為「""」（空字串）（If 陳述式的開頭）
3	啟用 CommandButton1
4	否則（TextBox1 的值不為「""」（空字串）或是 TextBox2 的值不為「""」（空字串））
5	停用 CommandButton1
6	結束 If 陳述式
7	結束巨集

判斷兩個方塊文字(TextBox1 與 TextBox2)有無資料，
若兩個文字方塊都有資料就啟用 CommandButton1

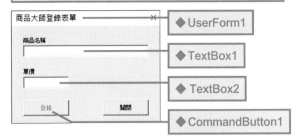

◆ UserForm1

◆ TextBox1

◆ TextBox2

◆ CommandButton1

1 開啟 UserForm1 **程式碼**視窗　**2** 輸入下列的程式碼

```
TextBox2                              ∨  Change
  Option Explicit
  Private Sub TextBox1_Change()
      If TextBox1.Value <> "" And TextBox2.Value <> "" Then
          CommandButton1.Enabled = True
      Else
          CommandButton1.Enabled = False
      End If
  End Sub
  Private Sub TextBox2_Change()
      If TextBox1.Value <> "" And TextBox2.Value <> "" Then
          CommandButton1.Enabled = True
      Else
          CommandButton1.Enabled = False
      End If
  End Sub
```

3 執行 UserForm1

參照 執行自訂表單……P.13-14

CommandButton1 啟用了

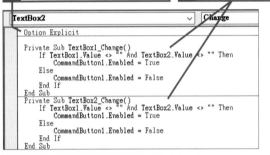

4 輸入資料

啟用 CommandButton1 了

切換控制項的顯示狀態

要切換控制項的顯示狀態可使用
Visible 屬性。如果要顯示控制項可
將這個屬性設定為 True，要隱藏則
可設定為 False。例如，要在點選命
令按鈕（CommandButton2）後，讓
命令按鈕（CommandButton1）隱
藏，可將程式碼寫成下列的內容。

範例 13-3_005.xlsm

```
Private Sub CommandButton2_Click()
    CommandButton1.Visible = False
End Sub
```

將命令按鈕預設為停用

如果只想在文字方塊輸入資料後才啟用命令按鈕，必須
預先透過自訂表單的初始狀態將命令按鈕設定為停用，
也就是在自訂表單的 Initialize 事件處理常式將命令按鈕
（CommandButton1）的 Enabled 屬性設定為 False。

參照 設定在自訂表單顯示之前
顯示的動作……P.13-24

```
Private Sub UserForm_Initialize()
    TextBox1.Value = ""
    TextBox2.Value = ""
    CommandButton1.Enabled = False
End Sub
```

13-4 文字方塊

操作文字方塊

文字方塊是能輸入與顯示字串的介面,而且每個文字方塊可設定輸入模式與字數,也能輸入多行的字串。此外,還能取得字串的字元編碼,確認輸入的內容。

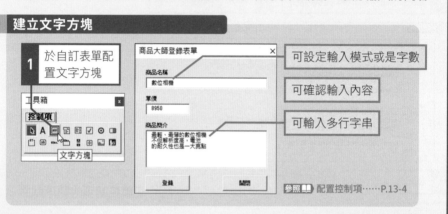

建立文字方塊

1 於自訂表單配置文字方塊

工具箱

控制項

文字方塊

商品大師登錄表單

商品名稱
數位相機

單價
8950

商品簡介
最輕、最薄的數位相機
不但解析度高,電池
的耐久性也是一大賣點

登錄　　　關閉

可設定輸入模式或是字數

可確認輸入內容

可輸入多行字串

參照 📖 配置控制項……P.13-4

設定中文輸入模式

要在文字方塊設定中文輸入模式可在**屬性視窗**的 IMEMode 屬性設定 fmIMEMode 列舉型常數。當插入點移到文字方塊中,就會自動切換預設的中文輸入模式。

範例 📄 13-4_001.xlsm

fmIMEMode 列舉型常數

常數	值	內容
fmIMEModeNoControl	0	不控制 IME(預設值)
fmIMEModeOn	1	開啟 IME
fmIMEModeOff	2	關閉 IME。英文模式
fmIMEModeDisable	3	關閉 IME。使用者無法透過鍵盤或是 IME 工具開啟輸入法
fmIMEModeHiragana	4	切換成平假名模式
fmIMEModeKatakana	5	切換成全形片假名模式
fmIMEModeKatakanaHalf	6	切換成半形片假名模式
fmIMEModeAlphaFull	7	切換成全形英數模式
fmIMEModeAlpha	8	切換成半形英數模式

將文字方塊（TextBox1）的中文輸入模式設定為中文全形模式

◆ UserForm1

◆ TextBox1

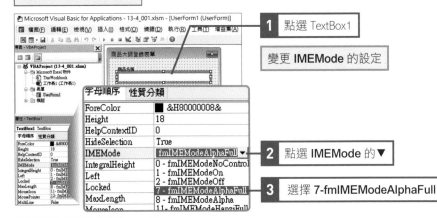

1 點選 TextBox1

變更 IMEMode 的設定

2 點選 IMEMode 的▼

3 選擇 7-fmIMEModeAlphaFull

4 執行 UserForm1　　**參照** 執行自訂表單……P.13-14

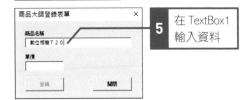

5 在 TextBox1 輸入資料

 IME

IME(Input Method Editor) 是輸入日文的軟體的總稱，目前有許多種具代表性的 IME，而內建於 Windows 的 IME 為「MS-IME」。

設定字數限制

要設定文字方塊的字數限制可使用 MaxLength 屬性。這個屬性可透過**屬性視窗**與程式碼設定，若要以程式碼設定，則可利用長整數型別 (Long) 的數值設定。這個屬性的預設值為沒有字數限制的「0」。下列的範例是從**屬性視窗**將 TextBox1 的字數限制設定為 15 個字元。

範例 13-4_002.xlsm

建立密碼文字方塊

有時候會需要以其他的字元代替輸入的字元，例如輸入密碼時，就需要這麼做。如果想要建立這種文字方塊，可在 PasswordChar 屬性設定用於取代輸入內容的字元。如果要解除這個設定可將這個屬性設定為「""（空字串）」。此外，套用了 PasswordChar 屬性的文字方塊只能輸入半形字元。　　**範例** 13-4_003.xlsm

在 PasswordChar 屬性設定「*」後，輸入的內容就會被取代為「*」

輸入多行字串

要在文字方塊輸入多行字串可將 MultiLine 屬性設為 True，這樣字串會在遇到文字方塊的邊緣時自動排到下一行，如果要讓文字換行，可按下 Enter 鍵。

範例 🗂 13-4_004.xlsm

參照 📖 文字自動折返設定……P.13-33

參照 📖 利用 Enter 鍵讓文字換行……P.13-32

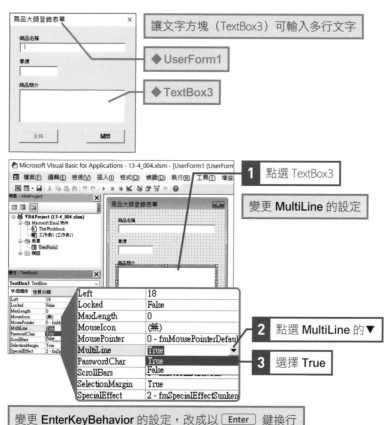

讓文字方塊（TextBox3）可輸入多行文字

◆ UserForm1

◆ TextBox3

1 點選 TextBox3

變更 **MultiLine** 的設定

Left	18
Locked	False
MaxLength	0
MouseIcon	(無)
MousePointer	0 - fmMousePointerDefaul
MultiLine	True
PasswordChar	True
ScrollBars	False
SelectionMargin	True
SpecialEffect	2 - fmSpecialEffectSunken

2 點選 MultiLine 的 ▼

3 選擇 True

變更 **EnterKeyBehavior** 的設定，改成以 Enter 鍵換行

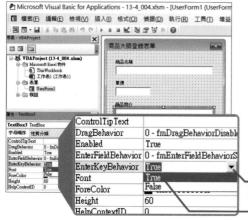

ControlTipText	
DragBehavior	0 - fmDragBehaviorDisabl
Enabled	True
EnterFieldBehavior	0 - fmEnterFieldBehaviorS
EnterKeyBehavior	True
Font	True
ForeColor	False
Height	60
HelpContextID	0

4 點選 EnterKeyBehavior 的 ▼

5 選擇 True

> 💡 **利用 Enter 鍵讓文字換行**
>
> 如果要在可輸入多行文字的文字方塊以 Enter 鍵換行，可將 EnterKeyBehavior 屬性設為 True。此外，EnterKeyBehavior 屬性只在 MultiLine 屬性為 True 時可使用。
>
> 參照 📖 輸入多行字串……P.13-32

6 執行 UserForm1

參照 執行自訂表單……P.13-14

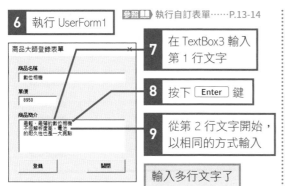

7 在 TextBox3 輸入第 1 行文字

8 按下 Enter 鍵

9 從第 2 行文字開始，以相同的方式輸入

輸入多行文字了

文字自動折返設定

要讓控制項內的文字自動折返可使用 WordWrap 屬性。當這個屬性設為 True，文字就會自動折返，設為 False 就不會折返。此外，WordWrap 屬性只在 MultiLine 屬性為 True 時可使用。

參照 輸入多行字串……P.13-32

在文字方塊加上存取按鍵功能

由於文字方塊沒有 Accelerator 屬性與 Caption 屬性，所以無法設定存取按鍵功能。因此，可另外建立與文字方塊搭配的標籤，再於標籤設定存取按鍵，然後將標籤的定位順序設定在文字方塊之前，後續只要按下存取按鍵，焦點就會因為標籤無法接受焦點而自動移動到下一個定位順序的文字方塊，也間接實現了存取按鍵的功能。範例在商品概要的文字方塊（TextBox3）設定了存取按鍵「G」。

範例 13-4_005.xlsm
參照 設定存取按鍵……P.13-27
參照 設定定位順序……P.13-11

在文字方塊顯示捲動列

要在可輸入多行文字的文字方塊設定在無法完整顯示文字時顯示的捲動列，可使用 ScrollBars 屬性。這個屬性可利用 fmScrollBars 類別的常數設定。

此外，當 MultiLine 屬性設定為 True，WordWrap 屬性也設定為 True 時，文字遇到文字方塊的邊緣會自動折返，所以水平捲動列不會顯示。

fmScrollBars 類別的常數

設定值	值	內容
fmScrollBarsNone	0	不顯示捲動列
fmScrollBarsHorizaotal	1	顯示水平捲動列
fmScrollBarsVertical	2	顯示垂直捲動列
fmScrollBarsBoth	3	顯示水平與垂直捲動列

參照 輸入多行字串……P.13-32
參照 文字自動折返設定……P.13-33

設定文字方塊的資料的顯示位置

要設定文字方塊的資料的顯示位置可使用 TextAlign 屬性。這個屬性可使用 fmTextAlign 列舉型常數設定。

fmTextAlign 列舉型常數

常數	值	內容
fmTextAlignLeft	1	字串於控制項的左側靠齊
fmTextAlignCenter	2	字串於控制項的中央靠齊
fmTextAlignRight	3	字串於控制項的右側靠齊

取得與設定文字方塊的字串

物件.**Text**	取得
物件.**Text** = 設定值	設定
物件.**Value**	取得
物件.**Value** = 設定值	設定

▶解説

要取得或是設定文字方塊的字串可使用 Text 屬性或是 Value 屬性。這兩個屬性基本上可視為相同的屬性，但是在取得值時，Text 屬性會傳回字串型別（String）的傳回值，Value 屬性會傳回 Variant 型別的傳回值。

▶設定項目

物件 .... 指定為文字方塊的物件名稱。

設定值 .... 指定為字串。

避免發生錯誤

要設定的字串必須以「"」（雙引號）括住。此外，只要 Text 或是 Value 屬性設定了值，另一個屬性就會套用相同的值。如果文字方塊的數值直接相加，該數值就會被辨識為數字，不會相加，只會合併。如果想讓文字方塊內的數字相加，可使用 Val 函數轉換成數值再執行加法的處理。

讓儲存格的資料在文字方塊顯示

在此要先取得文字方塊（TextBox1）的變更 No，再搜尋商品大師的 No 欄位。如果在這個欄位找到**變更 No**，就在文字方塊（TextBox2）顯示該商品名稱的資料，以及在文字方塊（TextBox3）顯示單價。如果沒有找到**變更 No**，就顯示「找不到該商品」的訊息。

範例 ▤ 13-4_006.xlsm
參照 ▤▤ 搜尋資料……P.9-3

```
1   Private␣Sub␣CommandButton1_Click()
2       Dim␣myNo␣As␣String
3       Dim␣myLastRange␣As␣Range,␣myKekka␣As␣Range
4       myNo␣=␣TextBox1.Text
5       Set␣myLastRange␣=␣Range("A1").End(xlDown)
6       Set␣myKekka␣=␣Range(Range("A3"),␣myLastRange).␣_
            Find(What:=myNo,␣LookAt:=xlWhole)
7       If␣myKekka␣Is␣Nothing␣Then
8           MsgBox␣"找不到該商品"
9           TextBox1.SetFocus
10      Else
11          TextBox2.Text␣=␣Cells(myKekka.Row,␣2).Value
```

12	TextBox3.**Text**␣=␣Cells(myKekka.Row,␣3).Value
13	End␣If
14	End␣Sub

1	在點選 CommandButton1 時執行的巨集
2	宣告字串型別的變數 myNo
3	宣告 Range 型別的變數 myLastRange 與變數 myKekka
4	取得 TextBox1 的值，再存入變數 myNo
5	將位於 A1 儲存格最下方的儲存格存入變數 myLastRange
6	在 A3 儲存格～變數 myLastRange 的儲存格範圍內，搜尋與變數 myNo 完全一致的資料，再將結果存入變數 myKekka
7	如果物件變數 myKekka 為空白（If 陳述式的開頭）
8	顯示「找不到該商品」
9	讓焦點移動到 TextBox1
10	否則
11	將 TextBox2 的值設為第變數 myFindRow 列、第 2 欄的值
12	將 TextBox3 的值設為第變數 myFindRow 列、第 3 欄的值
13	結束 If 陳述式
14	結束巨集

想在文字方塊顯示與**變更**
No 對應的商品名稱與單價

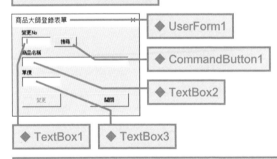

撰寫在點選 CommandButton1 時執行的事件處理常式

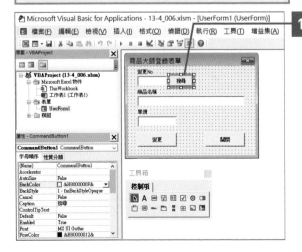

1 雙點 CommandButton1

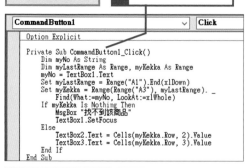

開啟**程式碼**視窗 ┃ **2** 輸入下列的程式碼

```
CommandButton1          ∨  Click

    Option Explicit

Private Sub CommandButton1_Click()
    Dim myNo As String
    Dim myLastRange As Range, myKekka As Range
    myNo = TextBox1.Text
    Set myLastRange = Range("A1").End(xlDown)
    Set myKekka = Range(Range("A3"), myLastRange). _
        Find(What:=myNo, LookAt:=xlWhole)
    If myKekka Is Nothing Then
        MsgBox "找不到該商品"
        TextBox1.SetFocus
    Else
        TextBox2.Text = Cells(myKekka.Row, 2).Value
        TextBox3.Text = Cells(myKekka.Row, 3).Value
    End If
End Sub
```

3 執行 UserForm1   **參照!** 執行自訂表單……P.13-14

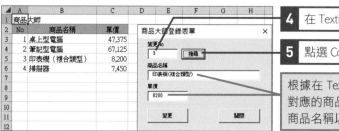

4 在 TextBox1 輸入資料

5 點選 CommandButton1

根據在 TextBox1 輸入的 No 找到了對應的商品，所以在 TextBox2 顯示商品名稱以及在 TextBox3 顯示單價

 讓文字方塊與儲存格連動

要讓文字方塊與儲存格連動可使用 ControlSource 屬性。例如，要讓文字方塊（TextBox1）與 A2 儲存格連動可選擇 TextBox1，再於 ControlSource 屬性輸入「A2」。如此一來，A2 儲存格的值就會在文字方塊顯示，而且一修正 A2 儲存格的值，文字方塊的值也會跟著修正。當自訂表單設定為非模態，就可以在顯示自訂表單時直接修正儲存格，所以也能即時確認文字方塊與儲存格連動的情況。此外，要在修正文字方塊的值後，讓儲存格套用相同的值可將焦點從文字方塊移動到其他的控制項。

讓焦點移動到特定的文字方塊

要讓焦點移動到特定的文字方塊可使用 SetFocus 方法。例如，要在點選命令按鈕（CommandButton1）時，讓焦點移動到文字方塊（TextBox2）可將程式碼寫成如圖的內容。

範例! 13-4_007.xlsm

```
Private Sub CommandButton1_Click()
    TextBox2.SetFocus
End Sub
```

替文字方塊的資料設定格式

文字方塊沒有設定資料格式的屬性，所以得使用 Format 函數設定資料的格式，再於文字方塊顯示。例如，要在點選命令按鈕（CommandButton1）時，在 A2 儲存格的數值資料套用千分位樣式，再於文字方塊（TextBox1）顯示套用格式的數值資料，可將程式碼寫成如圖的內容。

範例! 13-4_008.xlsm

```
Private Sub CommandButton1_Click()
    TextBox1.Value = Format(Range("A2").Value, "#,##0")
End Sub
```

設定按下按鍵時的動作

> # Private Sub 物件_KeyPress(ByVal KeyAscii As MSForms. ReturnInteger)
>
> ### ▶解説
> 按下鍵盤的按鍵時，會依序觸發 KeyDown、KeyPress及 KeyUp 事件，此時 KeyPress 事件會傳回與該按鍵對應的字元編碼（ASCII 碼），所以可以知道按下了哪個按鍵。該按鍵的字元編碼會存入於 KeyPress 事件觸發時執行的 KeyPress 事件處理常式的參數 KeyAscii。此外，將「0」存入這個參數 KeyAscii，就能取消按鍵輸入。
>
> ### ▶設定項目
> **物件** .... 指定為文字方塊的物件名稱。
>
> (避免發生錯誤)
> KeyDown 事件與 KeyUp 事件傳回的字元編碼就是分配給鍵盤各按鍵的鍵碼。鍵碼與字元編碼（ASCII 碼）有時會不一樣。

範 例 ｜ 建立只能輸入數字的文字方塊

此範例要在文字方塊（TextBox1）按下按鍵時，偵測該按鍵是否為數字按鍵，如果不是就顯示「請輸入數字」，然後取消按鍵輸入。此外，這次會將文字方塊（TextBox1）的輸入模式（IMEMode）設定為 fmIMEModeDisable（停用 IME），如此一來就只能輸入半形英數字元，而且無法變更輸入模式。

範例 ▤ 13-4_009.xlsm

參照 ▤ KeyPress 事件觸發的輸入模式……P.13-38

```
1  Private Sub TextBox1_KeyPress _
      (ByVal KeyAscii As MSForms.ReturnInteger)
2     If KeyAscii < Asc(0) Or KeyAscii > Asc(9) Then
3        MsgBox "請輸入數字"
4        KeyAscii = 0
5     End If
6  End Sub
```

註：「_（換行字元）」，當程式碼太長要接到下一行程式時，可用此斷行符號連接→參照 P.2-15

1 撰寫在 TextBox1 按下按鍵時執行的巨集
2 如果該按鍵的字元編碼比「0」的字元編碼還小，或是比「9」的字元編碼還大（If 陳述式的開頭）
3 顯示「請輸入數字」
4 取消按鍵輸入
5 結束 If 陳述式
6 結束巨集

建立只能在 TextBox1 輸入數字的巨集

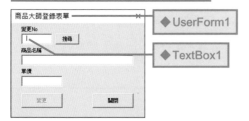

◆ UserForm1

◆ TextBox1

| **1** 選擇 **TextBox1** | **2** 點選 **KeyPress** | **3** 輸入下列的程式碼 |

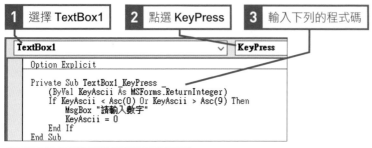

```
TextBox1                              KeyPress

Option Explicit

Private Sub TextBox1_KeyPress _
    (ByVal KeyAscii As MSForms.ReturnInteger)
    If KeyAscii < Asc(0) Or KeyAscii > Asc(9) Then
        MsgBox "請輸入數字"
        KeyAscii = 0
    End If
End Sub
```

注意 這不是預設的事件,所以不要
搞錯「Private Sub ～」底下的事件。

4 執行 UserForm1   參照 執行自訂表單……P.13-14

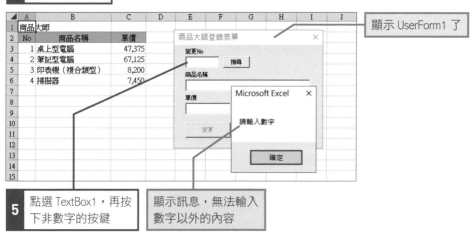

顯示 UserForm1 了

| **5** 點選 TextBox1,再按下非數字的按鍵 | 顯示訊息,無法輸入數字以外的內容 |

💡 **KeyPress 事件觸發的輸入模式**

要觸發 KeyPress 事件必須將文字方塊的輸入模式設為「fmIMEModeOff（關閉 IME）」
「fmIMEModeDisable（停用 IME）或「fmIMEModeAlpha（半形英數模式）」其中一種。
不過,若是從 IME 工具列切換成其他的輸入模式就無法觸發 KeyPress 事件,所以設
定為「fmIMEModeDiable（停用 IME）」,禁止從 IME 工具列切換輸入模式是最理想的
設定。

13-5 標籤

操作標籤

標籤是顯示字串的集面,基本的使用方法已經在13-1節介紹過。這節要介紹的是設定標籤字串的方法。

建立標籤

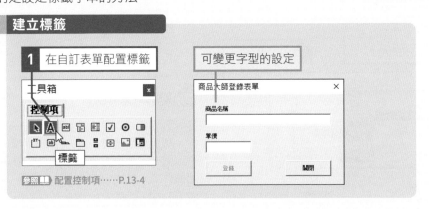

1 在自訂表單配置標籤

可變更字型的設定

參照 配置控制項……P.13-4

設定標籤的字型

要設定標籤的字型可使用 Font 屬性。在**屬性視窗**點選 **Front**,再點選「…」就會開啟**字型**交談窗,從中可設定字型、字型樣式與字型效果。 範例 13-5_001.xlsm

參照 在使用者表單設定屬性……P.13-8

針對標籤(Label1)的 Caption 屬性,變更文字的字型

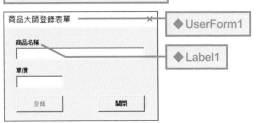

◆UserForm1

◆Label1

> **HINT 根據字串的長度調整標籤的大小**
>
> 若是透過程式碼設定標籤的 Caption 屬性,一旦字串過長,就有可能無法完整顯示。此時可將 AutoSize 屬性設為 True,讓標籤的大小自動根據字串的長度調整。如果不希望字串在遇到標籤的右端時自動折返,請將 WordWrap 屬性設為 False。
>
> 參照 文字自動折返設定……P.13-33

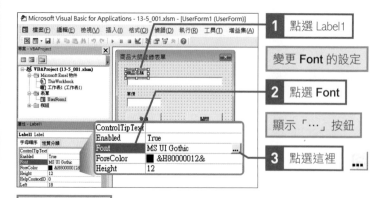

1　點選 Label1

變更 Font 的設定

2　點選 Font

顯示「…」按鈕

3　點選這裡

開啟**字型**交談窗

4　設定字型名稱、
樣式或大小

5　按下**確定**鈕

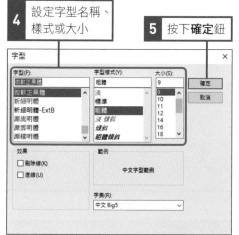

設定字型的顏色

要設定字型的顏色可使用 ForeColor 屬性。點選**屬性視窗**的 ForeColor 欄位，再點選▼，就會看到**調色盤**頁次與**系統配色**頁次，可從中選擇字型的顏色。

參照 從調色盤或下拉式選單設定屬性值……P.13-8

設定標籤的背景色

要設定標籤的背景色可使用 BackColor 屬性。點選**屬性視窗**的 BackColor 欄位，再點選▼，就會看到**調色盤**頁次與**系統配色**頁次，可從中選擇背景色。

參照 從調色盤或下拉式選單設定屬性值……P.13-8

變更字型了

設定標籤的文字位置

標籤的文字位置預設為靠左對齊。若要變更文字位置，可使用 TextAlign 屬性。這個屬性可使用 fmTextAlign 列舉型常數設定。

fmTextAlign 列舉型常數

常數	值	內容
fmTextAlignLeft	1	字串於控制項的左側靠齊
fmTextAlignCenter	2	字串於控制項的中央靠齊
fmTextAlignRight	3	字串於控制項的右側靠齊

13-6 圖像

圖像的操作

圖像控制項是顯示圖像的介面，可用來顯示公司的標誌或是製作更具視覺效果，更容易操作的介面。

建立圖像

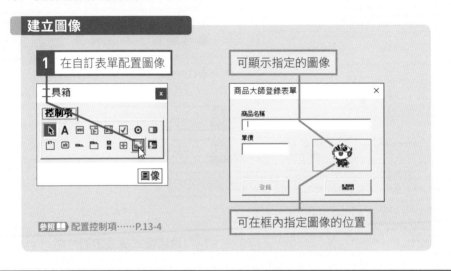

1 在自訂表單配置圖像

可顯示指定的圖像

可在框內指定圖像的位置

參照 配置控制項……P.13-4

設定要顯示的圖像

要在自訂表單的「圖像」控制項配置圖像可使用**屬性視窗**的 Picture 屬性。點選 **Picture** 屬性的「…」，就會開啟**載入圖片**交談窗，此時便可以選擇圖像。

範例 13-6_001.xlsm／ImageSample.gif

在圖像控制項顯示圖像

在此要載入「ImageSample」圖像

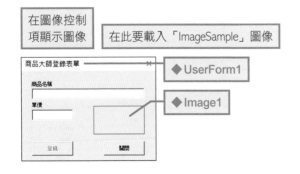

◆ UserForm1

◆ Image1

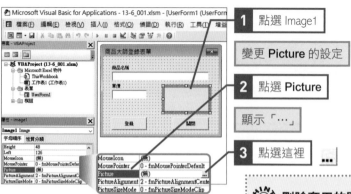

1 點選 Image1

變更 **Picture** 的設定

2 點選 **Picture**

顯示「...」

3 點選這裡

刪除套用的圖像

若要刪除圖像控制項裡面的圖像可點選**屬性視窗**的 **Picture** 屬性，再按下 Delete 鍵，這樣 Picture 屬性的欄位就會顯示**無**。

開啟**載入圖片**交談窗

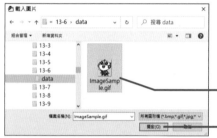

4 選擇要顯示的圖片

5 按下**開啟**鈕

顯示圖像了

透過程式碼設定圖片檔

要透過程式碼設定圖片檔可使用 LoadPicture 函數將圖片檔的路徑指定給 Picture 屬性。例如，要在點選命令按鈕（CommandButton1）時將圖像控制項（Image1）指定為 C 磁碟的「data」資料夾的「ImageSample.gif」，可將程式碼寫成下列的內容。

範例 13-6_002.xlsm

```
Private Sub CommandButton1_Click()
    Image1.Picture = LoadPicture("C:¥data¥ImageSample.gif")
End Sub
```

可在圖像控制項顯示的圖片格式

可在圖像控制項顯示的圖片格式為點陣圖格式（.bmp）、GIF 格式（.gif）、JPEG 格式（.jpg）、metafile 格式（.wmf、emf）、圖示格式（.ico、.cur）。

隱藏圖像控制項的外框

要隱藏圖像控制項的外框可將**屬性視窗**的 BorderStyle 屬性設定為 fmBorderStyle 列舉型常數的 fmBorderStyleNone。此外，若設定為常數 fmBorderStyleSingle 就會顯示外框。

範例 13-6_003.xlsm

隱藏外框了

設定圖像的顯示方法

要設定圖像控制項顯示圖像的方法可利用設定顯示位置的 PictureAlignment 屬性、設定大小的 PictureSizeMode 屬性與設定圖像排列方式的 PictureTiling 屬性。這些設定值可參考 756 頁的一覽表。在此要示範讓圖片在維持長寬比例的前提下，放大至塞滿圖像控制項（Image1）的大小。

範例 13-6_004.xlsm

參照 PictureAlignment 屬性的設定值……P.13-44
參照 PictureSizeMode 屬性的設定值……P.13-44

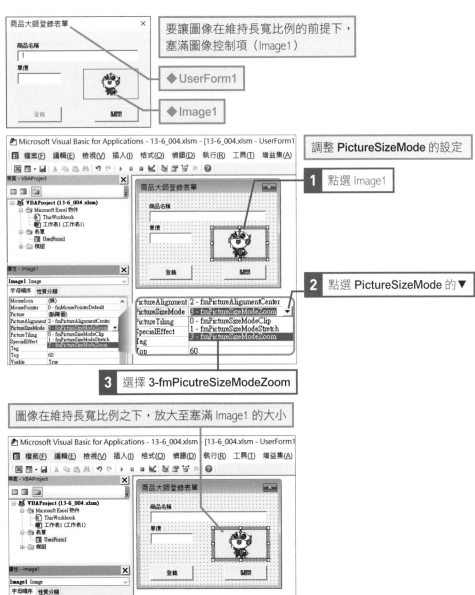

要讓圖像在維持長寬比例的前提下，塞滿圖像控制項（Image1）

◆ UserForm1

◆ Image1

調整 **PictureSizeMode** 的設定

1 點選 Image1

2 點選 PictureSizeMode 的 ▼

3 選擇 3-fmPicutreSizeModeZoom

圖像在維持長寬比例之下，放大至塞滿 Image1 的大小

PictureAlignment 屬性的設定值（fmPictureAlignment 列舉型常數）

常數	值	內容	示例
fmPictureAlignmentTopLeft	0	在左上角顯示	
fmPictureAlignmentTopRight	1	在右上角顯示	
fmPictureAlignmentCenter（預設值）	2	居中顯示	
fmPictureAlignmentBottomLeft	3	在左下角顯示	
fmPictureAlignmentBottomRight	4	在右下角顯示	

PictureSizeMode 屬性的設定值（fmPictureSizeMode 列舉型常數）

常數	值	內容	示例
fmPictureSizeModeClip（預設值）	0	依照原尺寸顯示。無法顯示的部位就不顯示	
fmPicutreSizeModeStretch	1	依照控制項的大小調整圖片的比例	
fmPictureSizeModeZoom	3	在圖像維持長寬比的前提下，依照控制項的大小調整圖像	

PictureTiling 屬性的設定值

常數	內容	示例
True	像磁磚般排列圖像	
False（預設值）	不排列圖像	

13-7 核取方塊

操作核取方塊

核取方塊是提供複選的介面，若是單獨使用，可建立二選一的項目。此外，要建立單選介面可使用選項按鈕。　　　　　　　　參照 選項按鈕……P.13-50

建立核取方塊

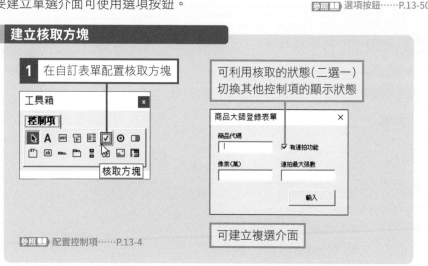

1 在自訂表單配置核取方塊

工具箱

控制項

核取方塊

可利用核取的狀態(二選一)切換其他控制項的顯示狀態

商品大師登錄表單 ✕

商品代碼

☑ 有連拍功能

像素(萬)

連拍最大張數

輸入

可建立複選介面

參照 配置控制項……P.13-4

取得或設定核取方塊的狀態

物件**.Value** ─────────────────── 取得
物件**.Value** = 設定值 ─────────────── 設定

▶ **解説**

要取得或設定核取方塊的狀態可使用 Value 屬性。True 為核取的狀態，False 為未核取的狀態。若是設定為 Null 可停用核取方塊。

▶ **設定項目**

物件 .... 指定為核取方塊的物件名稱。

設定值 .... 要設定為核取狀態可設定為 True，要設定為未核取狀態可設定為 False。若是設定為 Null 則可停用核取方塊。

13-45

核取方塊的 Value 屬性的設定值

設定值	內容	畫面狀態
True	核取狀態	☑ 防手震
False	未核取狀態	☐ 防手震
Null	停用狀態	☑ 防手震

(避免發生錯誤)

若想在執行自訂表單之後點選核取方塊,藉此停用核取方塊的話,必須將 TripleState 屬性設定為 True。

參照📖 TripleState 屬性……P.13-47

範例 **取得核取方塊的狀態**

此範例要在點選命令按鈕(CommandButton1)時,取得文字方塊(TextBox1)的值以及 3 個核取方塊(CheckBox1 ~ 3)的狀態,再於清單最新列的每個儲存格輸入這些狀態。已核取的項目會輸入「TRUE」,未核取的項目會輸入「FALSE」。

範例圖 13_7_001.xlsm

參照📖 取得與設定文字方塊的字串……P.13-34

```
1  Private␣Sub␣CommandButton1_Click()
2      With␣Range("A1").End(xlDown).Offset(1,␣0)
3          .Value␣=␣TextBox1.Text
4          .Offset(0,␣1).Value␣=␣CheckBox1.Value
5          .Offset(0,␣2).Value␣=␣CheckBox2.Value
6          .Offset(0,␣3).Value␣=␣CheckBox3.Value
7      End␣With
8  End␣Sub
```

1	撰寫在點選 CommandButton1 的時候執行的巨集
2	找到 A1 儲存格最下方的儲存格,再取得該儲存格下方的儲存格,進行下列的處理(With 陳述式的開頭)
3	將 TextBox1 的內容存入於第 2 行程式碼取得的儲存格
4	將 CheckBox1 的狀態存入於第 2 行程式碼取得的儲存格的右邊第 1 個儲存格
5	將 CheckBox2 的狀態存入於第 2 行程式碼取得的儲存格的右邊第 2 個儲存格
6	將 CheckBox3 的狀態存入於第 2 行程式碼取得的儲存格的右邊第 3 個儲存格
7	結束 With 陳述式
8	結束巨集

將文字方塊（TextBox1）與核取方塊
（CheckBox1 ～ 3）的狀態存入儲存格

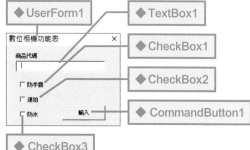

◆ UserForm1　　◆ TextBox1

◆ CheckBox1

◆ CheckBox2

◆ CommandButton1

◆ CheckBox3

撰寫在點選 CommandButton1
執行的事件處理常式

1 雙點 CommandButton1

開啟**程式碼**視窗　　**2** 輸入下列的程式碼

```
CommandButton1        ∨   Click

    Option Explicit

    Private Sub CommandButton1_Click()
        With Range("A1").End(xlDown).Offset(1, 0)
            .Value = TextBox1.Text
            .Offset(0, 1).Value = CheckBox1.Value
            .Offset(0, 2).Value = CheckBox2.Value
            .Offset(0, 3).Value = CheckBox3.Value
        End With
    End Sub
```

參照 執行自訂表單……P.13-14

3 執行 UserForm1

4 輸入自訂表單的 TextBox1、
CheckBox1 ～ 3

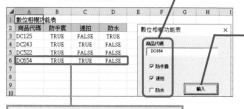

5 按下**輸入**鈕

	A	B	C	D
1	數位相機功能表			
2	商品代碼	防手震	連拍	防水
3	DC125	TRUE	FALSE	TRUE
4	DC243	TRUE	TRUE	FALSE
5	DC522	TRUE	FALSE	FALSE
6	DC654	TRUE	TRUE	FALSE

自訂表單的文字方塊的內容與核
取方塊的狀態全存入儲存格了

TripleState 屬性

TripleState 屬性代表的是核取方塊與選
項按鈕的**停用**狀態。通常，在自訂表單
操作核取方塊時，每點選一次，核取與
未核取的狀態就會不斷切換，此時
TripleState 屬性是設定為 False，可是當
這個屬性設定為 True，核取方塊就會額
外增加**停用**狀態，核取的狀態也會依照
核取→未核取→停用→核取……這種順
序切換。

利用鍵盤操作核取方塊

要透過鍵盤操作核取方塊可使用 [Tab] 鍵
將焦點移動到核取方塊，再按下 [space]
鍵即可切換核取與未核取的狀態。

在值變更的時候執行處理

Private Sub 物件_Change( )

▶解説
Change 事件是在 Value 屬性的值有所變動時觸發的事件。使用在 Change 事件觸發時執行的 Change 事件處理常式就能在核取方塊的狀態改變時，也就是 Value 屬性的值改變時，執行對應的處理。

▶設定項目
物件......................指定為核取方塊的物件名稱。

(避免發生錯誤)

透過程式碼變更 Value 屬性的值，也會觸發 Change 事件。如果不希望 Change 事件處理常式在預料之外的時間點執行，可在利用程式碼操作 Value 屬性的值時，確認是否先行建立了 Change 事件處理常式。

範例 **根據核取方塊的狀態切換顯示狀態**

目前的自訂表單（UserForm1）配置了標籤「Label2 ～ 3」與文字方塊（TextBox2 ～ 3），希望 Label3 與 TextBox3 只在勾選核取方塊（CheckBox1）時顯示。

範例 13-7_002.xlsm

```
1  Private␣Sub␣CheckBox1_Change()
2      Label3.Visible␣=␣CheckBox1.Value
3      TextBox3.Visible␣=␣CheckBox1.Value
4  End␣Sub
```

1	撰寫在 CheckBox1 的狀態變更時執行的巨集
2	取得 CheckBox1 的值，設定 Label3 的狀態為顯示或隱藏
3	取得 CheckBox1 的值，設定 TextBox3 的狀態為顯示或隱藏
4	結束巨集

只在核取方塊（CheckBox1）勾選時顯示 Label3 與 TextBox3

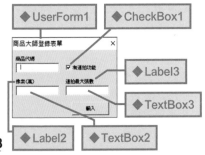

◆UserForm1　◆CheckBox1　◆Label3　◆TextBox3　◆Label2　◆TextBox2

撰寫在 CheckBox1 勾選時執行的事件處理常式

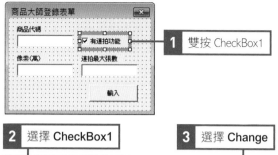

1 雙按 CheckBox1

2 選擇 CheckBox1

3 選擇 Change

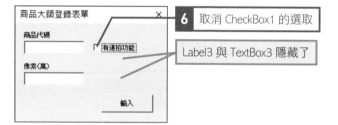

CheckBox1 | **Change**

```
Option Explicit

Private Sub CheckBox1_Change()
    Label3.Visible = CheckBox1.Value
    TextBox3.Visible = CheckBox1.Value
End Sub
```

4 輸入下列的程式碼

注意 這不是預設的事件,所以不要搞錯「Private Sub ～」底下的事件。

5 執行 UserForm1　 執行自訂表單……P.13-14

6 取消 CheckBox1 的選取

Label3 與 TextBox3 隱藏了

💡 利用核取方塊的狀態切換顯示狀態的機制

這次是將核取方塊的 Value 屬性的值直接設定為標籤或文字方塊的 Visible 屬性,藉此切換標籤或文字方塊的顯示狀態。勾選核取方塊之後,Value 會傳回 True,所以 Visible 屬性會被設定為 True,標籤與文字方塊就會顯示。反之,取消核取方塊的選取之後,Visible 屬性會套用 False 的設定,標籤與文字方塊也會隱藏。

💡 核取方塊的 Click 事件

核取方塊的預設事件為 Click 事件。勾選方塊的 Click 事件會在核取方塊被點選或是 Value 屬性的值有所變動時觸發,但是在 Value 屬性設定為 Null 的時候,Click 事件不會觸發。

13-8 選項按鈕

操作選項按鈕

選項按鈕可建立從多個選項選擇單一選項的單選介面。此外,若要建立複選選項可改用核取方塊。

參照 📖 核取方塊⋯⋯P.13-45

建立選項按鈕

1 於自訂表單配置

可建立從多個選項選擇單一選項的單選介面

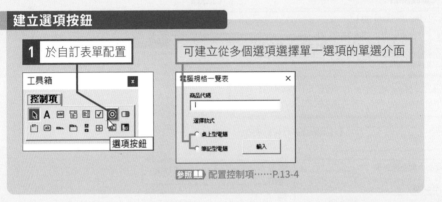

參照 📖 配置控制項⋯⋯P.13-4

取得或設定選項按鈕的狀態

物件.Value ――――――――――――――――――――――――――――― 取得
物件.Value = 設定值 ――――――――――――――――――――― 設定

▶ 解說

要取得或設定選項按鈕的狀態可使用 Value 屬性。True 為選取的狀態,False 為未選取的狀態。若是設定為 Null,就能將選項按鈕設為停用狀態。

▶ 設定項目

物件 ⋯⋯⋯⋯⋯⋯指定為選項按鈕的物件名稱。

設定值 ⋯⋯⋯⋯⋯⋯要設定為選取狀態可設為 True,要設定為未選取狀態可設定為 False,要設定為停用狀態可設為 Null。

（避免發生錯誤）

即使 TripleState 屬性設定為 True,也無法在執行自訂表單後,透過點選操作將選項按鈕設定為停用狀態,必須透過**屬性視窗**或是程式碼才能將選項按鈕設定為停用狀態。

參照 📖 TripleState 屬性⋯⋯P.13-47

範例 取得選項按鈕的狀態

此範例要在自訂表單（UserForm1）配置 2 個選項按鈕（OptionButton1 ～ 2）與命令按鈕（CommandButton1），再於點選 CommandButton1 後，讓被選取的選項按鈕的字串（Caption 屬性的值）存入儲存格。　　　　範例 13-8_001.xlsm

```
1  Private Sub CommandButton1_Click()
2      With Range("A1").End(xlDown).Offset(1, 0)
3          If OptionButton1.Value = True Then
4              .Offset(0, 1).Value = OptionButton1.Caption
5          ElseIf OptionButton2.Value = True Then
6              .Offset(0, 1).Value = OptionButton2.Caption
7          Else
8              MsgBox "請選擇款式"
9              Exit Sub
10         End If
11         .Value = TextBox1.Text
12     End With
13 End Sub
```

1 撰寫在 CommandButton1 被點選時執行的巨集
2 找到 A1 儲存格最下方的儲存格，再取得該儲存格下方的儲存格，然後進行下列的處理（With 陳述式的開頭）
3 當 OptionButton1 已被選取（If 陳述式的開頭）
4 將 OptionButton1 的字串存入於第 2 行程式碼取得的儲存格的右邊 1 個儲存格
5 否則，當 OptionButton2 已被選取
6 將 OptionButton2 的字串存入於第 2 行程式碼取得的儲存格的右邊 1 個儲存格
7 否則
8 顯示「請選擇款式」
9 結束處理
10 結束 If 陳述式
11 將 TextBox1 的內容存入於第 2 行程式碼取得的儲存格
12 結束 With 陳述式
13 結束巨集

點選命令按鈕（CommandButton1）後，文字方塊（TextBox1）的內容與被選取的選項按鈕（OptionButton1 或是 OptionButton2）的字串將存入儲存格

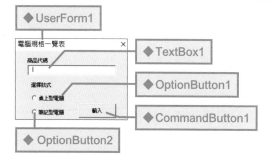

◆ UserForm1

◆ TextBox1

◆ OptionButton1

◆ CommandButton1

◆ OptionButton2

撰寫在 CommandButton1 被
點選時執行的事件處理常式

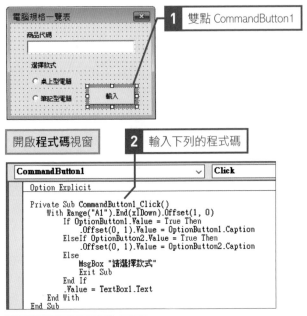

1 雙點 CommandButton1

開啟**程式碼**視窗

2 輸入下列的程式碼

CommandButton1	⌄	**Click**

```
Option Explicit

Private Sub CommandButton1_Click()
    With Range("A1").End(xlDown).Offset(1, 0)
        If OptionButton1.Value = True Then
            .Offset(0, 1).Value = OptionButton1.Caption
        ElseIf OptionButton2.Value = True Then
            .Offset(0, 1).Value = OptionButton2.Caption
        Else
            MsgBox "請選擇款式"
            Exit Sub
        End If
        .Value = TextBox1.Text
    End With
End Sub
```

3 執行 UserForm1

參照 執行自訂表單……P.13-14

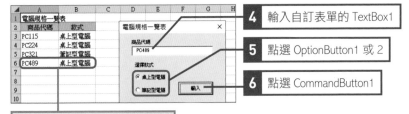

4 輸入自訂表單的 TextBox1

5 點選 OptionButton1 或 2

6 點選 CommandButton1

自訂表單的文字方塊的內容與
選項按鈕的字串存入儲存格

 利用鍵盤操作選項按鈕

要利用鍵盤操作選項按鈕可使用 Tab
鍵將焦點移入選項按鈕，再按下 space
鍵切換選取狀態。

 設定選項按鈕的群組

選項按鈕與核取方塊不同，是能夠建立
從多個選項單選一個選項的控制項。多
個選項按鈕會被視為同一個組群，所以
才能夠建立單選介面，但如果有很多個
群組，就必須替不同的群組命名，才能
夠區分這些群組。群組名稱可在屬於同
一個群組的選項按鈕的 GroupName 設
定。此外，使用框架設定群組時，就不
需要另外設定群組名稱。

參照 框架……P.13-53

13-9 框架

操作框架

框架是群組化控制項的介面。利用框架群組化自訂表單的控制項，就能建立更簡單明瞭的介面。此外，多個選項按鈕配置在框架之後，就只能選擇其中一個選項按鈕。

建立框架

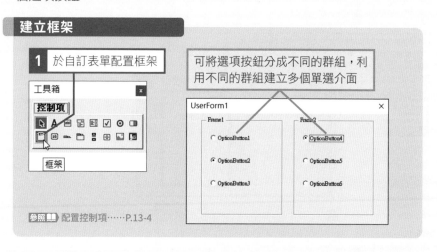

1 於自訂表單配置框架

工具箱

控制項

框架

可將選項按鈕分成不同的群組，利用不同的群組建立多個單選介面

參照 配置控制項……P.13-4

在框架中配置選項按鈕

在框架配置多個選項按鈕後，這些選項按鈕都會被視為同一個群組，也只能選擇其中一個選項按鈕。

範例 13-9_001.xlsm

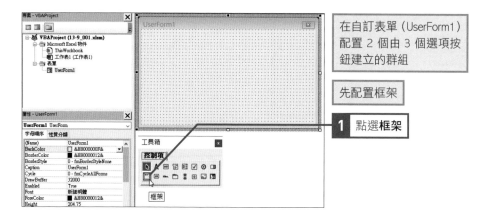

在自訂表單（UserForm1）配置 2 個由 3 個選項按鈕建立的群組

先配置框架

1 點選框架

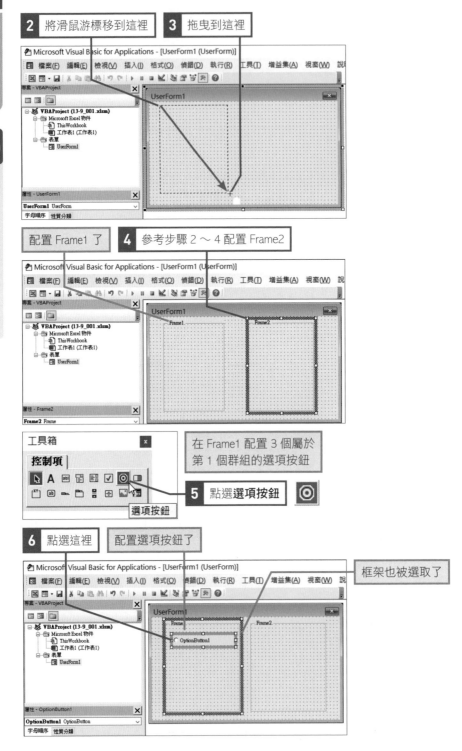

2 將滑鼠游標移到這裡　　**3** 拖曳到這裡

配置 Frame1 了　　**4** 參考步驟 2 ～ 4 配置 Frame2

在 Frame1 配置 3 個屬於
第 1 個群組的選項按鈕

5 點選**選項按鈕**

6 點選這裡　　配置選項按鈕了

框架也被選取了

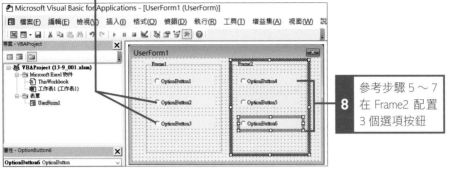

7 配置其他 2 個選項按鈕

參考步驟 5 ～ 7
8 在 Frame2 配置
3 個選項按鈕

9 執行 UserForm1　[參照] 執行自訂表單……P.13-14

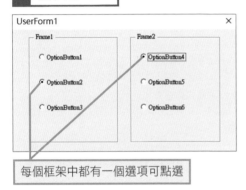

每個框架中都有一個選項可點選

💡**HINT 事後再配置框架**

如果要在配置選項按鈕之後再配置框
架，可先在自訂表單的空白處配置框
架，之後再將選項按鈕移動到框架中。
要注意的是，就算將框架拖曳到事先配
置的選項按鈕，也不代表選項按鈕移入
框架中。

▶ 參照框架中的所有控制項

物件.Controls

▶解説

要參照框架之中的所有控制項（Controls 集合）可使用 Controls 屬性。使用 For
Each ～ Next 陳述式可逐步參照 Controls 集合之中的每個集合，所以就能參照框
架之中的所有控制項的值。　　[參照] 對所有種類相同的物件執行相同的處理……P.3-52

▶設定項目

物件.....................指定為框架的物件名稱。

（避免發生錯誤）
不同的控制項都有不同的屬性與方法，所以讓控制項使用沒有的屬性或方法就會發生錯
誤。要利用 For Each ～ Next 陳述式操作框架之中的各種控制項的時候，可先利用 Type-
Name 函數確認參照的控制項的種類。　　[參照] 確認物件或變數的種類……P.15-56

範 例 取得框架中被選取的選項按鈕

這次要在自訂表單（UserForm1）配置框架（Frame1），接著在框架配置選項按鈕（OptionButton1 ～ 3），再取得被選取的選取按鈕的字串（Caption 屬性的值），然後將該值存入儲存格 A2。

範例 📄 13-9_002.xlsm

```
 1  Private Sub CommandButton1_Click()
 2      Dim myOPButton As Control
 3      With Range("A1").End(xlDown).Offset(1, 0)
 4          For Each myOPButton In Frame1.Controls
 5              If myOPButton.Value = True Then
 6                  .Value = TextBox1.Text
 7                  .Offset(0, 1).Value = myOPButton.Caption
 8                  Exit Sub
 9              End If
10          Next myOPButton
11          MsgBox "請選擇規格"
12      End With
13  End Sub
```

1	撰寫在 CommandButton1 被點選時執行的巨集
2	宣告 Control 類型的變數 myOPButton
3	找到 A1 儲存格最下方的儲存格，再取得該儲存格下方的儲存格，並進行下列的處理（With 陳述式的開頭）
4	依序將 Frame1 內的控制項存入物件變數 myOPButton，再執行下列的處理（For Each 陳述式的開頭）
5	物件變數 myOPButton 的值為 True 時（If 陳述式的開頭）
6	將 TextBox1 的內容存入於第 2 行程式碼取得的儲存格之中
7	將變數 myOPButton 的字串（Caption 屬性的值）存入於第 2 行程式碼取得的儲存格的右側 1 個儲存格
8	結束處理
9	結束 If 陳述式
10	將下一個控制項存入變數 myOPButton，再回到第 5 行程式碼
11	顯示「請選擇規格」
12	結束 With 陳述式
13	結束巨集

將框架（Frame1）中，被選取的選項按鈕（OptionButton1 ～ 3）的字串存入儲存格

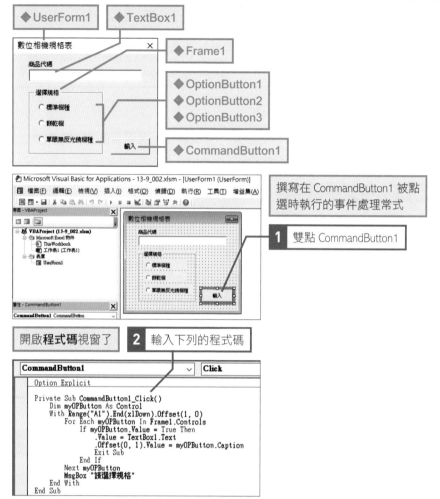

◆ UserForm1　　◆ TextBox1

◆ Frame1

◆ OptionButton1
◆ OptionButton2
◆ OptionButton3

◆ CommandButton1

撰寫在 CommandButton1 被點
選時執行的事件處理常式

1 雙點 CommandButton1

開啟**程式碼**視窗了　　**2** 輸入下列的程式碼

```
CommandButton1              ∨   Click

   Option Explicit

   Private Sub CommandButton1_Click()
      Dim myOPButton As Control
      With Range("A1").End(xlDown).Offset(1, 0)
         For Each myOPButton In Frame1.Controls
            If myOPButton.Value = True Then
               .Value = TextBox1.Text
               .Offset(0, 1).Value = myOPButton.Caption
               Exit Sub
            End If
         Next myOPButton
         MsgBox "請選擇規格"
      End With
   End Sub
```

3 執行 UserForm1

參照🔲 執行自訂表單……P.13-14

4 在 TextBox1 輸入文字

5 點選 OptionButton1 ～
3 其中一個

6 點選 CommandButton1

文字方塊的內容以及在框
架之中被選取的選項按鈕
的字串都存入儲存格了

13-10 清單方塊

操作清單方塊

清單方塊是能以清單格式顯示資料的介面，可根據使用者選擇的列或欄取得
資料，也可以顯示多個欄位或是選擇多列的內容。

建立清單方塊

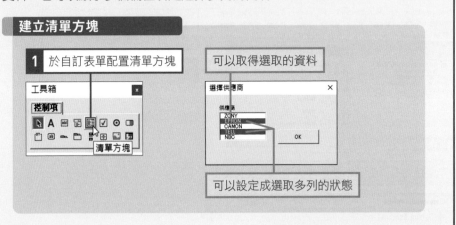

設定在清單顯示的儲存格範圍

由於可在清單的項目顯示儲存格的資料，所以操作儲存格範圍的資料，就能設
定清單的項目。要設定作為清單項目的儲存格範圍可使用**屬性視窗**的 RowSource
屬性。要設定為 A2 ～ A6 儲存格範圍時，可利用「:（冒號）」在 RowSource 屬
性輸入「A2：A6」，也可以輸入儲存格範圍的儲存格範圍名稱。

範例 📄 13-10_001.xlsm

在清單方塊（ListBox1）顯示儲存格 A2 ～ A6 的資料

在 **RowSource** 設定儲存格範圍

1 點選 ListBox1

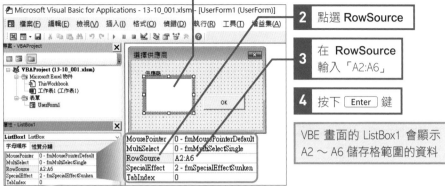

2 點選 **RowSource**

3 在 **RowSource** 輸入「A2:A6」

4 按下 Enter 鍵

VBE 畫面的 ListBox1 會顯示 A2 ～ A6 儲存格範圍的資料

5 執行 UserForm1

 執行自訂表單……P.13-14

清單顯示了 A2 ～ A6 儲存格的資料了

 在清單方塊追加項目

要在清單方塊增加項目可直接在設定的儲存格範圍增加資料，但這麼一來儲存格範圍就會擴大，連帶 RowSource 屬性的設定也得修正。其實這種情況只需要建立自動有新 RowSource 屬性的機制即可解決問題。例如，ListBox1 顯示的是 A 欄的資料時，可在工作表的 Change 事件處理常式撰寫下列的程式碼，只要 A 欄的儲存格有所變動，就會參照包含該儲存格的作用中儲存格範圍，再以 Address 屬性取得該儲存格的編號，然後設定給 ListBox1 的 RowSource 屬性。變更的儲存格是利用參數 **Target** 參照。

此外，也可以在自訂表單的 Initialize 事件處理常式撰寫下列的程式碼，初始化 RowSource 屬性。清單方塊設定了欄的作用中儲存格範圍的儲存格編號。這個事件處理常式會在自訂表單開啟時，動態設定清單方塊使用的儲存格範圍。

範例 13-10_002.xlsm

```
Private Sub UserForm_Initialize()
    ListBox1.RowSource = Range("A1").CurrentRegion.Address
End Sub
```

範例 13-10_002.xlsm

```
Private Sub Worksheet_Change(ByVal Target As Range)
    If Target.Column = 1 Then
        UserForm1.ListBox1.RowSource = Target.CurrentRegion.Address
    End If
End Sub
```

刪除清單方塊的項目

若只是清除儲存格的資料，清單方塊會將該空白的儲存格當成空白列顯示，所以要刪除清單方塊的項目要連同該項目的儲存格一併刪除。

在清單方塊顯示多欄

要在清單方塊顯示多欄可使用設定欄數的 ColumnCount 屬性。此外，可利用 ColumnWidths 屬性設定各欄的寬度，此時的單位為「點」。各欄的寬度可利用「；（分號）」間隔。此範例要以 40 點、70 點、60 點的欄寬顯示 A 欄～ C 欄的 A3 ～ C7 儲存格資料。

範例 13-10_003.xlsm

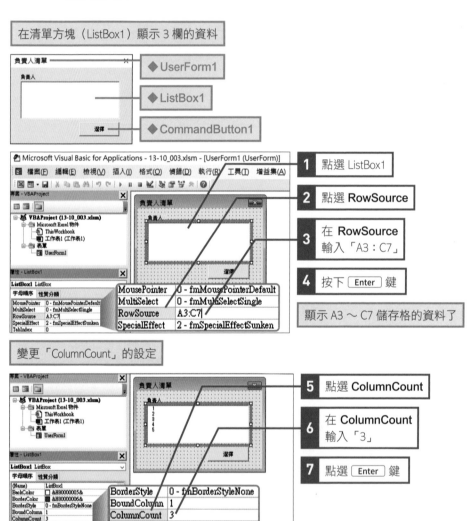

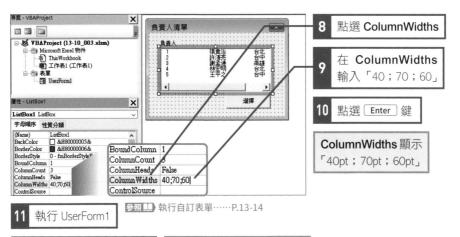

8 點選 ColumnWidths

9 在 ColumnWidths 輸入「40；70；60」

10 點選 [Enter] 鍵

ColumnWidths 顯示 「40pt；70pt；60pt」

11 執行 UserForm1　[參照[] 執行自訂表單……P.13-14]

清單以指定的欄寬顯示 A3 ～ C7 儲存格範圍的資料

顯示欄標題

如果清單項目使用的儲存格範圍設定了欄標題，將 ColumnHeads 屬性設定為 True，就能在清單方塊顯示欄標題。當成欄標題顯示的內容是位於 RowSource 屬性設定的儲存格範圍上方 1 列的資料。

[範例 [] 13-10_004.xlsm

取得選擇的列的位置

物件.**ListIndex** ——————————————————— [取得]
物件.**ListIndex** = 設定值 ——————————————— [設定]

▶解説

要取得在清單方塊選擇的列的位置可使用 ListIndex 屬性。ListIndex 屬性的傳回值是列編號，而這個列編號是從清單的開頭列開始編號，開頭列的編號則是「0」。此外，如果沒有選擇任何一列，這個屬性將會傳回「-1」，所以可利用這個性質確定使用者是否選取了任何項目。此外，在 ListIndex 屬性設定列編號，就能顯示選取了特定列的清單方塊。

13-61

▶ 設定項目

物件 .... 指定為清單方塊的物件名稱。

設定值 .... 在顯示清單方塊後,以清單開頭列為「0」的連續編號設定想要
預先選取的列。此外,若不想預先選取任何項目可設定為「-1」。

(避免發生錯誤)

如果是能選取多列的清單方塊,就必須利用 Selected 屬性代替 ListIndex 屬性,才能確定取
得了哪幾列。　　　　　　　　　　參照📖 確認可以選取多列的清單的選取狀態……P.13-65

取得清單方塊的項目值

物件.**List**(pvargIndex, pvargColumn) ──────────── 取 得
物件.**List**(pvargIndex, pvargColumn) = 設定值──────── 設 定

▶ 解説

要取得清單方塊的項目值可使用 List 屬性。可在參數 pvargIndex 與參數
pvargColumn 指定要取得值的列位置與欄位置。

▶ 設定項目

物件 .... 指定為清單方塊的物件名稱。

pvargIndex .... 指定為要取得或設定值的列位置。這個設定值是以列表的開頭
列為「0」,由上而下依序編號的數值。

pvargColumn .... 指定為要取得或設定值的欄位置。這個設定值是以列表的左側
欄位為「0」,由左至右依序編號的數值。

設定值 .... 設定為要新增為清單方塊項目的值。

(避免發生錯誤)

在 pvargIndex 或 pvargColumn 參數設定的是從「0」開始編號的數值,所以第 1 列為「0」,
第 2 列為「1」,每一個都是以「減 1」的數值設定,所以要參照最後一列或最右端的
欄位時,不減掉「1」,直接以列或欄的編號設定就會發生錯誤。

範 例　顯示選取項目的內容

此範例要在清單方塊選取列之後,以訊息的方式顯示該列的第 2 欄內容。選
取的列的位置可利用 ListIndex 屬性取得,再將這個值指定給 List 屬性的參數
pvargIndex。為了取得第 2 欄的值,所以將參數 pavrgColumn 指定為「1」。此外,
如果使用者未選取清單方塊之中的任何一列,就會顯示尚未選擇的提示。

範例 📄 13-10_005.xlsm

```
1  Private␣Sub␣CommandButton1_Click()
2      With␣ListBox1
3          If␣.ListIndex␣=␣-1␣Then
4              MsgBox␣"請選擇列位置"
5          Else
6              MsgBox␣.List(.ListIndex,␣1)
7          End␣If
8      End␣With
9  End␣Sub
```

1　撰寫在 CommandButton1 被點選時執行的巨集
2　對 ListBox1 進行下列的處理（With 陳述式的開頭）
3　假設使用者未於清單方塊選擇（If 陳述式的開頭）
4　顯示「請選擇列位置」
5　否則
6　根據選取的列，以訊息的方式顯示第 2 欄的值
7　結束 If 陳述式
8　結束 With 陳述式
9　結束巨集

當 CommandButton1 被點選，就會根據在 ListBox1
選擇的列，以訊息的方式顯示第 2 欄的資料

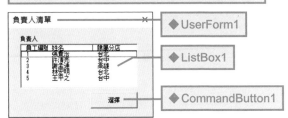

◆ UserForm1

◆ ListBox1

◆ CommandButton1

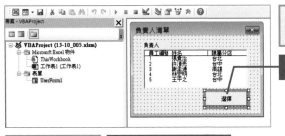

撰寫在 CommandButton1 被點
選時執行的事件處理常式

1 雙按 CommandButton1

開啟**程式碼**視窗　**2** 輸入下列的程式碼

```
CommandButton1                      ∨   Click

    Option Explicit

    Private Sub CommandButton1_Click()
        With ListBox1
            If .ListIndex = -1 Then
                MsgBox "請選擇列位置"
            Else
                MsgBox .List(.ListIndex, 1)
            End If
        End With
    End Sub
```

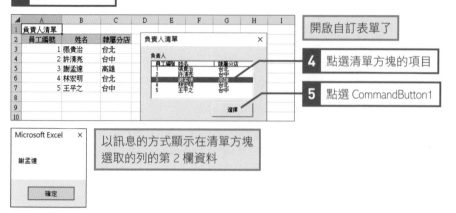

3 執行 UserForm1　参照 執行自訂表單……P.13-14

開啟自訂表單了

4 點選清單方塊的項目

5 點選 CommandButton1

以訊息的方式顯示在清單方塊
選取的列的第 2 欄資料

建立選取多列的清單方塊

要建立能選取多列的清單方塊可使用「屬性」視窗的 MultiSelect 屬性。這個屬性可
利用 fmMultiSelect 列舉型常數指定，預設值為 fmMultiSelectSingle。這次將清單方塊
（ListBox1）設定為按住 Ctrl 鍵，選取不連續列的複選方式。　範例 13-10_006.xlsm

fmMultiSelect 列舉型常數

設定值	值	內容
fmMultiSelectSingle	0	只能選取 1 列
fmMultiSelectMulti	1	能夠選取多列。不需要按住 Ctrl 鍵就能選取多個不連續列。要解除選取只需再次點選
fmMultiSelectExtended	2	能夠選取多列。按住 Shift 鍵再點選，就能選取一開始點選的列到後續點選的列的範圍。此外，按住 Ctrl 鍵可以點選不連續的列

設定成可在清單方塊（ListBox1）選取多列的模式

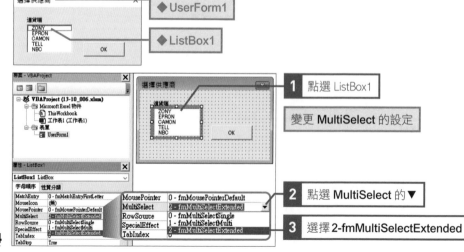

◆ UserForm1

◆ ListBox1

1 點選 ListBox1

變更 MultiSelect 的設定

2 點選 MultiSelect 的 ▼

3 選擇 2-fmMultiSelectExtended

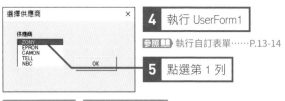

| 4 | 執行 UserForm1 |

參照 📖 執行自訂表單……P.13-14

| 5 | 點選第 1 列 |

選擇第 1 列　　再選擇第 3 列

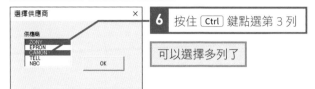

| 6 | 按住 Ctrl 鍵點選第 3 列 |

可以選擇多列了

確認可以選取多列清單的選取狀態

物件.**Selected**(pvargIndex) ──────────── 取 得
物件.**Selected**(pvargIndex) = 設定值 ───────── 設 定

▶解說
要取得多列複選清單方塊的選取狀態可使用 Selected 屬性。在參數 pvargIndex 指定要確認是否已經選取的列編號之後,若是該列已經被選取就會傳回 True,若還未選取就會傳回 False。

▶設定項目
物件.....................指定為清單方塊的物件名稱。
pvargIndex.........指定為要取得或設定選取狀態的列編號。可指定為以清單開頭列為「0」,依序由上往下編號的數值。
設定值...................當參數 pvargIndex 指定的列為選取狀態時可設定為 True,若要設定成未選取的狀態可設定為 False。

(避免發生錯誤)
於參數 pvargIndex 設定的是從「0」開始編號的數值,所以第 1 列為「0」,第 2 列為「1」,每一個都是以「減 1」的數值設定,所以要參照最後一列的時候,不減掉「1」,直接以列編號設定就會發生錯誤。

範 例　取得複選的列的值
此範例要從複選的列取得值,再以訊息的方式顯示。一開始會先確認清單方塊的哪些列被選取,再取得這些列的值,並以訊息的方式顯示。範例 📄 13-10_007.xlsm

參照 📖 取得清單方塊的總列數……P.13-67
參照 📖 取得清單方塊的項目值……P.13-62

```
 1  Private␣Sub␣CommandButton1_Click()
 2      Dim␣myListValue␣As␣String
 3      Dim␣i␣As␣Integer
 4      With␣ListBox1
 5          For␣i␣=␣0␣To␣.ListCount␣-␣1
 6              If␣.Selected(i)␣=␣True␣Then
 7                  myListValue␣=␣myListValue␣&␣.List(i)␣&␣vbCrLf
 8              End␣If
 9          Next␣i
10      End␣With
11      MsgBox␣myListValue
12  End␣Sub
```

1	撰寫在 CommandButton1 被點選時執行的巨集
2	宣告字串型別的變數 myListValue
3	宣告整數型別的變數 i
4	對 ListBox1 進行下列的處理（With 陳述式的開頭）
5	讓變數 i 從 0 開始遞增，直到清單方塊總列數減 1 的值為止，並在遞增過程中重複下列的處理（For 陳述式的開頭）
6	當第 i 列被選取時（If 陳述式的開頭）
7	讓變數 myListValue 的值、第 i 列的值與換行字元合併，再將這個字串存入變數 ListValue
8	結束 If 陳述式
9	讓變數 i 遞增 1，回到第 6 行程式碼
10	結束 With 陳述式
11	以訊息的方式顯示變數 myListValue
12	結束巨集

以訊息的方式顯示在清單方塊（ListBox1）選擇的所有項目的資料

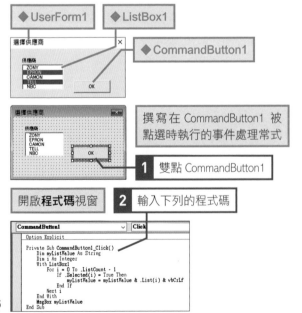

◆UserForm1　◆ListBox1

◆CommandButton1

撰寫在 CommandButton1 被
點選時執行的事件處理常式

1 雙點 CommandButton1

開啟**程式碼**視窗　**2** 輸入下列的程式碼

| 3 | 執行 UserForm1 |

參照身 執行自訂表單……P.13-14

4 在 ListBox1 選取多個項目

5 點選 CommandButton1

以訊息的方式顯示所有選取的項目的資料了

> **取得清單方塊的 總列數**
>
> 要取得清單方塊的總列數可使用 ListCount 屬性。此外，ListCount 屬性的傳回值為列數，所以若要參照清單方塊的最後一列，必須讓這個列數減「1」。

第 **13** 章

13-10

清單方塊

在清單方塊增加項目

物件.**AddItem**(pvargItem, pvargIndex)

▶解說

要在清單方塊增加項目可使用 AddItem 方法。在參數 pvargItem 指定增加的項目，再於參數 pvargIndex 指定增加項目的列編號。

▶設定項目

物件......................指定為清單方塊的物件名稱。

pvargItem............指定為新增至清單方塊的項目。

pvargIndex.........指定為要取得或設定選取狀態的列編號。可指定為以清單開頭列為「0」，依序由上往下編號的數值。

避免發生錯誤
使用 RowSource 屬性讓清單方塊與儲存格範圍連動時，無法使用 AddItem 方法。

刪除清單方塊的項目

物件.**RemoveItem**(pvargIndex)

▶解說

使用 RemoveItem 方法刪除列表中的項目。在參數 pvargIndex 中指定要刪除的項目的列編號。

▶設定項目

物件......................指定為清單方塊的物件名稱。

pvargIndex.........指定為要取得或設定選取狀態的列編號。可指定為以清單開頭列為「0」，依序由上往下編號的數值。

13-67

> **避免發生錯誤**
>
> 使用 RowSource 屬性讓清單方塊與儲存格範圍連動時，無法使用 RemoveItem 方法。

範例 讓兩個清單方塊的項目建立互動

此範例要在傳送端的清單方塊（ListBox1）選擇項目後，將該項目傳送到接收端的清單方塊（ListBox2）。點選命令按鈕（CommandButton1）時，在 ListBox1 選擇的項目會新增至 ListBox2，再刪除 ListBox1 的該項目。　　　範例 13-10_008.xlsm

參照 設定清單項目的初始項目……P.13-69
參照 參照在傳送端的清單方塊選擇的項目……P.13-69

```
1  Private Sub CommandButton1_Click()
2      If ListBox1.ListIndex = -1 Then
3          Exit Sub
4      Else
5          ListBox2.AddItem ListBox1.List(ListBox1.ListIndex, 0)
6          ListBox1.RemoveItem ListBox1.ListIndex
7      End If
8  End Sub
```

1	撰寫在 CommandButton1 點選時執行的巨集
2	假設使用者未選取 ListBox1 的任何一個項目（If 陳述式的開頭）
3	結束處理
4	否則
5	根據在 ListBox1 選擇的列，將第 0 欄的值存入 ListBox2
6	刪除在 ListBox1 選擇的列編號的項目
7	結束 If 陳述式
8	結束巨集

> 當使用者點選命令按鈕（CommandButton1），在左側的清單方塊（ListBox1）選擇的項目就會移動到右側的清單方塊（ListBox2）

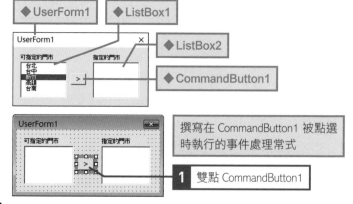

◆ UserForm1　　◆ ListBox1

◆ ListBox2

◆ CommandButton1

撰寫在 CommandButton1 被點選時執行的事件處理常式

1 雙點 CommandButton1

開啟**程式碼**視窗　|2| 輸入下列的程式碼

| CommandButton1 | ∨ | **Click** |

```
Option Explicit

Private Sub CommandButton1_Click()
    If ListBox1.ListIndex = -1 Then
        Exit Sub
    Else
        ListBox2.AddItem ListBox1.List(ListBox1.ListIndex, 0)
        ListBox1.RemoveItem ListBox1.ListIndex
    End If
End Sub
```

|3| 執行 UserForm1　　參照📖 執行自訂表單……P.13-14

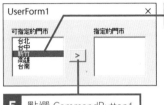

|4| 點選 ListBox1 的項目

|5| 點選 CommandButton1

剛剛選擇的項目移動
到右側的清單方塊了

💡HINT 設定清單項目的初始項目

在設定清單項目的初始項目時，若是利
用 RowSource 屬性讓清單方塊與儲存格
範圍連動，就無法使用 AddItem 方法與
RemoveItem 方法。若要設定可使用
AddItem 方法或 RemoveItem 方法的清單
方塊的初始項目，請在自訂表單的
Initialize 事件處理常式使用 AddItem 方法
設定。

範例📗 13-10_008.xlsm

```
Private Sub UserForm_Initialize()
    With ListBox1
        .AddItem "台北", 0
        .AddItem "台中", 1
        .AddItem "新竹", 2
        .AddItem "高雄", 3
        .AddItem "台南", 4
    End With
End Sub
```

參照📖 設定在清單顯示的儲存格範圍……P.13-58
參照📖 在清單方塊追加項目……P.13-59
參照📖 設定在自訂表單顯示前
　　　 顯示的動作……P.13-24

💡HINT 參照在傳送端的清單方塊選擇的項目

要參照在傳送端的清單方塊選擇的項
目，可在取得清單方塊的項目的 List 屬
性的參數，指定取得列編號的 ListIndex
屬性。要注意的是，如果使用者未於傳
送端的清單方塊選擇任何項目就按下命
令按鈕，就會發生錯誤。由於此時的
ListIndex 屬性會傳回「-1」，所以可在此
時強制結束事件處理常式，就能避免發
生錯誤。

參照📖 取得選擇的列的位置……P.13-61
參照📖 取得清單方塊的項目值……P.13-62

💡HINT 刪除清單方塊的所有項目

要刪除清單方塊的所有項目可使用
Clear 方法。例如，要在**讓兩個清單方
塊的項目建立互動**範例清除 ListBox1 與
ListBox2 的互動可使用下列的程式碼。
在 點 選 CommandButton2 時， 刪 除
ListBox1 與 ListBox2 的所有項目，再呼
叫自訂表單的 Initialize 事件處理常式，
讓 ListBox1 恢復初始狀態。

範例📗 13-10_009.xlsm

```
Private Sub CommandButton2_Click()
    ListBox1.Clear
    ListBox2.Clear
    UserForm_Initialize
End Sub
```

參照📖 設定在自訂表單顯示之前顯示
　　　 的動作……P.13-24
參照📖 父程序與子程序……P.2-20

13-11 下拉式方塊

操作下拉式方塊

下拉式方塊像是清單方塊與文字方塊組合而成的介面，可從清單選擇值，也可以在下拉式方塊輸入值。關於清單的操作與設定請參考清單方塊的解說。

參照 清單方塊……P.13-58

建立下拉式方塊

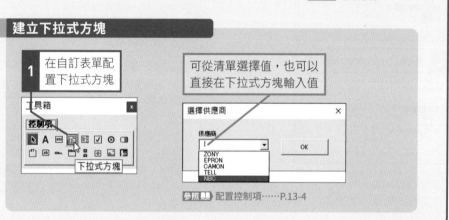

1 在自訂表單配置下拉式方塊

可從清單選擇值，也可以直接在下拉式方塊輸入值

參照 配置控制項……P.13-4

禁止直接在下拉式方塊輸入值

雖然下拉式方塊提供從清單選擇值或是直接輸入值的操作，但有時候會希望使用者選擇清單的值就好，不要另外輸入值，此時可將**屬性視窗**的 **Style** 屬性指定為 fmStyle 列舉型常數 fmStyleDropDownList。

範例 13-11_001.xlsm

fmStyle 列舉型常數

常數	值	內容
fmStyleDropDownCombo（預設值）	0	可從清單選擇值，也可在下拉式方塊輸入值
fmStyleDropDownList	2	只能從清單選擇值

禁止在下拉式方塊（ComboBox1）
直接輸入值

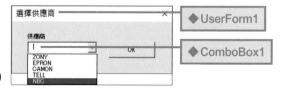

◆UserForm1

◆ComboBox1

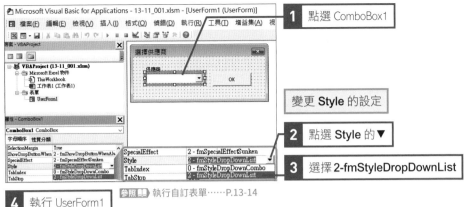

1 點選 ComboBox1

變更 Style 的設定

2 點選 Style 的 ▼

3 選擇 2-fmStyleDropDownList

4 執行 UserForm1　　📘 執行自訂表單……P.13-14

確認是否無法直接在
下拉式方塊輸入值

💡 **設定在下拉式方塊的清單顯示的值**

要讓儲存格的資料在下拉式方塊的清單顯示可使用 RowSource 屬性。

📘 設定在清單顯示的儲存格範圍……P.13-58

💡 **在選取列之後，取得該列的值**

要在選取列之後，取得該列的值可使用 ListIndex 屬性或是 List 屬性。細節請參考清單方塊的解說。

📘 取得選擇的列的位置……P.13-61
📘 取得清單方塊的項目值……P.13-62

💡 **限制使用者只能輸入清單的值**

要限制使用者只能輸入清單的值可使用 MatchFound 屬性。MatchFound 屬性會確認使用者在下拉式方塊輸入的值是否於清單存在，如果存在就傳回 True，不存在就傳回 False。例如，要在點選命令按鈕之後，利用 MatchFound 屬性確認清單之中是否有使用者輸入的值，並在沒有該值的時候顯示提示訊息的話，可將程式碼寫成下列的內容。

📘 範例 13-11_002.xlsm

```
Private Sub CommandButton1_Click()
    With ComboBox1
        If ComboBox1.MatchFound = False Then
            MsgBox "請輸入清單之中的值"
            .SetFocus
        End If
    End With
End Sub
```

💡 **在下拉式方塊使用自動完成功能**

要在下拉式方塊使用自動完成功能可使用 MatchEntry 屬性。MatchEntry 屬性可指定為 fmMatchEntry 列舉型常數。例如，要在下拉式方塊使用第一個字符合，就顯示候補資料的自動完成功能可將這個屬性設定為 fmMatchEntryFirstLetter。

fmMatchEntry 列舉型常數

常數	值	內容
fmMatchEntryFirstLetter	0	搜尋第一個字與輸入的文字相符的項目
fmMatchEntryComplete（預設值）	1	搜尋與輸入的字串完全一致的項目
fmMatchEntryNone	2	不搜尋吻合的項目

13-12 索引標籤區域

操作索引標籤區域

索引標籤區域是點選工具頁,切換頁面的介面。在索引標籤配置的控制項會在所有的頁面顯示。此外,若想在不同的頁面配置不同的控制項請使用多重頁面。

參照📖 多重頁面……P.13-76

建立索引標籤區域

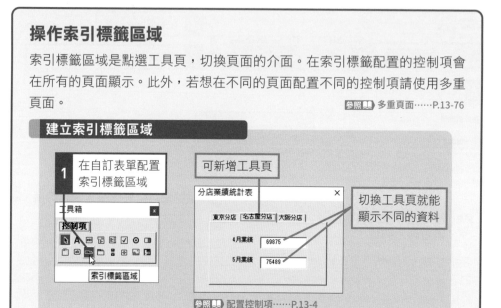

參照📖 配置控制項……P.13-4

增加工具頁

在自訂表單增加索引標籤區域後,會先顯示兩個工具頁。要增加工具頁或是修改工具頁的字串可在自訂表單的畫面設定。此外,在操作索引標籤區域時,請慢慢地點選兩次,等到索引標籤區域的框線變深再操作。

範例📗 13-12_001.xlsm

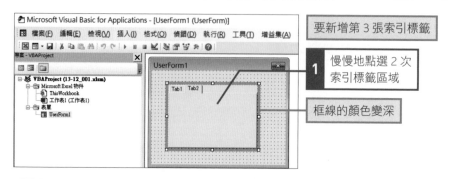

注意 如果點選的間隔過短就會開啟程式碼畫面。此時可點選程式碼畫面右上角的**關閉視窗**鈕(✕),回到自訂表單的畫面,再重新點選一次。

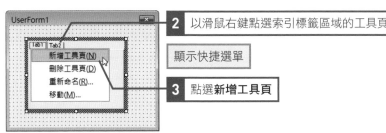

2 以滑鼠右鍵點選索引標籤區域的工具頁

顯示快捷選單

3 點選**新增工具頁**

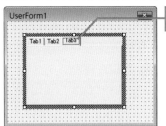

新增工具頁了

變更工具頁的順序

要變更工具頁的順序可利用滑鼠右鍵點選工具頁，再從右鍵選單點選**移動**，接著在**順序**交談窗設定順序。

刪除工具頁

要刪除工具頁可利用滑鼠右鍵點選工具頁，再從選單中點選**刪除工具頁**。

在切換工具頁的時候執行處理

在索引標籤區域切換工具頁後，會立刻觸發 Change 事件，所以使用在 Change 事件觸發時執行的 Change 事件處理常式，就可以設定在切換工具頁時執行的處理。

透過程式碼參照工具頁

要透過程式碼參照工具頁可使用 Tabs 屬性。例如，要參照由左數來第 2 張工具頁可使用「TabStrip1.Tabs(1)」語法。Tabs 屬性後面的括號可輸入以左端為「0」，由左至右依序數來的索引編號。例如，要在點選 Command Button1 時，將 TabStrip1 的左側數來第 2 張工具頁的字串變更為「東京分店」，可將程式碼寫成下列的內容。

範例 13-12_002.xlsm

```
Private Sub CommandButton1_Click()
    TabStrip1.Tabs(1).Caption = "東京分店"
End Sub
```

此外，工具頁的索引編號會在新增或刪除工具頁時重新編號。

參照 變更工具頁的字串……P.13-73

變更工具頁的字串

要變更工具頁的字串可在該工具頁按下滑鼠右鍵，再從快捷選單點選「重新命名」。「重新命名」交談窗開啟之後，在「標題」輸入要設定的字串再點選「確定」即可。如果要透過程式碼變更可在 Caption 屬性設定字串。

設定索引標籤區域的初始狀態

要設定索引標籤區域在自訂表單顯示之後的初始狀態可使用自訂表單的 Initialize 事件處理常式設定預選的工具頁的索引編號，以及工具頁之中的各控制項的初始值。

參照 取得工具頁的索引編號……P.13-74
參照 設定在自訂表單顯示前顯示的動作……P.13-24

取得工具頁的索引編號

物件**.Value** ――――――――――――――――――――――― 取 得

物件**.Value** = 設定值 ――――――――――――――――――― 設 定

▶解説

在索引標籤區域選擇工具頁後，該工具頁的索引編號會存入 Value 屬性，所以可
參照 Value 屬性了解目前選取的工具頁。此外，在 Value 屬性設定索引編號就能
透過程式碼選擇工具頁。此外，可在 Value 取得或設定的值為以左端為「0」，由
左至右依序編號的索引編號。　　　　　　　　　　參照🔧 透過程式碼參照工具頁……P.13-73

▶設定項目

物件 ....指定為索引標籤區域的物件名稱。

設定值 ....在想要選取工具頁時，以長整數型別（Long）的數值指定索引
　　　　　　　　　　編號。

避免發生錯誤

若是設定了未在索引標籤區域存在的工具頁的索引編號就會發生錯誤。要注意的是，
Value 屬性傳回的索引編號會在新增或刪除工具頁時，由左至右重新編號。

範例 在切換工具頁時變更顯示的值

此範例要在切換索引標籤區域（TabStrip1）的三張工具頁時，變更在兩個文字方
塊（TextBox1 ～ 2）的內容。在工具頁的索引編號加「3」，讓索引編號與顯示內
容的儲存格的列編號一致，藉此顯示對應的儲存格的值。　　　　範例📗 13-12_003.xlsm

參照🔧 在切換工具頁的時候執行處理……P.13-73

```
1  Private␣Sub␣TabStrip1_Change()
2      Dim␣myTabIndex␣As␣Long
3      myTabIndex␣=␣TabStrip1.Value␣+␣3
4      TextBox1.Value␣=␣Cells(myTabIndex,␣2).Value
5      TextBox2.Value␣=␣Cells(myTabIndex,␣3).Value
6  End␣Sub
```

1	撰寫在切換 TabStrip1 的工具頁時執行的巨集
2	宣告長整數型別的變數 myTabIndex
3	在 TabStrip1 選取的工具頁的索引編號加 3，再將這個值存入變數 myTabIndex
4	在 TextBox1 顯示第變數 myTabIndex 列、第 2 欄的值
5	在 TextBox2 顯示第變數 myTabIndex 列、第 3 欄的值
6	結束巨集

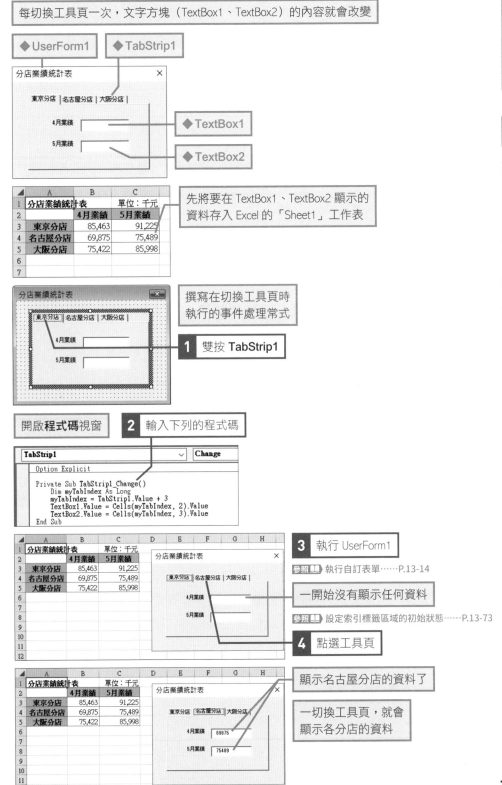

每切換工具頁一次，文字方塊（TextBox1、TextBox2）的內容就會改變

◆ UserForm1　◆ TabStrip1

分店業績統計表　　　　　　×

東京分店 | 名古屋分店 | 大阪分店 |

4月業績　[　　　　　　]　　◆ TextBox1

5月業績　[　　　　　　]　　◆ TextBox2

	A	B	C
1	分店業績統計表		單位：千元
2		4月業績	5月業績
3	東京分店	85,463	91,225
4	名古屋分店	69,875	75,489
5	大阪分店	75,422	85,998
6			
7			

先將要在 TextBox1、TextBox2 顯示的資料存入 Excel 的「Sheet1」工作表

分店業績統計表

東京分店 | 名古屋分店 | 大阪分店 |

4月業績　[　　　　　]

5月業績　[　　　　　]

撰寫在切換工具頁時執行的事件處理常式

1 雙按 TabStrip1

開啟**程式碼**視窗　**2** 輸入下列的程式碼

TabStrip1	∨	Change

```
Option Explicit

Private Sub TabStrip1_Change()
    Dim myTabIndex As Long
    myTabIndex = TabStrip1.Value + 3
    TextBox1.Value = Cells(myTabIndex, 2).Value
    TextBox2.Value = Cells(myTabIndex, 3).Value
End Sub
```

	A	B	C	D	E	F	G	H
1	分店業績統計表		單位：千元					
2		4月業績	5月業績					
3	東京分店	85,463	91,225					
4	名古屋分店	69,875	75,489					
5	大阪分店	75,422	85,998					
6								
7								
8								
9								
10								
11								
12								

分店業績統計表　　　　　　×

東京分店 | 名古屋分店 | 大阪分店 |

4月業績

5月業績

3 執行 UserForm1

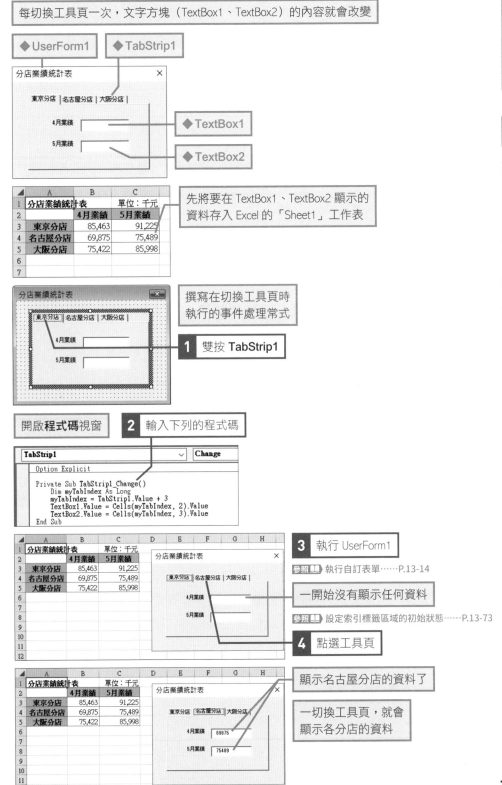參照 執行自訂表單……P.13-14

一開始沒有顯示任何資料

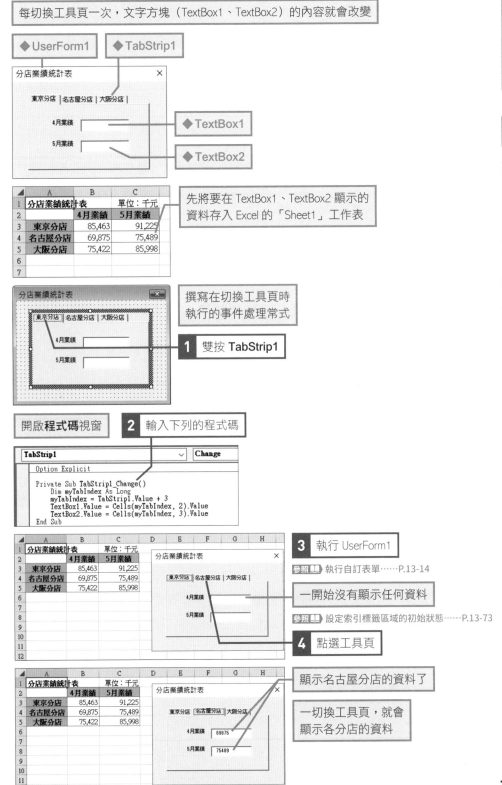參照 設定索引標籤區域的初始狀態……P.13-73

4 點選工具頁

	A	B	C	D	E	F	G	H
1	分店業績統計表		單位：千元					
2		4月業績	5月業績					
3	東京分店	85,463	91,225					
4	名古屋分店	69,875	75,489					
5	大阪分店	75,422	85,998					
6								
7								
8								
9								
10								
11								
12								

分店業績統計表　　　　　　×

東京分店 | 名古屋分店 | 大阪分店 |

4月業績　[69875]

5月業績　[75489]

顯示名古屋分店的資料了

一切換工具頁，就會顯示各分店的資料

13-13 多重頁面

建立多重頁面

多重頁面是能在點選工具頁之後切換頁面的介面。由於可在不同的頁面配置不同的控制項，所以可用來統整版面各有不同的頁面。此外，若要顯示所有頁面共用的控制項請改用索引標籤區域。

參照📖 索引標籤區域⋯⋯P.13-72

建立多重頁面

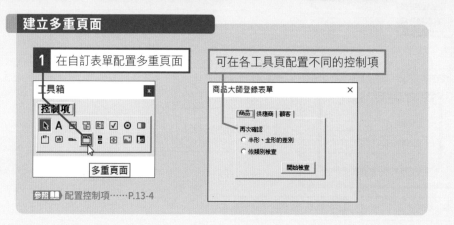

1 在自訂表單配置多重頁面

可在各工具頁配置不同的控制項

多重頁面

參照📖 配置控制項⋯⋯P.13-4

操作多重頁面

操作多重頁面的方法與操作索引標籤區域的方法幾乎一樣，所以要在自訂表單的畫面操作工具頁的方法請參考索引標籤區域的解說。此外，多重頁面只需要點選一次，就會顯示深色框線，也就能直接操作工具頁。如果繼續點選框線，框線就會變淡，也就能從「屬性」視窗設定與多重頁面有關的選項。再者，也能透過 VBA 的程式碼操作。主要的操作方法請參考索引標籤區域的說明。

參照📖 索引標籤區域⋯⋯P.13-72

 透過程式碼參照工具頁

要透過程式碼參照多重頁面的工具頁可使用 ZPages 屬性。例如，要參照從左數來第 2 張工具頁可將程式碼寫成「MultiPage1.Pages（1）」。Pages 屬性後面的括號可輸入以左端為「0」，由左至右依序編號的索引編號。此外，這個索引編號會在工具頁新增或刪除的時候重新編號。

在各工具頁配置控制項

多重頁面可在各工具頁配置不同的控制項。要在各工具頁配置控制項可先點選
頁面再配置控制項。

範例 📄 13-13_001.xlsm

在多重頁面的每張工具頁配置不同的控制項

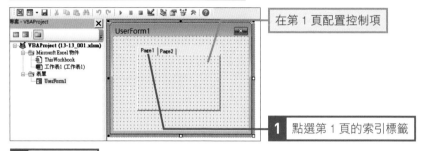

在第 1 頁配置控制項

1 點選第 1 頁的索引標籤

2 配置控制項

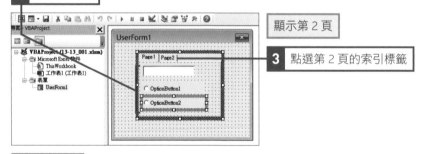

顯示第 2 頁

3 點選第 2 頁的索引標籤

開啟第 2 頁

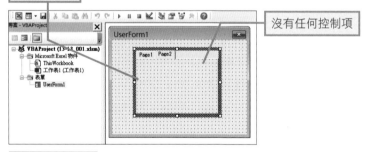

沒有任何控制項

4 配置控制項

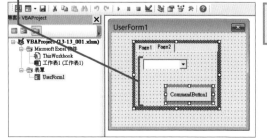

配置了與第 1 頁
不同的控制項

13-14 捲軸

操作捲軸

捲軸是可透過捲動操作讓值在特定範圍內增減的介面。捲軸可透過拖曳操作讓值大幅增減，所以想讓值在較大的範圍內增減，就可以使用這個控制項。此外，要讓值在較小的範圍內增減可改用微調按鈕。 參照 微調按鈕……P.13-83

建立捲軸

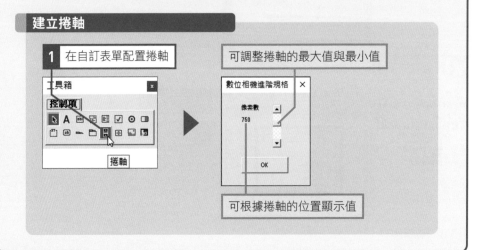

1 在自訂表單配置捲軸

可調整捲軸的最大值與最小值

可根據捲軸的位置顯示值

設定捲軸的最大值與最小值

要設定捲軸的最大值與最小值可使用**屬性視窗**的 Max 屬性與 Min 屬性。設定這兩個屬性就能建立讓值在特定範圍增減的捲軸。此外，要透過程式碼設定 Max 屬性與 Min 屬性時，可使用長整數型別（Long）的值。 範例 13-14_001.xlsm

設定捲軸 (ScrollBar1) 的最大值與最小值

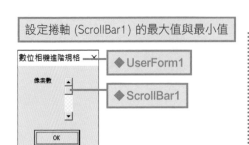

◆ UserForm1

◆ ScrollBar1

HINT Max 屬性與 Min 屬性的設定範圍

Max 屬性與 Min 屬性的設定值為長整數類型（Long）的值，而長整數類型的值介於 -2, 147, 483, 648 ～ 2, 147, 483, 647 之間，一旦超出這個範圍就會發生錯誤。 參照 主要的資料型別清單……P.3-11

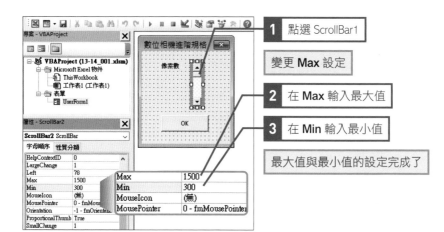

1 點選 ScrollBar1

變更 **Max** 設定

2 在 **Max** 輸入最大值

3 在 **Min** 輸入最小值

最大值與最小值的設定完成了

 停止捲軸方塊的閃爍

捲軸方塊（在捲軸內部拖曳的部分）會在焦點移入捲軸時不斷閃爍。如果要停止捲軸方塊閃爍，可將捲軸控制項的 TabStop 屬性設為 False。使用這個設定後，就無法透過鍵盤操作捲軸方塊。

 確認捲軸的最大值與最小值已設定完成

捲軸沒有根據捲軸方塊的位置顯示數值的功能，所以要確認捲軸的最大值與最小值，必須使用 Value 屬性取得代表捲軸方塊目前位置的資料，再於標籤顯示這個資料。

參照➡ 讓捲軸的值與標籤連動……P.13-81

設定捲軸的方向

捲軸的方向可利用**屬性視窗**的 Orientation 屬性設定。設定值為 fmOrientation 列舉型常數設定，預設值為 fmOrientationAuto。 範例➡ 13-14_002.xlsm

fmOrientation 列舉型常數

設定值	值	內容
fmOrientationAuto	-1	根據控制項的寬與高設定方向
fmOrientationVertical	0	設定為垂直方向
fmOrientationHorizontal	1	設定為水平方向

將捲軸（ScrollBar1）設為水平方向

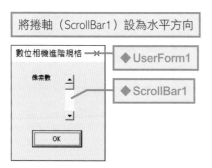

◆ UserForm1

◆ ScrollBar1

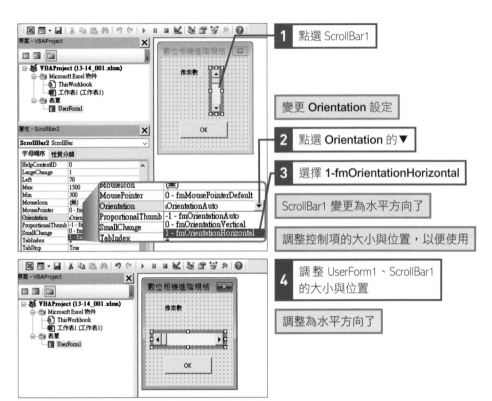

1 點選 ScrollBar1

變更 Orientation 設定

2 點選 Orientation 的 ▼

3 選擇 1-fmOrientationHorizontal

ScrollBar1 變更為水平方向了

調整控制項的大小與位置,以便使用

4 調整 UserForm1、ScrollBar1 的大小與位置

調整為水平方向了

捲軸的方向與 Min 屬性、Max 屬性之間的關係

當捲軸的方向為垂直時,Min 屬性可設定上緣的值,Max 屬性可設定下緣的值,當捲軸的方向為水平時,Min 屬性可設定左端的值,Max 屬性則設定右端的值。

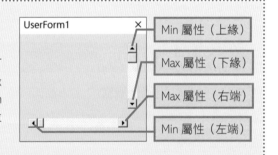

Min 屬性(上緣)

Max 屬性(下緣)

Max 屬性(右端)

Min 屬性(左端)

取得捲軸的值

物件.Value ────────────────── 取得

物件.Value = 設定值 ───────────── 設定

▶解說

要取得捲軸目前位置的值可使用 Value 屬性。在執行自訂表單之後,點選捲軸兩端的箭頭按鈕(▣)或是捲軸方塊的區域,就可以移動捲軸方塊,調整 Value 屬性的值。

▶設定項目

物件 .... 指定為捲軸的物件名稱。

設定值 .... 要設定捲軸方塊的位置時，可使用長整數型別（Long）。

[避免發生錯誤]

Value 屬性的值不可超過 Min 屬性與 Max 屬性的範圍，否則就會發生錯誤。

範例 讓捲軸的值與標籤連動

此範例要在捲動捲軸（ScrollBar1）的方塊後，在標籤（Label2）顯示捲軸的值。

捲軸的 Value 屬性有所變動時，會觸發 Change 事件處理常式，在此就是要在這

個事件處理常式撰寫上述的處理。 [範例目] 13-14_003.xlsm

```
1  Private Sub ScrollBar1_Change()
2      Label2.Caption = ScrollBar1.Value
3  End Sub
```

1 撰寫在 ScrollBar1 的值變更時執行的巨集
2 在 Label2 顯示 ScrollBar1 的值
3 結束巨集

在 Label2 顯示 ScrollBar1 的值

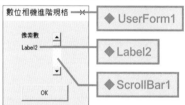

◆ UserForm1

◆ Label2

◆ ScrollBar1

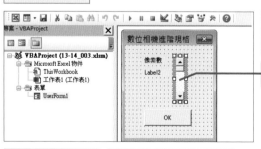

撰寫在操作 ScrollBar1 時
執行的事件處理常式

1 雙點 ScrollBar1

開啟**程式碼**視窗 **2** 輸入下列的程式碼

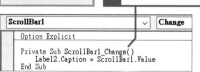

> **HINT** **捲軸的預設事件**
>
> 捲軸的預設事件為 Change 事
> 件，所以雙點捲軸就會自動
> 產生 Change 事件處理常式。

3 執行 UserForm1　參照 執行自訂表單……P.13-14

顯示自訂表單

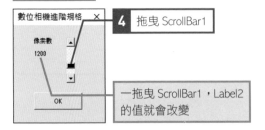

4 拖曳 ScrollBar1

一拖曳 ScrollBar1，Label2 的值就會改變

💡 **設定捲動幅度**

點選捲軸兩端的箭頭按鈕（）的時候，若要設定捲軸方塊的捲動幅度，可使用 SmallChange 屬性。此外，若希望在點選捲軸方塊之外的部分時，設定捲動方塊的捲動幅度，可使用 LargChange 屬性。如果希望透過程式碼設定這兩個屬性的值，請設定為長整數型別 (Long) 的值。

💡 **透過鍵盤操作捲軸**

點焦點移入捲軸，可利用鍵盤的方向鍵（←↑→↓）捲動捲軸方塊。

💡 **自動調整捲軸方塊的大小**

要根據捲動範圍大小調整捲軸方塊的尺寸，可使用 ProportionalThumb 屬性。當這個屬性設為 True，捲軸方塊的尺寸就會隨著可捲動範圍的大小調整。如果設為 False，捲軸方塊的大小就會固定。

範例 13-14_004.xlsm

捲軸方塊的大小會跟著調整

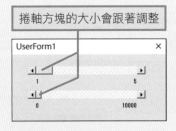

13-15 微調按鈕

操作微調按鈕

微調按鈕是點選兩端的按鈕就能讓值在特定範圍增減的介面。由於可利用點選操作小幅增減值，所以很適合在需要微調值時使用的控制項。此外，若需要大幅調整值，建議改用捲軸。

參照▶ 捲軸……P.13-78

建立微調按鈕

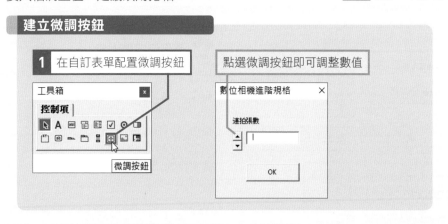

1 在自訂表單配置微調按鈕

點選微調按鈕即可調整數值

取得微調按鈕的值

物件.Value ────────────────── 取得
物件.Value = 設定值 ────────────── 設定

▶解説

要取得微調按鈕的值可使用 Value 屬性。執行自訂表單後，點選微調按鈕兩端的按鈕，Value 屬性的值就會改變。

▶設定項目

物件 .... 設定為微調按鈕的物件名稱。

設定值 .... 微調按鈕可設定為長整數型別（Long）的值。

（避免發生錯誤）

要注意的是，Value 屬性的值不能超過 Min 與 Max 屬性設定的範圍，否則就會發生錯誤。

範例 讓微調按鈕的值與文字方塊的值連動

此範例要在點選微調按鈕（SpinButton1）的按鈕後，取得 SpinButton1 的值，再於文字方塊（TextBox1）顯示。微調按鈕的 Value 屬性變更時會觸發 Change 事件處理常式，上述的處理就是寫在這個事件處理常式底下。　　　**範例** 13-15_001.xlsm

```
1  Private␣Sub␣SpinButton1_Change()
2      TextBox1.Value␣=␣SpinButton1.Value
3  End␣Sub
```

1	撰寫在點選 SpinButton1 時執行的巨集
2	在 TextBox1 顯示 SpinButton1 的值
3	結束巨集

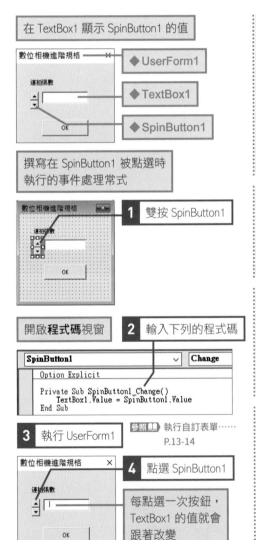

在 TextBox1 顯示 SpinButton1 的值

◆ UserForm1

◆ TextBox1

◆ SpinButton1

撰寫在 SpinButton1 被點選時執行的事件處理常式

1 雙按 SpinButton1

開啟**程式碼**視窗　　**2** 輸入下列的程式碼

```
SpinButton1            ∨   Change
Option Explicit

Private Sub SpinButton1_Change()
    TextBox1.Value = SpinButton1.Value
End Sub
```

3 執行 UserForm1　　**參照** 執行自訂表單⋯⋯ P.13-14

4 點選 SpinButton1

每點選一次按鈕，TextBox1 的值就會跟著改變

HINT 最小值與最大值

微調按鈕的最小值與最可利用 Min 屬性與 Max 屬性設定。Min 屬性與 Max 屬性的設定值都是長整數型別（Long）的值。長整數型別的值介於 -2,147,483, 648 ～ 2,147,483,647 之間，一旦超出這個範圍就會發生錯誤。

HINT 設定值的增減幅度

要設定點選微調按鈕的箭頭按鈕後，值的增減幅度可使用 SmallChange 屬性。

HINT 微調按鈕的預設事件

微調的預設事件為 Change 事件，所以雙點微調按鈕就會自動產生 Change 事件處理常式。

HINT 於點選按鈕時觸發的事件

點選微調按鈕上緣或右側的按鈕會觸發 SpinUp 事件，點選下緣或左側的按鈕會觸發 SpinDown 事件。使用在這兩個事件觸發時執行的 SpinUp 事件處理常式或 SpinDown 事件處理常式，就能撰寫在點選按鈕時執行的處理。

13-16 RefEdit

操作 RefEdit

RefEdit 能快速取得儲存格範圍的位址，只要點選 RefEdit 右側的按鈕，自訂表單就會折疊，此時選取工作表的儲存格，就能取得該儲存格範圍的位址。

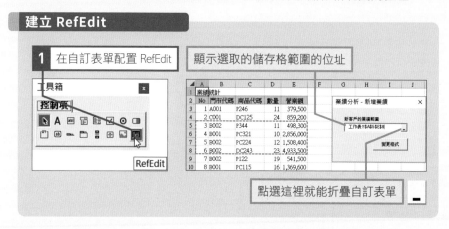

建立 RefEdit

1 在自訂表單配置 RefEdit

顯示選取的儲存格範圍的位址

點選這裡就能折疊自訂表單

取得 RefEdit 的值

物件.**Value** ——————————————————————— 取得
物件.**Value** = 設定值 ——————————————————— 設定

▶解説

要取得 RefEdit 的值可使用 Value 屬性。利用 RefEdit 指定儲存格範圍之後，可利用 Value 屬性取得該儲存格範圍的位址。

▶設定項目

物件 .... 指定為 RefEdit 的物件名稱。

設定值 .... 設定為 RefEdit 的儲存格範圍的位址

（避免發生錯誤）

若以非模態的方式顯示配置了 RefEdit 的自訂表單，就會無法關閉自訂表單。

參照 顯示自訂表單……P.13-20
參照 非模態……P.13-20

範例 利用 RefEdit 取得儲存格範圍，再變更該儲存格範圍的格式

此範例要在點選命令按鈕（CommandButton1）後，利用 RefEdit1 取得儲存格範圍，再變更該儲存格範圍的格式。此外，在要變更的格式中，字型的顏色會利用 RGB 函數設定。

範例 13-16_001.xlsm

參照 利用 RGB 函數取得 RGB 值……P.4-97

```
1  Private Sub CommandButton1_Click()
2      With Range(RefEdit1.Value).Font
3          .Underline = xlUnderlineStyleSingle
4          .Color = RGB(255, 0, 0)
5      End With
6  End Sub
```

1	撰寫在點選 CommandButton1 時執行的巨集
2	利用 RefEdit1 取得儲存格範圍，再對該儲存格範圍的字型進行下列的處理（With 陳述式的開頭）
3	設定底線
4	將字型設為紅色
5	結束 With 陳述式
6	結束巨集

變更以 RefEdit1 取得的儲存格範圍的格式

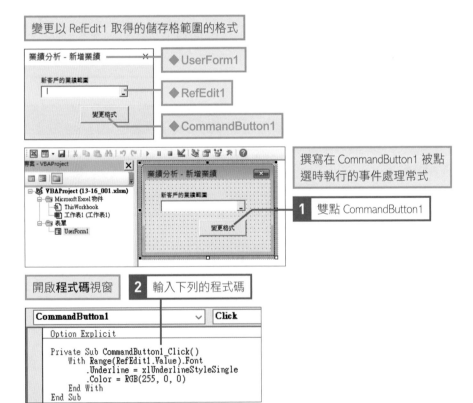

◆UserForm1

◆RefEdit1

◆CommandButton1

撰寫在 CommandButton1 被點選時執行的事件處理常式

1 雙點 CommandButton1

開啟**程式碼**視窗   **2** 輸入下列的程式碼

CommandButton1	∨	**Click**

```
Option Explicit

Private Sub CommandButton1_Click()
    With Range(RefEdit1.Value).Font
        .Underline = xlUnderlineStyleSingle
        .Color = RGB(255, 0, 0)
    End With
End Sub
```

3 執行 UserForm1   **參照** 執行自訂表單……P.13-14

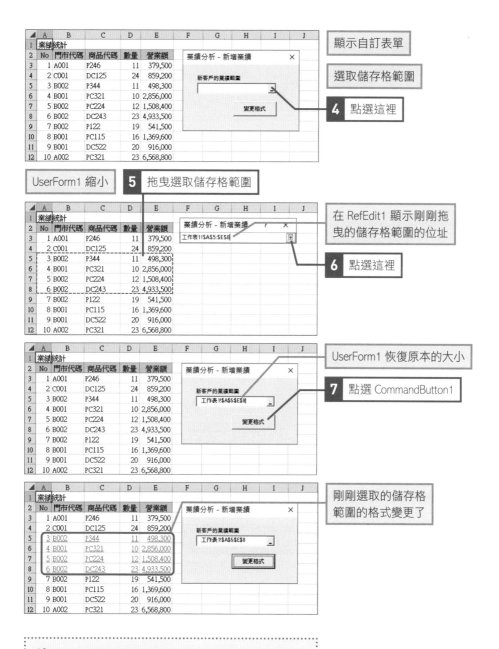

顯示自訂表單

選取儲存格範圍

4 點選這裡

UserForm1 縮小

5 拖曳選取儲存格範圍

在 RefEdit1 顯示剛剛拖曳的儲存格範圍的位址

6 點選這裡

UserForm1 恢復原本的大小

7 點選 CommandButton1

剛剛選取的儲存格範圍的格式變更了

 自動折疊自訂表單

當焦點移到 RefEdit，不用點選 RefEdit 的按鈕，也能直接在工作表拖曳選取儲存格範圍，取得該儲存格範圍的位址。此時自訂表單會自動收合，等到在工作表的拖曳操作結束，自訂表單就會恢復成原本的大小。

13-17 InkPicture

操作 InkPicture

InkPicture 是能手繪輸入資訊的介面。使用 Windows 平板電腦這類裝置就能以筆、手指或滑鼠手繪輸入資訊。輸入的內容會被辨識為圖片，可以直接貼入工作表。這種控制項很適合在需要確認筆跡這類情況使用。

建立 InkPicture

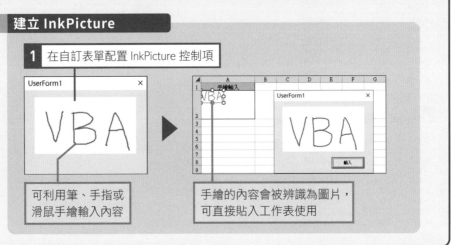

1 在自訂表單配置 InkPicture 控制項

可利用筆、手指或滑鼠手繪輸入內容

手繪的內容會被辨識為圖片，可直接貼入工作表使用

在工具箱增加 InkPicture 控制項

預設的工具箱沒有 InkPicture 控制項，必須從 VBE 的**新增控制項**交談窗新增。

範例 13-17_001.xlsm

在工具箱新增 InkPicutre 控制項

先建立與選取要配置 InkPicutre 控制項的自訂表單（UserForm1）

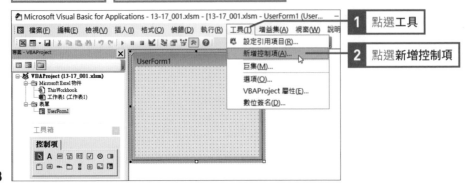

1 點選**工具**

2 點選**新增控制項**

開啟**新增控制項**交談窗 | **3** 往下拖曳這裡

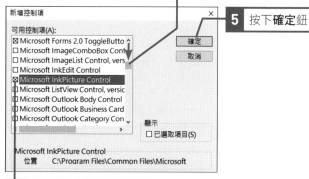

5 按下**確定**鈕

4 點選 **Microsoft InkPicture Control**

工具箱新增 InkPicture
控制項了

💡 ActiveX 控制項的初始化訊息

建立配置 InkPicture 控制項的自訂表單之後，有時會在啟動 VBE 的時候，顯示 ActiveX
控制項的初始化訊息。由於 InkPicture 控制項
的提供來源是微軟，所以按下**確定**鈕即可。
如果按下**取消**鈕，在自訂表單配置的
InkPicture 控制項的屬性就會重設。

設定手繪墨水的初始狀態

物件.**DefaultDrawingAttributes**

▶解説

使用 InkPicture 控制項的 DefaultDrawingAttributes 屬性就能參照設定 InkPicture 控
制項初始狀態的 InkDrawingAttributes 物件。初始狀態的項目可利用
InkDrawingAttributes 物件的各個屬性設定。主要的屬性請參考下方表格。

InkDrawingAttributes 物件的主要屬性

屬性名稱	設定內容
Width	以 HIMETRIC 單位設定墨水的寬度。預設值為 53。（1HIMETRIC 約等於 0.01mm）
Color	以 RGB 值設定墨水顏色　　　　　**參照** 利用 RGB 函數取得 RGB 值……P.4-97
Transparency	以 0（完全不透明）～ 255（完全透明）的數值設定墨水的透明度。

▶設定項目

物件.......................指定為 InkPicture 控制項的物件名稱。

〔避免發生錯誤〕

設定墨水初始狀態的屬性是 InkDrawingAttributes 物件的屬性。請使用 InkPicture 控制項的
DefaultDrawingAttributes 屬性參照 InkDrawingAttributes 物件，或是先存入物件變數再設
定初始狀態。此外，新增 InkDrawingAttributes 物件，以及利用各種屬性設定初始狀態之
後，也可以在 InkPicture 控制項的 DefaultDrawingAttributes 屬性設定 InkDrawingAttributes
物件，一次完成墨水的初始狀態設定。

範例 **開啟自訂表單時，完成手繪輸入墨水的初始設定**

此範例要在自訂表單（UserForm1）開啟前，就完成 InkPicture 控制項（InkPicture1）
的手繪輸入墨水的初始狀態。在初始狀態中，墨水的粗細約為 0.53mm，墨水的
顏色為紅色。墨水的顏色會利用 RGB 函數設定。　　　　　　　　**範例** 13-17_002.xlsm

```
1  Private Sub UserForm_Initialize()
2      With InkPicture1.DefaultDrawingAttributes
3          .Width = 50
4          .Color = RGB(255, 0, 0)
5      End With
6  End Sub
```

1	撰寫在 UserForm1 開啟之前執行的巨集
2	針對代表 InkPicture1 初始狀態的 InkDrawingAttributes 物件進行下列的處理 （With 陳述式的開頭）
3	將墨水的粗細設定為 50 HIMETRIC
4	將墨水的顏色設定為紅色
5	結束 With 陳述式
6	結束巨集

在 UserForm1 開啟之前，設定 InkPicture1
的手繪輸入墨水的粗細與顏色

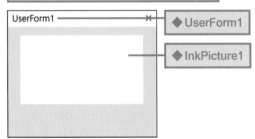

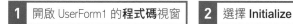

1 開啟 UserForm1 的**程式碼**視窗　　2 選擇 Initialize

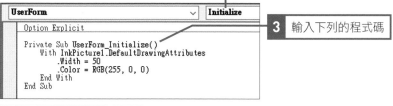

3 輸入下列的程式碼

```
Option Explicit

Private Sub UserForm_Initialize()
    With InkPicture1.DefaultDrawingAttributes
        .Width = 50
        .Color = RGB(255, 0, 0)
    End With
End Sub
```

4 執行 UserForm1　　參照 執行自訂表單……P.13-14

自訂表單開啟

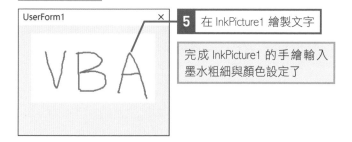

5 在 InkPicture1 繪製文字

完成 InkPicture1 的手繪輸入
墨水粗細與顏色設定了

將手繪圖片複製到剪貼簿

物件.ClipboardCopy

▶解説

要將 InkPicture 的手繪內容當成圖片複製到 Windows 的剪貼簿可使用 InkDisp 物件的 ClipboardCopy 方法。InkDisp 物件可利用 InkPicture 控制項的 Ink 屬性參照。複製到剪貼簿的圖片可利用 Worksheet 物件的 PasteSpecial 方法貼入工作表。貼入的圖片可當成 OLEObject 類型的物件操作。

▶設定項目

物件 .... 指定為 InkDisp 物件。

（避免發生錯誤）

ClipboardCopy 方法可利用參數 ClipboardFormats 設定將手繪內容複製到剪貼簿時的圖片格式，而這個參數可利用 InkClipboardFormats 列舉型常數設定。要注意的是，不管指定哪個值都會發生錯誤，所以請省略參數 ClipboardFormats 的設定。此外，利用 ClipboardCopy 方法複製的圖片會是 EMF 格式。

範例 將手繪圖片複製到剪貼簿，再貼入啟用中工作表

在此要在點選命令按鈕（CommandButton1）後，將 InkPicture 控制項（InkPicture1）的手繪內容當成圖片複製到剪貼簿，再貼入作用中工作表的 A2 儲存格。貼入的圖片會設定成無框線、無填色的外觀，還會設定「手繪」名稱。

範例 13-17_003.xlsm

```
1   Private Sub CommandButton1_Click()
2       Range("A2").Select
3       InkPicture1.Ink.ClipboardCopy
4       ActiveSheet.PasteSpecial
5       With Selection
6           .Border.LineStyle = xlLineStyleNone
7           .Interior.ColorIndex = xlColorIndexNone
8           .Name = "手繪"
9       End With
10  End Sub
```

1	撰寫在 CommandButton1 被點選的時候執行的巨集
2	選取 A2 儲存格
3	將 InkPicture1 的手繪內容複製到剪貼簿
4	將剛剛複製的內容貼入啟用中工作表
5	選取貼入的圖片，再進行下列的處理（With 陳述式的開頭）
6	設定為「無框線」
7	設定為「無填色」
8	命名為「手繪」
9	結束 With 陳述式
10	結束巨集

點選 CommandButton1 後，InkPicture1 的手繪圖片就會貼入作用中工作表

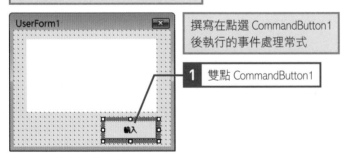

撰寫在點選 CommandButton1 後執行的事件處理常式

1 雙點 CommandButton1

開啟**程式碼**視窗　　**2** 輸入下列的程式碼

3 執行 UserForm1

參照 執行自訂表單……P.13-14

```
Option Explicit

Private Sub CommandButton1_Click()
    Range("A2").Select
    InkPicture1.Ink.ClipboardCopy
    ActiveSheet.PasteSpecial
    With Selection
        .Border.LineStyle = xlLineStyleNone
        .Interior.ColorIndex = xlColorIndexNone
        .Name = "手繪"|
    End With
End Sub
```

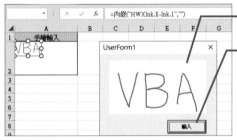

4 在 InkPicture 手繪內容

5 點選 CommandButton1

剛剛手繪的圖片貼入作用中工作表了

替貼入的圖片設定框線、背景與名稱

代表 InkPicture 控制項的手繪內容是 InkDisp 物件，而這個物件會被當成 OLEObject 類型的物件貼入工作表。OLEObject 類型的物件可利用 OLEObject 物件的 Border 屬性參照 Border 物件，再利用 Border 物件的 LineStyle 屬性設定框線。雖然可利用 XlLineStyle 列舉型常數指定框線，卻無法利用 xlDouble 與 xlSlantDashDot 設定框線。要指定為**無框線**，請設定 xlLineStyleNone。LEObject 物件的填色，可利用 Interior 屬性參照 Interior 物件，再利用 Interior 物件的 ColorIndex 屬性設定。

除了可利用顏色索引編號 1～56 設定顏色，也能利用 XlColorIndex 列舉型常數指定。若要設定為**無填色**，請指定為 xlColorIndexNone。此外，要在貼入圖片後，替圖片設定名稱，可使用 OLEObject 物件的 Name 屬性。設定名稱的好處在於將圖片貼入工作表後，可以用名稱操作貼入的圖片。

參照 XlLineStyle 列舉型的常數……P.4-107
參照 XlColorIndex 列舉型的常數……P.4-99

刪除手繪內容

要刪除 InkPicture 控制項的內容可使用 InkDisp 物件的 DeleteStrokes 方法。假設只執行了 DeleteStrokes 方法，無法清除手繪內容，因為自訂表單的 InkPicture 控制項不會自動更新，所以得另外執行自訂表單的 Repaint 方法，重新繪製自訂表單的畫面，更新 InkPicture 控制項的內容。此外，若要刪除貼入工作表的圖片，可將圖片當成工作表的圖案（ShapeRange 物件）參照，使用 ShapeRange 物件的 Delete 方法刪除。

要刪除的圖案可利用在貼入工作表時設定的名稱（Name 屬性的值）指定。要在代表工作表所有圖案的 Shapes 集合指定要刪除的 ShapeRange 物件可利用 Array 函數指定該圖案名稱，再於 Shapes 集合的 Range 屬性指定。

例如，要先刪除 InkPicture 控制項的內容，再刪除貼入工作表的手繪圖片，可參考 範例 13-17_004.xlsm 的程式碼。

範例 13-17_004.xlsm
參照 替貼入的圖片設定框線、背景與名稱……P.13-93

13-18 在工作表使用自訂表單

在工作表配置控制項

在工作表配置控制項後，就能使用控制項，這樣就能將工作表當成自訂表單介面使用。在工作表配置的控制項也能使用控制項內建的屬性、方法與事件處理常式建立程式。此外，能在工作表配置的控制項可分成**表單控制項**與**ActiveX 控制項**這兩種，在此將說明**ActiveX 控制項**的用法。

參照 表單控制項……P.13-95

◆「控制項工具箱」工具列

核取方塊 ─── ActiveX 控制項 ─── 清單方塊
下拉式方塊 ─────────────── 文字方塊
命令按鈕 ─────────────── 捲軸
微調按鈕 ─────────────── 其他控制項
選項按鈕 ─────────────── 切換按鈕
標籤 ─────────────── 影像

在工作表使用控制項

在工作表使用控制項的方法與在自訂表單使用的方法一樣。首先在工作表配置控制項，接著設定控制項的屬性以及在事件處理常式撰寫處理內容。

● 在工作表配置控制項

要在工作表配置控制項可在**開發人員**頁次的**控制項**區點選**插入**，開啟控制項列表。在此要使用的是其中的 **ActiveX 控制項**。在工作表配置控制項的方法與在自訂表單配置的方法相同。此外，會在**設計模式**配置控制項或是設定控制項的屬性。從 **ActiveX 控制項**的列表點選要配置的控制項就會自動切換成**設計模式**，此時會自動選取**開發人員**頁次中**控制項**區的**設計模式**按鈕。

範例 13-18_001.xlsm
參照 配置控制項……P.13-4

開啟要配置控制項的工作表　　先在儲存格中輸入標題名稱

1 切換到**開發人員**頁次

2 按下**插入**鈕

開啟 **ActiveX 控制項**列表

3 點選要配置的控制項

自動切換成設計模式

滑鼠游標的形狀改變了

4 點選要配置控制項的位置　　配置控制項了

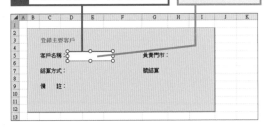

5 調整控制項的位置與大小

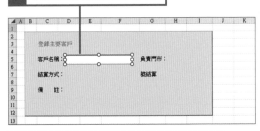

6 重複步驟 3 ～ 5，配置需要的控制項

在工作表配置完成所有的控制項了

💡 **表單控制項**

可在工作表配置的控制項除了 **ActiveX 控制項**外，還有**表單控制項**。表單控制項是沒有屬性、方法或事件這類概念的舊版控制項。雖然可新增與執行巨集，但無法新增事件處理常式，所以本書不予說明。

💡 **調整控制項的位置**

要調整控制項的位置與處理自動形狀一樣。例如，要讓多個控制項靠左對齊可先按住 Shift 鍵，點選要對齊的控制項，再於**頁面配置**頁次的**排列**區，按下**對齊**鈕，從選單中點選**靠左對齊**即可。

● 設定控制項的屬性

在工作表配置的控制項也是透過**屬性視窗**設定屬性。設定方法與在自訂表單的設定相同。此外,在工作表無法設定所有能在自訂表單設定的屬性,但還是可以設定主要屬性。

範例 🗋 13-18_002.xlsm

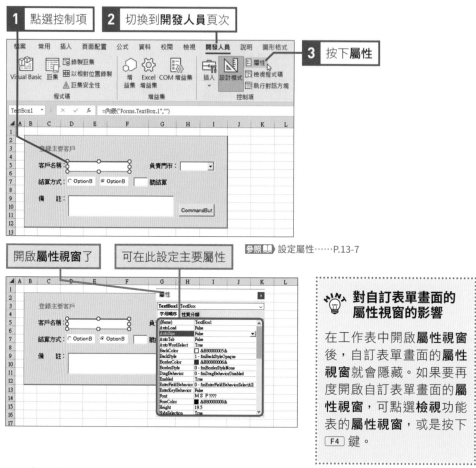

參照 📖 設定屬性……P.13-7

> ### 💡 HINT 對自訂表單畫面的 屬性視窗的影響
>
> 在工作表中開啟**屬性視窗**後,自訂表單畫面的**屬性視窗**就會隱藏。如果要再度開啟自訂表單畫面的**屬性視窗**,可點選**檢視**功能表的**屬性視窗**,或是按下 F4 鍵。

● 建立事件處理常式

要建立事件處理常式可開啟 VBE 的**程式碼**視窗。在此新增的事件處理常式會存在配置控制項工作表的物件模組。

範例 🗋 13-18_003.xlsm

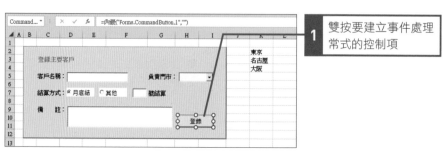

開啟**程式碼**視窗了

2 在此輸入程式碼

輸入程式碼後，回到 Excel 的畫面

```
CommandButton1          ∨   Click
    Option Explicit

Private Sub CommandButton1_Click()
    With Worksheets("主要客戶清單").Range("A1").End(xlDown).Offset(1, 0)
        .Value = .Offset(-1, 0).Value + 1
        .Offset(0, 1).Value = TextBox1.Value
        .Offset(0, 2).Value = ComboBox1.Value
        If OptionButton1.Value = True Then
            .Offset(0, 3).Value = "月底結算"
        ElseIf OptionButton2.Value = True Then
            .Offset(0, 3).Value = TextBox2.Value & "日"
        End If
        .Offset(0, 4).Value = TextBox3.Value
    End With
End Sub
```

 其他開啟「程式碼」視窗的方法

選擇要建立事件處理常式的控制項，再從**開發人員**頁次的**控制項**區，按下**檢視程式碼**鈕，就會開啟**程式碼**視窗。

● 執行事件處理常式

要執行新增的事件處理常式必須解除設計模式。

範例 **13-18_004.xlsm**

解除設計模式

1 切換到**開發人員**頁次

2 按下**設計模式**

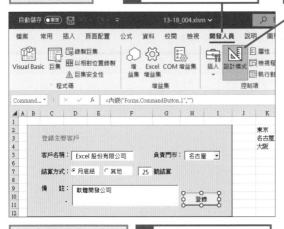

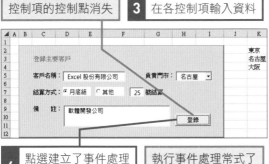

控制項的控制點消失

3 在各控制項輸入資料

4 點選建立了事件處理常式的控制項

執行事件處理常式了

 設計模式

設計模式就是在工作表配置控制項後，設定屬性或是撰寫事件處理常式的模式。在**開發人員**頁次的**控制項**區點選**設計模式**就能切換成設計模式，再點選一次可解除設計模式。

 參照工作表的控制項

要從「工作表的物件模組」參照工作表的控制項可使用控制項的物件名稱（控制項的 **Name** 屬性的值）。此外，要從**標準模組**參照工作表的控制項，可根據配置控制項的工作表物件名稱以及「工作表的物件名稱．控制項的物件名稱」語法，依照物件的階層參照。

控制項的主要事件一覽表

事件名稱	內容
Activate	在自訂表單啟用時觸發
AddControl	在自訂表單、框架、多重頁面新增控制項時觸發
AfterUpdate	在控制項的資料變動時觸發
BeforeDragOver	拖曳控制項時觸發
BeforeDropOrPaste	拖放或貼上控制項時觸發
BeforeUpdate	在控制項的資料變動前（在 AfterUpdate 事件與 Exit 事件之前觸發）觸發
Change	在 Value 屬性變動時觸發
Click	點選控制項或是選擇多個控制項的值時觸發
DblClick	雙按控制項時觸發
Deactivate	自訂表單不再啟用時觸發
DropButtonClick	點選下拉式方塊的「▼」時觸發
Enter	焦點從同一張自訂表單的其他控制項移入時觸發
Error	控制項偵測到錯誤時，將錯誤資訊傳回呼叫來源的程式時觸發
Exit	焦點移動到同一張自訂表單的另一個控制項時觸發
Initialize	在自訂表單載入記憶體到顯示前的這段時間觸發
KeyDown	按下鍵盤按鍵時觸發
KeyPress	按下與 ANSI 字元編碼對應的字母按鍵時觸發
KeyUp	放開鍵盤按鍵時觸發
Layout	在自訂表單、框架與多重頁面的大小變動時觸發
MouseDown	按下滑鼠左鍵時觸發
MouseMove	滑鼠游標的位置改變時觸發
MouseUp	放開滑鼠左鍵時觸發
QueryClose	自訂表單關閉前觸發
RemoveControl	移除控制項前觸發
Resize	自訂表單的大小有所變動時觸發
Scroll	在捲軸的捲軸方塊移動時觸發
SpinDown	點選微調按鈕的下箭頭或左箭頭按鈕時觸發
SpinUp	點選微調按鈕的上箭頭或右箭頭按鈕時觸發
Terminate	使用者關閉自訂表單，自訂表單從記憶體釋放時觸發
Zoom	Zoom 屬性的值有變動時觸發

※ 不同控制項有不同的事件，相關細節可在**微軟**公司的網頁（https://docs.microsoft.com/zh-tw/docs/）輸入關鍵字，查詢相關的技術資訊。控制項事件可利用「Microsoft Forms」、「Reference」關鍵字搜尋，再於「Microsoft Forms Reference」頁面點選「event」，就會開啟「Event（Microsoft Forms）」頁面，其中有許多可以連往各事件說明頁面的連結。此外，也可以點選這個頁面的「Event（Visual Basic for Applications）」連結。

第 **14** 章

與資料庫、Word 連動
及載入網路資料

14-1 與外部資料庫連線

操作外部資料庫

要操作外部資料庫可使用 ActiveX Data Objects（以下簡稱 ADO）。ADO 是能讓 Office 應用程式與外部資料庫連線，從外部資料庫取得、操作記錄的程式設計介面。外部資料庫的種類有很多，例如 Access、SQL Server、Oracle，但只要使用 ADO，大致上都能以相同的程式碼操作這些外部資料庫，這也可說是 ADO 的一大魅力。

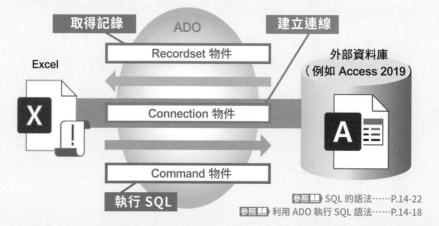

取得記錄　　　ADO　　　建立連線

Excel

Recordset 物件

Connection 物件

外部資料庫
（例如 Access 2019）

Command 物件

執行 SQL

參照 SQL 的語法……P.14-22
參照 利用 ADO 執行 SQL 語法……P.14-18

使用 ADO 的事前準備

要於 Excel VBA 使用 ADO 必須先完成引用 ADO 函式庫的設定。相關細節請參考第 7 章的 7-36 頁。此外，需要於使用 ADO 的每張活頁簿完成引用的設定。

參照 使用檔案系統物件……P.7-36

完成引用 ADO 函式庫的設定

 ADO 的版本

ADO 有很多個版本，而版本的編號都會接著函式庫名稱後面，以「Microsoft ActiveX Data Objects 版本編號 Library」的格式記載。進行參照的設定時，請選擇最新的版本。支援 Microsoft 365 與 Excel 2019 / 2016 / 2013 的最新版 ADO 為「6.1」版。

▶ 使用 ADO

要使用 ADO 必須建立物件的實體。所以我們要先了解建置 ADO 的主要物件。

參照 使用 ADO 的事前準備⋯⋯P.14-2

● 建置 ADO 的主要物件

ADO 主要由下列的集合以及物件組成。本書主要使用的為 Connection 物件、Recordset 物件、Command 物件。

Connection 物件
與資料庫連線所需的物件

> **Errors 集合**
> 儲存資料庫操作錯誤的集合

> **Error 物件**
> 儲存資料庫操作錯誤的物件

Recordset 物件
操作從資料庫取得的記錄的物件

Record 物件
代表單筆記錄的物件

> **Fields 集合**
> 儲存 Recordset 物件的所有 Field 物件的集合

> **Field 物件**
> 代表記錄的欄位的物件

Command 物件
執行 SQL 或查詢的物件

> **Parameters 集合**
> 儲存 Command 物件的所有 Parameter 物件的集合

> **Parameter 物件**
> 操作預存程序或參數化查詢的各種參數的物件

💡 **進一步了解 ADO 集合或物件**

在**微軟**網頁（https://docs.microsoft.com/zh-tw/docs/）輸入關鍵字就能搜尋相關的技術資訊。ADO 資訊可透過 **ADO**、**API**、**ActiveX**、**Reference** 等關鍵字搜尋，再參考「Active X Data Object（ADO）API Reference」或「ADO API Reference - SQL Server」的內容。

💡 **資料庫**

資料庫就是儲存與管理資料的檔案系統。資料庫的資料都存放在**表單**中。資料的各項目稱為**欄位**，而由多個項目組成的同一組資料稱為**記錄**。除了可透過程式碼更新、新增與刪除記錄外，還可以篩出符合特定條件的記錄。

| 表單 | 欄位 | 記錄 |

員工資料				
No	姓名	所屬分店	年齡	按一下以新增
1	大竹拓郎	東京分店	36	
2	伊藤誠	名古屋分店	37	
3	鈴木悠太	大阪分店	35	
4	木村晶子	東京分店	27	

● ADO 的使用方法

要使用 ADO 就必須建立物件的實體，而要建立物件的實體就必須在 Dim 陳述式使用 New 關鍵字宣告物件變數。要操作外部資料庫的第一步是讓 Excel 與外部資料庫建立連線，所以得建立負責這部分操作的 Connection 物件的實體。接著要從外部資料庫的表單取得記錄，再進行各種操作，所以要建立 Recordset 物件的實體。基本上只要建立這兩個實體，就能與外部資料連線，執行篩選、更新、追加、刪除記錄的操作。如果想利用 SQL 操作外部資料庫，就要以負責執行 SQL 的 Command 物件取代 Recordset 物件，建立 Command 物件的實體。使用 Connection 物件與 Command 物件就能與外部資料庫連線，以及執行基本的 SQL 語法（SELECT、UPDATE、INSERT、DELETE）。

▶ 建立 Connection 物件的實體
Dim 物件變數名稱 As New ADODB.Connection

▶ 建立 Recordset 物件的實體
Dim 物件變數名稱 As New ADODB.Recordset

▶ 建立 Command 物件的實體
Dim 物件變數名稱 As New ADODB.Command

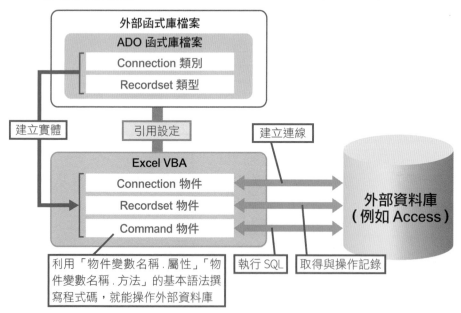

💡 **SQL**

SQL 就是查詢資料庫的程式語言，主要可從表單篩出記錄或資料，也可以執行更新、追加、刪除記錄這類操作。此外，也可以定義表單，或是設定主要排序鍵、索引。不同的外部資料庫對應不同的程式語言，但大致上都可以使用相同的語法撰寫。

物件.**Open**(ConnectionString, UserID, Password)

▶ 解說

要利用 ADO 與外部資料庫建立連線可使用 Connection 物件的 Open 方法。外部
資料庫的種類（供應商名稱）與儲存位置（檔案路徑）都可透過字串的格式指
定給參數 ConnectionString。此外，如果外部資料庫設定了使用者名稱與密碼，
還可以在參數 UserID 與參數 Password 設定這兩筆資料。Open 方法正常執行，
與外部資料庫建立連線後，就能利用該連線（指定的 Connection 物件）開啟儲
存表單記錄的 Recordset 物件。

參照 透過 ADO 參照外部資料庫的記錄……P.14-7
參照 與 Excel 活頁簿連線……P.14-21

▶ 設定項目

物件 .... 指定為 Connection 物件。

ConnectionString ... 指定為外部資料庫的供應商名稱或儲存位置（檔案路徑）。利
用「"」（雙引號）寫成「"變數名稱=設定值;"」，再以「&」連
接上述的資訊（可省略）。

於參數 ConnectionString 使用的主要變數名稱

變數名稱	於變數設定的內容
Provider	指定外部資料庫的種類（供應商名稱）
Data Source	指定外部資料庫的儲存位置（檔案路徑）

指定給變數 Provider 的外部資料庫主要供應商名稱

外部資料庫	供應商名稱
Microsoft 365 的 Access Access 2019 / 2016	Microsoft.ACE.OLEDB.16.0
Access 2013	Microsoft.ACE.OLEDB.15.0
Microsoft 365 的 Access Access 2019 / 2016 / 2013 / 2010 / 2007	Microsoft.ACE.OLEDB.12.0
Access 2003 / 2002	Microsoft.Jet.OLEDB.4.0
SQL Server	SQLOLEDB
Oracle	OraOledB
DB2	IBMDADB2
ODBC 連線	MSDASQL

UserID .... 指定為連接外部資料庫所需的使用者名稱（可省略）。

Password .... 指定為連接外部資料庫所需的密碼（可省略）。

避免發生錯誤

一個 Connection 物件只能建立一個連線，若想建立其他的連線必須建立另一個 Connection
物件的實體再執行 Open 方法。

範例 與 Access 的資料庫檔案連線

此範例要透過 ADO 與 Access 的資料庫檔案**人事資料**.accdb 連線。這個資料庫檔案儲存在 C 磁碟的**資料**資料夾。正常連線後會顯示詢問訊息，確認問題後，就會利用 Close 方法與資料庫斷線。

範例 圖 14-1_001.xlsm

```
1   Sub 與資料庫檔案連線()
2       Dim myConn As New ADODB.Connection
3       myConn.Open ConnectionString:= _
            "Provider=Microsoft.ACE.OLEDB.12.0;" & _
            "Data Source=C:\資料\人事資料.accdb;"
4       MsgBox "順利建立連線了"
5       myConn.Close: Set myConn = Nothing
6   End Sub
```

註：「_（換行字元）」，當程式碼太長要接到下一行程式時，可用此斷行符號連接→參照 P.2-15

1	「與資料庫檔案連線」巨集
2	宣告 ADODB 函式庫的 Connection 類型的變數 myConn
3	與儲存在 C 磁碟的**資料**資料夾的 Access 資料庫檔案**人事資料**.accdb 連線，建立變數 myConn 的連線
4	顯示**順利建立連線了**訊息
5	切斷變數 myConn 的連線，釋放對變數 myConn 的參照
6	結束巨集

想與資料庫檔案連線

1 啟動 VBE，輸入程式碼

2 執行巨集

建立連線與顯示訊息了

 與外部資料庫斷線

要與外部資料庫斷線可使用 Connection 物件的 Close 方法。此外，在斷線後，將 Nothing 代入代表連線的 Connection 類型的物件可釋放剛剛連線佔用的記憶體。上述這些處理可在外部資料庫使用完畢後執行。

物件.**Open**(Source, ActiveConnection, CursorType, LockType, Options)

▶解説

要利用 ADO 參照外部資料庫的記錄可使用 Recordset 物件的 Open 方法。執行 Open 方法後，若是參數 Source 已預先指定了表單名稱，就會開啟儲存了所有記錄的 Recordset 物件，如果指定了 SELECT 語法或是特定的佇列名稱，就會開啟儲存了符合篩選條件的記錄的 Recordset 物件。Recordset 物件開啟後，滑鼠游標會位於開頭的記錄。參數 ActiveConnection 可指定為與外部資料庫連線的 Connection 物件，參數 CursorType 可依照 Recordset 物件的記錄的用途，指定適當的滑鼠游標。此外，如果會有多位使用者一起操作資料庫，可在參數 LockType 指定鎖定方法。

參照頁 透過 ADO 與外部資料庫連線……P.14-5
參照頁 透過 ADO 搜尋符合特定條件的記錄……P.14-10
參照頁 SQL 的語法……P.14-22
參照頁 利用 ADO 執行 SQL 語法……P.14-18

▶設定項目

物件 .... 指定為 Recordset 物件。

Source .... 指定為要參照的表單名稱或是 SQL 的 SELECT。也可以指定查詢名稱。此外，如果指定的是動作查詢，就只會執行指定的操作，不會開啟 Recordset 物件。若是指定為參數查詢名稱，也不會開啟 Recordset 物件（可省略）。

ActiveConnection... 指定為已與外部資料庫建立連線的 Connection 物件（可省略）。

CursorType .... 利用 CursorTypeEnum 列舉型常數指定參照記錄的滑鼠游標的種類。省略時，將自動設定為 adOpenForwardOnly（可省略）。

CursorTypeEnum 列舉型常數

常數	值	內容
adOpenStatic	3	靜態資料滑鼠游標。不會顯示其他使用者追加、變更或刪除記錄的結果。可在搜尋資料或是建立記錄的時候指定為這個值
adOpenDynamic	2	動態資料滑鼠游標。可確認其他使用者追加、變更、刪除記錄的結果。允許進行所有的動作
adOpenKeyset	1	索引鍵資料滑鼠游標。除了不會顯示由其他使用者追加的記錄，也無法存取其他使用者刪除的記錄，其他與動態資料滑鼠游標的情況一樣。
adOpenForwardOnly（預設值）	0	順向資料滑鼠游標。除了參照記錄的方向只有記錄集的前方(結尾方向)之外，其他與靜態資料滑鼠游標相同
adOpenUnspecified	-1	不指定資料滑鼠游標的種類

LockType............. 利用 LockTypeEnum 列舉型常數指定多位使用者操作單一張表單時的鎖定方式。省略時，將自動設定為 adLockReadOnly（可省略）。

LockTypeEnum 列舉型常數

常數	值	內容
adLockReadOnly（預設值）	1	唯讀，無法更新資料
adLockPessimisitc	2	封閉式鎖定。會鎖定剛編輯完畢的記錄
adLockOptimistic	3	開放式鎖定。只在呼叫 Recordset 物件的 Update 方法時鎖定記錄
adLockBatchOptimistic	4	開放式批次更新。只能在批次更新模式時使用
adLockUnspecified*	-1	不指定鎖定方式

※ADO 6.1 版無法指定這個值。

Options................ 以 CommandTypeEnum 列舉型常數指定參數 Source 的內容種類。省略時，將自動設定為 adCmdUnknown（可省略）。

CommandTypeEnum 列舉型常數

常數	值	內容
adCmdUnspecified	-1	不指定種類
adCmdText	1	SQL 語法
adCmdTable	2	表單名稱
adCmdStoredProc	4	預存程序名稱
adCmdUnknown（預設值）	8	未知
adCmdFile	256	儲存完畢的 Recordset 的檔案名稱
adCmdTableDirect	512	傳回所有欄位的表單名稱

避免發生錯誤的方法

在關閉 Connection 物件後，關閉 Recordset 物件就會發生錯誤。Recordset 物件必須在 Connection 物件關閉前關閉。此外，參數 Options 的設定必須與參數 Source 的種類一致，不然就會發生錯誤。

範例 將表單的所有記錄載入工作表

這次要透過 ADO 與 Access 資料庫檔案**人事資料 .accdb** 連線，再將**員工名單**表單的所有記錄載入工作表。資料庫檔案存放在 C 磁碟的**資料**資料夾。

範例 14-1_002.xlsm

參照 將 Recordset 物件的記錄複製到工作表……P.14-9

```
1  Sub␣載入Access表單()
2      Dim␣myConn␣As␣New␣ADODB.Connection
3      Dim␣myRS␣As␣New␣ADODB.Recordset
4      myConn.Open␣ConnectionString:=␣_
           "Provider=Microsoft.ACE.OLEDB.12.0;"␣&␣_
           "Data␣Source=C:\資料\人事資料.accdb"
5      myRS.Open␣Source:="員工名單",␣ActiveConnection:=myConn
6      Range("A2").CopyFromRecordset␣Data:=myRS
7      myRS.Close:␣Set␣myRS␣=␣Nothing
8      myConn.Close:␣Set␣myConn␣=␣Nothing
9  End␣Sub
```

註:「_(換行字元)」,當程式碼太長要接到下一行程式時,可用此斷行符號連接→參照 P.2-15

1 「載入 Access 表單」巨集
2 宣告 ADODB 函式庫的 Connection 類型的變數 myConn
3 宣告 ADODB 函式庫的 Recordset 類型的變數 myRS
4 與存放在 C 磁碟的**資料**資料夾的 Access 資料庫檔案**人事資料**.accdb 連線,建立變數 myConn 的連線
5 利用變數 myConn 的連線開啟變數 myRS,再參照**員工名單**表單,將表單的所有資料存入變數 myRS
6 將 Recordset 物件(myRS)的所有記錄複製到以儲存格 A2 為左上角的儲存格範圍
7 關閉物件變數 myRS,釋放對變數 myRS 的參照
8 截斷物件變數 myConn 的連線,釋放對變數 myConn 的參照
9 結束巨集

想將**員工名單**表單的所有記錄載入 Excel 工作表

	A	B	C	D	E
1	No	姓名	所屬門市	年齡	
2					
3					
4					

1 啟動 VBE,輸入程式碼

```
(一般)                              載入Access表單
Option Explicit

Sub 載入Access表單()
    Dim myConn As New ADODB.Connection
    Dim myRS As New ADODB.Recordset
    myConn.Open ConnectionString:= _
        "Provider=Microsoft.ACE.OLEDB.12.0;" & _
        "Data Source=C:\資料\人事資料.accdb"
    myRS.Open Source:="員工資料", ActiveConnection:=myConn
    Range("A2").CopyFromRecordset Data:=myRS
    myRS.Close: Set myRS = Nothing
    myConn.Close: Set myConn = Nothing
End Sub
```

2 執行輸入的巨集

> ### HINT 將 Recordset 物件的記錄複製到工作表
>
> 要將 Recordset 物件的所有記錄複製到工作表可使用 Range 物件的 CopyFromRecordset 方法。於參數 Data 指定的 Recordset 物件的所有記錄,會複製到以 Range 物件參照的儲存格為左上角儲存格的儲存格範圍。

員工名單表單的所有記錄都存入工作表了

	A	B	C	D	E
1	No	姓名	部門	年齡	
2	1	大竹拓郎	東京分店	36	
3	2	伊藤誠	名古屋分店	37	
4	3	鈴木悠太	大阪分店	35	
5	4	木村晶子	東京分店	27	
6	5	皆川康一	名古屋分店	25	
7	6	小林貴志	大阪分店	24	
8	7	佐藤明美	東京分店	26	
9					

 關閉 Recordset 物件

要關閉 Recordset 物件可使用 Recordset 物件的 Close 方法，之後可將 Nothing 代入剛剛使用的 Recordset 類型的物件變數，釋放先前佔用的記憶體空間。這些處理請在與外部資料庫斷線之前執行。

取得或設定特定欄位的資料

物件.Value ——————————————————— 取得
物件.Value = 設定值 ——————————— 設定

▶解說
要利用 ADO 取得或設定特定欄位的資料，可使用代表記錄的欄位的 Field 物件的 Value 屬性。要指定取得或設定資料的欄位（Field 物件）可使用 Recordset 物件的 Fields 屬性，以「Recordset 物件.Fields（"要參照的欄位名稱"）」語法指定。此外，將資料設定到 Value 屬性，會將該資料設定到滑鼠游標所在的記錄（目前記錄）的指定欄位。

參照 透過 ADO 搜尋符合特定條件的記錄……P.14-10

▶設定項目
物件 .... 指定為 Field 物件。
設定值 .... 指定為要設定給特定欄位的資料。

避免發生錯誤
如果設定的資料類型與外部資料庫的欄位不同就會發生錯誤。設定資料時，請務必根據外部資料庫的欄位的資料類型設定。

透過 ADO 搜尋符合特定條件的記錄

物件.Find(Criteria, SearchDirection)

▶解說
要在存放表單記錄的 Recordset 物件內搜尋符合特定條件的記錄可使用 Recordset 物件的 Find 方法。參數 Criteria 可指定為條件式，參數 SearchDirction 可指定為搜尋方向。如果找到符合的記錄，滑鼠游標就會移動到包含該資料的記錄。Recordset 物件內的滑鼠游標所在位置的記錄（目前的記錄）會被視為操作對象。

▶設定項目

物件...................... 指定為 Recordset 物件。

Criteria .... 指定在 Recordset 物件內搜尋的條件式。可根據單一欄位建立條件式。欄位名稱可直接輸入，做為條件的字串需要用「'（單引號）」括住，整個搜尋條件需要以「"（雙引號）」括住。此外，無法利用多個欄位建立條件式。如果需要利用多個欄位建立條件式，請改用 Filter 屬性。

參照 利用多個欄位建立的條件式搜尋記錄……P.14-13

SearchDirection .. 以 SearchDirectionEnum 列舉型常數指定在 Recordset 物件內搜尋的方向。

SearchDirectionEnum 列舉型常數

常數	值	內容
adSearchForward （預設值）	1	朝著前方（結尾方向）在 Recordset 物件內搜尋。如果沒找到符合條件的資料，滑鼠游標將移動到 EOF（比最後一筆記錄還後面的位置）
adSearchBackward	-1	朝著前方（開頭方向）在 Recordset 物件內搜尋。如果沒找到符合條件的資料，滑鼠游標將移動到 BOF（比開頭第一筆記錄還前面的位置）

（避免發生錯誤）

假設在執行 Find 方法的時候，滑鼠游標未落在任何一筆記錄（沒有目前操作的記錄），就會發生錯誤。在執行 Find 方法之前，要先讓滑鼠游標移動到任何一筆記錄內。

參照 讓滑鼠游標移動到 Recordset 物件內……P.14-17

範例 將符合特定條件的記錄存入工作表

這次要透過 ADO 與 Access 資料庫檔案**人事資料 .accdb** 連線，再從**員工名單**表單搜尋**部門**欄位為**大阪分店**的記錄，再將**姓名**欄位與**年齡**欄位的資料載入工作表。如果有很多筆符合條件的記錄，可利用 Do⋯Loop 陳述式執行 Find 方法。

範例 14-1_003.xlsm

```
1   Sub 搜尋 Access 記錄 ()
2       Dim myConn As New ADODB.Connection
3       Dim myRS As New ADODB.Recordset
4       Dim i As Integer
5       myConn.Open ConnectionString:= _
            "Provider=Microsoft.ACE.OLEDB.12.0;" & _
            "Data Source=C:\資料\人事資料.accdb"
6       myRS.Open Source:="員工名單", ActiveConnection:=myConn, _
            CursorType:=adOpenStatic
```

```
 7      With␣myRS
 8          i␣=␣2
 9          Do
10              .Find␣Criteria:="部門␣=␣'大阪分店'",␣_
                    SearchDirection:=adSearchForward
11              If␣.EOF␣=␣True␣Then
12                  Exit␣Do
13              Else
14                  Cells(i,␣1).Value␣=␣.Fields("姓名").Value
15                  Cells(i,␣2).Value␣=␣.Fields("年齡").Value
16                  i␣=␣i␣+␣1
17                  .MoveNext
18              End␣If
19          Loop
20      End␣With
21      myRS.Close:␣Set␣myRS␣=␣Nothing
22      myConn.Close:␣Set␣myConn␣=␣Nothing
23  End␣Sub
```

註:「␣(換行字元)」,當程式碼太長要接到下一行程式時,可用此斷行符號連接→參照 P.2-15

1	「搜尋 Access 記錄」巨集
2	宣告 ADODB 函式庫的 Connection 類型的變數 myConn
3	宣告 ADODB 函式庫的 Recordset 類型的變數 myRS
4	宣告整數類型的變數 i
5	與存放在 C 磁碟的**資料**資料夾的 Access 資料庫檔案**人事資料** .accdb 連線,建立變數 myConn 的連線
6	利用變數 myConn 的連線開啟變數 myRS,再參照**員工名單**表單,將表單的所有資料存入變數 myRS
7	對變數 myRS 進行下列的處理(With 陳述式的開頭)
8	將 2 存入變數 i
9	重複執行下列的處理(Do 陳述式的開頭)
10	根據「**部門**欄位等於**大阪分店**」的條件往前方(結尾方向)搜尋記錄,並讓滑鼠游標移動到找到的記錄
11	當滑鼠游標移動到 Recordset 物件的結尾處(If 陳述式的開頭)
12	強制結束 Do…Loop 陳述式
13	否則
14	在第 i 列、第 1 欄的儲存格顯示目前記錄的**姓名**欄位的值
15	在第 i 列、第 2 欄的儲存格顯示目前記錄的**年齡**欄位的值
16	讓變數 i 遞增 1
17	讓滑鼠游標移動到下一筆記錄
18	If 陳述式結束
19	回到第 10 行程式碼
20	With 陳述式結束
21	關閉變數 myRS,釋放對變數 myRS 的參照
22	切斷變數 myConn 的連線,釋放對變數 myConn 的參照
23	結束巨集

員工名單表單的內容

搜尋**部門**欄位為**大阪分店**的記錄，再將**姓名**欄位與**年齡**位置的資料載入工作表

1 啟動 VBE，輸入程式碼　　**2** 執行巨集

```
(一般)                              搜尋Access記錄
Option Explicit

Sub 搜尋Access記錄()
Dim myConn As New ADODB.Connection
Dim myRS As New ADODB.Recordset
Dim i As Integer
myConn.Open ConnectionString:= _
    "Provider=Microsoft.ACE.OLEDB.12.0;" & _
    "Data Source=C:\資料\人事資料.accdb"
myRS.Open Source:="員工資料", ActiveConnection:=myConn, _
    CursorType:=adOpenStatic
With myRS
    i = 2
    Do
        .Find Criteria:="所屬分店 = '大阪分店'", _
            SearchDirection:=adSearchForward
        If .EOF = True Then
            Exit Do
        Else
            Cells(i, 1).Value = .Fields("姓名").Value
            Cells(i, 2).Value = .Fields("年齡").Value
            i = i + 1
            .MoveNext
        End If
    Loop
End With
myRS.Close: Set myRS = Nothing
myConn.Close: Set myConn = Nothing
End Sub
```

	A	B	C	D
1	姓名	年齡		
2	鈴木悠太	35		
3	小林貴志	24		

搜尋**部門**欄位為**大阪分店**的記錄，再從這些記錄將**姓名**與**年齡**這兩個欄位的資料載入工作表

💡HINT 利用多個欄位建立的條件式搜尋記錄

要利用多個欄位建立條件式搜尋記錄可使用 Recordset 物件的 Filter 屬性。Filter 屬性可利用 And 或 Or 運算子建立「欄位 1 and 欄位 2」這類多個條件的條件式。在 Filter 屬性設定條件後，就會在 Recordset 物件搜尋符合條件的記錄，所以只要讓滑鼠游標從 Recordset 物件的第一筆記錄依序移動到最後一筆記錄，並在過程中參照每個欄位，就能確認搜尋結果。

例如，要搜尋**部門**欄位為**名古屋分店**而且**年齡**欄位大於 30 的記錄，再於儲存格顯示**姓名**欄位以及**年齡**欄位的值，可將程式碼寫成如右圖的內容。

範例 14-1_004.xlsm

```
Sub 利用多個欄位建立的條件式搜尋記錄()
Dim myConn As New ADODB.Connection
Dim myRS As New ADODB.Recordset
Dim i As Long
myConn.Open ConnectionString:= _
    "Provider=Microsoft.ACE.OLEDB.12.0;" & _
    "Data Source=C:\資料\人事資料.accdb"
myRS.Open Source:="員工資料", ActiveConnection:=myConn, _
    CursorType:=adOpenStatic
With myRS
    .Filter = "所屬分店 = '名古屋分店' And 年齡>30"
    i = 2
    Do Until .EOF = True
        Cells(i, 1).Value = .Fields("姓名").Value
        Cells(i, 2).Value = .Fields("年齡").Value
        i = i + 1
        .MoveNext
    Loop
End With
myRS.Close: Set myRS = Nothing
myConn.Close: Set myConn = Nothing
End Sub
```

此外，如果要在儲存格顯示以 Filter 屬性篩選的所有記錄以及所有欄位的值，可用 Range 物件的 CopyFromRecordset 方法。

參照 將 Recordset 物件的記錄複製到工作表……P.14-9

範例 更新 Access 表單的記錄

這次要利用 ADO 與 Access 資料庫檔案**人事資料 .accdb** 連線，再修正**員工名單**表單的**部門**欄位與**年齡**欄位的資料，藉此更新記錄。這次會以**姓名**欄位為篩選條件，利用 Recordset 物件的 Find 方法篩選要更新的記錄。此外，當成條件使用的資料或欄位會使用工作表的資料。

範例 14-1_005.xlsm

參照 透過 ADO 搜尋符合特定條件的記錄……P.14-10
參照 更新記錄……P.14-15

```
1   Sub 更新 Access 的資料 ()
2       Dim myConn As New ADODB.Connection
3       Dim myRS As New ADODB.Recordset
4       myConn.Open ConnectionString:= _
            "Provider=Microsoft.ACE.OLEDB.12.0;" & _
            "Data Source=C:\資料\人事資料.accdb"
5       myRS.Open Source:="員工名單", ActiveConnection:=myConn, _
            CursorType:=adOpenKeyset, LockType:=adLockPessimistic
6       With myRS
7           .Find Criteria:="姓名 = '" & Range("A2").Value & "'"
8           .Fields("部門").Value = Range("B2").Value
9           .Fields("年齡").Value = Range("C2").Value
10          .Update
11      End With
12      myRS.Close: Set myRS = Nothing
13      myConn.Close: Set myConn = Nothing
14  End Sub
```

註：「_（換行字元）」，當程式碼太長要接到下一行程式時，可用此斷行符號連接→參照 P.2-15

1	「更新 Access 的資料」巨集
2	宣告 ADODB 函式庫的 Connection 類型的變數 myConn
3	宣告 ADODB 函式庫的 Recordset 類型的變數 myRS
4	與存放在 C 磁碟的**資料**資料夾的 Access 資料庫檔案**人事資料 .accdb** 連線，建立變數 myConn 的連線
5	利用變數 myConn 的連線開啟變數 myRS，再參照**員工名單**表單，將表單的所有資料存入變數 myRS
6	對變數 myRS 進行下列的處理（With 陳述式的開頭）
7	以「**姓名**欄位等於 A2 儲存格的值」為條件搜尋資料，並在找到資料後，將滑鼠游標移動到包含該資料的記錄
8	將 B2 儲存格的值設定在**部門**欄位
9	將 C2 儲存格的值設定在**年齡**欄位
10	更新目前的記錄
11	With 陳述式結束
12	關閉變數 RS，釋放對變數 myRS 的參照
13	切對變數 myConn 的連線，釋放對變數 myConn 的參照
14	結束巨集

執行程式前的**員工名單**表單的內容

利用**姓名**欄位篩出記錄，再變更**部門**欄位與**年齡**欄位的資料，藉此更新記錄

1 輸入要在**姓名**、**部門**以及**年齡**欄位搜尋的資料

2 啟動 VBE，輸入程式碼

```
(一般)                    新增Access的資料
Option Explicit

Sub 新增Access的資料()
    Dim myConn As New ADODB.Connection
    Dim myRS As New ADODB.Recordset
    myConn.Open ConnectionString:= _
        "Provider=Microsoft.ACE.OLEDB.12.0;" & _
        "Data Source=C:\資料\人事資料.accdb"
    myRS.Open Source:="員工資料", ActiveConnection:=myConn, _
        CursorType:=adOpenKeyset, LockType:=adLockPessimistic
    With myRS
        .AddNew
        .Fields(姓名).Value = Range("A2").Value
        .Fields(所屬分店).Value = Range("B2").Value
        .Fields(年齡).Value = Range("C2").Value
        .Update
    End With
    myRS.Close: Set myRS = Nothing
    myConn.Close: Set myConn = Nothing
End Sub
```

3 執行巨集

在**員工名單**表單中，符合條件的記錄更新了

找到**姓名**欄位與 A2 儲存格的值相同的記錄後，更新了**部門**欄位與**年齡**欄位的資料

在條件式或 SQL 語法使用儲存格的資料

要在條件式或 SQL 語法使用儲存格的資料，可利用下列的語法。

想在條件式使用儲存格的資料

" 部門 =' 東京 ';"

 將條件式的資料部分換成 Range 屬性的內容

" 部門 ="'&Range("A2").Value & "';"

前後的部分會以「"(雙引號)」括住。在分成前後兩個部分時，千萬不要忘記輸入括住條件式的資料部分的「'(單引號)」或是「;(分號)」

更新記錄

每一筆記錄的欄位都有不同的值，而要在變更這些值後讓記錄更新，可使用 Recordset 物件的 Update 方法。Update 方法可更新 Recordset 物件的目前記錄（滑鼠游標的落點）。此外，就算執行了 Update 方法，目前記錄的位置也不會改變。

更新記錄時的鎖定方式

更新記錄時，可在 Recordset 物件的 Open 方法，將參數 LockType 指定成「adLockOptimistic」或是「adLockPessimistic」。

範例　在 Access 表單新增資料

這次要透過 ADO 與 Access 資料庫檔案**人事資料 .accdb** 連線，再於**員工名單**表單新增記錄。於各欄位輸入的資料會使用工作表的資料。

範例檔 14-1_006.xlsm
參照 新增記錄……P.14-17
參照 更新記錄……P.14-15

```
1   Sub␣新增 Access 的資料()
2       Dim␣myConn␣As␣New␣ADODB.Connection
3       Dim␣myRS␣As␣New␣ADODB.Recordset
4       myConn.Open␣ConnectionString:=␣_
            "Provider=Microsoft.ACE.OLEDB.12.0;"␣&␣_
            "Data␣Source=C:\資料\人事資料.accdb"
5       myRS.Open␣Source:="員工名單",␣ActiveConnection:=myConn,␣_
            CursorType:=adOpenKeyset,␣LockType:=adLockPessimistic
6       With␣myRS
7           .AddNew
8           .Fields("姓名").Value␣=␣Range("A2").Value
9           .Fields("部門").Value␣=␣Range("B2").Value
10          .Fields("年齡").Value␣=␣Range("C2").Value
11          .Update
12      End␣With
13      myRS.Close:␣Set␣myRS␣=␣Nothing
14      myConn.Close:␣Set␣myConn␣=␣Nothing
15  End␣Sub
```

註：「_ (換行字元)」，當程式碼太長要接到下一行程式時，可用此斷行符號連接→參照 P.2-15

1　「新增 Access 的資料」巨集
2　宣告 ADODB 函式庫的 Connection 類型的變數 myConn
3　宣告 ADODB 函式庫的 Recordset 類型的變數 myRS
4　與存放在 C 磁碟的**資料**資料夾的 Access 資料庫檔案**人事資料 .accdb** 連線，建立變數 myConn 的連線
5　利用變數 myConn 的連線開啟變數 myRS，再參照「員工名單」表單，將表單的所有資料存入變數 myRS
6　對變數 myRS 進行下列的處理（With 陳述式的開頭）
7　新增記錄，讓滑鼠游標移動到新增的記錄
8　將 A2 儲存格的值新增至**姓名**欄位
9　將 B2 儲存格的值新增至**部門**欄位
10　將 C2 儲存格的值新增至**年齡**欄位
11　更新目前記錄
12　With 陳述式結束
13　關閉變數 RS，釋放對變數 myRS 的參照
14　切斷變數 myConn 的連線，釋放對變數 myConn 的參照
15　結束巨集

程式執行前的**員工名單**表單的內容

想在**員工名單**表單新增記錄

1 在儲存格輸入要設定為**姓名**、**部門**、**年齡**欄位的資料

2 啟動 VBE，輸入程式碼

3 執行巨集　在**員工名單**表單新增記錄了

員工名單表單新增了記錄，各欄位也套用了在 Excel 的儲存格輸入的資料

新增記錄

要新增可更新的空白記錄可使用 Recordset 物件的 AddNew 方法。新增記錄後，滑鼠游標會自動移至該記錄。此外，在記錄的各個欄位（Field 物件）新增資料後，必須使用 Recordset 物件的 Update 方法更新記錄。

新增記錄時的鎖定方法

新增記錄時，可在 Recordset 物件的 Open 方法，將參數 LockType 指定成 adLockOptimistic 或 adLockPessimistic。

讓 Recordset 物件內的滑鼠游標移動

要讓 Recordset 物件內的滑鼠游標移動可使用下表的方法，請根據滑鼠游標的移動位置選用不同的方法。此外，如果讓滑鼠游標移動至超出結尾或開頭的位置，就會發生錯誤。例如，當滑鼠游標移動至超出最後一筆記錄外的位置，Recordset 物件的 EOF 屬性就會變成 True，如果超出第一筆記錄外的位置，BOF 屬性就會變成 True，所以可利用這兩個屬性預防錯誤發生。

滑鼠游標移動位置	方法名稱
下一筆記錄	MoveNext
上一筆記錄	MovePrevious
第一筆記錄	MoveFirst
最後一筆記錄	MoveLast

刪除記錄

要刪除記錄可使用 Recordset 物件的 Delete 方法。Delete 方法可刪除滑鼠游標所在位置的記錄（目前記錄）。刪除記錄的時候，可將「adLockOptimistic」或是「adLockPessimistic」指定給 Recordset 物件的 Open 方法的參數 LockType。

此外，記錄刪除後，還是會以「被刪除記錄」保留，也還是目前記錄，所以若不先移動滑鼠游標就繼續對目前記錄進行其他處理，就會發生錯誤，所以必須使用 MoveNext 這類方法移動滑鼠游標。例如，要透過 ADO 與 Access 資料庫檔案

人事資料 .accdb 連線，再刪除員工名單表單的姓名欄位為伊藤誠的記錄時，可將程式碼寫成下列的內容。

範例 14-1_007.xlsm

```
(一般)                                    刪除Access的資料
Option Explicit

Sub 刪除Access的資料()
    Dim myConn As New ADODB.Connection
    Dim myRS As New ADODB.Recordset
    myConn.Open ConnectionString:= _
        "Provider=Microsoft.ACE.OLEDB.12.0;" & _
        "Data Source=C:\資料\人事資料.accdb"
    myRS.Open Source:="員工資料", ActiveConnection:=myConn, _
        CursorType:=adOpenKeyset, LockType:=adLockPessimistic
    With myRS
        .Find Criteria:="姓名 = '伊藤誠'"
        .Delete
        .MoveNext
    End With
    myRS.Close: Set myRS = Nothing
    myConn.Close: Set myConn = Nothing
End Sub
```

利用 ADO 執行 SQL 語法

物件.Execute

▶解說

要利用 ADO 執行 SQL 語法可使用 Command 物件的 Execute 方法。第一步要先讓 Connection 物件與外部資料庫連線，接著將這個物件指定給 Command 物件的 ActiveConnection 屬性，接著將要執行的 SQL 語法指定給 Command 物件的 CommandText 屬性。一執行篩選資料的 SELECT，就會傳回儲存篩選結果的 Recordset 物件。如果執行的是更新方面的 SQL 語法（INSERT、UPDATE、DELETE），就不需要接收傳回值。

參照 SQL……P.14-4
參照 SQL 的語法……P.14-22

▶設定項目

物件 .... 指定為 Command 物件。

避免發生錯誤的方法

SQL 會依照外部資料庫的種類使用不同的語法連線，所以在某個資料庫能夠正常執行的 SQL 語法不一定都能在其他的資料庫執行。關於在 Access 執行的 SQL 語法可在微軟公佈的網頁（https://docs.microsoft.com/zh-tw/docs/）輸入關鍵字搜尋相關的技術資訊，例如，可在上述的頁面輸入「Access」「SQL」「Reference」這類關鍵字，參考「Microsoft Access SQL Reference」的資料，了解在 Access 執行的 SQL。

範例 **透過 SELECT 從表單取得資料**

這次要利用 SQL 的 SELECT 語法從表單篩出資料。第一步先與 Access 資料庫檔案 **人事資料 .accdb** 連線，接著再從**員工名單**找出**部門**欄位為**東京分店**的記錄，再將該記錄的**姓名**欄位與**年齡**欄位的資料複製到工作表。　**範例 🅙** 14-1_008.xlsm

參照 🔗 將 Recordset 物件的記錄複製到工作表⋯⋯P.14-9

```
1  Sub 在 Command 物件執行 SELECT 語法 ()
2      Dim myConn As New ADODB.Connection
3      Dim myRS As New ADODB.Recordset
4      Dim myCmd As New ADODB.Command
5      myConn.Open ConnectionString:= _
           "Provider=Microsoft.ACE.OLEDB.12.0;" & _
           "Data Source=C:\資料\人事資料.accdb"
6      With myCmd
7          .ActiveConnection = myConn
8          .CommandText = _
               "SELECT 姓名, 年齡 FROM 員工名單 WHERE 部門='東京分店';"
9          Set myRS = .Execute
10     End With
11     Range("A2").CopyFromRecordset Data:=myRS
12     myRS.Close: Set myRS = Nothing
13     myConn.Close: Set myConn = Nothing
14 End Sub
```

註:「_ (換行字元)」，當程式碼太長要接到下一行程式時，可用此斷行符號連接→參照 P.2-15

1 「在 Command 物件執行 SELECT 語法」巨集
2 宣告 ADODB 函式庫的 Connection 類型的變數 myConn
3 宣告 ADODB 函式庫的 Recordset 類型的變數 myRS
4 宣告 ADODB 函式庫的 Command 類型的變數 myCmd
5 與存放在 C 磁碟的**資料**資料夾的 Access 資料庫檔案**人事資料 .accdb** 連線，建立變數 myConn 的連線
6 對變數 myCmd 執行下列的處理 (With 陳述式的開頭)
7 將變數 myConn 設定為執行 SQL 所需的連線物件
8 根據「部門為**東京分店**」這個條件從**員工名單**表單篩選記錄，再從篩出的記錄篩出**姓名**欄位與**年齡**欄位的資料。同時將這個 SELECT 設成要執行的 SQL 語法
9 執行 SQL(SELECT 語法)，再將執行結果 (Recordset 物件) 存入變數 myRS
10 With 陳述式結束
11 將 Recordset 物件 (myRS) 中儲存的資料複製到以 A2 儲存格為左上角的儲存格範圍中
12 關閉變數 RS，釋放對變數 myRS 的參照
13 切斷變數 myConn 的連線，釋放對變數 myConn 的參照
14 結束巨集

員工名單表單的內容

搜尋**部門**欄位為**東京分店**的記錄,再將
姓名欄位與**年齡**欄的資料載入工作表

1 啟動 VBE,輸入程式碼

| (一般) | 在Command物件執行SELECT語法 |

```
Option Explicit

Sub 在Command物件執行SELECT語法()
    Dim myConn As New ADODB.Connection
    Dim myRS As New ADODB.Recordset
    Dim myCmd As New ADODB.Command
    myConn.Open ConnectionString:=
        "Provider=Microsoft.ACE.OLEDB.12.0;" & _
        "Data Source=C:\資料\人事資料.accdb"
    With myCmd
        .ActiveConnection = myConn
        .CommandText = _
            "SELECT 姓名, 年齡 FROM 員工資料 WHERE 所屬分店='東京分店';"
        Set myRS = .Execute
    End With
    Range("A2").CopyFromRecordset Data:=myRS
    myRS.Close: Set myRS = Nothing
    myConn.Close: Set myConn = Nothing
End Sub
```

2 執行巨集

	A	B	C	D
1	姓名	年齡		
2	大竹拓郎	36		
3	木村晶子	27		
4	佐藤明美	26		
5				

找出**部門**欄位為**東京分店**的記錄
後,將該記錄的**姓名**與**年齡**欄位
的資料複製到工作表中

 **使用 Recordset 物件執行 SQL**

在 Recordset 物件的 Open 方法的參數
Source 指定 SELECT 語法,就能在開
啟 Recordset 物件時執行 SELECT。執
行結果會直接存入 Recordset 物件。
例如,要將範例**透過 SELECT 語法
從表單取得資料**的 SELECT 語法改成
Recordset 物件時,可將程式碼改寫成
下列的內容。

範例 14-1_009.xlsm

| (一般) | 在Recordset物件執行SELECT語法 |

```
Option Explicit

Sub 在Recordset物件執行SELECT語法()
    Dim myConn As New ADODB.Connection
    Dim myRS As New ADODB.Recordset
    myConn.Open ConnectionString:=
        "Provider=Microsoft.ACE.OLEDB.12.0;" & _
        "Data Source=C:\資料\人事資料.accdb"
    myRS.Open Source:= _
        "SELECT 姓名, 年齡 FROM 員工資料 WHERE 所屬分店='東京分店';", _
        ActiveConnection:=myConn
    Range("A2").CopyFromRecordset Data:=myRS
    myRS.Close: Set myRS = Nothing
    myConn.Close: Set myConn = Nothing
End Sub
```

參照 透過 ADO 參照外部資料庫的記錄……P.14-7
參照 透過 SELECT 從表單取得資料……P.14-19

執行更新系列的 SQL 語法

要利用 Command 物件的 Execute 方法執行更新系列的 SQL 語法（UPDATE、INSERT、DELETE）時，除了 SQL 語法的部分不同，可沿用原本的程式碼。例如，**範例目** 14-1_10.xlsm 就利用 INSERT 將**姓名**欄位為「小野瀨勝也」、**部門**欄位為「名古屋分店」、**年齡**欄位為「24」的記錄插入**員工名單**表單。

此外，**範例目** 14-1_011.xlsm 是執行 UPDATE，**範例目** 14-1_012.xlsm 是執行 DELETE 的範例。其中的 SQL 語法會於 14-22 頁做介紹。

 與 Excel 活頁簿連線

利用 ADO 與 Excel 活頁簿連線就能將工作表的清單當成資料庫的表單使用，而清單範圍會被當成**表單**，清單的每一列就是**記錄**，每一欄則是**欄位**。這種方法的優點在於可直接在電腦內部開啟活頁簿，再以 SQL 操作清單的資料。

在 SQL 撰寫表單名稱時，會以儲存格範圍的名稱代替清單範圍，所以必須先替清單範圍設定儲存格範圍名稱。要設定儲存格範圍名稱時，可點選**公式**頁次的**名稱管理員**，再於**領域**指定為**活頁簿**，然後在**參照到**輸入包含表格標題列的儲存格範圍。

要與 Excel 活頁簿連線可在連線字串的變數 Provider 指定「Microsoft.ACE.OLEDB.12.0」（若是 Microsoft 365 Excel、Excel 2019 / 2016 指定為「Microsoft.ACE.OLEDB.16.0」，再於變數 Data Source 後面輸入代表要連線的資料庫為 Excel 活頁簿的「Extended Properties=Excel 12.0;」（Excel 2003 / 2002 可輸入「Extended Properties=Excel 8.0;」）。**範例目** 14-1_013.xlsm 就與 C 磁碟的**資料**資料夾的**人事資料 .xlsx** 連線。

範例目 14-1_013.xlsm

參照 利用 ADO 執行 SQL 語法……P.14-18

此外，以 ADO 與 Excel 活頁簿連線時，無法刪除記錄。

 與 MySQL 資料庫連線

要利用 ADO 與「MySQL」資料庫連線，必須從 MySQL 網站下載 MySQL 的 ODBC 連線驅動程式。在 Open 方法的參數 ConnectionString 的變數 Driver 指定 ODBC 驅動程式的名稱，再於變數 Server 指定要連線的電腦伺服器名稱（如果是自己的電腦就指定為 localhost）或是 IP 位址，在變數 Port 指定 MySQL 的連接埠編號（MySQL 的預設連接埠編號為 3306），在變數 Database 指定要連線的資料庫名稱，在變數 UID 指定要連線的 MySQL 的使用者名稱，以及在變數 PWD 指定 MySQL 的使用者密碼。

上述這些資訊都必須以「"」（雙引號）」括住，以「"變數名稱 = 設定值;"」的語法撰寫，同時利用「&」連接。於變數 Driver 指定的 ODBC 驅動程式必須利用「{MySQL ODBC X.X Unicode Driver}」的格式撰寫，「X.X」的部分為 ODBC 驅動程式的版本編號。要確認 ODBC 驅動程式的版本編號可點選**啟動**→ **Windows 系統管理工具**→**系統與安全性**→**管理工具**，如果安裝了 64 位元的 ODBC 驅動程式可雙按 **ODBC 資料來源**（**64 位元**），如果安裝的是 32 位元的 ODBC 驅動程式，可雙按 **ODBC Data Sources**（**32-bit**），再於**驅動程式**頁次確認 ODBC 驅動程式的版本。　**範例目** 14-1_014.xlsm

SQL 的語法

SQL 是查詢資料庫的語言,而依照語法撰寫的陳述式稱為 SQL 語法。使用 SQL 語法可從符合特定條件的記錄篩出特定欄位的資料,或是新增、更新、刪除記錄。此外,也可以定義表單或是設定主排序鍵以及索引值。SQL 的語法非常簡單易懂外,最大的優點在於可利用近乎相同的語法操作不同的外部資料庫。在此為大家介紹操作記錄的主要 SQL 語法。　　　**參照** 利用 ADO 執行 SQL 語法……P.14-18

● SELECT (篩選資料)

> SELECT␣要篩選的欄位名稱1, 要篩選的欄位名稱2, …,␣FROM␣表單名稱␣WHERE␣篩選記錄的條件式;

> 例:以「部門」欄位為「東京分店」為條件,從「員工名單」表單篩出「姓名」欄位與「年齡」欄位的資料
> SELECT 姓名 , 年齡 FROM 員工名單 WHERE 部門 =' 東京分店 ';

● UPDATE (更新記錄)

> UPDATE␣表單名稱␣SET␣要修正的欄位名稱1=要修正的資料1,要修正的欄位名稱2=要修正的資料2, …,␣WHERE␣篩出更新記錄的條件式;

> 例:在「員工名單」表單找出「姓名」欄位為「小林貴志」的記錄,再將「部門」欄位更新為「東京分店」,以及將「年齡」欄位更新為「25」
> UPDATE 員工名單 SET 部門 =" 東京分店 ", 年齡 =25 WHERE 姓名 =' 小林貴志 ';

● INSERT (追加記錄)

> INSERT␣INTO␣表單名稱(欄位名稱 1, 欄位名稱 2, …)␣VALUES(要輸入的資料 1, 要輸入的資料 2, …);

> 例:要在「員工名單」表單新增「姓名」欄位為「小野瀨勝也」、「部門」欄位為「名古屋」、「年齡」欄位為「24」的記錄
> INSERT INTO 員工名單 (姓名 , 部門 , 年齡) VALUES (' 小野瀨勝也 ',' 名古屋分店 ',24);

● DELETE (刪除記錄)

> DELETE␣FROM␣表單名稱␣WHERE␣篩出刪除的記錄的條件式;

> 例:要從「員工名單」表單刪除「姓名」欄位為「佐藤明美」的記錄
> DELETE FROM 員工名單 WHERE 姓名 =' 佐藤明美 ';

撰寫 SQL 語法時,須注意下列四點。

● 關鍵字必須以半形空白字元或是換行字元間隔

在撰寫 SQL 語法或是指定表單名稱時,必須利用半形字元或是換行字元間隔關鍵字。

● 必須在結尾輸入「;」

SQL 的結尾必須是「;(分號)」。

● 字串必須以「'」括住

在條件式指定實際使用的字串時,必須以「'」(單引號)括住該字串。

● 直接輸入數值

指定實際使用的數值時,不用以「'」括住。

※ 只適用 Access、Oracle 外部資料庫。

14-2 用 Excel VBA 操作 Word

透過 Excel VBA 操作 Word

除了 Excel，Word、Access、PowerPoint、Outlook 這類主要的 Office 應用程式都內建了 VBA，而且這些 Office 應用程式也都內建了 VBA 引用的函式庫檔，所以只要完成引用函式庫檔案的設定，就能利用 Excel VBA 操作其他的 Office 應用程式。接下來要介紹透過 Excel VBA 操作 Word 的方法。

將 Excel 的資料插入 Word 文件

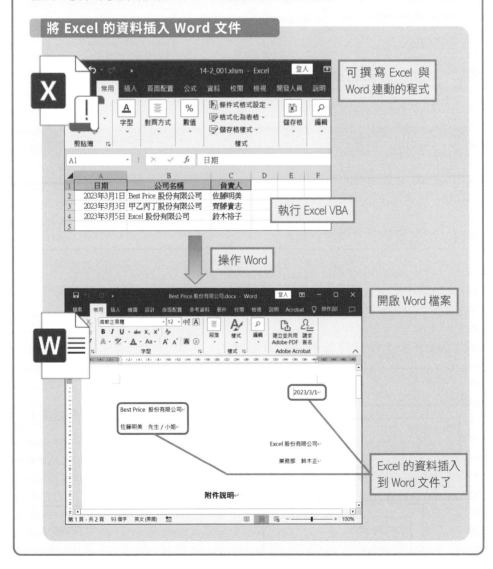

操作 Word 的事前準備

要透過 Excel VBA 操作 Word，必須先完成引用 Word VBA 函式庫檔案的設定。函式庫檔案都帶有版本編號，通常會是「Microsoft Word 版本編號 Object Library」這種函式庫檔案名稱。請大家依照操作的 Word 版本選擇適當的函式庫檔案。詳細的設定方式請參考第 7 章。此外，只要是準備操作 Word 的活頁簿，就必須在每個活頁簿完成上述的引用設定。

參照💡 使用檔案系統物件……P.7-36
參照💡 引用設定……P.7-36

進行 **Micrsoft Word 16.0 Object Library** 的引用設定

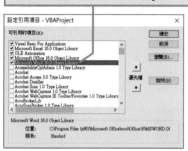

Word 版本與函式庫檔案的對應

版本	函式庫檔案
Microsoft 365 的 Word Word 2019 / 2016	Microsoft Word 16.0 Object Library
Word 2013	Microsoft Word 15.0 Object Library
Word 2010	Microsoft Word 14.0 Object Library
Word 2007	Microsoft Word 12.0 Object Library

操作 Word 的方法

要操作 Word 必須建立該物件的實體。第一步讓我們先了解 Word 的主要物件以及物件的階層構造。

● Word 主要物件的階層構造

Word VBA 將 Word 的「文件」或「段落」這類元素當成 Document 物件或 Paragraph 物件這類物件操作，而這些物件具有下圖所示的階層構造，要參照這些物件可依照由上往下的順序，參照每一層的物件。

參照💡 物件與集合……P.2-8

組成 Word 的主要物件與相關的階層構造

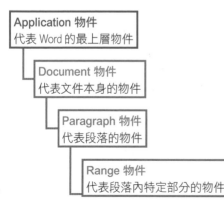

> 💡 **如何查詢 Word VBA 的技術資訊**
>
> 在微軟網頁（https://learn.microsoft.com/zh-tw/docs/）輸入關鍵字，就能查詢相關的技術資訊。例如，在上述的頁面輸入「Word」、「VBA」關鍵字，就能找到「Word Visual Basic for Applications（VBA）Reference」這類與 Word VBA 有關的資訊。

● 操作 Word 的方法

要操作 Word 必須建立上述物件的實體，而要建立實體必須在 Dim 陳述式使用 New 關鍵字宣告物件。第一步是先建立代表 Word 的 Application 物件的實體，接著是宣告代表 Word 文件的 Document 物件類型的物件變數。接著利用 Application 物件的 Documents 屬性以 Document 物件的方式參照 Word 文件，之後就能從 Document 物件的各個階層參照 Word 文件的每個元素，進行 Word 文件的基本操作。例如，要從 Document 物件參照代表 Word 文件特定段落內容的 Range 物件，就可依照 Document 物件→ Paragraph 物件→ Range 物件的階層順序參照需要的物件。

▶建立代表 Word 的 Application 物件的實體

Dim 物件變數名稱 **As New Word.Application**

▶宣告代表 Word 文件的 Document 類型的物件變數

Dim 物件變數名稱 **As Word.Document**

▶參照 Range 物件的方法

Document 物件 **.Paragraphs**（索引編號）**.Range**

> 利用 Document 物件的 Paragraphs 屬性參照段落

> 利用 Paragraph 物件的 Range 屬性參照段落

操作Word文件的主要屬性與方法

屬性與方法	內容	指定的物件
Documents 屬性	參照已開啟的 Word 文件	Application
Quit 方法	結束 Word	Application
Add 方法	開啟新的 Word 文件	Document
Open 方法	開啟舊檔。在參數 FileName 指定要開啟的 Word 文件的路徑	Document
SaveAs 方法	命名與儲存檔案。在參數 FileName 指定檔案名稱以及儲存位置的路徑	Document
Save 方法	覆寫儲存	Document
Close 方法	關閉 Word 文件	Document
Paragraphs 屬性	參照 Word 文件的某個段落	Document
Range 屬性	參照段落內的特定部分	Paragraph
InsertBefore 方法	在段落的開頭插入字串	Range
InsertAfter 方法	在段落的結尾插入字串	Range

※ 上表的 Application 物件是 Word 函式庫的 Application 物件。

開啟 Word 文件

物件.**Open**(FileName)

▶解説

要開啟既有的 Word 文件可使用 Documents 集合的 Open 方法。參數 FileName 可指定為 Word 文件的檔案路徑。執行 Open 方法就能將 Word 文件當成 Document 物件取得。　　　　　　　　　　　　参照🔼 如何查詢 Word VBA 的技術資訊……P.14-24

▶設定項目

物件 .... 指定為 Documents 集合。

FileName .... 以「"（雙引號）」括住 Word 文件的檔案路徑。如果只指定了
　　　　　　　　　檔案名稱，就會以目前資料夾內的檔案為對象。

〔避免發生錯誤〕

要利用 New 關鍵字建立代表 Word 的 Application 物件的實體時，必須先依照 Word 的版本完成引用函式庫的設定。　　　　　　　　　参照🔼 操作 Word 的事前準備……P.14-24

在 Word 文件的段落開頭位置插入字串

物件.**InsertBefore**(Text)

▶解説

要在指定的 Word 文件段落的開頭位置插入字串可使用 InsertBefore 方法。要插入的字串可於參數 Text 指定。插入字串後，段落就會依照字數自動擴張範圍。

▶設定項目

物件 .... 指定為代表 Word 段落特定部分的 Range 物件。

Text .... 指定要插入的字串。

〔避免發生錯誤〕

要利用 New 關鍵字建立代表 Word 的 Application 物件的實體時，必須先依照 Word 的版本完成引用函式庫的設定。　　　　　　　　　参照🔼 操作 Word 的事前準備……P.14-24

範例 將 Excel 的資料插入 Word 文件

這次要開啟 C 磁碟的 **Word 文件**資料夾的**附件說明 .docx** 檔案，再插入 Excel 的資料以及在同一個資料夾另存新檔。由於 Excel 的資料有很多列，所以會根據列數新增數量相同的 Word 文件。此外，Excel 工作表的日期都以字串的方式輸入。執行流程請參考 14-23 頁的示意圖。

範例 14-2_001.xlsm

參照 操作 Word 文件的主要屬性與方法……P.14-25

```
1   Sub 在 Word 文件輸入資料()
2       Dim myWordApp As New Word.Application
3       Dim myWordDoc As Word.Document
4       Dim i As Integer, j As Integer
5       For i = 2 To Range("A1").End(xlDown).Row
6           Set myWordDoc = myWordApp.Documents.Open _
                ("C:\Word 文件\附件説明.docx")
7           With myWordDoc
8               For j = 1 To 3
9                   .Paragraphs(j).Range.InsertBefore Cells(i, j).Value
10              Next j
11              .SaveAs "C:\Word 文件\" & Cells(i, 2).Value & ".docx"
12              .Close
13          End With
14      Next i
15      Set myWordDoc = Nothing
16      myWordApp.Quit: Set myWordApp = Nothing
17  End Sub
```

註：「 _（換行字元）」，當程式碼太長要接到下一行程式時，可用此斷行符號連接→參照 P.2-15

1 「在 Word 文件輸入資料」巨集
2 宣告 Word 函式庫的 Application 類型的變數 myWordApp，建立 Application 物件的實體
3 宣告 Word 函式庫的 Document 類型的變數 myWordDoc
4 宣告整數型別的變數 i 與變數 j
5 在變數 i 從 2 開始遞增至以 A1 儲存格為基準的最後一個儲存格的列編號之前，重複執行列的處理
6 開啟 C 磁碟的 **Word 文件**資料夾的**附件說明 .docx** 檔案，再存入變數 myWordDoc
7 對變數 myWordDoc 的 Word 文件檔案進行下列的處理（With 陳述式的開頭）
8 當變數 j 從 1 遞增至 3 之前，重複進行下列的處理
9 在 j 段落的開頭位置插入第 i 列第 j 欄儲存格的值
10 讓變數 j 遞增 1 再回到第 10 行的程式碼
11 以第 i 列、第 2 欄的儲存格的值為檔案名稱，將剛剛輸入資料的 Word 檔案儲存在 C 磁碟的 **Word 文件**資料夾
12 關閉 Word 文件
13 With 陳述式結束
14 讓變數 i 遞增 1，回到第 6 行程式碼
15 釋放對變數 myWordDoc 的參照
16 結束 Word，解放對變數 myWordApp 的參照
17 結束巨集

14-3 載入網路資料

載入網路資料

讓網頁瀏覽器自動從網站篩出必要資訊的過程稱為**網頁抓取**。雖然手動從多個網站篩選資料很花時間，但是先寫好執行網頁抓取的巨集，就能透過巨集快速搜集資訊。本章要用 Google Chrome 以及 Excel VBA 執行網頁抓取的方法。此外，為了能自動操作網頁瀏覽器，會使用 SeleniumBasic 框架。此外，本書介紹的巨集可在 Google Chrome 與 Windows 10 的內建瀏覽器 Microsoft Edge 正常執行，但無法在結束更新的 Internet Explorer 或是其他的網頁瀏覽器執行。

能讓網頁瀏覽器自動顯示特定的網頁

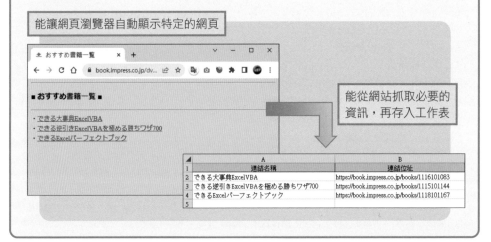

能從網站抓取必要的資訊，再存入工作表

執行網頁抓取

要於 Excel VBA 執行網頁抓取必須透過 Excel VBA 操作網頁瀏覽器。要操作相當普及的 Google Chrome 或是微軟的 Microsoft Edge 這類網頁瀏覽器，必須安裝 SeleniumBasic 這種開源外部函式庫。SeleniumBasic 雖然有操作各種網頁瀏覽器的**網頁驅動程式**，但必須將網頁驅動程式更新為最新版。最新版的網頁驅動程式必須從網頁瀏覽器的供應商網站或是 GitHub 下載。此外，在某些電腦環境下，必須先啟用 **.NET Framework 3.5**。再者，執行網路抓取時，請務必注意著作權或是網頁使用規範。

參照 執行網頁抓取時的注意事項……P.14-30

● 安裝 SeleniumBasic

請先瀏覽提供 SeleniumBasic 的網頁，下載安裝程式，再雙點安裝程式。在 **Select Compornets** 畫面選擇要安裝的網頁驅動程式。預設會勾選所有的網頁驅動程式，但其實可以取消不會用到的網頁驅動程式。

啟動網頁瀏覽器，瀏覽下列的網頁

▼ 下載 SeleniumBasic 的網頁
http://florentbr.github.io/SeleniumBasic/

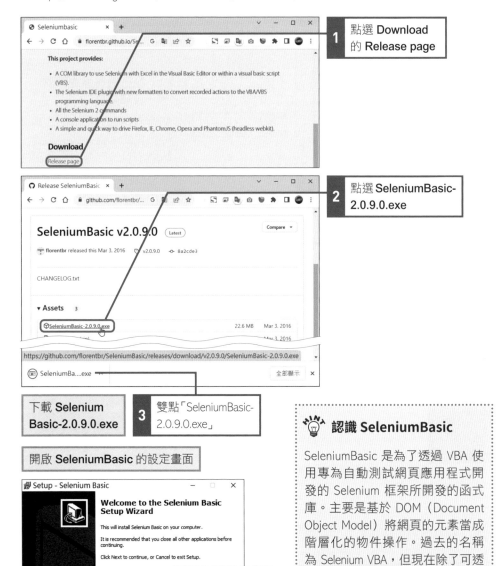

1 點選 Download 的 Release page

2 點選 SeleniumBasic-2.0.9.0.exe

下載 **Selenium Basic-2.0.9.0.exe**

3 雙點「SeleniumBasic-2.0.9.0.exe」

開啟 **SeleniumBasic** 的設定畫面

4 按下 **Next** 鈕

> ### 💡 HINT 認識 **SeleniumBasic**
>
> SeleniumBasic 是為了透過 VBA 使用專為自動測試網頁應用程式開發的 Selenium 框架所開發的函式庫。主要是基於 DOM（Document Object Model）將網頁的元素當成階層化的物件操作。過去的名稱為 Selenium VBA，但現在除了可透過 VBA 使用，也能透過 VB.NET 或 VBScript 使用。

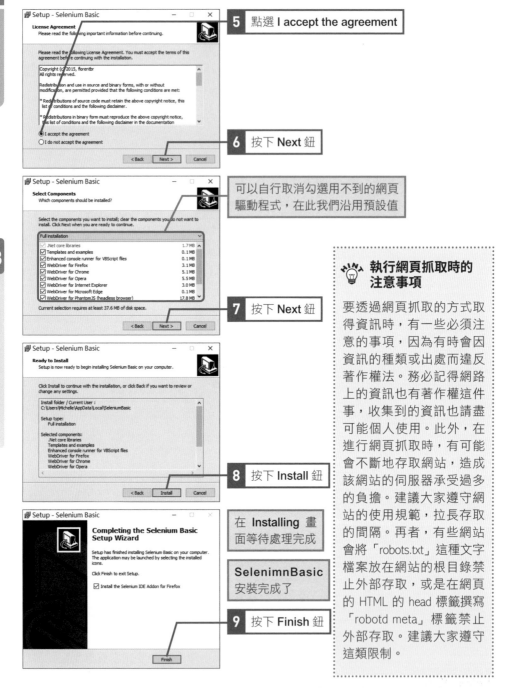

5 點選 I accept the agreement

6 按下 Next 鈕

可以自行取消勾選用不到的網頁
驅動程式,在此我們沿用預設值

7 按下 Next 鈕

8 按下 Install 鈕

在 Installing 畫
面等待處理完成

SelenimnBasic
安裝完成了

9 按下 Finish 鈕

執行網頁抓取時的注意事項

要透過網頁抓取的方式取得資訊時,有一些必須注意的事項,因為有時會因資訊的種類或出處而違反著作權法。務必記得網路上的資訊也有著作權這件事,收集到的資訊也請盡可能個人使用。此外,在進行網頁抓取時,有可能會不斷地存取網站,造成該網站的伺服器承受過多的負擔。建議大家遵守網站的使用規範,拉長存取的間隔。再者,有些網站會將「robots.txt」這種文字檔案放在網站的根目錄禁止外部存取,或是在網頁的 HTML 的 head 標籤撰寫「robotd meta」標籤禁止外部存取。建議大家遵守這類限制。

網頁抓取與網路爬蟲的差異

抓取是從資訊篩出重要資訊的的過程,所以從網站抓取重要資訊的過程才稱為網路抓取。與網路抓取相似的用語為網路爬蟲。主要是於網際網路巡迴網站的程式。定期在網際網路巡迴網站的程式就稱為網路爬蟲。

● 將網頁驅動程式換成最新版本

利用 SeleniumBasic 操作網頁瀏覽器的時候，在兩者之間架起橋樑的就是網頁驅動程式。W3C 通常會建議網頁驅動程式的規格，網頁瀏覽器的供應商也會根據建議開發與發表網頁瀏覽器，所以有必要根據使用的作業環境以及網頁瀏覽器的版本下載最新的網頁驅動程式，再將安裝完畢的 SeleniumBasic 資料夾的網頁驅動程式換成最新版本。在此為大家介紹下載與替換 Google Chrome 最新版網頁驅動程式的步驟。

參照→ 下載 Microsoft Edge 最新驅動程式……P.14-33

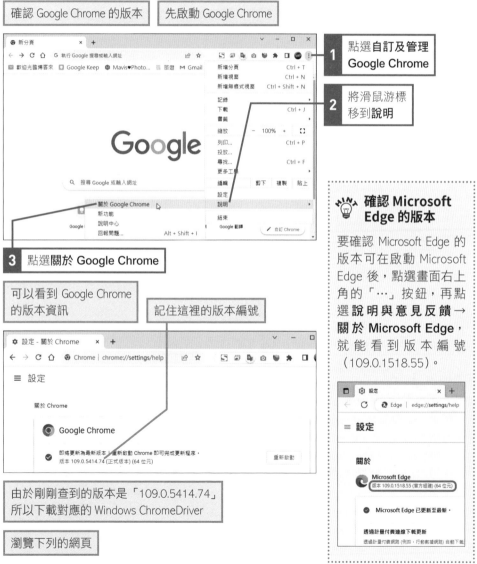

確認 Google Chrome 的版本　先啟動 Google Chrome

1 點選**自訂及管理 Google Chrome**

2 將滑鼠游標移到**說明**

3 點選**關於 Google Chrome**

可以看到 Google Chrome 的版本資訊

記住這裡的版本編號

由於剛剛查到的版本是「109.0.5414.74」所以下載對應的 Windows ChromeDriver

瀏覽下列的網頁

> **確認 Microsoft Edge 的版本**
>
> 要確認 Microsoft Edge 的版本可在啟動 Microsoft Edge 後，點選畫面右上角的「…」按鈕，再點選**說明與意見反饋→關於 Microsoft Edge**，就能看到版本編號（109.0.1518.55）。

▼ **ChromeDriver 的下載網頁**
https://sites.google.com/chromium.org/driver/downloads

4 點選與剛剛版本編號開頭兩位數相同的連結

5 點選 chromedriver_win32.zip

下載了剛剛點選的網頁驅動程式

啟動**檔案總管**，解壓縮剛剛下載的壓縮檔

6 選取檔案

7 按下 Ctrl + C 鍵

接下來要覆寫剛剛安裝的「Selenium Basic」資料夾的「chromedriver.exe」

8 開啟 C:\Users\ 使用者名稱 \AppData\Local\SeleniumBasic

9 按下 Ctrl + V 鍵

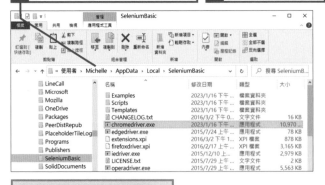

開啟確認覆寫檔案的畫面後，點選**取代目的地中的檔案**

換成最新版的網頁驅動程式了

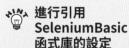

HINT 進行引用 SeleniumBasic 函式庫的設定

要利用 New 關鍵字建立 WebDriver 物件的實體必須完成 Selenium Type Library 的引用設定。啟動 VBE，點選**工具**→**設定引用項目**，再於**設定引用項目**交談窗的清單勾選 Selenium Type Library，並按下**確定**。

下載 Microsoft Edge 最新的驅動程式

要下載 Microsoft Edge 的最新驅動程式可存取下列的網頁，下載與 Microsoft Edge 的版本對應的 Microsoft Edge 驅動程式。如果是 64 位元版的 Windows 10 可下載「x64」版本，如果是 32 位元版的 Windows 可下載「x86」版本。此外，解壓縮下載的 **edgedriver_win64.zip** 後，Microsoft Edge 驅動程式的檔案名稱會是 **msedgedriver. exe**，可將開頭的 **ms** 刪除，改成 **edgedriver.exe** 再置換原本的檔案。

參照🔖 確認 Microsoft Edge 的版本……P.14-31

▼ Microsoft WebDriver 的下載網頁

https://developer.microsoft.com/zh-tw/miosoft-edge/tools/webdriver/

先連上此網頁

1 點選與 Microsoft Edge 相同版本的連結

下載選取的網頁驅動程式了

啟動檔案總管，解壓縮剛剛下載的壓縮檔

2 將檔案名稱變更為 **msedgedriver.exe**

覆蓋安裝完成的 Selenium Basic 資料夾的 **msedgedriver.exe**

5 開啟 C:\Users\ 使用者名稱 \ AppData\Local\SeleniumBasic

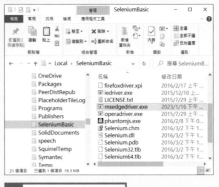

6 按下 [Ctrl] + [V] 鍵

開啟確認覆蓋檔案的畫面後，點選**取代目的地中的檔案**

3 選取檔案

4 按下 [Ctrl] + [C] 鍵

 Microsoft Edge 的版本

Windows 10 內建的 Micrsoft Edge 有兩個新舊不一的版本。舊版為「Microsoft Edge Legacy」，新版稱為「Chromium 版」。Microsoft Edge Legacy 是以微軟開發的算圖引擎（剖析 HTML，顯示網頁的程式）EdgeHTML 為基礎的微軟網頁瀏覽器，而新版的 Chromium 版則是以 Google 開發的開源網頁瀏覽器「Chromium」為基礎的微軟網頁瀏覽器。Microsoft Edge Legacy 的開發已經停止，也於 2021 年 3 月 9 日結束更新，所以本書不予介紹。

啟用 .NET Framework 3.5

要讓 SeleniumBasic 運作必須安裝自 Windows 7 開始內建的應用程式開發環境 .NET Framework 3.5。如果未啟用 .NET Framework 3.5，就會在程式引用網頁驅動程式的時候發生 Automation 這類錯誤。要啟用這個環境可點選**開始**→ Windows **系統**→**控制台**，再點選**程式集**→**開啟或關閉 Windows 功能**，勾選 **.NET Framework 3.5（包括 .NET 2.0 和 3.0）**。開啟 **Windows 功能**交談窗後，請點選**透過 Windows Update 自動下載檔案**。

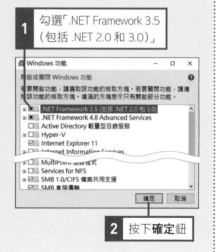

1 勾選「.NET Framework 3.5（包括 .NET 2.0 和 3.0）」

2 按下**確定**鈕

啟動網頁瀏覽器

物件.**Start**(browser)

▶ **解說**

要啟動網頁瀏覽器可使用 WebDriver 物件的 Start 方法。在參數 browser 指定代表網頁瀏覽器的字串。

參照 Web 的機制……P.14-40

參照 關閉以網頁瀏覽器開啟的視窗……P.14-37

參照 使用代表各種網頁瀏覽器的驅動程式的物件……P.14-37

▶ **設定項目**

物件 .... 指定為 WebDriver 物件。

Browser .... 指定為要啟動的網頁瀏覽器的名稱（若要啟動 Google Chrome 可指定為 chrome，若是要啟動 Microsoft Edge 可指定為 edge）。

[避免發生錯誤]

假設要啟動的網頁瀏覽器的驅動程式未更新至最新的版本，有可能會發生無法啟動網頁瀏覽器的錯誤。此外，要利用 New 關鍵字建立 WebDriver 物件的實體時，必須先完成 **Selenium Type Library** 的引用設定。　　　參照 進行引用 SeleniumBasic 函式庫的設定……P.14-32

傳送操作對象的網頁的 URL

物件.Get(url)

▶ 解説

要將想操作的網頁的 URL 傳送給網頁伺服器可使用 WebDriver 物件的 Get 方法。
請在參數 url 指定要傳送的 URL。如果傳送了不存在的網頁，只會接收到 404 狀
態碼，程式的執行不會有任何問題。　　　　　　　　　参照➡ Web 的機制……P.14-40

▶ 設定項目

物件......................指定為 WebDriver 物件。

url..........................指定為要操作的網頁的 URL。假設 URL 太長，需要換行輸入時，
　　　　　　　　　可利用「&」串連換行的 URL，再利用行接續字元「_」即可。
　　　　　　　　　　　　　　　　　　　　参照➡ 將單行陳述式切割成多行……P.2-15

[避免發生錯誤]

假設要啟動的網頁瀏覽器的驅動程式未更新至最新的版本，有可能會發生無法啟動網
頁瀏覽器的錯誤。此外，要利用 New 關鍵字建立 WebDriver 物件的實體時，必須先完成
「Selenium Type Library」的引用設定。　　　参照➡ 進行引用 SeleniumBasic 函式庫的設定……P.14-32

指定標籤名稱，取得網頁內部的元素

物件.FindElementsByTag(tagname)

▶ 解説

要指定 HTML 的標籤名稱，取得網頁內部的元素可使用 WebDriver 物件的
FindElementsByTag 方法。於參數 tagname 指定的標籤名稱的所有元素會以
WebElements 集合的格式傳回。WebElements 集合的元素的索引編號會從「1」開
始編號。如果沒找到指定的標籤名稱，FindElementsByTag 方法會傳回元素個數
為 0 的 WebElements 集合。　　　　　　　　　　　参照➡ Web 的機制……P.14-40
　　　　　　　　　　　　　　　　　　　　　　　　参照➡ 何謂 HTML……P.14-46
　　　　　　　　　　　　　　　　　参照➡ 代表網頁內部元素的資料類型……P.14-37

▶ 設定項目

物件......................指定為 WebDriver 物件。

Tagname.............指定為要取得的網頁元素的標籤名稱。

[避免發生錯誤]

假設要啟動的網頁瀏覽器的驅動程式未更新至最新的版本，有可能會發生無法啟動網
頁瀏覽器的錯誤。此外，要利用 New 關鍵字建立 WebDriver 物件的實體時，必須先完成
「Selenium Type Library」的引用設定。　　　参照➡ 進行引用 SeleniumBasic 函式庫的設定……P.14-32

範例 建立網頁內的連結一覽表

這次要啟動網頁瀏覽器「Google Chrome」，再將連往網頁「推薦書籍一覽表」的 URL 傳送給網頁伺服器。取得連往書籍頁面的連結資訊之後，再於工作表製作連結名稱（設定為連結的字串）以及連結位址的一覽表。

範例 14-3_001.xlsm

參照 取得於網頁顯示的字串……P.14-37
參照 取得標籤的屬性值……P.14-37

```
1   Sub 製作連結一覽表()
2       Dim myDriver As New WebDriver
3       Dim myElements As WebElements
4       Dim myElement As WebElement
5       Dim i As Integer
6       With myDriver
7           .Start "chrome"
8           .Get "https://book.impress.co.jp/dvba2019/Link.html"
9           Set myElements = .FindElementsByTag("a")
10          i = 2
11          For Each myElement In myElements
12              Cells(i, 1).Value = myElement.Text
13              Cells(i, 2).Value = myElement.Attribute("href")
14              i = i + 1
15          Next
16          .Close
17      End With
18      Set myDriver = Nothing
19  End Sub
```

1	「製作連結一覽表」巨集
2	宣告 WebDriver 類型的變數 myDriver
3	宣告 WebElements 類型的變數 myElements
4	宣告 WebElement 類型的變數 myElement
5	宣告整數類型的變數 i
6	對變數 myDriver 的 WebDriver 物件進行下列的處理（With 陳述式的開頭）
7	啟動 Google Chrome 瀏覽器
8	對網頁伺服器傳送 URL**https://book.impress.co.jp/dvba2019/Link.html**
9	從接收到的網頁 HTML 取得所有 a 標籤的元素，再存入變數 myElements
10	將 2 代入變數 i
11	將變數 myElements 的每個 a 標籤的元素依序存入變數 myElement，再進行下列的處理（For 陳述式的開頭）
12	在第 i 列、第 1 欄的儲存格顯示變數 myElement 的 a 標籤的連結名稱（顯示的字串）
13	在第 i 列、第 2 欄的儲存格顯示變數 myElement 的 a 標籤的 href 屬性的值（連結位址）
14	讓變數 i 遞增 1
15	將下一個 a 標籤的元素存入變數 myElement，再回到第 12 行的程式碼
16	關閉網頁瀏覽器開啟的視窗
17	With 陳述式結束
18	釋放對變數 myDriver 的參照
19	結束巨集

從下列的網頁取得連結的 URL 再製作一覽表

▼ 本書使用的網頁範例

https://book.impress.co.jp/dvba2019/Link.html

1 啟動 VBE，輸入程式碼　　**2** 執行巨集

```
(一般)                                  製作連結表
Option Explicit

Sub 製作連結表()
    Dim myDriver As New WebDriver
    Dim myElements As WebElements
    Dim myElement As WebElement
    Dim i As Integer
    With myDriver
        .Start "chrome"
        .Get "https://book.impress.co.jp/dvba2019/Link.html"
        Set myElements = .FindElementsByTag("a")
        i = 2
        For Each myElement In myElements
            Cells(i, 1).Value = myElement.Text
            Cells(i, 2).Value = myElement.Attribute("href")
            i = i + 1
        Next
        .Close
    End With
    Set myDriver = Nothing
End Sub
```

連結一覽表完成了

	A	B
1	連結名稱	連結位址
2	できる大事典ExcelVBA	https://book.impress.co.jp/books/1116101083
3	できる逆引きExcelVBAを極める勝ちワザ700	https://book.impress.co.jp/books/1115101144
4	できるExcelパーフェクトブック	https://book.impress.co.jp/books/1118101167
5		

 使用代表各種網頁瀏覽器的驅動程式物件

SeleniumBasic 內建了代表各種網頁瀏覽器驅動程式的物件。例如，Google Chrome 的驅動程式為 ChromeDriver 物件，Microsoft Edge 的驅動程式為 EdgeDriver 物件，這些物件都可代替 WebDriver 物件，此時 Start 方法的參數 browser 可以省略。

範例 14-3_002.xlsm

 取得於網頁顯示的字串

要取得在網頁上顯示的字串（由 HTML 的開始標籤到結束標籤括住的字串）可以使用 WebElement 物件的 Text 方法。可取得的內容為 body 標籤括住的網頁內容。範例**建立網頁內的連結一覽表**的第 12 行程式碼取得第 9 行程式碼的 a 標籤的各元素的字串（連結名稱）。

取得標籤的屬性值

要取得 HTML 標籤的屬性值（在開始標籤輸入的屬性值）可用 WebElement 物件的 Attribute 方法。參數 attributeName 可指定要取得的屬性名稱。範例**建立網頁內的連結一覽表**的第 13 行程式碼取得了在第 9 行程式碼取得的 a 標籤的 href 屬性值。

 關閉以網頁瀏覽器開啟的視窗

要在利用 WebDriver 物件的 Start 方法啟動網頁瀏覽器後，關閉目前開啟的視窗可使用 WebDriver 物件的 Close 方法。如果要在網頁瀏覽器開啟很多個視窗，關閉所有的視窗以及結束網頁瀏覽器，可改用 WebDriver 物件的 Quit 方法。

代表網頁內部元素的資料類型

組成網頁的元素（HTML 的開始標籤到結束標籤的部分）會被當成 WebElement 物件使用。從網頁取得多個元素的方法會傳回 WebElements 集合（多個 WebElement 物件的集合體）。要注意的是，就算取得的元素數量為 0 個，也會傳回 WebElements 集合這點。元素的數量可透過 WebElements 集合的 Count 屬性確認。

範例 將網頁的表格資料存入工作表

這次要啟動網頁瀏覽器「Google Chrome」，再將連往網頁「商品一覽表」的 URL 傳送給網頁伺服器。取得這個網頁的表格資訊，再將「商品 ID」「商品名稱」「庫存數量」的資料載入工作表。

範例 14-3_003.xlsm

參照 取得於網頁顯示的字串……P.14-37
參照 取得標籤的屬性值……P.14-37
參照 指定 id 屬性與取得網頁元素……P.14-39

```
1   Sub 載入表格資料()
2       Dim myDriver As New WebDriver
3       Dim myTable As WebElement
4       Dim myTDs As WebElements
5       Dim myTD As WebElement
6       Dim myRowNo As Integer
7       Dim i As Integer
8       With myDriver
9           .Start "chrome"
10          .Get "https://book.impress.co.jp/dvba2019/Table.html"
11          Set myTable = .FindElementById("productTable")
12          myRowNo = 2
13          i = 1
14          Set myTDs = myTable.FindElementsByTag("td")
15          For Each myTD In myTDs
16              Cells(myRowNo, i).Value = myTD.Text
17              i = i + 1
18              If i = 4 Then
19                  i = 1
20                  myRowNo = myRowNo + 1
21              End If
22          Next
23          .Close
24      End With
25      Set myDriver = Nothing
26  End Sub
```

1	「載入表格資料」巨集
2	宣告 WebDriver 類型的變數 myDriver
3	宣告 WebElement 類型的變數 myTable
4	宣告 WebElements 類型的變數 myTDs
5	宣告 WebElement 類型的變數 myTD
6	宣告整數型別的變數 myRowNo
7	宣告整數型別的變數 i
8	對變數 myDriver 的 WebDriver 物件進行下列的處理（With 陳述式的開頭）
9	啟動 Google Chrome 網頁瀏覽器
10	將「https://book.impress.co.jp/dvba2019/Table.html」傳送給網頁伺服器
11	從接收到的網頁的 HTML 取得 id 屬性為 **productTable** 的元素，再存入變數 myTable

12	將 2 代入變數 myRowNo
13	將 1 代入變數 i
14	從變數 myTable 的元素取得所有 td 標籤的元素，再存入變數 myTDs
15	依序將變數 myTDs 的 td 標籤的元素存入變數 myTD，再進行下列的處理（For 陳述式的開頭）
16	在第 myRowNo 列、第 i 欄的儲存格顯示變數 myTD 的 td 標籤的字串
17	讓變數 i 遞增 1
18	當變數 i 等於 4（If 陳述式的開頭）
19	將 1 代入變數 i
20	讓變數 myRowNo 遞增 1
21	結束 If 陳述式
22	讓下一個 td 標籤的元素存入變數 myTD，再回到第 16 行程式碼
23	關閉網頁瀏覽器開啟的視窗
24	結束 With 陳述式
25	釋放對變數 myDriver 的參照
26	結束巨集

將下列網頁的表格資料載入工作表

▼ 本書使用的網頁範例

https://book.impress.co.jp/dvba2019/Table.html

將表格資料載入工作表

1 啟動 VBE，輸入程式碼

```
(一般)                              載入表格資料
Option Explicit

Sub 載入表格資料()
    Dim myDriver As New WebDriver
    Dim myTable As WebElement
    Dim myTDs As WebElements
    Dim myTD As WebElement
    Dim myRowNo As Integer
    Dim i As Integer
    With myDriver
        .Start "chrome"
        .Get "https://book.impress.co.jp/dvba2019/Table.html"
        Set myTable = .FindElementById("productTable")
        myRowNo = 2
        i = 1
        Set myTDs = myTable.FindElementsByTag("td")
        For Each myTD In myTDs
            Cells(myRowNo, i).Value = myTD.Text
            i = i + 1
            If i = 4 Then
                i = 1
                myRowNo = myRowNo + 1
            End If
        Next
        .Close
    End With
    Set myDriver = Nothing
End Sub
```

2 執行巨集

	A	B	C	D
1	商品ID	商品名稱	庫存數量	
2	P001	デスクトップパソコン	123	
3	P002	ノートパソコン	654	
4	P003	タブレット	567	

將表格的資料載入工作表

> ### 💡HINT 指定 id 屬性與取得網頁元素
>
> 在 HTML 標籤的開始標籤撰寫的 id 屬性會設定在網頁內不重複的值。要指定這個 id 屬性，取得網頁內的元素可使用 WebDriver 物件的 FindElementById 方法。這個方法會根據於參數 id 指定的 id 屬性，搜尋擁有這個 id 屬性的元素，再將第一個找到的元素當成 WebElement 物件傳回。範例**將網頁的表格資料存入工作表**的第 11 行程式碼將取得擁有 **productTable** 這個 id 屬性的元素。
>
> 參照📖 預防修改網頁造成的錯誤……P.14-43

Web 的機制

網際網路是透過「World Wide Web（以下簡稱 Web）」機制交換資訊。使用資訊的電腦稱為**用戶端**，提供資訊的電腦稱為**伺服器端**，而這些電腦是透過網路通訊。用戶端會使用網頁瀏覽器這種應用程式，而伺服器端會使用網頁伺服器這種中介軟體儲存公開的資訊。

用戶端透過網頁瀏覽器發出 URL 格式的請求，向伺服器端要求資訊後，伺服器端的網頁伺服器就會根據接收到的要求（URL）回應指定的資訊。此時回應的資訊會以「HTML(HyperText Markup Language)」語言撰寫，接收到這些資訊的網頁瀏覽器會在剖析 HTML 後，會在螢幕顯示接收到的資訊。如果伺服器端沒有能回應要求的資訊，網頁伺服器就會傳回狀態碼 404。此外，購物網站的網頁伺服器後台都會讓應用程式伺服器與資料庫伺服器連動，藉此動態產生網頁。

透過 CSS 選擇器取得網頁內的元素

物件.FindElementsByCss(cssselector)

▶解說

要使用從 CSS 取得特定網頁元素的 CSS 選擇器取得網頁內的元素可使用 WebDriver 物件的 FindElementByCss 方法。FindElementByCss 方法會根據參數 cssselector 指定的 CSS 選擇器尋找對應的元素，並將第一個找到的元素當成 WebElement 物件傳回。

參照📖 Web 的機制⋯⋯P.14-40
參照📖 何謂 HTML⋯⋯P.14-46
參照📖 何謂 CSS⋯⋯P.14-45

▶設定項目

物件⋯⋯⋯⋯⋯ 指定為 WebDriver 物件。

Cssselector⋯⋯ 指定為代表網頁元素的 CSS 選擇器。假設是以 class 屬性撰寫，可指定為「.屬性名稱」，如果是以 id 屬性撰寫可指定為「#屬性名稱」。此外，也可以指定為各種語法的 CSS 選擇器，例如利用網頁瀏覽器的開發人員工具取得的「子選擇器」就其中一種。

如果無法在網頁找到於參數 cssselector 指定的 CSS 選擇器選擇的元素就會發生錯誤。要預防 CSS 選擇器的拼寫錯誤可使用網頁瀏覽器的開發人員工具取得 CSS 選擇器。

參照 利用網頁瀏覽器的開發人員工具複製 CSS 選擇器……P.14-44
參照 預防修改網頁造成的錯誤……P.14-43

點選網頁的元素

物件.Click

▶解説

要點選網頁的元素（WebElement 物件）可使用 WebElement 物件的 Click 方法。對網頁的主要元素執行 Click 方法之後，會產生下列的反應。

網頁的主要元素	HTML 的標籤	執行 Click 方法後的反應
文字方塊	input 標籤（type 屬性：text）	讓滑鼠游標移入文字方塊
選項按鈕	input 標籤（type 屬性：radio）	選項按鈕轉換成選取狀態
核取方塊	input 標籤（type 屬性：checkbox）	切換核取狀態
下拉式方塊	select 標籤	顯示清單
下拉式方塊的項目	option 標籤	下拉式方塊的項目切換成選取狀態
傳送按鈕	input 標籤（type 屬性：submit）	傳送按鈕被點選（發出要求）
重設按鈕	input 標籤（type 屬性：reset）	重設按鈕被點選（畫面回到初始狀態）

參照 Web 的機制……P.14-40
參照 何謂 HTML……P.14-46

▶設定項目

物件 .... 指定為 WebElement 物件。

假設要啟動的網頁瀏覽器的驅動程式未更新至最新的版本，有可能會發生無法啟動網頁瀏覽器的錯誤。此外，要利用 New 關鍵字建立 WebDriver 物件的實體時，必須先完成「Selenium Type Library」的引用設定。 **參照** 進行引用 SeleniumBasic 函式庫的設定……P.14-32

範例 **顯示前三名的 IT 新聞標題**

此範例要啟動 Google Chrome 網頁瀏覽器，再將連到網頁**今日新聞**的 URL 傳送給網頁伺服器，接著點選網頁的連結 **IT 新聞**，切換成網頁**今日 IT 新聞 Top5**，最後再將前三名的新聞標題載入工作表。 **範例** 14-3_004.xlsm

14-3

載入網路資料

```
1  Sub取得前三名的新聞標題()
2      Dim myDriver As New WebDriver
3      Dim myElement As WebElement
4      With myDriver
5          .Start "chrome"
6          .Get "https://book.impress.co.jp/dvba2019/News.html"
7          Set myElement = .FindElementByCss("#itnews")
8          myElement.Click
9          Set myElement = .FindElementByCss _
               ("body > div > ol > li:nth-child(1)")
10         Range("A2").Value = myElement.Text
11         Set myElement = .FindElementByCss _
               ("body > div > ol > li:nth-child(2)")
12         Range("A3").Value = myElement.Text
13         Set myElement = .FindElementByCss _
               ("body > div > ol > li:nth-child(3)")
14         Range("A4").Value = myElement.Text
15         .Close
16     End With
17     Set myDriver = Nothing
18 End Sub
```

1 「取得前三名的新聞標題」巨集

2 宣告 WebDriver 類型的變數 myDriver

3 宣告 WebElement 類型的變數 myElement

4 針對變數 myDriver 的 WebDriver 物件進行下列的處理（With 陳述式的開頭）

5 啟動網頁瀏覽器「Google Chrome」

6 將 URL「https://book.impress.co.jp/dvba2019/News.hmtl」傳送給網頁伺服器

7 從接收的網頁的 HMTL 取得 id 屬性為「itnews」的元素，再存入變數 myElement

8 點選存入變數 myElement 的元素

9 從接收的網頁的 HTML 取得 CSS 選擇器「body > div > ol > li:nth-child(1) 選擇的元素，再存入變數 myElement

10 在 A2 儲存格顯示存入變數 myElement 的元素的字串

11 從接收的網頁的 HTML 取得 CSS 選擇器「body > div > ol > li:nth-child(2) 選擇的元素，再存入變數 myElement

12 在 A3 儲存格顯示存入變數 myElement 的元素的字串

13 從接收的網頁的 HTML 取得 CSS 選擇器「body > div > ol > li:nth-child(3) 選擇的元素，再存入變數 myElement

14 在 A4 儲存格顯示存入變數 myElement 的元素的字串

15 關閉網頁瀏覽器開啟的視窗

16 結束 With 陳述式

17 釋放對變數 myDriver 的參照

18 結束巨集

從下列網頁的 **IT 新聞**的連結位址**今日 IT 新聞 Toop5** 取得前三名的新聞標題

▼ 本書使用的網頁範例

https://book.impress.co.jp/dvba2019/Link.html

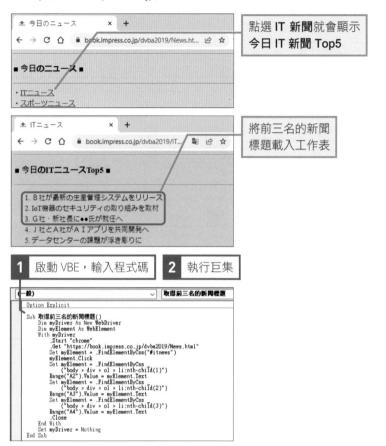

點選 **IT 新聞**就會顯示
今日 IT 新聞 Top5

將前三名的新聞標題載入工作表

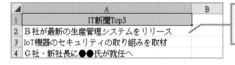 啟動 VBE，輸入程式碼　**2** 執行巨集

```
(一般)                                    取得前三名的新聞標題
Option Explicit

Sub 取得前三名的新聞標題()
    Dim myDriver As New WebDriver
    Dim myElement As WebElement
    With myDriver
        .Start "chrome"
        .Get "https://book.impress.co.jp/dvba2019/News.html"
        Set myElement = .FindElementByCss("#itnews")
        myElement.Click
        Set myElement = .FindElementByCss _
            ("body > div > ol > li:nth-child(1)")
        Range("A2").Value = myElement.Text
        Set myElement = .FindElementByCss _
            ("body > div > ol > li:nth-child(2)")
        Range("A3").Value = myElement.Text
        Set myElement = .FindElementByCss _
            ("body > div > ol > li:nth-child(3)")
        Range("A4").Value = myElement.Text
        .Close
    End With
    Set myDriver = Nothing
End Sub
```

	A	B
1	IT新聞Top3	
2	B社が最新の生産管理システムをリリース	
3	IoT機器のセキュリティの取り組みを取材	
4	G社、新社長に●●氏が就任へ	

顯示**今日 IT 新聞 Top5** 的前三名新聞標題

HINT
💡 **預防修改網頁造成的錯誤**

一旦修改網頁的內容，導致 HTML 標籤的屬性值有所變動，就有可能無法利用 CSS 選擇器或 id 屬性取得網頁的元素。此時，執行 FindElementByCss 方法或 FindElementById 方法，將第一個找到的元素當成 WebElement 物件傳回的方法就會發生錯誤。為了預防這類錯誤可在 FindElementbyCss 或 FindElementsById 這類方法將網頁元素當成 WebElements 集合傳回，當 Count 屬性為「0」時，執行**找不到元素**的處理。如果找到對應的元素，可處理索引編號為「1」的元素（WebElement 物件）。

參照 代表網頁內部元素的資料類型……P.14-37　　**參照** 指定 id 屬性與取得網頁元素……P.14-39
參照 透過 CSS 選擇器取得網頁內的元素……P.14-40

利用網頁瀏覽器的開發人員工具複製 CSS 選擇器

使用 CSS 選擇器可於網頁指定要操作的元素，而使用網頁瀏覽器的**開發人員工具**就能在沒有 HTML 或 CSS 的背景知識下，快速取得與複製 CSS 選擇器。雖然 CSS 選擇器的語法有很多種，但可以利用開發人員工具依序剖析 HTML 的階層構造，取得與複製以「子選擇器」這種語法指定元素的 CSS 選擇器。

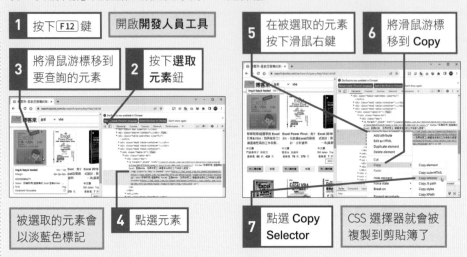

1 按下 F12 鍵 → 開啟**開發人員工具**

3 將滑鼠游標移到要查詢的元素

2 按下**選取元素**鈕

被選取的元素會以淡藍色標記

4 點選元素

5 在被選取的元素按下滑鼠右鍵

6 將滑鼠游標移到 Copy

7 點選 Copy Selector

CSS 選擇器就會被複製到剪貼簿了

善用方法鏈與迴圈

在**顯示前三名的 IT 新聞標題**的範例中，先利用 FindElementByCss 方法取得元素，再將元素存入變數 myElement，然後呼叫 Text 方法，但其實不用將 FindElementByCss 方法的傳回值存入變數，可直接在呼叫 FindElementByCss 方法後撰寫 Text 方法。這種語法稱為**方法鏈** (Method Chaining)，優點在於可減少變數的數量，節省記憶體，也能讓程式碼變得更加簡潔。

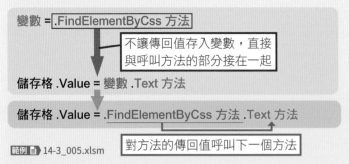

變數 = .FindElementByCss 方法

不讓傳回值存入變數，直接與呼叫方法的部分接在一起

儲存格 .Value = 變數 .Text 方法

儲存格 .Value = .FindElementByCss 方法 .Text 方法

對方法的傳回值呼叫下一個方法

範例 14-3_005.xlsm

範例**顯示前三名的 IT 新聞標題**的第 9 ～ 14 行程式碼進行了三次相同的處理，所以這部分可改寫成迴圈。此外，CSS 選擇器的 nth-child 的索引編號與儲存格的列編號會不斷遞增，所以可利用 For…Next 陳述式撰寫迴圈結構，利用計數變數算出索引編號與列編號。迴圈可讓程式碼變得更加精簡，若是需要增加程式執行次數也只需要修改計算變數的最終值，有利後續的程式碼維護。

範例 14-3_006.xlsm

在文字方塊輸入與傳送字串

在網路搜尋資訊時，會在文字方塊輸入關鍵字這類字串，按下**搜尋**鈕，將剛剛輸入的關鍵字傳送給網頁伺服器。要在 SeleniumBasic 的文字方塊輸入字串，可使用代表文字方塊的 WebElement 物件的 SendKeys 方法。使用時，可在參數 KeysOrModifier 輸入要指定的字串。若要傳送字串可執行代表輸入表單（form 標籤）的 WebElement 物件的 Submit 方法。例如，要在 Google 的搜尋畫面輸入「Excel VBA」這個關鍵字，再按下 **Google 搜尋**鈕，以及將搜尋結果前五名的連結名稱與 URL 載入工作表，可將程式碼寫成下列內容。

 範例 14-3_007.xlsm

```
Sub Google搜尋結果前五名()
    Dim driver As New WebDriver
    Dim myElements As WebElements
    Dim i As Integer
    With driver
        .Start "chrome"
        .Get "https://www.google.com/"
        .FindElementByName("q").SendKeys keysOrModifier:="Excel VBA"
        .FindElementByTag("form").submit
        Set myElements = .FindElementsByClass("yuRUbf")
        For i = 1 To 5
            Cells(i + 1, 1).Value = myElements(i).FindElementByTag("h3").Text
            Cells(i + 1, 2).Value = myElements(i).FindElementByTag("a").Attribute("href")
        Next
        .Close
    End With
End Sub
```

將 class 屬性指定為「yuRUbf」，再以 WebElements 集合的方式取得搜尋結果的連結，然後指定索引編號為 1 ～ 5，參照前五名的搜尋結果。對每一筆搜尋結果的 WebElement 物件參數下方階層的 h3 標籤，也就是參照 WebElement 物件後，以 Text 方法取得連結名稱。此外，參照代表下方階層的 a 標籤的 WebElement 物件，再利用 Attribute 方法取得連結位址 URL（href 屬性的值）。這個範例的每一個處理都是利用方法鏈一層層剖析物件階層的方式撰寫。

參照 善用方法鏈與迴圈……P.14-44

此外，假設文字方塊已經輸入了字串，以 SendKeys 方法輸入的字串會接在該字串的後面。若要刪除既有的字串請使用 WebElement 物件的 Clear 方法。

何謂 CSS

CSS（Cascading Style Sheets）是統一設定 HTML 外觀設計（視覺效果）的語言。當 HTML 的文件結構與設計方面的內容分離，程式碼就更容易維護。從 CSS 指定 HTML 元素的方法就是 CSS 選擇器。SeleniumBasic 可利用 CSS 選擇器取得 HTML 的元素。

參照 透過 CSS 選擇器取得網頁內的元素……P.14-40

利用 Internet Explorer 進行網頁抓取

Internet Explorer（以下簡稱 IE）除了是算圖引擎（剖析 HTML 與顯示網頁的程式），還內建了將網頁元素當成 DOM（Document Object Model）階層化物件操作的函式庫「Microsoft Internet Controls」。透過 Excel VBA 使用這個函式庫，就能利用 IE 進行網頁抓取。不過，自 Windows 10 開始，內建的網頁瀏覽器就換成 Microsoft Edge，所以最終版本的 IE 11 也將在 Windows 10（Enterprise 2019 LTSC）的環境下，於 2019 年 1 月 9 日停止更新。此外，Microsoft 365 這類微軟網路服務已於 2021 年 8 月停止 IE 11 的支援。如果已經撰寫了 IE 進行網頁抓取的巨集，最好改寫（移植）成透過 SeleniumBasic 使用 Google Chrome 或 Microsoft Edge 的網路抓取巨集。

透過網路機制在網際網路存取的資訊通常是以「HTML（HyperText Markup Language）這種標記語言撰寫。在一般的字串資料加上文件結構或外觀設計（視覺效果）這類資訊的過程稱為「標記」，而這個標記會利用標籤進行。標籤的名稱代表標記的內容，而要當成資訊追加的字串會以標籤名稱相同的開始標籤與結束標籤括住。從開始標籤到結束標籤的部分稱為 HTML 元素。標記的詳細資訊會以屬性的格式寫在開始標籤內。HTML 在經過網頁瀏覽器剖析後，會以類似平面設計的網頁格式顯示。下圖為利用 a 標籤標記的範例。a 標籤為追加連結資訊的標籤，利用網頁瀏覽器顯示以 a 標籤括住的字串「這裡」，就會顯示為套用了底線的藍色字串。點選這個字串就能連往 href 屬性指定的 URL，進入指定的網頁。

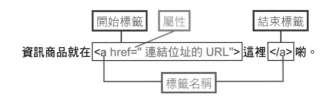

進行網頁抓取時，會指定網頁內的 HTML 元素。指定元素的方法有下列五種，分別與 SeleniumBasic 的 WebDriver 物件的各方法對應。以 **FindElement** 為字首的方法會在找到第一個元素後，將該元素當成 WebElement 物件傳回。若是以 **FindElements** 為字首的方法，會將找到的所有元素當成 WebElements 集合傳回。

指定方法	解說	使用方法
指定標籤名稱	統一操作標籤名稱相同的元素或是只操作特定標籤名稱的元素。 参照 指定標籤名稱，取得網頁內部的元素……P.14-35	FindElementByTag FindElementsByTag
指定 id 屬性	由於 id 屬性會設定為網頁內獨一無二的值，所以在標籤設定 id 屬性，就能找出網頁內的特定元素。 参照 指定 id 屬性與取得網頁元素……P.14-39	FindElementById FindElementsById
指定 CSS 選擇器	透過指定網頁元素的CSS選擇器從CSS找出網頁元素。 参照 何謂 CSS……P.14-45 参照 透過 CSS 選擇器取得網頁內的元素……P.14-40	FindElementByCss FindElementsByCss
指定 class 屬性	class 屬性可在不同種類的元素（標籤名稱不同的元素）設定相同的值，所以可利用 class 屬性將不同種類的元素納為同一組，再統一操作這些元素。	FindElementByClass FindElementsByClass
指定 name 屬性	利用 form 標籤建立輸入表單後，可利用 submit 按鈕傳送表單的資料，而 name 屬性就是這些資料的參數名稱，所以可透過傳送的參數名稱指定元素。	FindElementByName FindElementsByName

第 15 章

VBA 函數

15-1 日期／時間函數

使用日期／時間函數

VBA 內建了各種操作日期／時間的函數,可用來取得日期／時間資料的一部分,也能將字串或是數值轉換成日期／時間資料。

取得日期／時間資料的函數

取得日期／時間資料的函數包含 Data 函數、Time 函數、Year 函數以及其他相關的函數,這些函數可從電腦的日期與時間資料擷取「月」「日」「時」「分」這類資料。

可取得現在的日期或時間

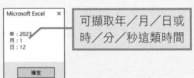

可擷取年／月／日或時／分／秒這類時間

可取得指定日期的星期

將字串或數值轉換成日期或時間的函數

將字串或數值轉換成日期或時間的函數包含 DateValue 函數、DateSerial 函數或是相關的函數,這些函數可將代表日期的字串轉換成日期資料,或是將分別指定「年」「月」「日」,藉此取得日期資料。

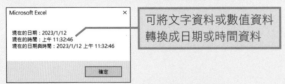

可將文字資料或數值資料轉換成日期或時間資料

計算日期／時間的函數

計算日期時時間的函數包含 DateDiff 函數、DateAdd 函數與其他函數,這類函數可用來計算兩個日期的間隔時是根據現在的日期計算幾天之後的日期。

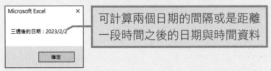

可計算兩個日期的間隔或是距離一段時間之後的日期與時間資料

取得現在的日期或時間

Date
Time
Now

▶解説

要取得電腦目前的日期可使用 Date 函數，要取得現在的時間可使用 Time 函數，要取得現在的日期與時間可使用 Now 函數。這些函數都會傳回代表日期或時間的 Variant 類型（內部處理格式 Date 的 Variant）的值。

(避免發生錯誤)

Date 函數、Time 函數、Now 函數無法改變電腦的日期與時間。

参照!! 確認與設定電腦的日期或時間的格式……P.15-4

範例 **顯示目前的日期與時間**

利用 Date 函數取得現在的日期，再利用 Time 函數取得現在的時間，最後利用 Now 函數取得目前的日期與時間，再以訊息的方式顯示結果。　範例自 15-1_001.xlsm

```
1  Sub␣顯示日期與時間()
2      MsgBox␣"現在的日期:"␣&␣Date␣&␣vbCrLf␣&␣_
           "現在的時間:"␣&␣Time␣&␣vbCrLf␣&␣_
           "現在的日期與時間:"␣&␣Now
3  End␣Sub
```

註：「_（換行字元）」，當程式碼太長要接到下一行程式時，可用此斷行符號連接→參照 P.2-15

1 「顯示日期與時間」巨集
2 利用換行字元讓「現在的日期：」、「現在的時間：」、「現在的日期與時間：」
  這三個字串與現在的日期、時間以及日期加時間的字串換行顯示。
3 結束巨集

想顯示目前的日期、時間以及
日期加時間的訊息

1 啟動 VBE，輸入程式碼

```
(一般)                          ∨  顯示日期與時間
  Option Explicit

  Sub 顯示日期與時間()
      MsgBox "現在的日期:" & Date & vbCrLf & _
             "現在的時間:" & Time & vbCrLf & _
             "現在的日期與時間:" & Now
  End Sub
```

2 執行巨集

顯示目前的日期、時間以及日期加時間了

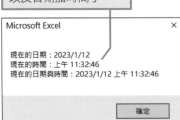

Microsoft Excel ×

現在的日期：2023/1/12
現在的時間：上午 11:32:46
現在的日期與時間：2023/1/12 上午 11:32:46

確定

HINT 取得的日期與時間的格式

若以 MsgBox 函數顯示 Date 函數、Time 函數、Now 函數取得的日期或時間，通常會以電腦內建的格式顯示。此外，這些值若是存入工作表的儲存格，就會依照儲存格格式的設定顯示。

參照 ! 確認與設定電腦的日期或時間的格式……P.15-4

HINT 確認與設定電腦的日期或時間的格式

電腦的日期或時間的格式可從 Windows 的設定畫面確認與設定。點選「開始」→「Windows 系統」→「控制台」，再點選「變更日期、時間或數字格式」，然後在「地區」對話框的「格式」設定日期或時間的格式。

開啟「控制台」了

1 點選**開始**　**2** 點選 Windows 系統

3 點選**控制台**

4 點選**變更日期、時間或數字格式**

5 點選**格式**頁次

可在此確認與設定日期的格式

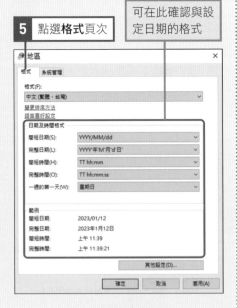

擷取年／月／日的資料

Year(Date)
Month(Date)
Day(Date)

▶解説
要從電腦的日期擷取年／月／日這類資料可分別使用 Year 函數、Month 函數、Day 函數。這些函數可從參數 Date 指定的日期擷取年／月／日資料，再以 Variant 類型（內部處理格式 Integer 的 Variant）的值傳回結果。這個函數可在需要將日期拆解成年／月／日之後進行計算時使用。

▶設定項目
Date.......................指定為代表日期的 Variant 類型的值、傳回日期值的公式、字串運算式，或是上述這些值的組合。

〔避免發生錯誤〕
Year 函數、Month 函數、Day 函數無法變更電腦的年／月／日的值。此外，如果於參數 Date 指定的值無法被辨識為日期就會發生錯誤。可利用 IsDate 函數確認值是否為日期。

〔參照🔟〕確認值是否可當成日期或時間操作……P.15-53

〔**範 例**〕 **將日期資料拆解成年／月／日顯示**

這次要從現在的日期擷取年／月／日資料，再以訊息的方式顯示。年的部分可使用 Year 函數取得，月與日可分別使用 Month 函數與 Day 函數取得。這些函數的參數 Date 都指定為取得現在日期的 Date 函數。　〔範例📗〕15-1_002.xlsm

```
1  Sub 分別顯示年月日的資料()
2      MsgBox "年:" & Year(Date) & vbCrLf & _
              "月:" & Month(Date) & vbCrLf & _
              "日:" & Day(Date)      註:「_（換行字元）」，當程式碼太長要接到下一行
3  End Sub                            程式時，可用此斷行符號連接→參照 P.2-15
```

1 「分別顯示年月日的資料」巨集
2 利用換行字元讓「年：」這個字串與從現在的日期取得的年份換行顯示，以及讓「月：」與「日：」這兩個字串與月、日的資料換行顯示
3 結束巨集

想將現在的日期拆解成
年、月、日再顯示

1 啟動 VBE，輸入程式碼

```
(一般)                              分別顯示年月日的資料
  Option Explicit

Sub 分別顯示年月日的資料()
    MsgBox "年:" & Year(Date) & vbCrLf & _
           "月:" & Month(Date) & vbCrLf & _
           "日:" & Day(Date)
End Sub
```

2 執行巨集

```
Microsoft Excel        ×

年：2023
月：1
日：12

        確定
```

現在的日期拆成
年、月、日顯示了

使用 DatePart 函數取得年／月／日

DatePart 函數也能擷取年／月／日的資料。在 DatePart 函數的參數 Date 指定日期資料，再於參數 Interval 設定代表時間間隔的字串，就能取得需要的時間單位。例如，要從今天的日期取得月份，再以訊息的方式顯示可在參數 Date 指定 Date 函數，再於參數 Inteval 指定代表月份單位的字串運算式「m」即可。

範例 15-1_003.xlsm

```
Sub 取得月份()
    MsgBox "月:" & DatePart("m", Date)
End Sub
```

顯示今天的月份

```
Microsoft Excel        ×

月：1

        確定
```

參照 指定日期、時間的計算單位的字串
運算式……P.15-12

取得今天是今年第幾週

要知道今天是今年的第幾週可使用 DatePart 函數。例如，要以訊息的方式顯示今天為今年的第幾週，可在 DatePart 函數的參數 Date 指定 Date 函數，再於參數 Interval 指定代表週這個單位的字串運算式（ww）。

範例 15-1_004.xlsm

```
Sub 取得週()
    MsgBox "今天是今年的第" & _
        DatePart("ww", Date) & "週"
End Sub
```

顯示了今天是今年的第幾週

```
Microsoft Excel        ×

今天是今年的第2週

        確定
```

此外，可於參數 Interval 指定的日期單位字串運算式請參考後續的解說。

參照 指定日期、時間的計算單位的字串
運算式……P.15-12

取得小時／分／秒的資料

Hour(Time)
Minute(Time)
Second(Time)

▶解說

要從電腦的時間擷取小時／分／秒可使用 Hour 函數、Minute 函數或是 Second 函數。這些函數會從參數 Time 指定的時間擷取小時／分／秒，再以 Variant（內部處理格式 Integer 的 Variant）的值傳回結果，通常會在需要將時間拆解成小時／分／秒再進行計算時使用這些函數。此外，Hour 函數會傳回介於 0 ～ 23 的值，Minute 函數與 Second 函數則會傳回介於 0 ～ 59 的值。

▶設定項目

Time .... 指定為代表時間的 Variant 類型的值，傳回時間的公式或是字串運算式，或是上述這些值的組合。

（避免發生錯誤）

Hour 函數、Minunte 函數、Second 函數無法變更電腦的年／月／日的值。此外，如果於參數 Time 指定的值無法被辨識為時間就會發生錯誤。可利用 IsDate 函數確認值是否為時間。

範 例 **將時間拆解成小時／分／秒顯示**

這個範例要從現在的時間擷取小時／分／秒，再以訊息的方式顯示。小時可利用 Hour 函數取得，分鐘與秒可分別利用 Minute 函數與 Second 函數取得。這三個函數的參數 Time 都指定為取得目前時間的 Time 函數。　範例　15-1_005.xlsm

```
1  Sub␣將時間拆解成時分秒再顯示()
2      MsgBox␣"時:"␣&␣Hour(Time)␣&␣vbCrLf␣&␣_
           "分:"␣&␣Minute(Time)␣&␣vbCrLf␣&␣_
           "秒:"␣&␣Second(Time)  註:「_（換行字元）」，當程式碼太長要接到下
3  End␣Sub                        一行程式時，可用此斷行符號連接→參照 P.2-15
```

1 「將時間拆解成時分秒再顯示」巨集
2 利用換行字元讓「時：」這個字串與從現在的日期取得的小時換行顯示，以及讓「分：」與「秒：」這兩個字串與分、秒的資料換行顯示
3 結束巨集

想將目前的時間拆成小時、分鐘與秒顯示

1 啟動 VBE，輸入程式碼

2 執行巨集

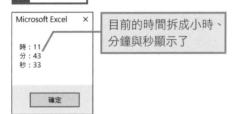

目前的時間拆成小時、分鐘與秒顯示了

使用 DatePart 函數擷取小時／分／秒

DatePart 函數也能擷取小時／分／秒這類資料。例如，要從現在的時間取得小時的資料，再以訊息的方式顯示，可在 DatePart 函數的參數 Date 指定 Time 函數，再於參數 Interval 指定時間單位的字串運算式「h」。

範例 15-1_006.xlsm

```
Sub 取得小時()
    MsgBox "小時：" & DatePart("h", Time)
End Sub
```

此外，可於參數 Interval 指定的日期單位字串運算式請參考後續的解說。

參照 指定日期、時間的計算單位的
　　　字串運算式……P.15-12

取得代表星期幾的整數值

Weekday(Date)

▶解説

要取得代表星期幾的整數值可使用 Weekday 函數。可在參數 Date 指定要取得星期幾的日期。Weekday 函數代回的整數值與對應的星期可參考下列的表格。

整數值	星期	整數值	星期
1	星期日	5	星期四
2	星期一	6	星期五
3	星期二	7	星期六
4	星期三		

▶設定項目

Date......................指定為代表日期的公式或字串運算式。

避免發生錯誤

如果於參數 Date 指定的值無法被辨識為日期就會發生錯誤。可利用 IsDate 函數確認值是否為日期。

將星期幾的整數值轉換成對應的星期名稱

WeekdayName(Weekday, Abbreviate)

▶ 解説

要將代表星期幾的整數值轉換成星期名稱可使用 WeekdayName 函數。參數 Weekday 可指定為要轉換成星期名稱的整數值。將參數 Abbreviate 指定為 True 之後，就會傳回「週一」這種字串。

▶ 設定項目

Weekday .... 以 1 ～ 7 的整數值指定對應的星期。

Abbreviate .... 如果要省略星期幾的名稱，請指定為 True，若是省略此參數，
預設為 False(可省略)。

避免發生錯誤

在參數 Weekday 指定 1 ～ 7 以外的整數值就會發生錯誤。參數 Weekday 可以指定為傳回 1 ～ 7 這些整數值的 Weekday 函數。

範例 **顯示今天星期幾**

這個範例會在 Weekday 函數的參數 Date 指定 Date 函數，取得代表今天星期幾的整數值，再利用 WeekdayName 函數將取得的整數值轉換成代表星期名稱的字串，再以訊息的方式顯示結果。

範例 📗 15-1_007.xlsm

```
1  Sub␣顯示今天星期幾()
2      MsgBox␣WeekdayName(Weekday(Date))
3  End␣Sub
```

1 「顯示今天星期幾」巨集
2 將代表今天星期幾的整數值轉換成星期名稱，再以訊息的方式顯示
3 結束巨集

想顯示與今天對應的星期名稱

1 啟動 VBE，輸入程式碼

顯示與今天對應的星期名稱了

2 執行巨集

根據年／月／日推導日期資料

DateSerial(Year, Month, Day)

▶解說

要分別指定年、月、日再推導出日期資料可使用 DateSerial 函數。DateSerial 函數可根據參數 Year、Month、Day 指定的整數類型的值，傳回 Variant 類型（內部處理格式 Date 的 Variant）的日期資料。此外，各參數若設定了超越範圍的值，就會自動進位。這些參數也可以指定為公式。

▶設定項目

Year........................指定為代表年份的整數類型的數值。範圍為 100 ～ 9999。
Month....................指定為代表月份的整數類型的數值。範圍為 1 ～ 12。
Day........................指定為代表日期的整數類型的數值。範圍為 1 ～ 31。

(避免發生錯誤)
當各參數的值超過 -32, 768 ～ 32, 767 的範圍就會發生錯誤。此外，這三個參數的日期若是超過西元 100 年 1 月 1 日～ 9999 年 12 月 31 日的範圍，也會發生錯誤。

範例 算出這個月月底的日期

這次要以訊息的方式顯示這個月月底的日期。每個月月底的日期都不同，所以要利用下個月一號（月初）的日期推算前一天的日期，藉此算出月底的日期。在 DateSerial 函數指定代表下個月一號的「1」，算出日期之後，再從這個日期減 1，算出上個月月底的日期。

範例 15-1_008.xlsm

```
1  Sub␣算出月底日期()
2      MsgBox␣DateSerial(Year(Date),␣Month(Date)␣+␣1,␣1)␣-␣1
3  End␣Sub
```

1 「算出月底日期」巨集
2 根據今天的年份與今天的月份加 1 的月份，以及一號（月初）的資料算出日期資料，再從這個日期資料減 1，然後以訊息的方式顯示結果
3 巨集結束

想顯示這個月月底的日期

| 1 | 啟動 VBE，輸入程式碼 |
| 2 | 執行巨集 |

```
(一般)                    ∨  算出月底日期
Option Explicit

Sub 算出月底日期()
    MsgBox DateSerial(Year(Date), Month(Date) + 1, 1) - 1
End Sub
```

顯示這個月的日期了

Microsoft Excel   ×

2023/1/31

確定

於參數 Year 指定的值

在參數 Year 指定 0 ～ 99 這種省去兩個位數的西元年份之後，0 ～ 29 的數值會被辨識為 2000 ～ 2029，30 ～ 99 的數值會被辨識為 1939 ～ 1999，而這樣的指定方式很不明確，所以最好不要省略。

根據小時／分／秒推導時間資料

TimeSerial(Hour, Minute, Second)

▶ 解說

要分別指定小時、分、秒再推導出時間資料可使用 TimeSerial 函數。TimeSerial 函數可根據參數 Hour、Minute、Second 指定的整數類型的值，傳回 Variant 類型（內部處理格式 Date 的 Variant）的時間資料。此外，各參數若設定了超越範圍的值，就會自動進位。這些參數也可以指定為公式。

▶ 設定項目

Hour .... 指定為代表小時的整數類型的數值。範圍為 0 ～ 23。
Minute .... 指定為代表分鐘的整數類型的數值。範圍為 0 ～ 59。
Second .... 指定為代表秒的整數類型的數值。範圍為 0 ～ 59。

〔避免發生錯誤〕

當各參數的值超過 -32,768 ～ 32,767 的範圍就會發生錯誤。此外，這三個參數的時間若是超過 00：00：00（00：00：00AM）～ 23：59：59（11：59：59PM），就無法正常計算。

〔範例〕 **在現在時間的 5 秒之後顯示訊息**

這次要在現在時間的 5 秒之後顯示訊息。在 Hour 函數、Minute 函數、Second 函數的參數 Time 指定 Time 函數，取得當下的小時、分、秒，再於秒的部分加「5」，以及指定給 TimeSerial 函數的各個參數，就能算出 5 秒之後的時間。要讓巨集暫停執行可使用 Wait 方法。

〔範例 📄 15-1_009.xlsm〕

```
1  Sub␣計算時間()
2      Application.Wait␣TimeSerial(Hour(Time),␣_
           Minute(Time),␣Second(Time)␣+␣5)
3      MsgBox␣"經過 5 秒了"        註：「_（換行字元）」，當程式碼太長要接到下一行
4  End␣Sub                         程式時，可用此斷行符號連接→參照 P.2-15
```

1 「計算時間」巨集
2 根據目前時間的小時、分鐘以及在現在時間的秒加上 5 秒的數值計算時間，並在這個時間點停止執行巨集
3 顯示「經過 5 秒了」的訊息
4 結束巨集

想在經過 5 秒之後顯示訊息

1 啟動 VBE，輸入程式碼

| (一般) | ∨ | **計算時間** |

```
Option Explicit

Sub 計算時間()
    Application.Wait TimeSerial(Hour(Time), _
            Minute(Time), Second(Time) + 5) _
    MsgBox "經過5秒了"
End Sub
```

2 執行輸入的巨集

在經過 5 秒後顯示了訊息

```
Microsoft Excel        ×

經過5秒了

        確定
```

計算日期或時間的間隔

DateDiff(Interval, Date1, Date2)

▶解說

要計算日期或時間的間隔可使用 DateDiff 函數。DateDiff 函數可利用在參數 Interval 指定的單位計算於參數 Date1 與參數 Date2 指定的兩個日期或時間的間隔，再以 Variant 類型（內部處理格式 Date 的 Variant）的值傳回計算結果。參數 Date1 若指定了比參數 Date2 還晚的日期或時間，就會算出負數。

▶設定項目

Interval .... 以下列表格的字串運算式指定計算日期或時間間隔的單位。指定時必須以「"（雙引號）」括住字串運算式。

指定日期或時間的計算單位的字串運算式

字串運算式	計算單位	字串運算式	計算單位
yyyy	年	q	季
m	月	y	一年中的一天
d	日	h	時
ww	週	n	分鐘
w	週日	s	秒

參照!! 週日單位與週單位的計算差異……P.15-14

Date1 .... 以 Variant 類型（內部處理格式 Date 的 Variant）的值或是日期表達式指定要計算間隔的日期或時間。　　　　參照!! 日期文字……P.15-14

Date2 .... 以 Variant 類型（內部處理格式 Date 的 Variant）的值或是日期表達式指定要計算間隔的日期或時間。　　　　參照!! 日期文字……P.15-14

〔避免發生錯誤〕

參數 Interval 的字串算式要以「"（雙引號）」括住，否則會發生錯誤。

範例　計算日期的間隔

這個範例要以年、月、日這三個單位計算據指定日期到今天的間隔，再以訊息的方式顯示計算結果。這次會以日期表達式指定日期。

範例自 15-1_010.xlsm

參照 日期文字……P.15-14

```
1   Sub 計算日期間隔()
2       Dim myDate As Date
3       myDate = #2/21/2016#
4       MsgBox myDate & "到今天為止的" & vbCrLf & _
            "年數:" & DateDiff("yyyy", myDate, Date) & vbCrLf & _
            "月數:" & DateDiff("m", myDate, Date) & vbCrLf & _
            "日數:" & DateDiff("d", myDate, Date)
5   End Sub
```

註:「_（換行字元）」，當程式碼太長要接到下一行程式時，可用此斷行符號連接→參照 P.2-15

1 「計算日期間隔」巨集
2 宣告日期類型的變數 myDate
3 將「#2/21/2016#」存入變數 myDate
4 以訊息的方式顯示變數 myDate 與「到今天為止的」字串，再插入換行字元，在下一列顯示「年數：」這個字串以及利用年這個單位計算的變數 myDate 到今日日期的間隔的計算結果，以及在下一列顯示「月數：」以及以月為單位計算的間隔，最後再於下一列顯示「日數：」以及以日為單位計算的間隔
5 結束巨集

想顯示指定日期到今日日期的年數、月數與日數

1 啟動 VBE，輸入程式碼

2 執行巨集

顯示指定日期到今日日期的年數、月數與日數了

週日單位與週單位的計算差異

以週日單位計算時，會取得在參數 Date1 與參數 Date2 之間「參數 Date1 為星期幾」。由於計算的是間隔，所以會將參數 Date1 的下一週的星期幾當成起點計算。反觀以週單位計算時，會計算參數 Date1 與參數 Date2 之間有幾個「星期日」。例如，當參數 Date1 為星期日，就會將參數 Date1 的下個星期日當成第一個星期日計算。

日期文字

指定日期時，為了讓 Excel 正確辨識為日期資料，會依照月、日、年的順序撰寫日期，再利用「#」括住。這稱為**日期文字**。這和利用「"」（雙引號）括住字串，讓字串被正確辨識的機制類似。此外，在 VBA 輸入「#2023/2/21#」，Excel 會自動修正為「#2/21/2023#」。

取得增加或減少時間的日期或時刻

DateAdd(Interval, Number, Date)

▶解說

要取得增減過時間的日期或時刻可使用 DateAdd 函數。DateAdd 函數可利用參數 Interval 指定的計算單位讓參數 Date 指定的日期或時間增加或減少在參數 Number 指定的整數值，最後再傳回 Variant 類型（內部處理格式 String 的 Variant）的值。在參數 Number 指定正數，就會傳回未來的日期或時刻，指定為負數就會傳回過去的日期與時間。

▶設定項目

Interval ....以代表時間間隔的字串運算式指定增加或減少時間的計算單位

參照! 指定日期或時間的計算單位的字串運算式……P.15-12

Number ....指定讓日期或時間增加或減少的整數值。若指定為具有小數點的數值，小數點的部分將被忽略。

Date ....以 Variant 類型（內部處理格式 Date 的 Variant）的值或日期表達式指定要增加或減少時間的日期或時刻。

參照! 日期文字……P.15-14

避免發生錯誤

如果不以「"」（雙引號）括住參數 Interval 的字串運算式就會發生錯誤。假設計算結果的日期超過西元 100 年 1 月 1 日到 9999 年 12 月 31 日這個有效範圍也會發生錯誤。另外要注意的是，在指定參數時，要注意增加／減少的單位是「日」還是「月」。

範例 取得增加時間後的日期

這次要以訊息的方式顯示三週後的日期。由於是要計算未來的日期,所以 DateAdd 函數的參數 Number 將指定為正數。 **範例目** 15-1_011.xlsm

```
1  Sub 計算未來的日期()
2      MsgBox "三週後的日期:" & DateAdd("ww", 3, Date)
3  End Sub
```

1 「計算未來的日期」巨集
2 以訊息的方式顯示「三週後的日期:」以及以週為單位,加 3 之後的日期。
3 結束巨集

想顯示三週後的日期

1 啟動 VBE,輸入程式碼

2 執行巨集

顯示三週後的日期了

取得經過的秒數

Timer

▶解説

Timer 函數會傳回以上午 0 時為起點的經過秒數,而且傳回的秒數是單精度浮點數 (Single) 的值。Timer 函數的值會以秒為單位,累積到當天的 23 點 59 分 59 秒為止,所以讓處理結束時的 Timer 函數的值減去處理開始時的 Timer 函數的值,就能算出這個處理花了幾秒完成。

避免發生錯誤

假設處理的時間超過了上午 0 時,Timer 函數就會將超過上午 0 時的秒數加到「-86400 (將一整天換算成秒數,再加上負號),然後傳回計算結果。如果要取得超過上午 0 時之後的秒數,必須分別計算上午 0 時之前與之後的秒數。

範例 取得經過的秒數

此範例要以訊息的方式顯示巨集開始執行到按下訊息方塊的**確定**鈕為止的秒數。主要是在按下**確定**鈕後，取得 Timer 函數的值，再減去巨集開始執行時的 Timer 函數的值，藉此算出總共經過的秒數。

範例 15-1_012.xlsm

```
1  Sub 偵測經過的秒數()
2      Dim StartTime As Single
3      StartTime = Timer
4      MsgBox "開始偵測" & vbCrLf & _
              "按下「確定」就停止偵測", vbOKOnly
5      MsgBox "經過秒數:" & Timer - StartTime
6  End Sub
```

1 「偵測經過的秒數」巨集
2 宣告單精度浮點數的變數 StartTime
3 將 Timer 函數的值存入變數 StartTime
4 以訊息的方式顯示**開始偵測**與按下「**確定**」就停止偵測的字串，並在這兩個字串間插入換行字元
5 以訊息的方式顯示**經過秒數:**與 Timer 函數的值減去變數 StartTime 值的計算結果
6 結束巨集

> 想顯示訊息方塊開啟後到按下**確定**鈕為止的經過秒數

1 啟動 VBE，輸入程式碼

2 執行巨集

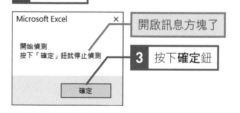

> 開啟訊息方塊了

3 按下**確定**鈕

> 顯示從開啟到按下**確定**鈕經過的秒數

15-2 字串函數

使用字串函數

VBA 內建了各種操作字串的函數，可用來擷取字串的一部分，或是變更字串的格式與種類。此外，還可以加工字串或是比較與搜尋字串。

取得部分字串或是字串資訊的函數

取得部分字串或是字串長度這類字串資訊的函數包含 Left 函數、Mid 函數、Right 函數、Len 函數、Asc 函數、Chr 函數以及相關的函數。可利用取得的字串或是資訊建立其他的字串或是加工字串。

可取得部分字串

可取得字串的字元編碼

轉換字串的種類或是格式的函數

轉換字串的種類或是格式的函數包含 LCase 函數、UCase 函數、StrConv 函數、Format 函數與相關的函數。這些函數可將外部匯入的字串換成其他種類的字串，或是依照資料內容調整格式。

可依照資料的內容變更格式

編輯字串的函數

編輯字串的函數包含 LTrim 函數、RTrim 函數、Trim 函數、Replace 函數、Space 函數、String 函數與其他函數。這些函數可刪除多餘的空白字元或是將特定的文字置換成其他的文字。

可刪除字串之中多餘的空白字元

比較與搜尋字串的函數

比較與搜尋字串的函數包含 StrComp 函數、InStr 函數、inStrRev 函數與其他的函數。搜尋字串的 InStr 函數或 InStrRev 函數常在需要從特定文字擷取部分字串時，與擷取字串的函數搭配使用。

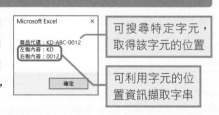

可搜尋特定字元，取得該字元的位置

可利用字元的位置資訊擷取字串

從字串的左端或右端擷取部分字串

Left(String, Length)
Right(String, Length)

▶解説

要從字串的左端擷取部分字串可使用 Left 函數，要從右端擷取部分字串可使用 Right 函數。Left 函數與 Right 函數都可在參數 String 指定原始字串，再於參數 Length 指定要擷取的字數。最終都會傳回 Variant 類型（內部處理格式 String 的 Variant）的值。此外，若指定的字數超過了原始字串的字數，就會傳回整個字串。

▶設定項目

String .... 指定為原始字串或是字串運算式

Length .... 以 Variant 類型（內部處理格式 Long 的 Variant）的值指定從左端或右端取得的字數。

避免發生錯誤

參數 Length 若指定為小於 0 的值就會發生錯誤。

從字串擷取指定的部分字串

Mid(String, Start, Length)

▶解説

要從字串的指定位置擷取特定字數的字串可使用 Mid 函數。Mid 函數會將參數 String 指定的字串的首字視為 1，再根據參數 Length 指定的字數，從參數 Start 指定的文字位置該字數長度的字串，最後再傳回 Variant 類型（內部處理格式 String 的 Variant）的值。

▶設定項目

String .... 指定為原始字串或是字串運算式。

Start .... 將開頭的字元位置視為 1，再以長整數類型的值指定擷取字串的起點。

Length .... 以 Variant 類型（內部處理格式 Long 的 Variant）的值指定取得的字數。這個參數若是省略，就會傳回位於參數 Start 指定的位置之後的所有文字。

避免發生錯誤

參數 Start 若是指定為小於等於 0 的值，或是參數 Length 指定為小於 0 的值就會發生錯誤。

範例 顯示部分字串

這次要利用 Left 函數、Mid 函數與 Right 函數取得部分字串再顯示結果。

範例 15-2_001.xlsm

```
1   Sub 顯示部分字串()                          註：「_（換行字元）」，當程式碼太長要接到下一
2       Dim myString As String                行程式時，可用此斷行符號連接→參照 P.2-15
3       myString = "最強 ExcelVBA 職場聖經"
4       MsgBox "原始字串:" & myString & vbCrLf & _
                  "左邊數來的三個文字:" & Left(myString, 3) & vbCrLf & _
                  "中間的三個文字:" & Mid(myString, 4, 3) & vbCrLf & _
                  "右側數來的八個文字" & Right(myString, 8)
5   End Sub
```

1 「顯示部分字串」巨集
2 宣告字串型別的變數 myString
3 將「最強 ExcelVBA 職場範例聖經」存入變數 myString
4 顯示「原始字串：」與變數 myString 後，插入換行字元，再顯示「左邊數來的三個
  文字：」，以及變數 myString 從左側數來的三個文字，接著插入換行字元，再顯示
  「中間的三個文字：」，以及變數 myString 從左側數來第四個文字之後的三個文字，
  插入換行字元之後，再顯示「右側數來的八個文字」以及從變數 myString 的右端數
  來的八個文字，然後以訊息的方式顯示結果
5 結束巨集

想擷取與顯示部分字串

1 啟動 VBE，輸入程式碼

2 執行巨集

擷取與顯示部分字串了

> **HINT** **LeftB 函數、 MidB 函數、 RightB 函數**
>
> 要以位元組指定擷取字數時，可使用 LeftB 函數、MidB 函數或 RightB 函數。這些函數會將半形與全形的字元當成 2 個位元組的文字。例如，要從左側取得 6 個位元組的字串，可將程式碼寫成下列的內容。
>
> 範例 15-2_002.xlsm
>
> ```
> Sub 以位元組為單位取得字串()
>     Dim myString As String
>     myString = "最強的ExcelVBA職場聖經"
>     MsgBox "從左側開始的 6 個位元組長度為:" & LeftB(myString, 6)
> End Sub
> ```
>
> 另外要注意的是，工作表函數的 LeftB 函數、MidB 函數與 RightB 函數會將半形字元視為 1 個位元組，以及將全形字元視為 2 個位元組。

取得字串的長度

Len(Expression)

▶解説

要取得字串的長度可使用 Len 函數。Len 函數能以長整數類型（Long）的值傳回於參數 Expression 指定的字串的長度。空白字元也會被當成一個字元計算。

▶設定項目

Expression.........要取得長度的字串或是字串運算式。

避免發生錯誤

要注意的是，不管是半形還是全形的字元，所有字元都會被視為一個字元計算。

取得字串的位元組數

LenB(Expression)

▶解説

LenB 函數可傳回於參數 Expression 指定的字串的位元組數。不管是半形還是全形字元，都視為 2 個位元組數，而且會以長整數類型（Long）的值傳回。

▶設定項目

Expression.........要取得位元組數的字串或是字串運算式。

避免發生錯誤

LenB 函數將半形與全形的字元都視為 2 個位元組數，但是 Excel 的工作表函數的 LenB 函數卻是將半形字元視為 1 個位元組數，以及將全形字元視為 2 個位元組數，所以要特別注意 VBA 函數與工作表函數會得到不同結果這點。

參照 工作表函數的 LenB 函數……P.15-21

範例　顯示字串的長度

這次要利用 Len 函數取得字串的長度，以及利用 LenB 函數取得字串的位元組數，再以訊息的方式顯示。

範例 15-2_003.xlsm

```
1  Sub 顯示字串長度()
2      Dim myString As String
3      myString = "ExcelVBA 程式設計"
4      MsgBox "Len 的傳回值:" & Len(myString) & vbCrLf & _
             "LenB 的傳回值:" & LenB(myString)
5  End Sub
```

1	「顯示字串長度」巨集
2	宣告字串類型變數 myString
3	將「Excel VBA 程式設計」存入變數 myString
4	以訊息的方式顯示 **Len** 的傳回值：與變數 myString 的字數，再插入換行字元，以及顯示 **LenB** 的傳回值：與變數 myString 的位元組數
5	結束巨集

想顯示字串的字數與位元組數

1 啟動 VBE，輸入程式碼

2 執行巨集

顯示了以 Len 函數取得的字數與 LenB 函數取得的位元組數

✦ 工作表函數的 LenB 函數

VBA 函數的 LenB 函數將半形與全形字元視為 2 個位元組，但是工作表函數的 LenB 函數卻是將半形字元視為 1 個位元組，以及將全形字元視為 2 個位元組，所以執行使用範例「顯示字串的長度」的巨集之後，會傳回 27 個位元組，但是工作表函數的 LenB 函數卻會傳回 17 個位元組。

範例 🗐 15-2_004.xlsm

1 利用工作表函數的 LenB 函數計算位元組數

半形字元為 1 個位元組，全形字元為 2 個位元組

✦ ASCII 碼

ASCII（American Standard Code for Information Interchange）碼是電腦使用的字元編碼體系。除了英數字與符號字外，還包含控制字元這類無法顯示的字元。Windows 系統使用的是包含半形假名字元的 8bit（256 字元）擴充 ASCII 碼。

 參照 主要的 ASCII 碼……P.15-24

取得與 ASCII 碼對應的字元

Chr(Charcode)

▶解説

要取得與 ASCII 碼對應的字元可使用 Chr 函數。Chr 函數會傳回與參數 Charcode 指定的 ASCII 碼對應的字元或控制字元。可指定的 ASCII 碼的範圍為 0 ～ 255。

參照!! ASCII 碼……P.15-21

▶設定項目

Charcode............以長整數類型（Long）的值指定要取得對應字元的 ASCII 碼。

避免發生錯誤

與 0 ～ 31 的 ASCII 碼對應的字元無法顯示，因為這個範圍的 ASCII 碼也包含了控制字元。有些作業系統會因國別而使用不同的字元集，所以 127 之後的 ASCII 碼對應的字元會有所不同。

參照!! 各種控制字元與 Constants 模組的常數……P.15-23

範例 使用換行字元

這次要利用 ASCII 碼使用換行字元。換行字元是連結**回車**（carriage return，亦稱**歸位**）字元與**換行**（Line Feed）字元的字元。**回車**字元可利用 Chr(13) 的程式碼取得，換行字元可利用 Chr(10) 的程式碼取得。

範例 15-2_005.xlsm

```
1  Sub 換行字元()
2      MsgBox "職場範例聖經" & Chr(13) & Chr(10) & "ExcelVBA"
3  End Sub
```

1 「換行字元」巨集
2 在「職場範例聖經」與「ExcelVBA」之間換行，再以訊息的方式顯示
3 結束巨集

讓「職場範例聖經」與「ExcelVBA」拆成兩行顯示

1 啟動 VBE，輸入程式碼

```
(一般)                          換行字元
Option Explicit

Sub 換行字元()
    MsgBox "職場範例聖經" & Chr(13) & Chr(10) & "ExcelVBA"
End Sub
```

2 執行巨集

「職場範例聖經」與「ExcelVBA」拆成兩行顯示了

各種控制字元與 Constants 模組的常數

Chr 函數可取得的主要控制字元可參考下列表格。也有與這些控制字元對應的 Constants 模組的常數。使用 Constants 模組的常數就能了解使用了哪種控制字元。

Chr（CharCode）	Constants 模組的常數	內容
Chr(0)	vbNullChar	NULL 字元
Chr(8)	vbBack	Backspace 字元
Chr(9)	vbTab	Tab 字元
Chr(10)	vbLf	Line Feed 字元
Chr(13)	vbCr	carriage return 字元
Chr(13) & Chr(10)	vbCrLf	換行字元

取得與字元對應的 ASCII 碼

Asc(String)

▶解説

要取得與字元對應的 ASCII 碼可使用 Asc 函數。Asc 函數會根據在參數 String 指定的字元傳回整數類型（Integer）的 ASCII 碼。可取得的 ASCII 碼的範圍為 0～255。此外，假設參數 String 指定為字串，將傳回開頭字元的 ASCII 碼。

參照 ASCII 碼……P.15-21

▶設定項目

String .... 指定為要取得 ASCII 碼的字元。

避免發生錯誤

假設參數 String 未指定任何字元就會發生錯誤。請確認參數指定了字元。

範例 顯示 ASCII 碼

這次要根據字串裡的每個字元取得 ASCII 碼，再以訊息的方式顯示。字串裡的每個字元可利用 Mid 函數取得。

範例 15-2_006.xlsm

```
1  Sub 顯示 ASCII 碼()
2      Dim i As Integer
3      Dim myString As String
4      myString = "VBA"
5      For i = 1 To 3
6          MsgBox Asc(Mid(myString, i, 1))
7      Next i
8  End Sub
```

1	「顯示 ASCII 碼」巨集
2	宣告整數型別的變數 i
3	宣告字串類型的變數 myString
4	將「VBA」這個字串存入變數 myString
5	在變數 i 從 1 遞增至 3 之前，進行下列的處理（For 陳述式的開頭）
6	從變數 myString 的第 i 個字元取出 1 個字元，再以訊息的方式顯示該字元的 ASCII 碼
7	回到第 6 行程式碼
8	結束巨集

想顯示字串裡的每個字元的 ASCII 碼

1 啟動 VBE，輸入程式碼

```
(一般)                      顯示ASCII碼
Option Explicit

Sub 顯示ASCII碼()
    Dim i As Integer
    Dim myString As String
    myString = "VBA"
    For i = 1 To 3
        MsgBox Asc(Mid(myString, i, 1))
    Next i
End Sub
```

2 執行巨集

Microsoft Excel ✕	Microsoft Excel ✕	Microsoft Excel ✕
86	66	65
確定	確定	確定

依序顯示了字元「V」、
「B」、「A」的 ASCII 碼

💡 **主要的 ASCII 碼**

全世界使用的標準 ASCII 碼請參考下列的表格。在 0 ～ 31 的控制字元中，經常使用
的控制字元可參考「各種控制字元與 Constants 模組的常數」的表格。

參照📖 各種控制字元與 Constants 模組的常數……P.15-23

Code	字元	Code	字元	Code	字元	Code	字元	Code	字元	Code	字元
44	,	57	9	74	J	85	U	101	e	112	p
46	.	64	@	75	K	86	V	102	f	113	q
48	0	65	A	76	L	87	W	103	g	114	r
49	1	66	B	77	M	88	X	104	h	115	s
50	2	67	C	78	N	89	Y	105	i	116	t
51	3	68	D	79	O	90	Z	106	j	117	u
52	4	69	E	80	P	92	\	107	k	118	v
53	5	70	F	81	Q	97	a	108	l	119	w
54	6	71	G	82	R	98	b	109	m	120	x
55	7	72	H	83	S	99	c	110	n	121	y
56	8	73	I	84	T	100	d	111	o	122	z

轉換字元的種類

StrConv(String, Conversion, LocaleID)

▶解説

要轉換字元種類可使用 StrConv 函數。StrConv 法數可將參數 String 指定的字串指定為參數 Conversion 指定的種類，再以 Variant 類型（內部處理格式 String 的 Variant）的值傳回。可於參數 Conversion 指定的轉換種類只要不彼此衝突，可利用「+」號連結，一口氣指定多個種類。

▶設定項目

String .... 指定為要轉換種類的字串。

Conversion .... 以 VbStrConv 列舉型常數指定要轉換的種類。

VbStrConv 列舉型常數

常數	值	內容
vbUpperCase	1	轉換成大寫字元
vbLowerCase	2	轉換成小寫字元
vbProperCase	3	將開頭的字元轉換成大寫字元
vbWide*	4	將半形字元轉換成全形字元
vbNarrow*	8*	將全形字元轉換成半形字元
vbKatakana**	16*	將平假名轉換成片假名
vbHiragana**	32**	將片假名轉換成平假名
vbUnicode	64	將字元編碼轉換成 Unicode
vbFromUnicode	128	將字元編碼從 Unicode 轉換成系統預設字元編碼

* 註：語言代碼設定為中國、韓國與日本時適用
** 註：語言代碼為日本時適用

參照 確認語言代碼的設定……P.15-27

LocaleID .... 指定為 LCID（語言代碼識別碼）。可指定為與系統不同的 LCID。如果省略這個參數就會套用系統正在使用的 LCID（可省略）。

(避免發生錯誤)

語言代碼的設定若不是日語、中文或韓文，指定為常數 vbWide 或是 vbNarrow 就會發生錯誤，如果是日語之外的語言，指定為常數 vbKatakana 或是 vbHiragana 就會發生錯誤。

參照 確認語言代碼的設定……P.15-27

範例 轉換字元種類

這次要將全形英文字母轉換成半形英文字母，再以訊息的方式顯示。

範例 15-2_007.xlsm

```
1  Sub 轉換字元種類()
2      Dim myString As String
3      myString = "Ｆｌａｇ　Ｔｅｃｈｎｏｌｏｇｙ"
4      MsgBox "轉換前:" & myString & vbCrLf & _
              "轉換後:" & StrConv(myString, vbKatakana + vbNarrow)
5  End Sub
```

1	「轉換字元種類」巨集
2	宣告字串類型的變數 myString
3	將「Ｆｌａｇ　Ｔｅｃｈｎｏｌｏｇｙ」的字串存入變數 myString
4	以訊息的方式顯示「轉換前：」與變數 myString 的字串，接著插入換行字元，再顯示「轉換後：」與轉換成半形字元的變數 myString 的字串
5	結束巨集

想將全形英文字母轉換成半形英文字母

1 啟動 VBE，輸入程式碼

2 執行輸入的巨集

全形英文字母轉換成半形英文字母了

💡 **HINT 操作 Excel 95 / 5.0 的資料**

要在 Excel 97 之後的版本使用 Excel 95 / 5.0 的資料必須先轉換字元編碼。要將 Excel 95 / 5.0 的資料轉換成支援 Unicode 的資料可在 StrConv 函數的參數 Conversion 指定 vbUnicode，轉換每個儲存格的資料的字元編碼。

確認語言代碼的設定

要確認語言代碼的設定可從 Windows 的設定畫面確認。點選「開始」→「Windows 系統」
→「控制台」，再點選「變更日期、時間或數字格式」，然後在「地區」對話框點選
「格式」索引標籤，即可確認語言代碼的設定。假設設定為「符合 Windows 顯示語言
（建議選項）」，可在「格式」索引標籤點選「語言喜好設定」，再於 Windows 的「設定」
畫面的「語言」確認「Windows 顯示」的設定。如果顯示了很多個國家，最上方的國
家就是預設的語言代碼。

先開啟**地區**交談窗

1 點選**格式**頁次

確認在**格式**頁
次選擇的國家

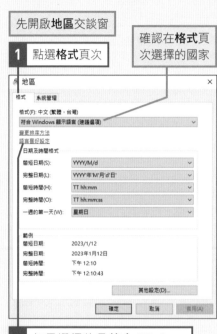

2 如果選擇的是**符合 Windows 顯示語言 (建議選項)**，可點選**語言喜好設定**

開啟 Windows **設定**
交談窗的**語言**畫面

確認在 **Windows 顯示
語言**設定的語言

轉換資料的顯示格式

Format(Expression, Format)

▶解說

要轉換資料的顯示格式可使用 Format 函數。Format 函數可將參數 Expression 指定的數值、字串、日期或時間的字串轉換成參數 Format 指定的顯示格式，再以 Variant 類型（內部處理格式 String 的 Variant）的值傳回。顯示格式可使用預先定義的格式或是顯示格式指定字元。此外，將數值轉換成日期格式時，數值會被辨識為序列值。　　　　　　　　参照🔰 預先定義的格式或是顯示格式指定字元……P.15-75

▶設定項目

Expression......... 指定為要轉換顯示格式的數值、字串、日期與時間的字串。

Format................. 利用預先定義的格式或是顯示格式指定字元指定要轉換的顯示格式。這個參數若是省略，就會直接傳回於參數 Expression 指定的字串，但是數值會轉換成字串（可省略）。

（避免發生錯誤）

要轉換代表日期或時間的字串的顯示格式時，有時會因為「地區」對話框的「格式」索引標籤的「日期及時間格式」的設定而得到不同的結果。在執行巨集之前，請先確認電腦的「日期及時間格式」的設定。　　　　参照🔰 確認與設定電腦的日期或時間的格式……P.15-4

範例　轉換資料的顯示格式

這次要轉換資料的顯示格式再以訊息的方式顯示。這個範例會將數值的顯示格式轉換成貨幣格式，再將序列值的顯示格式轉換成日期。　範例🔳 15-2_008.xlsm

参照🔰 何謂序列值……P.15-29

```
1  Sub 轉換顯示格式()
2      Dim myData As Single
3      myData = 29800
4      MsgBox "原始顯示格式:" & myData & vbCrLf & _
               "轉換後的顯示格式:" & Format(myData, "Currency")
5      myData = 44039
6      MsgBox "原始顯示格式:" & myData & vbCrLf & _
               "轉換之後的顯示格式:" & Format(myData, "ggge\年 m\月 d\日")
7  End Sub
```

1	「轉換顯示格式」巨集
2	宣告單精度浮點數的變數 myData
3	將 29800 存入變數 myData
4	以訊息的方式顯示「原始顯示格式:」字串以及變數 myData 的字串後，插入換行字元，再顯示「轉換後的顯示格式:」字串與轉換成貨幣格式的變數 myData 的字串
5	將 44039 存入變數 myData

6	以訊息的方式顯示「原始顯示格式：」字串以及變數 myData 的字串之後，插入換行字元，再顯示「轉換之後的顯示格式：」字串與轉換成「○年○月○日」的變數 myData 的字串
7	結束巨集

將數值資料的顯示格式轉換成貨幣或日期

1 啟動 VBE，輸入程式碼

```
(一般)                          轉換顯示格式
Option Explicit

Sub 轉換顯示格式()
    Dim myData As Single
    myData = 29800
    MsgBox "原始顯示格式：" & myData & vbCrLf & _
        "轉換後的顯示格式：" & Format(myData, "Currency")
    myData = 44039
    MsgBox "原始顯示格式：" & myData & vbCrLf & _
        "轉換後的顯示格式：" & Format(myData, "ggge\年m\月d\日")
End Sub
```

2 執行巨集

Microsoft Excel ×
原始顯示格式：29800
轉換後的顯示格式：NT$29,800.00
確定

→ 數值的顯示格式轉換成貨幣了

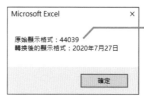

Microsoft Excel ×
原始顯示格式：44039
轉換後的顯示格式：2020年7月27日
確定

→ 數值的顯示格式轉換成年月日的日期了

「\」可以省略

上述範例以「ggge\年 m\月 d\日」的語法指定了日期的顯示格式，但其實可以省略「\」，指定為「ggge 年 m 月 d 日」。

💡 **序列值**

Excel 是以**序列值**這種包含小數點的數值管理日期與時間。序列值的整數部分為日期，「1900 / 1 / 1」的日期為「1」，每過一天就遞增 1。小數點的部分為時間，是以 0:00:00 為起點，每 24 小時就遞增 1（14 分 24 秒會遞增 0.01）。

將大寫英文字母轉換成小寫英文字母

LCase(String)
UCase(String)

▶解説

要將大寫英文字母轉換成小寫英文字母可使用 LCase 函數，而要將小寫英文字母轉換成大寫英文字母可使用 UCase 函數。這兩個函數都是在參數 String 指定要轉換的字串，以及傳回 Variant 類型（內部處理格式 String 的 Variant）的值。此外，半形字元與全形字元被視為相同的字元。

▶ 設定項目

String.....................指定為要轉換成大寫英文字母或小寫英文字母的英文字串。

(避免發生錯誤)

LCase 函數只會操作大寫英文字母，不會對小寫英文字母造成任何影響。同理可證，UCase 只會操作小寫英文字母，不會對大寫英文字母造成影響。

範例 轉換英文字母的大小寫

這次要轉換英文字母的大小寫，再以訊息的方式顯示轉換結果。對大小寫英文字母混雜的字串使用 LCase 函數會將所有字母轉換成小寫英文字母，使用 UCase 函數會全部轉換成大寫英文字母。

範例 15-2_009.xlsm

```
1  Sub 轉換英文字母的大小寫()
2      Dim myString As String
3      myString = "ExcelVBA"
4      MsgBox "原始字串:" & myString & vbCrLf & _
              "轉換成小寫英文字母:" & LCase(myString) & vbCrLf & _
              "轉換成大寫英文字母:" & UCase(myString)
5  End Sub
```

1 | 「轉換英文字母的大小寫」巨集
2 | 宣告字串類型的變數 myString
3 | 將「ExcelVBA」字串存入變數 myString
4 | 以訊息的方式顯示「原始字串:」與變數 myString 的文字，再插入換行字元，顯示「轉換成小寫英文字母:」以及全部轉換成小寫英文字母的變數 myString 的字串，最後再插入換行字元，顯示「轉換成大寫英文字母:」以及全部轉換成大寫英文字母的變數 myString 的字串
5 | 結束巨集

1 啟動 VBE，輸入程式碼　　想將英文字母轉換成小寫與大寫的英文字母

2 執行巨集

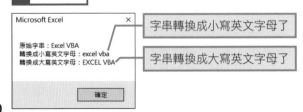

字串轉換成小寫英文字母了

字串轉換成大寫英文字母了

刪除字串中的空白字元

LTrim(String)
RTrim(String)
Trim(String)

▶解説
要刪除字串開頭的空白字元可使用 LTrim 函數，要刪除字串結尾的空白字元可使用 RTrim 函數，要同時刪除開頭與結尾的空白字元可使用 Trim 函數。這些函數都可刪除在參數 String 指定字串開頭或結尾的空白字元，再傳回 Variant 型別（內部處理格式 String 的 Variant）的值。此外，可同時刪除半形與全形的空白字元。

▶設定項目
String .... 指定要刪除開頭與結尾空白字元的字串。

（避免發生錯誤）
LTrim 函數、RTrim、Trim 函數無法刪除字串之中的空白字元，必須改用 Replace 函數或是 Replace 方法。
參照🔧 刪除字串內的空白字元……P.15-33

範例 **刪除字串開頭與結尾的空白字元**

這次要刪除字串開頭與結尾的空白字元。這個範例會從開頭與結尾混雜著半形空白字元與全形空白字元的字串刪除空白字元，再以訊息的方式顯示結果。此外，為了確認刪除了空白字元，會特別以 [ ] 括住原本是空白字元的位置。

範例📄 15-2_010.xlsm

```
1  Sub 刪除空白字元()
2      Dim myString As String
3      myString = " " □Excel □"
4      MsgBox "原始字串:[" & myString & "]" & vbCrLf & _
             "刪除開頭空白字元:[" & LTrim(myString) & "]" & vbCrLf & _
             "刪除結尾空白字元:[" & RTrim(myString) & "]" & vbCrLf & _
             "刪除開頭與結尾的空白字元:[" & Trim(myString) & "]"
5  End Sub    註：「_（換行字元」程式碼太長要接到下一行程式時，可用此斷行符號連接→參照 P.2-15
```

1 「刪除空白字元」巨集
2 宣告字串類型的變數 myString
3 將含有半形空白字元與全形空白字元的「 Excel 」存入變數 myString
4 以訊息的方式顯示「原始字串：[」的字串以及變數 myString 與「]」，接著以換行字元換行，再顯示「刪除開頭空白字元：[」與刪除了開頭空白字元的變數 myString 以及「]」，接著插入換行字元，顯示「刪除結尾空白字元：[」與刪除了結尾空白字元的變數 myString 以及「]」，最後插入換行字元，再顯示「刪除開頭與結尾的空白字元：[」與刪除了開頭與結尾的空白字元的變數 myString 以及「]」
5 結束巨集

想刪除字串開頭或結尾的空白字元

1 啟動 VBE，輸入程式碼

2 執行巨集

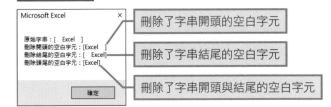

── 刪除了字串開頭的空白字元

── 刪除了字串結尾的空白字元

── 刪除了字串開頭與結尾的空白字元

將字串置換成其他字串

Replace(Expression, Find, Replace, Start, Count, Compare)

▶解說

要將字串置換成其他的字串可使用 Replace 函數。在參數 Expression 指定的字串之內尋找於參數 Find 指定的字串，再將找到的字串置換成在參數 Replace 指定的字串。此外，若於參數 Start 指定了搜尋起點，Replace 函數傳回的字串就會是從搜尋起點到結尾的字串，否則就是根據參數的設定傳回下列這些字串。

參數的設定 Replace	函數傳回的字串
參數 Express 為「""（長度為 0 的字串）」時	「""（長度為 0 的字串）」
參數 Find 為「""（長度為 0 的字串）」時	在參數 Expression 指定的字串
參數 Replace 為「""（長度為 0 的字串）」時	從參數 Expression 指定的字串刪除於參數 Find 指定的字串之後的字串
參數 Start 的值大於參數 Expression 的字數時	「""（長度為 0 的字串）」
參數 Count 為 0 時	在參數 Expression 指定的字串

▶設定項目

Expression .... 指定為包含置換字串的原始字串。

Find .... 指定要置換的字串。

Replace .... 指定為置換之後的字串。

Start .... 指定在參數 Expression 的字串之內的搜尋起點。這個參數若是省略，將自動指定為「1（字串的開頭）」（可省略）。

Count.................... 指定要置換的字串個數。如果找到多個符合的結果，就會依照這個參數的設定，從開頭置換指定個數的字串。這個參數若是省略將自動指定為「-1」，置換所有找到的字串（可省略）。

Compare .... 利用 VbCompareMethod 列舉型常數指定搜尋字串時的比較模式。省略時，將自動指定為 vbBinaryCompare。此外，若利用 OptionCompare 陳述式進行相關設定，就會依照 OptionCompare 陳述式的設定進行比較（可省略）。

VbCompareMethod 列舉型常數

常數	值	內容
vbBinaryComprare	0	以二進位模式比較
vbTextCompare	1	以文字模式比較

參照▶ 比較模式的差異……P.15-39

避免發生錯誤

當參數 Express 為 Null 值時就會發生錯誤。此外，當 Start 設定為小於 0 的值，或是參數 Count 設定為小於 -1 的值就會發生錯誤。

範 例 **刪除字串之內的空白字元**

這次要刪除字串之內的空白字元，再以訊息的方式顯示結果。在 Replace 函數的參數 Find 指定半形空白字元，以及在參數 Replace 指定為「""（長度為 0 的字串）」，就能刪除字串之內所有的半形空白字元。

範例▤ 15-2_011.xlsm

```
1  Sub␣刪除字串之內的所有空白字元()
2      Dim␣myString␣As␣String
3      myString␣=␣"E␣x␣c␣e␣l␣V␣B␣A"
4      MsgBox␣"刪除前:"␣&␣myString␣&␣vbCrLf␣&␣_
              "刪除後:"␣&␣Replace(myString,␣"␣"␣,␣"")
5  End␣Sub
```

1 「刪除字串之內的所有空白字元」巨集
2 宣告字串類型的變數 myString
3 將「ExcelVBA」字串存入變數 myString
4 以訊息的方式顯示「刪除前：」這個字串以及變數 myString 的字串之後，插入換行字元，再顯示「刪除後：」以及刪除了所有半形空白字元的變數 myString 的字串
5 結束巨集

想刪除字串之內的所有空白字元

1 啟動 VBE，輸入程式碼

2 執行巨集

字串內的所有空白字元都被刪除了

> ☼ **HINT 刪除儲存格之內的換行字元**
>
> 如果想迅速刪除儲存格之內多餘的換行字元可使用 Replace 函數。在儲存格按下 Alt
> + Enter 鍵換行之後，換行位置會插入 vbLf 換行字元，所以只要利用 Replace 函數將
> 這個換行字元置換成「""（長度為 0 的字串）」，就能刪除這些換行字元。例如，要刪
> 除特定儲存格範圍之內的換行字元可將程式碼寫成下列的內容。
>
> ```
> Sub 刪除換行字元()
>     Dim objRange As Range, objCurRange As Range
>     Set objRange = Selection
>     For Each objCurRange In objRange
>         objCurRange.Value = Replace(objCurRange.Value, vbLf, "")
>     Next objCurRange
> End Sub
> ```
>
> 範例 📄 15-2_012.xlsm

▌增加指定數量的空白字元

Space(Number)

▶ **解説**

要增加指定數量的空白字元可使用 Space 函數。Space 函數可傳回由參數 Number
指定的特定數量的空白字元組成的 Variant 型別（內部處理格式 String 的 Variant）
的字串。Space 函數可在需要將字串調整成固定長度時增加空白字元。

參照 📖 固定長度的字串……P.15-36

▶ **設定項目**

Number................指定要增加的空白字元數量。

(避免發生錯誤)

參數 Number 指定為負數就會發生錯誤。

範 例 建立固定長度欄位的檔案

此範例要利用空白字元將儲存格的字串調整為 15 個字的長度，製作固定長度欄
位的檔案。在各個字串中增加的空白字元數量可從固定長度的 15 個字元減去以
Len 函數取得的字串長度算出。

範例 📄 15-2_013.xlsm

參照 📖 固定長度欄位格式……P.7-6

```
1  Sub␣建立固定長度檔案()
2      Dim␣myCount␣As␣Integer
3      Dim␣i␣As␣Integer
4      Dim␣myFileNo␣As␣Integer
5      myFileNo␣=␣FreeFile
6      Open␣"C:\資料\商品大師.txt"␣For␣Append␣As␣#myFileNo
7      For␣i␣=␣2␣To␣7
8          myCount␣=␣15␣-␣Len(Cells(i,␣1).Value)
9          Print␣#myFileNo,␣Cells(i,␣1).Value␣&␣**Space**(myCount)
10     Next␣i
11     Close␣#myFileNo
12 End␣Sub
```

1 「建立固定長度檔案」巨集
2 宣告整數型別的變數 myCount
3 宣告整數型別的變數 i
4 宣告整數型別的變數 myFileNo
5 取得可使用的檔案編號,再存入變數 myFileNo
6 在 C 磁碟的**資料**資料夾建立**商品大師** .txt 檔案,再以電腦內部的追加模式開啟,
  然後指定變數 myFileNo 的值,作為檔案編號
7 當變數 i 從 2 遞增至 7 之前,不斷進行下列的處理(For 陳述式的開頭)
8 以 15 減去第 i 列、第 1 欄的儲存格的字串長度,再將結果存入變數 myCount
9 根據變數 myCount 的值在第 i 列、第 1 欄的儲存格的字串追加對應個數的空白字元,
  再寫入**商品大師** .txt 檔案
10 讓變數 i 遞增 1,回到第 8 行程式碼
11 關閉檔案,釋放檔案編號
12 結束巨集

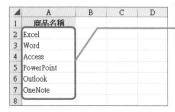

想將字數不一的字串轉存
為固定長度欄位的檔案

1 啟動 VBE,輸入程式碼

```
(一般)                    ∨   建立固定長度字串
Option Explicit

Sub 建立固定長度字串()
    Dim myCount As Integer
    Dim i As Integer
    Dim myFileNo As Integer
    myFileNo = FreeFile
    Open "C:\資料\商品大師.txt" For Append As #myFileNo
    For i = 2 To 7
        myCount = 15 - Len(Cells(i, 1).Value)
        Print #myFileNo, Cells(i, 1).Value & Space(myCount)
    Next i
    Close #myFileNo
End Sub
```

2 執行巨集

在 C 磁碟的**資料**資料夾
新增了**商品大師** .txt 檔案

在 Word 開啟**商品大師** .txt

3 點選**檔案**頁次

4 點選**選項**

開啟了「Word 選項」對話框

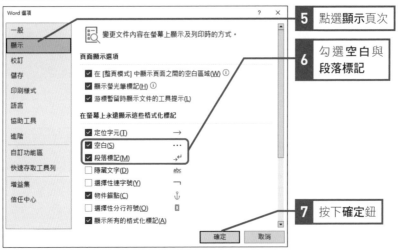

5 點選**顯示**頁次

6 勾選**空白**與
段落標記

7 按下**確定**鈕

顯示了空白標記與段落標記，可
算出各行資料的空白字元的個數

Excel·······↵
Word·······↵
Access·······↵
PowerPoint·······↵
Outlook·······↵
OneNote·······↵

可以發現**商品大師** .txt 檔案
的每一行資料都是 15 個字

💡 固定長度字串

固定長度字串就是長度固定的字串。假設字串的
長度不足，會在文字靠左對齊時，在字串的結尾
處追加空白字元，如果是文字靠右對齊的情況，
則會在字串的開頭處追加空白字元。以字串的長
度固定為 25 個字元為例，假設是靠左對齊的 15
個字元的字串，就會在結尾處追加 10 個空白字
元。此外，可利用 Space 函數追加半形空白字元。
如果想要追加全形空白字元可改用 String 函數。

參照 !! 依照指定的數量重複顯示文字……P.15-37

依照指定的數量重複顯示文字

String(Number, Character)

▶解説

要重複顯示指定的文字可使用 String 函數。String 函數可根據參數 Number 指定的個數重複排列於參數 Character 指定的文字，再傳回 Variant 類型（內部處理格式 String 的 Variant）的字串。此外，當參數 Character 指定的是字串，就會重複顯示該字串的開頭文字。

▶設定項目

Number .... 指定重複排列的字數。若設定為 0 將傳回「""（長度為 0 的字串）」。

Character .... 指定要重複排列的文字。可利用 ASCII 碼指定文字。

參照🔛 ASCII 碼……P.15-21

避免發生錯誤

當參數 Number 指定為負數就會發生錯誤。

範例 **建立簡易版橫條圖**

在此要以水平排列的「｜」繪製簡易版的橫條圖。「｜」的數量就是圖表的原始數據除以 100 後取整數的數值。

範例目 15-2_014.xlsm

參照🔛 Fix 函數與 Int 函數的差異……P.15-49
參照🔛 以四捨五入或是無條件進位的方式取整數……P.15-49

```
1  Sub 繪製簡易版橫條圖()
2      Dim i As Long
3      For i = 3 To 7
4          Cells(i, 3).Value = _
              String(Int(Cells(i, 2).Value / 100), "|")
5      Next i                    註：「_（換行字元）」，當程式碼太長要接到下一行
6  End Sub                       程式時，可用此斷行符號連接→參照 P.2-15
```

1　「繪製簡易版橫條圖」巨集
2　宣告長整數型別的變數 i
3　當變數 i 從 3 遞增至 7 之前，執行下列的處理（For 陳述式的開頭）
4　以 100 除以第 i 列、第 2 欄儲存格的值再取整數之後，根據這個整數設定「｜」的數量，再於第 i 列、第 3 欄顯示結果
5　讓變數 i 遞增 1，回到第 4 行的程式碼
6　結束巨集

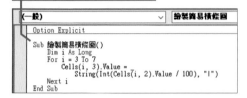

希望能夠用簡易
的橫條圖來呈現
工作表中的數值

1 啟動 VBE，輸入程式碼

（一般）   繪製簡易橫條圖

```
Option Explicit

Sub 繪製簡易橫條圖()
    Dim i As Long
    For i = 3 To 7
        Cells(i, 3).Value = _
            String(Int(Cells(i, 2).Value / 100), "|")
    Next i
End Sub
```

2 執行巨集

	A	B	C	D	E	F
1	4月業績					
2	業務員	營業額（千元）				
3	張偉翔	4,520	‖‖‖‖‖‖‖‖‖‖‖			
4	謝昕霓	3,680	‖‖‖‖‖‖‖‖			
5	許義成	5,240	‖‖‖‖‖‖‖‖‖‖‖‖			
6	林吉清	2,860	‖‖‖‖‖‖‖			
7	黃玉民	6,890	‖‖‖‖‖‖‖‖‖‖‖‖‖‖			

依照數值設定「｜」
重複顯示的次數

比較兩個字串

StrComp(String1, String2, Compare)

▶ 解說

要比較兩個字串可使用 StrComp 函數。StrComp 函數可利用參數 Comparfe 指定的
比較模式比較於參數 String1、參數 String2 指定的字串，再以下列表格的值傳回
比較結果。

比較結果	StrComp 函數的傳回值
String1 小於 String2（String1 不等於 String2）	-1
String1 等於 String2	0
String1 大於 String2（String1 不等於 String2）	1

參照 何謂「String1 小於 String2」與「String1 大於 String2」……P.15-40

▶ 設定項目

String1..................指定要比較的字串。

String2..................指定另一個要比較的字串。

Compare ....以 VbCompareMethod 列舉型常數指定比較字串的模式。如果省
略了這個參數就會自動套用 vbBinaryCompare 的設定。此外，若
已事先使用了 OptionCompare 陳述式，就以這個陳述式的設定為
準（可省略）。

參照 VbCompareMethod 列舉型常數……P.15-33

┌─ 避免發生錯誤 ─────────────────────────────────────┐

雖然省略參數 Compare 就會自動設定為 vbBinaryCompare，但如果已使用了 OptionCompare 陳述式，就會以這個陳述式的設定為準，因此若打算省略參數 Compare，就要注意 Option-Compare 陳述式的設定。

└──┘

範例 比較兩個字串

這次要以二進位模式與文字模式比較兩個字串，再以訊息的方式顯示比較結果。

範例 15-2_015.xlsm

```
1   Sub 比較字串()
2       Dim myString1 As String
3       Dim myString2 As String
4       myString1 = "ExcelVBA"
5       myString2 = "excelvba"
6       MsgBox "字串 1:" & myString1 & vbCrLf & _
               "字串 2:" & myString2 & vbCrLf & _
               "二進位模式:" & StrComp(myString1, _
                   myString2, vbBinaryCompare) & vbCrLf & _
               "文字模式:" & StrComp(myString1, _
                   myString2, vbTextCompare)
7   End Sub
```

---

1 「比較字串」巨集

2 宣告文字類型的變數 myString1

3 宣告文字類型的變數 myString2

4 將「ExcelVBA」字串存入變數 mySting1

5 將「excelvba」字串存入變數 mySting2

6 以訊息的方式顯示「字串 1：」與變數 myString1 的字串，再插入換行字元，顯示「字串 2：」與變數 myString2 的字串，插入換行字元之後，顯示「二進位模式：」以及變數 myString1 與變數 myString2 的二進位模式比較結果，插入換行字元之後，再顯示「文字模式：」與變數 myString1 與變數 myString2 的文字模式比較結果

7 結束巨集

┌─ 想在文字模式與二進位模式比較兩個字串 ──────────────┐
└──┘

1 啟動 VBE，輸入程式碼

┌─ 比較模式的差異 ─────┐

比較模式共有**二進位**模式與**文字**模式兩種。二進位模式會將「大小寫英文字母」、「全形與半形字元」視為不同的文字，文字模式則一視同仁。因此，想要嚴謹比較字串，可指定為二進位模式。

└────────────────────────────┘

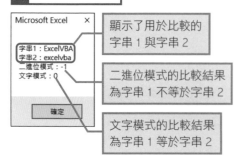

2 執行輸入的巨集

顯示了用於比較的
字串 1 與字串 2

二進位模式的比較結果
為字串 1 不等於字串 2

文字模式的比較結果
為字串 1 等於字串 2

 在整個模組套用比較模式的設定

若要在整個模組套用比較模式的設定
可使用 Option Compare 陳述式。Option
Compare 通常會寫在模組的開頭。若要
設定為二進位模式可寫成「Option
Compare Binary」，若要設定為文字模式
可寫成「Option Compare Text」。

 「String1 小於 String2」與「String1 大於 String2」

利用 StrComp 函數比較字串時，若是將參數 Compare 設為 vbBinaryCompare，就會以各
文字的字元編碼（例如 Unicode）順序比較，如果設定為 vbTextCompare，就會依英文
字母的順序比較，以判斷字串的差異。因此「String1 小於 String2」的意思是「String1
的字元編碼順序，或是英文字母的順序比 String2 還前面」，而「String1 大於 String2」
則表示「String1 的字元編碼順序或英文字母的順序比 String2 還後面」，但兩者都代表
String1 不等於 String2。

從字串開頭搜尋文字

InStr(Start, String1, String2, Compare)

▶解説

要從字串開頭搜尋文字可使用 InStr 函數。InStr 函數會於參數 String1 指定的字串
搜尋於參數 String2 指定的文字，再以 Variant 類型（內部處理格式 Long 的
Variant）的值傳回第一個找到的文字的位置（該文字與字串開頭的距離）。進行
搜尋時，會從參數 Start 指定的文字位置往字串結尾的方向搜尋。參數的設定、
搜尋結果與 InStr 函數傳回值的對應情況請參考下列表格。

參數的設定與搜尋結果	InStr 函數的傳回值
在參數 String1 之中找到參數 String2 的情況	該文字的文字位置
未找到參數 String2 的情況	0
參數 String1 為「""」（空字串）的情況	0
參數 String2 為「""」（空字串）的情況	於參數 Start 指定的值
參數 Start 的值大於參數 String1 的字數	0

▶設定項目

Start................指定搜尋起點。若省略這個參數，就會從字串的開頭搜尋（可省略）。
String1..........指定為包含搜尋目標文字的字串（可省略）。

String2.................指定要搜尋的文字（可省略）。

Compare ....以 vbCompareMethod 列舉型常數指定搜尋字串時的比較模式。
　　　　　　　　　若是省略就自動套用 vbBinaryCompare 的設定（可省略）。

參照 VbCompareMethod 列舉型常數……P.15-33

（避免發生錯誤）

當 Start、Compare 參數的值為 Null，或是 Start 參數的值小於 1，就會發生錯誤。此外，若指定了 Compare 參數 就必須設定 Start 參數 。

從字串結尾處搜尋文字

InStrRev(StringCheck, StringMatch, Start, Compare)

▶解説

要從字串結尾處搜尋文字可使用 InStrRev 函數。InStrRev 函數會於參數 StringCheck 指定的字串搜尋於參數 StringMatch 指定的文字，再以 Variant 型別（內部處理格式 Long 的 Variant）的值傳回第一個找到的文字的位置（該文字與字串開頭的距離）。進行搜尋時，會從參數 Start 指定的文字往字串開頭搜尋。參數的設定、搜尋結果與 InStrRev 函數傳回值的對應關係請參考下列表格。

參數的設定與搜尋結果	InStrRev 函數的傳回值
在參數 StringCheck 之中找到參數 StringMatch 的情況	該文字的文字位置
未找到參數 StringMatch 的情況	0
參數 StringCheck 為「""（長度為 0 的字串）」的情況	0
參數 StringMatch 為「""（長度為 0 的字串）」的情況	於參數 Start 指定的值
參數 Start 的值大於參數 StringCheck 的字數	0

▶設定項目

StringCheck.......指定為包含搜尋目標文字的字串（可省略）。

StringMatch.......指定為搜尋目標文字（可省略）。

Start.....................指定搜尋起點。若省略這個參數，就會從字串的結尾處搜尋（可省略）。

Compare ....以 vbCompareMethod 列舉型常數指定搜尋字串時的比較模式。
　　　　　　　　　若是省略就自動套用 vbBinaryCompare 的設定（可省略）。

參照 VbCompareMethod 列舉型常數……P.15-33

（避免發生錯誤）

當參數 Start、參數 Compare 的值為 Null，或是參數 Start 的值為 0 與小於 -1 就會發生錯誤。此外，若指定了參數 Compare 就必須設定參數 Start。

範例 搜尋字串

這次要從以三個部分組成的商品代碼取得商品代碼的左側與右側的內容,再以訊息的方式顯示結果。這三個部分都以「-(連字號)」間隔。左側的內容可利用 Left 函數擷取。擷取的字數可利用 InStr 函數取得商品代碼開頭到「-」的位置,再從該位置減 1 算出。右側的內容可利用 Right 函數取得。擷取的字數可利用 InStrRev 函數取得商品代碼結尾到「-」的位置,再利用 Len 函數取得的商品代碼總字數減去「-」的位置算出。

範例 📄 15-2_016.xlsm

```
1  Sub 搜尋字串()
2      Dim myString As String
3      myString = "KD-ABC-0012"
4      MsgBox "商品代碼:" & myString & vbCrLf & _
                "左側內容:" & Left(myString, _
                    InStr(myString, "-") - 1) & vbCrLf & _
                "右側內容:" & Right(myString, _
                    Len(myString) - InStrRev(myString, "-"))
5  End Sub
```

1 「搜尋字串」巨集
2 宣告字串類型的變數 myString
3 將「KD-ABC-0012」這個字串存入變數 myString
4 以訊息的方式顯示「商品代碼:」這個字串與變數 mySring 的字串之後,插入換行字元,再顯示「左側內容:」與變數 myString 的開頭到第一個「-(連字號)」之前的文字,然後插入換行字元,再顯示「右側內容:」以及從變數 myString 結尾處的文字,到從結尾處起算的第一個「-(連字號)」之前的文字
5 結束巨集

想顯示第一個連字號之前的字串以及第二個連字號之後的字串

1 啟動 VBE,輸入程式碼

2 執行巨集

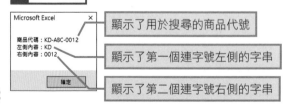

顯示了用於搜尋的商品代號

顯示了第一個連字號左側的字串

顯示了第二個連字號右側的字串

💡HINT 根據檔案路徑取得檔案名稱

要根據檔案路徑取得檔案名稱可取得檔案路徑最後一個「\」之後的內容。使用 InStrRev 函數取得最後一個「\」的位置,再以檔案路徑的總字數減去該位置,就能取得該位置之後的字串,也就能擷取檔案名稱。

範例 📄 15-2_017.xlsm

```
Sub 取得檔案名稱()
    Dim myPathStr As String
    myPathStr = "C:\資料\商品大師.txt"
    MsgBox "檔案名稱:" & Right(myPathStr, _
        Len(myPathStr) - InStrRev(myPathStr, "\"))
End Sub
```

同理可證,也可根據資料夾路徑取得資料夾名稱。

15-3 轉換與取得資料型別的函數

利用 VBA 函數轉換與取得資料型別

用於操作資料的 VBA 函數主要可分成**轉換資料型別**與**取得資料型別**這兩種函數，而這兩種函數可強制資料轉型，或是先確認資料類型，預防因為資料類型不同而產生的錯誤。

轉換資料類型的函數

轉換資料型別的主要函數都是以「C」為字首的函數，而這次要介紹的是將資料型別轉換成長整數型別的 CLng 函數、轉換成日期型別的 CDate 函數與其他的函數。此外，還會介紹捨棄小數點的 Fix 函數以及將數值轉換成 16 進位的 Hex 函數。

可將字串的日期轉換成日期資料

可將字串資料轉換成數值

可將數值轉換成不同進位

取得資料類型的函數

取得資料型別的主要函數都以「Is」為字首，而這次介紹的函數包含確認資料是否為數值的 IsNumberic 函數、確認資料是否能當成日期或時間操作的 IsDate 函數與其他函數。此外，還會介紹取得物件或變數種類的 TypeName 函數。

可確認資料是否能當成日期或時間操作

	A	B	C	D	E
1	日期	確認結果			
2	R2_10_25	FALSE			
3	112 年 2 月	TRUE			
4	1 0：5 0 AM	TRUE			
5	3' 45"	FALSE			
6	下午05時55分30秒	FALSE			
7					

可確認物件時變數的種類

將資料型別轉換成長整數型別

CLng(Expression)

▶解說

要將資料型別轉換成長整數型別，可使用 CLng 函數。CLng 函數可將參數 Expression 指定的資料轉換成長整數型別。假設該資料含有小數，小數部份會自動處理為整數。例如，小數為「0.5」時，會處理成最接近這個小數的偶數，也就是說「2.5」會處理成「2」，「-1.5」會處理成「-2」。

▶設定項目

Expression.........指定為要轉換成長整數型別的資料。也可以指定「$20, 000」這類能轉換成數值的字串。

(避免發生錯誤)

轉換的結果若是超過 -2,147,483,648 ～ 2,147,483,647 就會發生錯誤。此外，Expression 參數若指定了無法視為數值的字串就會發生錯誤。

範例 **將字串轉換成長整數類型的資料**

這次要利用 CLng 函數將字串「2.5」轉換成長整數型別（Long）的資料，再以訊息的方式顯示結果。由於這個字串可當成數值，所以能以 CLng 函數轉換成長整數型別的資料。此外，由於小數點是「0.5」，所以會處理成最接近的偶數「2」。

範例 15-3_001.xlsm

```
1  Sub 長整數型別資料轉換()
2      Dim myString As String
3      Dim myLong As Long
4      myString = "2.5"
5      myLong = CLng(myString)
6      MsgBox myLong
7  End Sub
```

1	「長整數型別資料轉換」巨集
2	宣告字串型別的變數 myString
3	宣告長整數型別的變數 myLong
4	將「2.5」這個字串存入變數 myString
5	將變數 myString 轉換成長整數型別，再將結果存入變數 myLong
6	以訊息的方式顯示變數 myLong
7	結束巨集

想將字串「2.5」轉換成長整數型別的資料

1 啟動 VBE，輸入程式碼

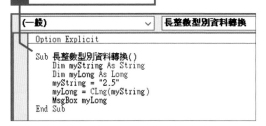

| （一般） ∨ | 長整數型別資料轉換 |

```
Option Explicit

Sub 長整數型別資料轉換()
    Dim myString As String
    Dim myLong As Long
    myString = "2.5"
    myLong = CLng(myString)
    MsgBox myLong
End Sub
```

2 執行巨集

Microsoft Excel ✕

2

確定

字串轉換成長整數型別的數值了

 利用 Val 函數將字串轉換成數值

將字串轉換成數值的函數還有 Val 函數。這個函數可從字串的左端開始，將數字轉換成數值，並在遇到非數值的文字時停止轉換，再傳回雙精度浮點數（Double）的值。請注意，Val 函數無法將全形的數字轉換成數值，所以要將「100 元」這個字串轉換成數值「100」，再以訊息的方式顯示結果，可將程式碼寫成下列內容。

範例 15-3_002.xlsm

```
Sub 利用Val函數轉換數值()
    MsgBox Val("100元")
End Sub
```

Val 函數的轉換範例

Val 函數的程式	轉換結果	說明
Val（"12 34 56"）	123456	空白字元會被忽略
Val（"123, 456"）	123	無法將「,（逗號）」辨識為數字的符號
Val（"123.456"）	123.456	將「.（點）」辨識為數字的符號
Val（"$3, 980"）	0	無法將「$（貨幣符號）」辨識為數字的符號（轉換於第一個字元就停止，所以什麼都沒轉換）
Val（" 1 2 3 4 5 6 "）	0	無法將全形數字辨識為數字
Val（"2021/5/5"）	2021	轉換於第一個「/（斜線）」停止
Val（" 上午 10 點 "）	0	第一個字不是數字，所以什麼都沒轉換

將資料型別轉換成日期型別

CDate(Expression)

▶解說

要將資料型別轉換成日期型別可使用 CDate。CDate 函數可將在參數 Expression 指定的資料轉換成日期型別的資料。假設指定的資料為數值，該數值就會被辨識為序列值，整數的部分會被轉換成日期，小數點的部分會被轉換成時間。

參照!! 序列值……P.15-29

▶設定項目

Expression……… 指定要轉換成日期類型的資料。數值會被視為序列值，也可以
指定「112 年 4 月 12 日」這種代表日期的字串。

參照!! 序列值……P.15-29

避免發生錯誤

如果在參數 Expression 中指定包含星期幾，例如「112 年 4 月 12 日星期三」或只包含西元年份的字串，如「2023」，則會產生錯誤。

範例 **將字串轉換成日期資料**

在此要利用 CDate 函數將字串「112 年 4 月 12 日」轉換成日期型別（Date）的資料，再以訊息的方式顯示結果。由於這個字串可被當成日期，所以能利用 CDate 函數轉換成日期型別的資料。

範例 15-3_003.xlsm

```
1  Sub 日期型別資料轉換()
2      Dim myString As String
3      Dim myDate As Date
4      myString = "112年4月12日"
5      myDate = CDate(myString)
6      MsgBox myDate
7  End Sub
```

1 「日期型別資料轉換」巨集
2 宣告字串型別的變數 myString
3 宣告日期型別的變數 myDate
4 將「112 年 4 月 12 日」這個字串存入變數 myString
5 將變數 myString 轉換成日期型別，再將結果存入變數 myDate
6 以訊息的方式顯示變數 myDate
7 結束巨集

想將字串「112 年 4 月 12 日」轉換成日期型別的資料

1 啟動 VBE，輸入程式碼

2 執行巨集

字串轉換成日期資料了

各種資料類型轉換函數

除了本書介紹的 CLng 函數與 CDate 函數，轉換資料類型的函數還有 9 種。為了透過相同資料類型的資料進行運算，可利用資料類型函數讓資料的資料類型一致。上述這些函數都可在參數「Expression」指定要轉換的資料。要注意的是，轉換之後的值若是超出轉換之後的資料類型的範圍就會發生錯誤。

參照 常用的資料型別清單……P.3-11

函數名稱	轉換後的資料型別	主要的轉換內容	使用範例
CByte	Byte	將數值或字串轉換成 Byte 型別的值。如果是包含小數點的值將會處理成整數。當小數點為「0.5」，將會處理成最接近的偶數	CByte("13.5") → 14 CByte("42.5") → 42
CBool	布林 (Boolean)	將數值或字串轉換成布林型別，傳回 True 或是 False。假設是數值，會在「0」時傳回 False，否則就傳回 True。假設是字串，只要指定為 True 或 False 以外的值就會發生錯誤	CBool(0) → False CBool(2) → True CBool("True") → True CBool("VBA") → 錯誤
CInt	整數 (Integer)	將數值與字串轉換成整數型別的值。如果是包含小數點的值將會整理成整數。當小數點為「0.5」，將會整理成最接近的偶數	CInt(1.5) → 2 CInt(8.5) → 8
CSng	單精度浮點數 (Single)	將數值或字串轉換成單精度浮點數的值	CSng(65 / 3) → 21.66667
CDbl	雙精度浮點數 (Double)	將數值或字串轉換成雙精度浮點數的值	CDbl(65 / 3) → 21.6666666666667
CCur	貨幣 (Currency)	將數值或字串轉換成貨幣的值。整數部分為 15 位數，小數點部分為固定的 4 位數	CCur(123.456789) → 123.4568

CStr	字串 (String)	將數值或日期文字轉換成字串型別的值	CStr(55) → 55 CStr(#2/21/2020#) → 2020/02/21
CVar	Variant	將數值或字串轉換成 Variant 型別的值。可在連結數值與文字時使用	CVar(12 & "00") → 1200
CDec	10 進位 (Decimal)	將數值或代表數值的字串轉換成 10 進位的值。可執行較精準的 10 進位計算。CDec 函數會傳回 Variant 型別的資料（沒有 Decimal 型別這種資料型別）	CDec(" 1 2 3 ·4 5 ") → 123.45

無條件捨棄小數點以下的數值

Fix(Number)

▶解説

要無條件捨棄小數點可使用 Fix 函數。Fix 函數會無條件捨棄於參數 Number 指定的數值的小數點，傳回整理成整數的數值。

▶設定項目

Number .... 指定為要整理成整數的數值。

避免發生錯誤

參數 Number 若指定為非數值的值就會發生錯誤。另外要注意的是，Fix 函數與 Int 函數的功能雖然類似，但是將負數整理成整數的方法不一樣。

參照🔖 Fix 函數與 Int 函數的差異……P.15-49

範 例 無條件捨棄小數點以下的數值

在此要無條件捨棄單精度浮點數 (Single) 的小數點，再以訊息顯示結果。

範例 📄 15-3_004.xlsm

```
1  Sub 無條件捨棄小數點以下的數值()
2      Dim myData As Single
3      myData = 34.567
4      MsgBox Fix(myData)
5  End Sub
```

1 「無條件捨棄小數點以下的數值」巨集
2 宣告單精度浮點數的變數 myData
3 將 34.567 存入變數 myData
4 以訊息的方式顯示變數 myData 捨棄小數點以下的數值後的結果
5 結束巨集

想無條件捨棄數值「34.567」的小數點以下的數值

1 啟動 VBE，輸入程式碼

| (一般) ∨ | 無條件捨去小數點以下的數值 |

```
Option Explicit

Sub 無條件捨去小數點以下的數值()
    Dim myData As Single
    myData = 34.567
    MsgBox Fix(myData)
End Sub
```

2 執行巨集

只顯示了「34.567」的整數部分

💡 Fix 函數與 Int 函數的差異

Fix 函數與 Int 函數都能進行相同的處理，而在將正數整理成整數時，Fix 函數與 Int 函數都會傳回無條件捨棄小數點的整數，但是在將負數整理成整數時，Fix 會傳回無條件捨棄小數點的整數，而 Int 整數則會傳回小於等於該負數的最大整數。例如，「Fix（-3.7）」會傳回「-3」，但是「Int（-3.7）」卻會傳回「-4」。

💡 以四捨五入或是無條件進位的方式取整數

使用 VBA 函數的 Round 函數或 Int 函數進行四捨五入或無條件進位的處理時，假設小數點的部分為「5」，就會取整數至最接近的偶數，例如，「Round（24.5）」會傳回「24」。由此可知，VBA 函數沒有四捨五入或無條件進位的函數，所以要在 Excel VBA 進行四捨五入取整數的處理，需要改用工作表函數的 Round 函數，而要進行無條件進位則可使用 RoundUp 函數。例如，要利用工作表函數的 Round 函數進行四捨五入的處理，可將程式碼寫成下列內容，其中的「24.5」就會四捨五入為「25」，再以訊息的方式顯示。

範例 15-3_005.xlsm

```
Sub 四捨五入()
    Dim myDate As Single
    myDate = 24.5
    MsgBox Application.WorksheetFunction.Round(myDate, 0)
End Sub
```

參照 在 VBA 使用工作表函數……P.3-39

將數值轉換成 16 進位的數值

Hex(Number)

▶解説

要將數值轉換成 16 進位的數值可使用 Hex 函數。Hex 函數會將在參數 Number 指定的數值轉換成 16 進位，再以字串類型（String）的值傳回。如果參數 Number 指定的數值不是整數，就會傳回最接近的整數值。

▶設定項目

Number................指定要轉換為 16 進位的數值。

避免發生錯誤

參數 Number 若指定為數值以外的值就會發生錯誤。

範例 **將數值轉換成 16 進位**

這次要將數值轉換成 16 進位，再以訊息的方式顯示結果。若是包含小數點的值會傳回最接近的整數。

範例 15-3_006.xlsm

```
1   Sub 將數值轉換成 16 進位()
2       Dim myInteger As Integer
3       Dim mySingle As Single
4       myInteger = 309
5       mySingle = 1.73
6       MsgBox myInteger & " → " & Hex(myInteger) & vbCrLf & _
                mySingle & " → " & Hex(mySingle)
7   End Sub
```

1 「將數值轉換成 16 進位」巨集
2 宣告整數類型的變數 myInteger
3 宣告單精度浮點數類型的變數 mySingle
4 將 309 存入變數 myInteger
5 將 1.73 存入變數 mySingle
6 以訊息的方式顯示變數 myInteger 與字串「→」還有變數 myInteger 轉換成 16 進位後的值，插入換行字元，再顯示變數 mySingle 與字串「→」以及變數 mySingle 轉換成 16 進位後的值（與變數 mySingle 最接近的整數）
7 結束巨集

想將數值「309」與「1.73」轉換成 16 進位

1 啟動 VBE，輸入程式碼

2 執行巨集

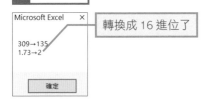

轉換成 16 進位了

確定資料是否能當成數值操作

IsNumeric(Expression)

▶解說

要確定資料是否能當成數值操作可使用 IsNumeric 函數。IsNumeric 函數會在於參數 Expression 指定的資料可當成數值操作時傳回 True，否則就傳回 False。

▶設定項目

Expression..........指定要確認是否可當成數值操作的資料。

避免發生錯誤

內含空白字元或「.（點）」的資料或是日期、時間資料都無法當成數值操作。

範例 **確定資料是否能當成數值操作**

這次要確認儲存格的資料是否能當成數值操作。確認結果會於右側的**確認結果**欄位顯示。若是資料可當成數值操作就顯示 True，否則就顯示 False。

範例 15-3_007.xlsm

```
1  Sub 確認數值()
2      Dim i As Integer
3      For i = 2 To 7
4          Cells(i, 2).Value = IsNumeric(Cells(i, 1).Value)
5      Next i
6  End Sub
```

1 「確認數值」巨集
2 宣告整數型別的變數 i
3 在變數 i 從 2 遞增至 7 之前，重複下列的處理（For 陳述式的開頭）
4 確認第 1 列、第 1 欄的資料是否為數值資料，再於第 i 列、第 2 欄的儲存格顯示結果
5 讓變數 i 遞增 1，再回到第 4 行程式碼
6 結束巨集

	A	B	C	D	E
1	數值	確認結果			
2	9 8 7				
3	$987				
4	987 65 4				
5	987.65.4				
6	987,65,4				
7	2023/10/1				

想確認資料是否可當成數值資料操作

1 啟動 VBE，輸入程式碼

（一般） ∨ 確認數值

```
Option Explicit

Sub 確認數值()
    Dim i As Integer
    For i = 2 To 7
        Cells(i, 2).Value = IsNumeric(Cells(i, 1).Value)
    Next i
End Sub
```

2 執行巨集

	A	B	C	D	E
1	數值	確認結果			
2	9 8 7	TRUE			
3	$987	TRUE			
4	987 65 4	FALSE			
5	987.65.4	FALSE			
6	987,65,4	TRUE			
7	2023/10/1	FALSE			

可當成數值操作的資料會標記 TRUE，不可以當成數值操作的資料會標記 FALSE

確認資料是否可當成日期或時間操作

IsDate(Expression)

▶解説

要確認資料是否可當成日期或時間操作可使用 IsDate 函數。IsDate 函數會在參數 Expression 指定的資料可當成日期或時間操作時傳回 True，否則就傳回 False。

▶設定項目

Expression.........指定要確認是否可當成日期或時間操作的資料。

（避免發生錯誤）

可當成日期操作的資料範圍為西元 100 年 1 月 1 日～西元 9999 年 12 月 31 日為止。

範例 確認資料是否可當成日期或時間操作

這次要確認儲存格的資料是否可當成日期或時間操作。確認結果會於右側的「確認結果」欄位顯示。如果資料可當成日期或時間操作就標記 True，否則就標記 False。

範例自 15-3_008.xlsm

```
1  Sub 確認資料能否當成日期或時間操作()
2      Dim i As Integer
3      For i = 2 To 7
4          Cells(i, 2).Value = IsDate(Cells(i, 1).Value)
5      Next i
6  End Sub
```

1 「確認資料能否當成日期或時間操作」巨集
2 宣告整數型別的變數 i
3 在變數 i 從 2 遞增至 7 之前，重複下列的處理（For 陳述式的開頭）
4 確認第 i 列、第 1 欄的資料是否為日期或時間的資料，再於第 i 列、第 2 欄的儲存格顯示結果
5 讓變數 i 遞增 1，再回到第 4 行程式碼
6 結束巨集

想確認資料是否能當成日期或時間操作

▲	A	B	C	D	E
1	日期	確認結果			
2	R2_10_25				
3	112 年 2 月				
4	1 0：5 0 AM				
5	3'45"				
6	下午05時55分30秒				
7					

1 啟動 VBE，輸入程式碼

```
(一般)                          確認資料能否當成日期或時間操作
Option Explicit

Sub 確認資料能否當成日期或時間操作()
    Dim i As Integer
    For i = 2 To 6
        Cells(i, 2).Value = IsDate(Cells(i, 1).Value)
    Next i
End Sub
```

2 執行輸入的巨集

▲	A	B	C	D	E
1	日期	確認結果			
2	R2_10_25	FALSE			
3	112 年 2 月	TRUE			
4	1 0：5 0 AM	TRUE			
5	3'45"	FALSE			
6	下午05時55分30秒	FALSE			
7					

可當成日期或時間操作的資料標記為 TRUE，無法當成日期或時間操作的資料標記為 FALSE

確認內容是否為陣列

IsArray(VarName)

▶解説

要確認變數的內容是否為陣列可使用 IsArray 函數。IsArray 函數會在參數 VarName
指定的變數的內容為陣列時傳回 True，否則就傳回 False。

▶設定項目

VarName............. 指定要確認是否為陣列的變數。

〔避免發生錯誤〕

參數 VarName 若是指定為動態陣列變數，那麼就算變數的內容不是陣列，也會被視為陣
列，進而傳回 True。　　　　　　　　　　　　　　　　參照📖 定義動態陣列……P.3-27

〔範 例〕 **確認變數的內容是否為陣列**

確認變數的內容是否為陣列，再以訊息的方式顯示結果。在 Variant 型別的變數
存入多個儲存格的值，這些儲存格的資料就會以陣列的格式儲存。

範例📗 15-3_009.xlsm

```
1  Sub 確認內容是否為陣列()
2      Dim myData As Variant
3      myData = Range("A2").Value
4      MsgBox IsArray(myData)
5      myData = Range("A2:A7").Value
6      MsgBox IsArray(myData)
7  End Sub
```

1	「確認內容是否為陣列」巨集
2	宣告 Variant 型別的變數 myData
3	將 A2 儲存格的值存入變數 myData
4	確認變數 myData 的值是否為陣列，再以訊息的方式顯示結果
5	將 A2 ～ A7 儲存格的值存入變數 myData
6	確認變數 myData 的值是否為陣列，再以訊息的方式顯示結果
7	結束巨集

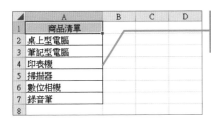

在儲存格輸入要存入變數 myData 的值

1 啟動 VBE，輸入程式碼

```
(一般)                  確認內容是否為陣列

Option Explicit

Sub 確認內容是否為陣列()
    Dim myData As Variant
    myData = Range("A2").Value
    MsgBox IsArray(myData)
    myData = Range("A2:A7").Value
    MsgBox IsArray(myData)
End Sub
```

2 執行巨集

第一次只將一筆資料 (A2 儲存格的值) 存入變數 myData，所以不是陣列

3 按下**確定**鈕

第一次將多筆資料 (A2 ～ A7 儲存格的值) 存入變數 myData，所以是陣列

> **HINT 確認資料是否可當成特定資料型別操作的理由**
>
> 假設使用不能當成數值操作的資料計算就會發生錯誤。為了避免這類錯誤，通常會先透過 IsNumeric 函數確認資料是否可當成數值操作。同樣的，要使用日期或時間進行計算，可先利用 IsDate 函數確認，而要利用陣列進行計算時，則可先利用 IsArray 函數確認。

> **HINT 確認是否為特定資料型別的函數**
>
> 除了本書介紹的 IsNumeric、IsDate 與 IsArray 函數外，確認指定資料型別的函數還有四種。這些函數都會在參數 Expression 指定的變數為指定資料型別時傳回 True，以及在非特定資料型別時傳回 False。例如，IsNull 函數會在參數 Expression 指定的變數為 Null 時傳回 True，並在不是 Null 時傳回 False。
>
> | 語法 | 功能 |
> | --- | --- |
> | IsNull（Expression） | 確認參數 Expression 的值是否為 Null |
> | IsEmpty（Expression） | 確認參數 Expression 的值是否為 Empty |
> | IsObject（Expression） | 確認參數 Expression 的變數是否為物件變數（*） |
> | IsError（Expression） | 確認參數 Expression 的值是否為錯誤值 |
>
> ※ 當 Variant 型別的變數為 Nothing 時，也會傳回 True。

確認物件與變數的種類

TypeName(VarName)

▶ 解説

要取得物件或變數的種類可使用 TypeName 函數。假設在參數 VarName 指定了 Variant 類型的變數，TypeName 函數會根據代入變數的資料或物件，傳回代表該變數或物件種類的字串。如果未於變數代入任何資料或物件就會傳回 Empty。另一方面，如果在參數 VarName 指定了物件類型的變數，TypeName 就會傳回代表該物件種類的字串，如果未於變數代入任何內容則會傳回 Nothing。TypeName 傳回的主要字串與內容請參考下列表格。

代表變數種類的主要字串

字串	內容
Integer	整數類型（Integer）
Long	長整數類型（Long）
Single	單精度浮點數類型（Single）
Double	雙精度浮點數類型（Double）
Date	日期類型（Date）
String	字串類型（String）
Boolean	布林類型（Boolean）
Error	錯誤值
Empty	Variant 類型的變數的初始值
Null	無效值

代表物件種類的主要字串

字串	內容
Workbook	活頁簿
Wroksheet	工作表
Range	儲存格
Chart	圖表
TextBox	文字方塊（ActiveX 控制項）
Label	標籤（ActiveX 控制項）
Command Button	命令按鈕（ActiveX 控制項）
Object	物件
UnKnown	種類不明的物件
Nothing	物件變數的初始值

▶ 設定項目

VarName .... 指定要判斷種類的物件或變數。

〔避免發生錯誤〕

假設參數 VarName 指定了陣列變數，TypeName 函數的傳回值就會自動加上「()」。例如，如果指定的是字串類型的陣列變數，TypeName 函數就會傳回「String()」。

範例 取得物件或變數的種類

這個範例會先宣告三個變數，再利用 TypeName 函數取得這三個變數的種類，然後以訊息的方式顯示結果。在取得這三個變數的種類時，會在 Variant 類型的變數為空白時，以及儲存了字串時取得 Variant 變數的種類。此外，也會在物件變數為空白時，以及儲存了儲存格時，取得物件變數的種類。 **範例** 15-3_010.xlsm

```
 1 │ Sub␣Sub 物件或變數的種類()
 2 │     Dim␣myInteger␣As␣Integer
 3 │     Dim␣myVariant␣As␣Variant
 4 │     Dim␣myObject␣As␣Object
 5 │     MsgBox␣TypeName(myInteger)
 6 │     MsgBox␣TypeName(myVariant)
 7 │     myVariant␣=␣"ExcelVBA"
 8 │     MsgBox␣TypeName(myVariant)
 9 │     MsgBox␣TypeName(myObject)
10 │     Set␣myObject␣=␣Range("A1")
11 │     MsgBox␣TypeName(myObject)
12 │ End␣Sub
```

1	「物件或變數的種類」巨集
2	宣告整數型別的變數 myInteger
3	宣告 Variant 型別的變數 myVariant
4	宣告物件型別的變數 myObject
5	取得變數 myInteger 的種類，再以訊息的方式顯示結果
6	取得空白的變數 myVariant 的種類，再以訊息的方式顯示結果
7	在變數 myVariant 存入「ExcelVBA」字串
8	取得空白的變數 myVariant 的種類，再以訊息的方式顯示結果
9	取得空白的物件變數 myObject 的種類，再以訊息的方式顯示結果
10	將 A1 儲存格存入物件變數 myObject
11	取得物件變數 myObject 的種類，再以訊息的方式顯示結果
12	結束巨集

想確認 TypeName 函數對於物件或變數的傳回值

1 啟動 VBE，輸入程式碼

2 執行巨集

若是 Integer 型別的變數會傳回 **Integer**

3 按下**確定**鈕

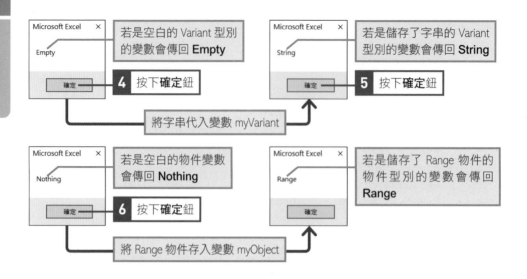

<div class="hint">

💡 **取得變數的內部處理格式**

Variant 型別的變數可代入任何資料型別的值，之後就會根據該資料型別，自動在內部進行轉型與確定內部處理格式，所以就算在程式碼中是 Variant 型別，但是在內部還是會另外設定資料型別。如果想取得這種內部處理格式可使用 VarType 函數。VarType 函數與 TypeName 函數一樣，可針對 Variant 變數的值取得資料型別，但與 TypeName 函數不同的是，TypeName 函數會傳回代表變數種類的字串，VarType 函數會傳回代表內部處理格式的整數值（VbVarType 列舉型常數的值）。此外，如果內部處理格式為陣列，就會傳回與代表其他資料型別的整數值的總和。以字串類型的陣列為例，就會傳回「8（vbString）」＋「8192（vbArray）」＝「8200」。再者，如果是 Variant 型別的陣列就會忽略資料的種類，直接傳回「12（vbVariant）」＋「8192（vbArray）」＝「8204」。

參照📖 確認物件或變數的種類……P.15-56

</div>

VarType 函數傳回的主要整數值與對應的內容

整數值	VbVarType 列舉型常數	內容
0	vbEmpty	Variant 變數的初始值
1	vbNull	無效值
2	vbInteger	整數（Integer）
3	vbLong	長整數（Long）
4	vbSingle	單精度浮點數（Single）
5	vbDouble	雙精度浮點數（Double）
6	vbCurrency	貨幣（Currency）
7	vbDate	日期（Date）
8	vbString	字串（String）
9	vbObject	物件
10	vbError	錯誤值
11	vbBoolean	布林（Boolean）
12	vbVariant	Variant（Variant）
8192	vbArray	陣列

15-4 亂數與陣列的函數

利用 VBA 函數操作亂數或陣列

亂數就是一連串互不相關的數值,常於需要不規則數值的程式使用。陣列則是同質資料的集合體,只要使用陣列就能快速有效率地透過程式碼操作相同種類的資料。VBA 內建了一些操作亂數或陣列的函數。

亂數

要在 Excel VBA 產生亂數可使用 Rnd 函數或 Randomize 陳述式。一旦學會操作亂數的方法就能製作抽籤程式、陽春版的模擬器或是其他使用不規則數值的程式。

可以產生亂數

陣列

操作陣列的函數有 Split 函數、Join 函數、Filter 函數與相關的函數。這些函數能利用分隔字元切割字串,再將字串存入陣列,也能將陣列的元素合併成一個字串。

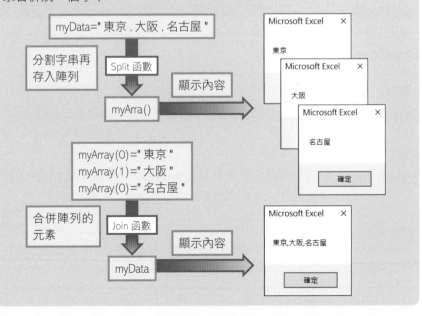

產生亂數

Rnd(Number)

▶解説

Rnd 函數會產生大於等於 0，小於 1 的隨機數值（亂數），再傳回單精度浮點數類型（Single）的值。雖然可在參數 Number 指定產生亂數的方法，但通常都會予以省略。

▶設定項目

Number................ 可利用下列表格的值指定產生亂數的方法。若是省略這個參數就會從亂數數列傳回下一個的亂數（可省略）。

參數 Number 的值	產生亂數的方法
小於 0 的數值	總是傳回相同的數值。傳回的數值由參數 Number 的值決定
大於 0 的數值	從亂數數列傳回下一個亂數
0	傳回與剛剛產生的亂數相同的值

〔避免發生錯誤〕

在關閉活頁簿與再新打開活頁簿之後執行 Rnd 函數，會產生完全相同的亂數。如果想產生不同的亂數可執行 Randomize 陳述式，初始化亂數數列。 參照 初始化亂數數列……P.15-60

初始化亂數數列

Randomize(Number)

▶解説

Randomize 陳述式可利用在參數 Number 指定的種子值初始化亂數數列。

參照 何謂亂數數列……P.15-61

▶設定項目

Number................ 指定為初始化亂數數列所需的種子值。如果省略了這個參數，將會從電腦的系統時間取得種子值（可省略）。

〔避免發生錯誤〕

如果在參數 Number 指定相同的種子值就會產生相同的亂數數列，亂數也會以相同的順序產生。如果想要每次都產生不同的亂數可省略參數 Number。

範 例 產生亂數

產生 5 個介於 100 至 150 之間的亂數，再於儲存格顯示。　**範例目** 15-4_001xlsm

參照目 指定產生亂數的範圍……P.15-61

```
1  Sub 產生亂數()
2      Dim i As Integer
3      Randomize
4      For i = 1 To 5
5          Cells(i, 1).Value = Int((150 - 100 + 1) * Rnd + 100)
6      Next i                          註：「_（換行字元）」，當程式碼太長要接到下一行
7  End Sub                             程式時，可用此斷行符號連接→參照 P.2-15
```

1	「產生亂數」巨集
2	宣告整數型別的變數 i
3	初始化亂數數列
4	在變數 i 從 1 遞增至 5 之前，重複下列的處理（For 陳述式的開頭）
5	在第 i 列、第 1 欄的儲存格顯示介於 100 ～ 150 的亂數
6	讓變數 i 加 1，回到第 5 行的程式碼
7	結束巨集

想產生 5 個介於 100 ～ 150
的亂數，再於儲存格顯示結果

1 啟動 VBE，輸入程式碼

2 執行巨集

產生了 5 個亂數，
並在儲存格顯示

HINT 指定產生亂數的範圍

Rnd 函數會傳回大於等於 0、小於 1 的亂數，但如果寫成「Int((最大值 - 最小值 +1)*Rnd+ 最小值)」，就能在最大值與最小值的範圍內產生亂數。

HINT 亂數數列

亂數數列就是一連串不具規則性的隨機數值，可根據種子值產生。由於相同的種子值會產生相同的亂數數列，所以亂數也會以相同的順序產生。

以分隔字元切割字串，再將字串存入陣列

Split(Expression, Delimiter, Limit, Compare)

▶解說

要利用分隔字元切割字串可使用 Split 函數。Split 函數會根據參數 Delimiter 指定的字元切割於參數 Expression 指定的字串，再傳回儲存了該字串的一維陣列。假設參數 Expression 指定了「""（長度為 0 的字串）」，Split 函數就會傳回空白的陣列。假設參數 Delimiter 指定為「""（長度為 0 的字串）」，就會傳回儲存了參數 Expression 指定的字串的陣列。Split 函數可在載入以「,（逗號）」這類分隔字元切割資料的 CSV 文字檔案時使用。　**參照🔖** 以逗號分隔符號為單位，載入文字檔案的內容……P.7-8

▶設定項目

Expression………指定包含分隔字元，需要分割的字串。

Delimiter…………指定代表分割位置的分隔字元。若是省略，將自動將空白字元辨識為分割字串的位置（可省略）。

Limit………………指定 Split 函數傳回的陣列元素數量。若是省略將自動指定為「-1」，傳回包含所有元素的陣列（可省略）。

Compare…………以 VbCompareMethod 列舉型常數指定識別分隔字元時的比較模式。省略時將自動指定為 vbBinaryCompare。

參照🔖 VbCompareMethod 列舉型常數……P.15-33

避免發生錯誤

無法將 Split 函數傳回的陣列存入指定了元素數量的陣列變數。Split 函數傳回的陣列將自動存入未指定元素數量的動態陣列。　**參照🔖** 使用動態陣列……P.3-27

範 例　**利用分隔字元分割字串**

這個範例要利用 Split 函數分割以分隔字元「,（逗號）」切割的字串，再將傳回的一維陣列的每個元素以訊息的方式顯示。陣列的最大索引編號可利用 UBound 函數取得。

範例📄 15-4_002.xlsm

參照🔖 查詢陣列的下限值與上限值……P.3-28

```
1   Sub 於分隔字元的位置分割字串()
2       Dim myData As String
3       Dim myArray() As String
4       Dim i As Integer
5       myData = "東京,大阪,名古屋"
6       myArray() = Split(myData, ",")
7       For i = 0 To UBound(myArray())
8           MsgBox myArray(i)
9       Next i
10  End Sub
```

1	「於分隔字元的位置分割字串」巨集
2	宣告字串型別的變數 myData
3	宣告字串型別的動態陣列變數 myArray
4	宣告整數型別的變數 i
5	將「東京,大阪,名古屋」這個字串存入變數 myData
6	利用「,(逗號)」切割變數 myData,再將切割之後的字串存入動態陣列變數 myArray
7	在變數 i 從 0 遞增至動態陣列變數 myArray 的最大索引編號之前,重複執行下列的處理 (For 陳述式的開頭)
8	以訊息的方式顯示動態陣列變數 myArray 的第 i 個元素
9	讓變數 i 加 1,再回到第 8 行的程式碼
10	結束巨集

> 想利用逗號切割字串「東京,大阪,名古屋」
> 這個字串,再將切割之後的字串存入陣列

1 啟動 VBE,輸入程式碼

(一般) ∨	**於分隔字元的位置分割字串**

```
Option Explicit

Sub 於分隔字元的位置分割字串()
    Dim myData As String
    Dim myArray() As String
    Dim i As Integer
    myData = "東京,大阪,名古屋"
    myArray() = Split(myData, ",")
    For i = 0 To UBound(myArray())
        MsgBox myArray(i)
    Next i
End Sub
```

2 執行巨集

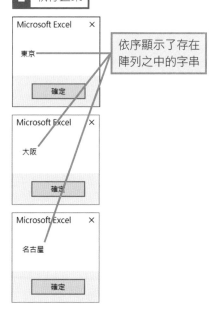

> 依序顯示了存在
> 陣列之中的字串

Microsoft Excel	×
東京	
確定	

Microsoft Excel	×
大阪	
確定	

Microsoft Excel	×
名古屋	
確定	

合併陣列元素

Join(SourceArray, Delimiter)

▶解說

要合併陣列的每個元素可使用 Join 函數。Join 函數可利用參數 Delimiter 指定的分隔字元合併參數 SourceArray 指定的一維陣列的每個元素，再傳回合併之後的字串。假設參數 Delimiter 指定為「""（長度為 0 的字串）」，就會以不包含分隔字元的方式合併陣列的每個元素。Join 函數可於利用分隔字元合併陣列元素，再將合併之後的字串寫入 CSV 文字檔案時使用。

參照📖 載入以逗號作為分隔符號的文字檔案……P.7-11

▶設定項目

SourceArray .... 指定為元素要合併的一維陣列。
Delimiter .... 指定為合併元素的分隔字元。可指定兩個字元以上的分隔字元。
　　　　　　　　　如果省略，就會以半形字元合併陣列元素（可省略）。

避免發生錯誤

參數 SourceArray 若指定為字串或是 Variant 類型以外的陣列變數就會發生錯誤。

範例 **合併陣列元素**

這次要利用 Join 函數與分隔字元「, (逗號)」合併陣列變數之中的每個元素，再以訊息的方式顯示合併之後的結果。

範例📗 15-4_003.xlsm

```
1  Sub 合併陣列元素()
2      Dim myArray(2) As String
3      Dim myData As String
4      myArray(0) = "東京"
5      myArray(1) = "大阪"
6      myArray(2) = "名古屋"
7      myData = Join(myArray, ",")
8      MsgBox myData
9  End Sub
```

1	「合併陣列元素」巨集
2	宣告擁有三個值的字串型別的陣列變數 myArray
3	宣告字串型別的變數 myData
4	將「東京」這個字串存入陣列變數 myArray 的第 1 個元素
5	將「大阪」這個字串存入陣列變數 myArray 的第 2 個元素
6	將「名古屋」這個字串存入陣列變數 myArray 的第 3 個元素
7	以「, (逗號)」合併陣列變數 myArray 的每個元素，再將合併結果存入變數 myData
8	以訊息的方式顯示變數 myData
9	結束巨集

想合併陣列的每個元素再以訊息的方式顯示結果

1 啟動 VBE，輸入程式碼

```
(一般)            ∨   合併陣列元素
Option Explicit

Sub 合併陣列元素()
    Dim myArray(2) As String
    Dim myData As String
    myArray(0) = "東京"
    myArray(1) = "大阪"
    myArray(2) = "名古屋"
    myData = Join(myArray, ",")
    MsgBox myData
End Sub
```

Microsoft Excel　✕

東京,大阪,名古屋

確定

2 執行巨集

以訊息的方式顯示了利用「,(逗號)」
合併陣列各個元素的結果

從陣列取得內含特定字串的元素

Filter(SourceArray, Match, Include, Compare)

▶解説

要從陣列取得內含特定字串的元素可使用 Filter 函數。Filter 函數可於參數 SourceArray 指定的陣列搜尋參數 Match 指定的字串，並在取得該字串的元素之後，以陣列的方式傳回。如果找不到內含該字串的元素就傳回空白的陣列。

▶設定項目

SourceArray ...... 指定為搜尋位置的一維陣列。

Match .... 指定為要搜尋的字串。

Include .... 在參數 Match 指定字串之後，若要傳回包含該字串的元素可將這個參數指定為 True，若要傳回不包含該字串的元素就指定為 False，若是省略則自動指定為 True（可省略）。

Compare .... 以 vbVcompareMethod 列舉型常數指定搜尋字串時的比較模式。若省略這個參數將自動指定為 vbBinaryCompare（可省略）。

參照 VbCompareMethod 列舉型常數 P.15-33

(避免發生錯誤)

參數 SourceArray 為 Null 或不是一維陣列時就會發生錯誤。

範 例 **從陣列取得內含特定字元的元素**

此範例要將工作表的姓名內容存入陣列，再從這個陣列取得含有「吉」這個字的元素。取得的元素會以 Join 函數合併再以訊息的方式顯示。　　範例 自 15-4_004.xlsm

```
1  Sub 內含特定文字的字串()
2      Dim myArray(4) As String
3      Dim myData() As String
4      Dim i As Integer
5      For i = 0 To 4
6          myArray(i) = Cells(i + 2, 1).Value
7      Next i
8      myData = Filter(myArray, "吉")
9      MsgBox Join(myData, ":")
10 End Sub
```

1	「內含特定文字的字串」巨集
2	宣告擁有 5 個元素的字串型別的陣列變數 Array
3	宣告字串型別的動態陣列變數 myData
4	宣告整數型別的變數 i
5	當變數 i 從 0 遞增至 4 之前，重複進行下列的處理（For 陳述式的開頭）
6	將第 i+2 列、第 1 欄的儲存格的內容存為陣列變數 myArray 的第 i 個元素
7	讓變數 i 遞增 1，再回到第 6 行程式碼
8	從陣列變數 myArray 的元素取得含有「吉」這個字的元素，再將結果存入動態陣列 變數 myData
9	利用「：(冒號)」合併動態陣列變數 myData 的所有元素，再以訊息的方式顯示結果
10	結束巨集

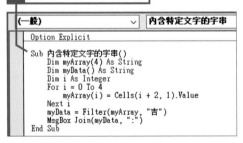

想將儲存格的姓名存入陣列
與取得含有「吉」的姓名，
再以訊息的方式顯示結果

1 啟動 VBE，輸入程式碼

2 執行巨集

顯示含有「吉」
這個字的姓名了

15-5 自訂函數

自訂函數

自訂函數就是可以在 Excel VBA 自訂的函數。由於可利用 Excel VBA 的語法以及 VBA 函數撰寫處理內容，所以能進行各種計算或是操作字串。此外，自訂函數與內建的工作表函數一樣，都是在儲存格輸入後使用，所以也能隨時執行，這也是自訂函數的一大魅力。因此，只要自行建立函數，就能取代工作函數，讓複雜的處理變得更加簡單。在此要介紹建立自訂函數的方法與使用方法，也會介紹設定可省略的參數的方法。自訂函數能建立內建的工作表函數所沒有的特別函數，也是一種應用範圍極廣的技巧。請試著根據自己的工作自訂函數，或是替常見的字串處理建立函數，提升資料處理的效率。

可自創函數

可建立「從字串擷取位於特定位置左側的字串」這種字串操作函數

可建立以參數接收多個儲存格的值的函數

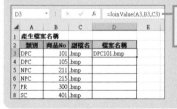

可根據資料筆數設定參數的個數

自訂函數與工作表函數一樣，都能簡單地執行

若是使用工作表函數就得輸入複雜的公式

若是使用自訂函數就只需要輸入簡單的公式，完成相同的計算

建立自訂函數

要自訂函數可在標準模組撰寫傳回處理結果的 Function 事件處理常式。Function 事件處理常式的事件處理常式名稱就是自訂函數的名稱。在事件處理常式之中撰寫處理內容，再將處理結果存成以事件處理常式名稱命名的函數名稱，當成自訂函數的傳回值。在事件處理常式之中的資料可透過參數接收。若要指定多個參數可利用「,（逗號）」分隔（參數 1 As 資料類型 1, 參數 2 As 資料類型 2,…）。自訂函數的傳回值的資料類型可寫在參數後面。

參照 Function 事件處理常式的結構……P.2-18

Function 事件處理常式的語法

> **Function** 函數名稱(參數 **As** 資料類型、…) **傳回值的資料類型**
>   處理內容
>   函數名稱 = 處理結果
> **End Function**

範例 建立「判斷是否達成目標」的自訂函數

在此要建立自訂函數「Score」，比較**爭取件數**與**目標件數**儲存格，並在**爭取件數**高於**目標件數**時顯示**目標達成**，否則就傳回**未達成**。　　**範例** 15-5_001.xlsm

```
1  Function Score(Result As Integer, Target As Integer) As String
2      If Result >= Target Then
3          Score = "目標達成"
4      Else
5          Score = "未達成"
6      End If
7  End Function
```

1	傳回字串型別的自訂函數（Score），再設定整數型別的 **Result** 與 **Target** 為參數
2	當參數 Result 的值大於等於參數 Target 的值（If 陳述式的開頭）
3	將**目標達成**字串存入 Score，當成 Score 函數的傳回值
4	否則
5	將**未達成**字串存入 Score，當成 Score 函數的傳回值
6	If 陳述式結束
7	結束自訂函數的定義

想建立判斷目標是否達成的自訂函數

1 啟動 VBE，輸入程式碼

在標準模組輸入「Function 函數名稱（參數 As 資料型別, 參數 As 資料型別）As 資料型別」的模型

2 輸入「Function Score(Result As Integer, Target As Integer) As String」

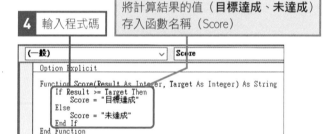

3 按下 Enter 鍵

自動輸入「End Function」

將計算結果的值（**目標達成、未達成**）存入函數名稱（**Score**）

4 輸入程式碼

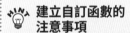

💡 **建立自訂函數的注意事項**

不能建立與 Sum 函數、Average 函數這類工作表函數相同名稱的自訂函數。

程式碼輸入完畢，選取儲存格並輸入函數

C3　　　fx =score(B3,C1)

5 選取儲存格與輸入函數

顯示目標是否達成

參照 使用自訂函數……P.15-70

💡 **測試自訂函數**

要測試自訂函數是否能正確執行，可使用 VBE 的**即時運算視窗**。從 VBE 的**檢視**點選**即時運算視窗**，開啟即時運算視窗後，輸入「? 函數名稱（以參數接收的值）」再按下 Enter 鍵即可確認。

以左側的範例而言，輸入「?Score(10, 8)」後，按下 Enter 鍵，此時就會在下一列顯示 Score 函數的結果「目標達成」。

即時運算

?score(10,8)
目標達成

💡 **無法在自訂函數進行的操作**

自訂函數無法執行下列這些 Excel 操作：

• 插入、刪除儲存格與設定儲存格的格式，變更儲存格的值

• 新增、刪除、移動、重新命名工作表

• 變更計算方法或是顯示模式

使用自訂函數

要使用自訂函數只需要仿照工作表函數,直接在儲存格輸入自訂函數即可。輸入方法包含直接在儲存格輸入,或是在**插入函數**交談窗利用滑鼠點選自訂函數,指定參數與輸入函數。就算自訂函數的函數名稱比較長,或是參數比較多,也能利用上述的方式快速輸入。在此介紹以**插入函數**交談窗輸入自訂函數的方法。此外,自訂函數可在儲存自訂函數程式碼的標準模組的活頁簿使用。

參照 建立自訂函數……P.15-68

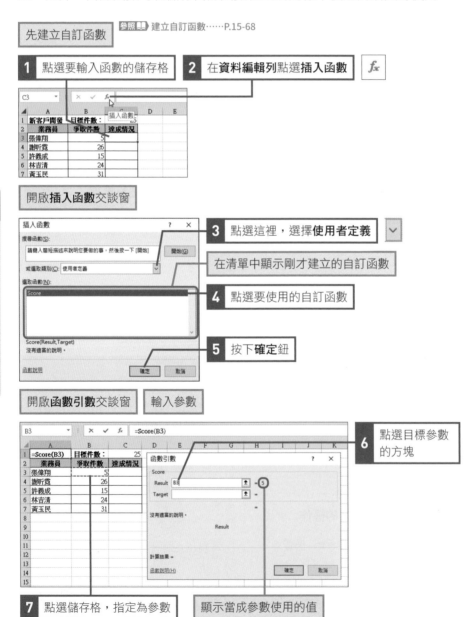

先建立自訂函數

1 點選要輸入函數的儲存格

2 在**資料編輯列**點選**插入函數**

開啟**插入函數**交談窗

3 點選這裡,選擇**使用者定義**

在清單中顯示剛才建立的自訂函數

4 點選要使用的自訂函數

5 按下**確定**鈕

開啟**函數引數**交談窗　輸入參數

6 點選目標參數的方塊

7 點選儲存格,指定為參數

顯示當成參數使用的值

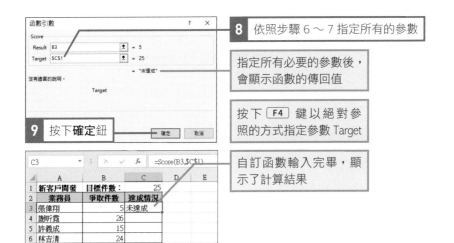

8 依照步驟 6 ～ 7 指定所有的參數

指定所有必要的參數後，會顯示函數的傳回值

按下 F4 鍵以絕對參照的方式指定參數 Target

9 按下**確定**鈕

自訂函數輸入完畢，顯示了計算結果

 直接在儲存格輸入自訂函數

要在儲存格直接輸入自訂函數可先選取要輸入自訂函數的儲存格，接著在「=」後面輸入自訂函數。參數可在「()（括號）」中輸入。如果有多個參數可利用「,（逗號）」分隔。輸入完畢後，按下 Enter 鍵確定。

在「=」後面輸入自訂函數名稱與參數

 自訂函數重新計算的時間點

自訂函數會在參數值或是參數參照的儲存格值有所變動時重新計算。所以，參數未參照的儲存格若只是與自訂函數的處理間接相關，那麼就算這個儲存格的值有所變動，自訂函數也不會重新進行計算。在這種情況之下，可在自訂函數的處理內容的開頭輸入「Application.Volatile」，如此一來，就算是未在參數指定的儲存格，也能在這類儲存格的值有所變動時，讓自訂函數重新進行計算。由於這些間接相關的儲存格的值有所變動時，都會重新進行計算，所以每次在儲存格輸入資料都會重新進行計算，而這有可能導致作業效率變差。

設定可省略的參數

要在自訂函數設定可省略的參數，可在參數名稱前面撰寫 Optional 關鍵字。省略參數時的值可在參數的資料型別後輸入「=（等號）」再撰寫。此外，若要設定多個參數，除了得在第一個參數加上 Optional 關鍵字，後續的參數也都必須加上 Optional 關鍵字。因此，無法在可省略的參數後設定不可省略的參數。此外，利用 ParmArray 關鍵字設定接收陣列的參數後，不管是哪參數都無法加上 Optional 關鍵字。

15-71

設定可省略的參數

> **Function** 事件處理常式(Optional 參數名稱 **As** 資料型別 = 省略時的值)…
>   處理內容
> **End Function**

範例 建立擷取字串的自訂函數

此範例要建立「GetLeftStr」自訂函數,從儲存格的字串擷取位於指定文字左側的字串。要設定的參數為指定目標字串的「myTargetStr」,以及指定擷取位置的字元的「myDelimiter」。參數 myDelimiter 要設定為可省略的參數,並在省略時,將全形字元指定為擷取位置。

範例 15-5_002.xlsm

```
1  Function␣GetLeftStr(myTargetStr␣As␣String,␣_
       Optional␣myDelimiter␣As␣String␣=␣"□")␣As␣String
2      GetLeftStr␣=␣Left(myTargetStr,␣_
           InStr(myTargetStr,␣myDelimiter)␣-␣1)
3  End␣Function
```

1 傳回字串類型的值的自訂函數「GetLeftStr」,再設定字串型別參數「myTargerStr」,以及可省略的字串型別參數「Target」。這個「Target」參數的預設值為全形字元
2 從參數 myTargetStr 的字串開頭搜尋變數 myDelimiter 的文字,再取得開頭到該文字之前 1 個文字的字串,以及將這個字串存入 GetLeftStr
3 結束自訂函數的定義

> 想建立自訂函數,從特定字串取得位於特定文字左側的字串

1 啟動 VBE,建立使用者自訂函數 　**參照** 建立自訂函數……P.15-68

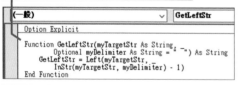

```
(一般)                              ▼  GetLeftStr
  Option Explicit

  Function GetLeftStr(myTargetStr As String, _
        Optional myDelimiter As String = " ￣") As String
    GetLeftStr = Left(myTargetStr, _
        InStr(myTargetStr, myDelimiter) - 1)
  End Function
```

2 切換成 Excel 的畫面 　**參照** 從 VBE 畫面切回 Excel 畫面……P.1-14

> 輸入自訂函數,同時不省略參數 　**參照** 使用自訂函數……P.15-70

3 點選要輸入函數的儲存格 　　**4** 輸入函數與參數

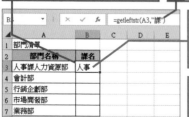

> 從參數 myTargetStr 指定的字串擷取字串後,顯示了位於參數 myDelimiter 指定的字元左側的所有字串

> 切換成另一張工作表的表格,輸入自訂函數,但省略參數 myDelimiter

| B3 | ▼ | × ✓ fx | =GetLeftStr(A3) |

	A	B	C	D	E
1	業務員名單				
2	姓名	姓			
3	張 偉翔	張			
4	謝 昕霓				
5	許 義成				
6	林 吉清				
7	黃 玉民				

從參數 myTargetStr 指定的
字串擷取字串後，顯示了位
於參數 myDelimiter 預設值的
全形字元左側的所有字串

HINT 確認可省略的參數是否傳遞至事件處理常式

要確認可省略的參數是否傳遞至事件處理常式可使用
IsMissing 函數。假設 IsMissing 函數的參數 ArgName 指定
的參數未傳遞至事件處理常式，IsMissing 函數就會傳回
True，否則就會傳回 False。此外，若是已設定了預設
值的可省略參數或是非 Variant 類型的可省略參數，那
麼就算省略了參數，預設值與初始值都會傳遞到事件
處理常式，所以 IsMissing 函數會傳回 False。

設定資料筆數不確定的參數

要替自訂函數設定不定數量的參數，可在參數名稱前加上 ParamArray 關鍵字。
ParamArray 關鍵字的參數可當成儲存 Variant 型別值的動態陣列變數。要設定多個
參數，可以在最後一個參數加上 ParamArray 關鍵字。ParamArray 關鍵字無法與可
省略參數的 Optional、傳遞值的 ByVal，以及傳遞參照的 ByRef 關鍵字一起使用。

範例　建立合併多個儲存格值的自訂函數

在此要建立的 **JoinValue** 自訂函數會合併在參數指定的多個儲存格的值，再傳
回合併結果。由於希望能在參數隨意指定多個儲存格，所以在宣告參數 myValue
時加上 ParamArray。參數 myValue 會是 Variant 型別的陣列，所以可合併多個資料
型別的值。

範例 15-5_003.xlsm

```
1  Function JoinValue(ParamArray myValue()) As Variant
2      Dim i As Integer
3      Dim myResult As Variant
4      For i = 0 To UBound(myValue)
5          myResult = myResult & myValue(i)
6      Next i
7      JoinValue = myResult
8  End Function
```

1 傳回 Variant 型別的值的 **JoinValue** 自訂函數，再設定動態陣列變數「myValue」為參數
2 宣告整數型別的變數 i
3 宣告 Variant 型別的變數 myResult
4 當變數 i 從 0 遞增至動態陣列變數 myValue 的最大索引編號前，重複進行下列的處理
　（For 陳述式的開頭）
5 讓變數 myResult 與動態陣列變數 myValue 的第 i 個元素合併，再將合併結果存入變數
　myResult
6 讓變數 i 遞增 1，回到第 5 行的程式碼
7 將變數 myResult 存入 **JoinValue**
8 結束自訂函數的定義

想要合併 A3 ～ C3 儲存格的內容再顯示合併結果

1 啟動 VBE，建立使用者自訂函數　參照 建立自訂函數 ……P.15-68

```
(一般)                        ∨   JoinValue

  Option Explicit

  Function JoinValue(ParamArray myValue()) As Variant
      Dim i As Integer
      Dim myResult As Variant
      For i = 0 To UBound(myValue)
          myResult = myResult & myValue(i)
      Next i
      JoinValue = myResult
  End Function
```

2 切換成 Excel 的畫面

3 點選要輸入自訂函數的儲存格

4 輸入自訂函數

在參數指定將 A3、B3、C3 儲存格的內容合併後，顯示合併結果

參照 使用自訂函數 ……P.15-70

在自訂函數中加上一個參數 (C 欄的**類型**)

5 插入欄位，輸入資料

6 點選要輸入函數的儲存格

7 輸入函數並增加 1 個參數

就算增加參數，也能使用相同的自訂函數

預先定義的格式或是顯示格式指定字元

參照 轉換資料的顯示格式……P.15-28

預先定義的數值格式

預先定義 的格式	內容	使用範例
General Number	在傳回指定的數值時，不加上千分位樣式	Format(10000, "General Number") → "10000"
Currency	以**自訂格式**交談窗的**貨幣**頁次，設定的格式傳回 貨幣符號、小數點以下的位數以及千分位樣式 參照 開啟「自訂格式」對話框……P.15-78	Format(10000,"Currency") → "NT$10,000.00" (**貨幣**頁次設定的貨幣符號為「$」， 以及小數點的符號為「.」、千分位的 符號為「,」)
Fixed	以整數部分至少傳回 1 位數、小數點部分至少傳 回 2 位數的格式傳回數值。不加上千分位樣式	Format(1234.567,"Fixed") → "1234.57"
Standard	以整數部分至少傳回 1 位數、小數點部分至少傳 回 2 位數的格式傳回數值。加上千分位樣式	Format(1234.567, "Standard") → "1,234.57"
Percent	將指定的數值乘以 100 倍，再傳回小數點 2 位 數的值。會在右側加上百分比符號（%）	Format(0.123456, "Percent") → "12.35%"
Scientific	以標準的科學記號格式傳回	Format(0.000456, "Scientific") → "4.56E-04"
Yes / No	數值為 0 時傳回 No，否則傳回 Yes	Format(100, "Yes/No") → "Yes" Format(0, "Yes/No") → "No"
True / False	數值為 0 傳回**假**（False），否則傳回**真**（True）	Format(100, "True/False") → "True" Format(0, "True/False") → "False"
On / Off	數值為 0 時傳回 Off，否則傳回 On	Format(100, "On/Off") → "On" Format(0, "On/Off") → "Off"

數值顯示格式指定字元

字元	內容	使用範例
0	1 個「0」代表 1 位數的數值。如果指定的位數 沒有值，就會在該位數輸入 0。數值為 0 時，會 顯示 0。位數比指定的「0」的個數更多時，就 會顯示所有位數的值	Format(123, "0000") → "0123" Format(123, "00") → "123" Format(0, "0") → "0"
#	1 個「#」代表 1 位數的數值。如果指定的位數 沒有值，就會讓該位數保留空白。數值為 0 時， 不會顯示任何內容，但是在第 1 個位數指定「0」， 就能在數值為 0 時顯示 0。假設位數比指定的「#」 更多就顯示所有位數 的值	Format(123, "####") → "123" Format(123, "##") → "123" Format(0, "###") → "" Format(0, "##0") → "0"
.	與「0」或「#」搭配，指定小數點的位置。小 數點的位數超過指定位數時，就會根據指定的 位數進行四捨五入。假設「.」的左側只有「#」， 小於 1 的數值就會以小數點符號為開頭。如果 要加上 0 可指定「0」	Format(0.123, "0.0000") → "0.1230" Format(0.456, "0.00") → "0.46" Format(0.456, "#.##") → ".46"

數值顯示格式指定字元

字元	內容	使用範例
,	可在插入千分位樣式符號時指定。此外，假設整數部分的右端只有連續的「,」，每個「,」都會轉換成以 1000 為除數的值。此時值也會依照位數的指定取整數	Format(1000000, "#,##0") → "1,000,000" Format(123456789, "##0,,") → "123"
\	原封不動顯示後續的 1 個文字。如果要顯示貨符號可輸入「\$」	Format(1234, "#,##0 \k \g") → "1,234kg" Format(1234, "\$#,##0") → "$1,234"
%	將數值乘以 100 倍再加上「%」	Format(0.4567, "0.#%") → "45.7%"
E - E + e - e +	可在指數標記時使用。〇在「E -」、「E+」、「e -」、「e +」的右側利用「0」或是「#」指定指數部分的位數。若使用「E -」或「e -」會在指數為負時加上負號，若使用「E +」或「e +」，會根據指數的正負加上正號或是負號	Format(123456, "0.00E+00") → "1.23E+05" Format(0.0004567, "0.00e+##") → "4.57e-4"
- + $ () 空白字元	直接顯示這些字元。若要顯示這些字元之外的字元，可在前面加上「\」	Format(123, "(-$0)") → "(-$123)"

預先定義的日期／時間格式

參照 確認與設定電腦的日期或時間的格式……P.15-4

預先定義的格式	內容	使用範例
General Date	以**地區**交談窗的**格式**頁次設定的格式傳回日期或時間。假設是同時具有整數與小數點的序列值，會轉換成代表日期與時間的字串。如果只指定了整數，就會轉換成日期，如果只指定了小數點，就會轉換成代表時間的字串	Format(44150.55, "General Date") → "2020/11/15 下午 01:12:00" Format(44150, "General Date") → "2020/11/15" Format(0.55, "General Date") → " 下午 01:12:00"
Long Date	以**地區**交談窗的**格式**頁次的**完整日期**的格式傳回日期	Format(44150, "Long Date") → "2020 年 11 月 15 日 "
Short Date	以**地區**交談窗的**格式**頁次的**簡短日期**的格式傳回日期	Format(44150, "Short Date") → "2020/11/15"
Long Time	以**地區**交談窗的**格式**頁次的**完整時間**的格式傳回時間	Format(0.55, "Long Time") → " 下午 01:12:00"
Medium Time	以 12 小時制傳回時間與分鐘。同時會以**自訂格式**交談窗的**時間**頁次的格式顯示上午（AM）、下午（PM）這兩種符號 參照 開啟「自訂格式」交談窗……P.15-78	Format(0.55, "Medium Time") → " 下午 01:12 "
Short Time	以**地區**交談窗的**格式**頁次的**簡短時間**的格式傳回時間	Format(0.55, "Short Time") → "13:12"

日期顯示格式指定字元

字元	內容	使用範例
:	插入時間分隔符號「:（冒號）」	Format(193045, "##:##:##") → "19:30:45"
/	插入日期分隔符號「/（斜線）」	Format(202104, "####/##") → "2021/04"
yy	傳回最後兩位數的西元年份	Format("2021/4/2", "yy") → "21"
yyyy	傳回四位數的西元年份	Format("2021/4/2", "yyyy") → "2021"
g gg	傳回年號首字（M、T、S、H）。	Format("2021/4/2", "g") → " 民國 " Format("2021/4/2", "gg") → " 民國 "
ggg	傳回年號	Format("2021/4/2", "ggg") → " 中華民國 "
e ee	傳回年號的年份。設定為「ee」會在 1 位數時，在開頭加上 0	Format("2021/4/2", "e") → "112" Format("2021/4/2", "ee") → "112"
m mm	傳回代表月份的數值。設為「mm」會在 1 位數時，在開頭加上 0。若在 h 或 hh 之後指定會被辨識為分鐘的字元	Format("2021/4/2", "m") → "4" Format("2021/4/2", "mm") → "04"
mmmm mmm	傳回月份的英文。若指定為「mmm」會傳回英文縮寫（Jan ～ Dec）	Format("2021/4/2", "mmmm") → "April" Format("2021/4/2", "mmm") → "Apr"
oooo	傳回日文的月份名稱（1 月～ 12 月）	Format("2021/4/2", "oooo") → " 四月 "
d dd	傳回日期（1 ～ 31）。若設為「dd」會在 1 位數時，在開頭加上 0	Format("2021/4/2", "d") → "2" Format("2021/4/2", "dd") → "02"
aaaa aaa	傳回日文的星期幾。若設定為「aaa」就會傳回簡略格式的星期幾（日～土）	Format("2021/4/2", "aaaa") → " 星期五 " Format("2021/4/2", "aaa") → " 週五 "
dddd ddd	傳回英文的星期幾。若設定為「ddd」就會傳回簡略格式的星期幾（Sun ～ Sat）	Format("2021/4/2", "dddd") → "Friday" Format("2021/4/2", "ddd") → "Fri"
w	傳回代表星期幾的數值。星期日為 1，星期六為 7	Format("2021/4/2", "w") → "6"
ddddd	依照地區交談窗（*）的格式頁次的完整日期指定的格式傳回年、月、日的資料	Format("2021/4/2", "ddddd") → "2021/4/2" （簡短格式為「yyyy/m/d」的情況）
dddddd	依照地區交談窗（*）的格式頁次的完整日期指定的格式傳回年、月、日的資料	Format("2021/4/2", "dddddd") → "2021 年 4 月 2 日 " （完整格式為「yyyy' 年 'M' 月 'd' 日 '」的情況）
y	傳回 1 ～ 366 的數值，説明這天是一年中的哪一天	Format("2021/4/2", "y") → "92"
ww	傳回 1 ～ 54 的數值説明這一週是一年中的第幾週	Format("2021/4/2", "ww") → "14"
q	傳回 1 ～ 4 的數值説明這一季是一年中的第幾季	Format("2021/4/2", "q") → "2"
h hh	傳回小時（0 ～ 23）。設定為「hh」會在 1 位數時，在開頭加上 0	Format("9:05:06 AM", "h") → "9" Format("9:05:06 AM", "hh") → "09"
n nn	傳回分鐘（0 ～ 59）。設定為「nn」會在 1 位數時，在開頭加上 0	Format("9:05:06 AM", "n") → "5" Format("9:05:06 AM", "nn") → "05"
s ss	傳回秒（0 ～ 59）。設定為「ss」會在 1 位數時，在開頭加上 0	Format("9:05:06 AM", "s") → "6" Format("9:05:06 AM", "ss") → "06"

AM / PM am / pm	時間為中午之前就傳回大寫英文字母的 AM，若是在中午至下午 11 點 59 分之間，就傳回大寫英文字母的 PM。若是設定為「am／pm」則傳回小寫英文字母的文字	Format("9:05:06 AM", " AM/PM ") → "AM" Format("9:05:06 AM", " am/pm ") → "am
A / P a / p	時間為中午之前傳回 A，時間為中午至下午 11 點 59 分之間就傳回 P。若設定為「a／p」則傳回小寫英文字母的文字	Format("9:05:06 AM", " A/P ") → "A" Format("9:05:06 AM", " a/p ") → "a"
AMPM	時間在中午之前則傳回在「上午符號」設定的字串，如果時間在中午至下午 11 點 59 分之間，就傳回在「下午符號」指定的字串。「上午符號」與「下午符號」可在「自訂格式」對話框的「時間」設定。AMPM 可指定為大寫或小寫英文字母。 **參照** 開啟「自訂格式」對話框……P.15-78	Format("9:05:06 AM", " AMPM ") → " 上午 " 在（「自訂格式」對話框的「時間」頁次的「上午符號」設定為「上午」的情況
ttttt	傳回**地區交談窗**（*）**完整時間**設定的時間	Format("9:05:06 AM", "ttttt") → " 上午 09:05:06" （控制台的設定為「H:mm:ss」的情況
c	以**地區交談窗**（*）的**簡短日期**與**完整時間**設定的格式依序傳回日期與時間。如果沒有小數點的部分就只傳回日期，如果沒有整數部分就只傳回時間	Format(44150.55, "c") → "2020/11/15 下午 01:12:00"

字串顯示格式指定字元

字元	內容	使用範例
@	代表一個字元或是空白字元。與「@(at 符號)」對應的位置若有字元，就會顯示該字元，若無字元就顯示空白字元。字元會由右至左依序填滿	Format("VBA", "@@@@@") → " VBA"
!	由左至右依序填滿字元	Format("VBA", "!@@@@@") → "VBA "
&	代表一個字元。與「& (and 符號)」對應的位置若有字元，就會顯示該字元，若無字元就不顯示任何字元，讓後面的文字遞補。字元會由右至左依序填滿	Format("VBA", "&&&&&") → "VBA"
<	將所有的大寫英文字母轉換成小寫英文字母	Format("ExcelVBA", "<&&&&&") → "excelvba"
>	將所有的小寫英文字母轉換成大寫英文字母	Format("ExcelVBA", ">&&&&&") → "EXCELVBA"

> ### 開啟「自訂格式」交談窗
>
> 要開啟**自訂格式**交談窗，可點選**開始**→ **Windows 系統**→**控制台**，再點選**變更日期、時間或數字格式**，開啟**地區**交談窗，再於**格式**頁次點選**其他設定**。

第 **16** 章

自訂工具列及
Excel 的其他操作

16-1 建立工具列

建立工具列

Excel VBA 可自訂工具列、建立下拉式選單，或是自訂在儲存格按下滑鼠右鍵所顯示的快捷選單。將巨集設定在選單中，只要點選選單就能執行巨集。你可以依自己的需求自訂選單，建立專屬的巨集執行介面。本節將說明建立工具列或快捷選單所需的命令列或命令列控制項。

建立命令列

物件.Add(Name,Position,Temporary)

▶解說

要建立命令列（工具列、快捷選單）可使用 CommandBars 集合的 Add 方法。執行 Add 方法就能將建立的命令列 (CommandBar 物件) 新增到 CommandBars 集合。通常，上述步驟可建立工具列，但如果將參數 Position 指定為 msoBarPopup，就會建立快捷選單。此外，工具列預設為隱藏，如果建立的是工具列，記得要將 CommandBar 物件的 Visible 屬性設為 True，才會顯示。

參照 認識命令列⋯⋯P.16-3
參照 建立快捷選單⋯⋯P.16-8

▶設定項目

物件 ⋯⋯⋯⋯⋯⋯⋯指定為 CommandBars 集合。

Name ⋯⋯⋯⋯⋯⋯設定命令列的名稱。若是省略，會以「Custom」加上半形空白以及編號，自動命名為「Custom 1」（可省略）。雖然設定的名稱不會顯示在螢幕上，但可在透過 VBA 指定工具列時使用。

Position .... 若是要建立快捷選單可將參數 Position 設為 msoBarPopup。如果
要建立的是工具列可以省略這個參數的設定（可省略）。

Temporary .... 要在關閉 Excel 時刪除命令列可設為 True，若不需要刪除可設為
False。指定為 True 後，命令列就會變成臨時取用的工具。若是
省略這個參數，會自動設定為 False（可省略）。

避免發生錯誤

建立工具列時，若已有相同名稱的工具列，就會發生錯誤。因此，在建立工具列之前，
可先用 CommandBar 物件的 Delete 方法刪除名稱相同的工具列，避免發生錯誤。此外，
若是刪除不存在的工具列，也會發生錯誤，為了避免發生這個錯誤，可另外撰寫 On Error
Resume Next 陳述式。 參照 Resume 陳述式與 Resume Next 陳述式……P.3-75

認識命令列 ◀◀◀

Excel VBA 將工具列、快捷選單當成「命令列」操作。命令列會被當成
CommandBar 物件操作，而所有的命令列則當成 CommandBars 集合操作。要參
照 CommandBar 物件或 CommandBars 集合，請用 Application 物件的 CommandBars
屬性。建立命令列後，可配置命令列控制項（選單或是按鈕）。此外，工具列
會顯示在**增益集**頁次的**自訂工具列**。並如下圖在**自訂工具列**功能區中靠上對齊，
如果是 Excel 2019 則是靠下對齊。

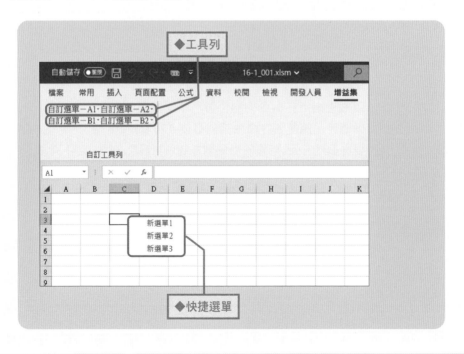

建立命令列控制項

物件.Add(Type,Before,Temporary)

▶解說

要建立命令列控制項（選單、按鈕），可用 CommandBarControls 集合的 Add 方法。
執行 Add 方法後就能將命令列控制項（CommandBarControl 物件）新增至
CommandBarControls 集合。將參數 Type 指定為 msoControlButton 就會自動建立
CommandBarButton 物件，新增沒有子選單的選單或按鈕。此外，將參數 Type 指
定為 msoControlPopup 就會建立 CommandBarPopup 物件，新增有子選單的選單。
請注意，要參照指定為物件的 CommandBarControls 集合，可使用代表命令列的
CommandBar 物件的 Controls 屬性。

參照📖 命令列控制項……P.16-7
參照📖 選單與按鈕的差異……P.16-6
參照📖 命令列控制項的主要屬性……P.16-11

▶設定項目

物件 .... 指定為 CommandBarControls 集合。

Type .... 以 MsoControlType 列舉型常數指定命令列控制項的種類。可指
定的常數參見下表。省略時，將自動指定為 msoControlButton
（可省略）。

MsoControlType 列舉型的主要常數

常數	值	內容
msoControlButton	1	沒有子選單的選單或按鈕
msoControlPopup	10	有子選單的選單

Before .... 以數值指定在命令列的位置。會配置在命令列控制項的前面。
省略時，將配置在命令列的最後（可省略）。

Temporary .... 要在關閉 Excel 時刪除命令列控制項可設為 True，若不需要刪除
可設為 False。指定為 True，命令列控制項就會變成臨時取用的
工具。若是省略這個參數，會自動設為 False（可省略）。

（避免發生錯誤）

參數 Temporary 若是被省略或是指定為 False，就算重新啟動 Excel，命令列控制項還是會
留在**增益集**頁次中。如果不需要在其他活頁簿使用此命令列控制項，可將參數 Temporary
設為 True。

範例 建立工具列

此範例要建立**自訂工具列**這個工具列。範例中會在**自訂工具列**建立**自訂選單**，以及替**自訂選單**建立子選單的**自訂子選單**。**自訂子選單**配置了 ID 編號「59」的按鈕圖案以及選單名稱，按下這個按鈕就會執行「工具列巨集」。

範例目 16-1_001.xlsm

參照具 Resume 陳述式與 Resume Next 陳述式……P.3-75
參照具 命令列控制項的主要屬性……P.16-11

```
1  Sub 建立工具列()
2      Dim myToolBar As CommandBar
3      Dim myMainMenu As CommandBarPopup
4      Dim mySubMenu As CommandBarButton
5      On Error Resume Next
6      CommandBars("自訂工具列").Delete
7      Set myToolBar = Application.CommandBars.Add _
           (Name:="自訂工具列", Temporary:=True)
8      Set myMainMenu = myToolBar.Controls.Add _
           (Type:=msoControlPopup, Temporary:=True)
9      myMainMenu.Caption = "自訂選單(&M)"
10     Set mySubMenu = myMainMenu.Controls.Add _
           (Type:=msoControlButton, Temporary:=True)
11     With mySubMenu
12         .Caption = "自訂子選單(&S)"
13         .FaceId = 59
14         .Style = msoButtonIconAndCaption
15         .OnAction = "工具列巨集"
16     End With
17     myToolBar.Visible = True
18 End Sub
```

註：「_（換行字元）」，當程式碼太長要接到下一行程式時，可用此斷行符號連接→參照 P.2-15

1 「建立工具列」巨集
2 宣告 CommandBar 型別的物件變數 myToolBar
3 宣告 CommandBarPopup 型別的物件變數 myMainMenu
4 宣告 CommandBarButton 型別的物件變數 mySubMenu
5 發生錯誤時，忽略這個錯誤，執行下一行程式碼
6 刪除**自訂工具列**
7 建立臨時取用的**自訂工具列**，再存入物件變數 myToolBar
8 在物件變數 myToolBar 的工具列新增具有子選單的臨時選單，再存入物件變數 myMainMenu
9 將物件變數 myMainMenu 的選單命令為「自訂選單」，再將存取鍵設定為「M」
10 在物件變數 myMainMenu 的選單建立沒有子選單的臨時選單，再存入物件變數 mySubMenu
11 對物件變數 mySubMenu 的選單進行下列處理（With 陳述式的開頭）
12 將名稱設為「自訂子選單」，存取鍵設為「S」
13 設定 ID 編號「59」的按鈕圖案

14	設定按鈕圖案與選單的名稱，作為顯示選單的方法
15	將**工具列巨集**設為要執行的巨集
16	結束 With 陳述式
17	顯示物件變數 myToolBar 的**自訂工具列**
18	結束巨集

1	Sub␣工具列巨集()
2	␣␣␣␣MsgBox␣"執行了工具列巨集"
3	End␣Sub

1	「工具列巨集」巨集
2	顯示「執行了工具列巨集」這個訊息
3	結束巨集

想建立自訂工具列、新增選單
與子選單，再執行 VBA 巨集

1 啟動 VBE，輸入程式碼

```
(一般)                           工具列巨集
Option Explicit

Sub 建立工具列()
    Dim myToolBar As CommandBar
    Dim myMainMenu As CommandBarPopup
    Dim mySubMenu As CommandBarButton
    On Error Resume Next
    CommandBars("自訂工具列").Delete
    Set myToolBar = Application.CommandBars.Add _
        (Name:="自訂工具列", Temporary:=True)
    Set myMainMenu = myToolBar.Controls.Add _
        (Type:=msoControlPopup, Temporary:=True)
    myMainMenu.Caption = "自訂選單(&M)"
    Set mySubMenu = myMainMenu.Controls.Add _
        (Type:=msoControlButton, Temporary:=True)
    With mySubMenu
        .Caption = "自訂子選單(&S)"
        .FaceId = 59
        .Style = msoButtonIconAndCaption
        .OnAction = "工具列巨集"
    End With
    myToolBar.Visible = True
End Sub

Sub 工具列巨集()
    MsgBox "執行了工具列巨集"
End Sub
```

2 輸入點選子選單時的「工具列巨集」

HINT 在「增益集」頁次顯示建立的工具列

新建立的工具列預設為隱藏，所以得將 CommandBar 物件的 Visible 屬性設為 True 才能顯示。

HINT 選單與按鈕的差異

選單與按鈕的實體都是 CommandBarButton 物件。兩者的差異在於 Style 屬性的設定。假設要建立的是選單，會在 CommandBarButton 物件的 Caption 屬性設定選單名稱，並將 Style 屬性設為 msoButtonCaption，只顯示選單名稱。要建立按鈕時，會在 CommandBarButton 物件的 FaceId 屬性設定按鈕圖案，再於 Style 屬性設定 msoButtonIcon，以及只顯示按鈕圖案。就像範例**建立工具列**所介紹的，要同時顯示按鈕圖案與選單名稱可將 Style 屬性設為 msoButtonIconAndCaption。

參照 何謂命令列控制項的按鈕圖像……P.16-12

3 執行**建立工具列巨集**

增益集頁次的**自訂工具列**功能區顯示了工具列

4 點選**自訂選單**

5 點選**自訂子選單**

執行了**工具列巨集**

顯示訊息

按下**確定**鈕關閉交談窗

> 💡 **宣告物件變數的數量**
>
> 如果要新增多個選單不需要宣告多個物件變數，只需要先宣告一個物件變數，再利用 CommandBarControls 集合的 Add 方法建立選單（CommandBar 物件）放進物件變數，以及對這個選單設定屬性。

命令列控制項　◀◀◀

Excel VBA 將命令列的選單或按鈕視為**命令列控制項**。命令列控制項為 CommandBarControl 物件，所有的命令列控制項為 CommandBarControls 集合。要參照 CommandBarControl 物件或 CommandBarControls 集合可使用配置了兩者的命令列（CommandBar 物件）的 Controls 屬性。此外，命令列控制項（CommandBarControl 物件）包含代表無子選單的選單、子選單與按鈕的 CommandBarButton，以及代表有子選單的選單的 CommandBarPopup 物件。此外，還有建立下拉式選單的下拉式方塊（CommandBarComboBox 物件），但本書篇幅有限沒有詳細介紹。

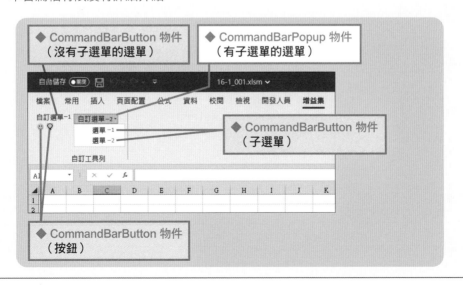

◆ CommandBarButton 物件（沒有子選單的選單）

◆ CommandBarPopup 物件（有子選單的選單）

◆ CommandBarButton 物件（子選單）

◆ CommandBarButton 物件（按鈕）

顯示快捷選單

物件.ShowPopup

▶解説

在 CommandBars 集合的 Add 方法的參數 Position 指定 msoBarPopup，就能新增
快捷選單。要顯示快捷選單可使用 CommandBar 物件的 ShowPopup 方法。新增
快捷選單的程式碼可寫在要使用快捷選單的工作表模式 BeforeRightClick 程序，
而在點選快捷選單時執行的程式碼可寫在標準模組裡。

> 參照🔛 建立事件處理程序……P.2-27
> 參照🔛 建立工具列……P.16-2

▶設定項目

物件 .... 指定為 CommandBar 物件。

避免發生錯誤

CommandBars 集合的 Add 方法的參數 Position，若未指定為 msoBarPopup 就會發生錯誤。
請務必確認 Add 方法的參數是否正確。

範 例 建立快捷選單

此範例要建立在工作表中的任一個儲存格按下滑鼠右鍵，即顯示**新選單**的「自
訂快捷選單」。按下**新選單**後執行的「快捷選單巨集」，會輸入在標準模組中。

> 範例📄 16-1_002.xlsm
> 參照🔛 命令列控制項的主要屬性……P.16-11

```
 1  Private Sub Worksheet_BeforeRightClick _
        (ByVal Target As Range, Cancel As Boolean)
 2     Dim mySCMenu As CommandBar
 3     Dim myMenu As CommandBarButton
 4     Set mySCMenu = Application.CommandBars.Add _
            (Name:="自訂快捷選單", _
            Position:=msoBarPopup)
 5     Set myMenu = mySCMenu.Controls.Add _
            (Type:=msoControlButton)
 6     myMenu.Caption = "新選單"
 7     myMenu.OnAction = "快捷選單巨集"
 8     mySCMenu.ShowPopup
 9     mySCMenu.Delete
10     Cancel = True
11  End Sub
```

註：「_（換行字元）」，當程式碼太長要接到下一行
程式時，可用此斷行符號連接→參照 P.2-15

1	撰寫在工作表按下滑鼠右鍵執行的巨集
2	宣告 CommandBar 型別的變數 mySCMenu
3	宣告 CommandBarButton 型別的變數 myMenu
4	建立「自訂快捷選單」，再存入變數 mySCMenu
5	在變數 mySCMenu 的快捷選單新增沒有子選單的選單，再存入變數 myMenu
6	將變數 myMenu 的選單命名為「新選單」
7	將按下變數 myMenu 的選單所執行的巨集設為「快捷選單巨集」
8	顯示變數 mySCMenu 的快捷選單
9	刪除變數 mySCMenu
10	不顯示現有的快捷選單
11	結束巨集

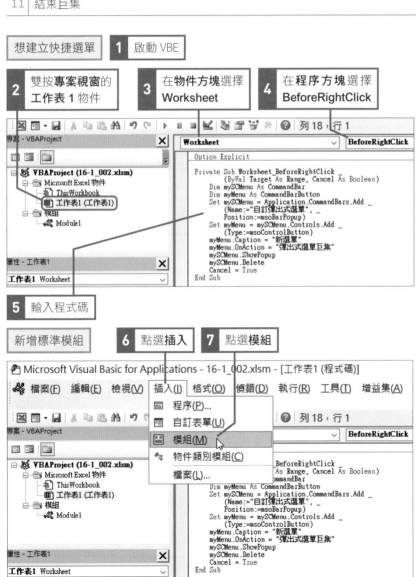

想建立快捷選單　**1** 啟動 VBE

2 雙按**專案視窗**的 **工作表 1** 物件　　**3** 在**物件方塊**選擇 Worksheet　　**4** 在 **程序方塊**選擇 BeforeRightClick

列 18，行 1

專案 - VBAProject

Worksheet ∨ **BeforeRightClick**

```
Option Explicit

Private Sub Worksheet_BeforeRightClick _
    (ByVal Target As Range, Cancel As Boolean)
    Dim mySCMenu As CommandBar
    Dim myMenu As CommandBarButton
    Set mySCMenu = Application.CommandBars.Add _
        (Name:="自訂彈出式選單", _
        Position:=msoBarPopup)
    Set myMenu = mySCMenu.Controls.Add _
        (Type:=msoControlButton)
    myMenu.Caption = "新選單"
    myMenu.OnAction = "彈出式選單巨集"
    mySCMenu.ShowPopup
    mySCMenu.Delete
    Cancel = True
End Sub
```

VBAProject (16-1_002.xlsm)
Microsoft Excel 物件
ThisWorkbook
工作表1 (工作表1)
模組
Module1

屬性 - 工作表1

工作表1 Worksheet

5 輸入程式碼

新增標準模組　**6** 點選**插入**　**7** 點選**模組**

Microsoft Visual Basic for Applications - 16-1_002.xlsm - [工作表1 (程式碼)]

檔案(F)　編輯(E)　檢視(V)　插入(I)　格式(O)　偵錯(D)　執行(R)　工具(T)　增益集(A)

程序(P)...
自訂表單(U)
模組(M)
物件類別模組(C)
檔案(L)...

列 18，行 1

專案 - VBAProject

∨ **BeforeRightClick**

VBAProject (16-1_002.xlsm)
Microsoft Excel 物件
ThisWorkbook
工作表1 (工作表1)
模組
Module1

```
_BeforeRightClick _
    As Range, Cancel As Boolean)
ommandBar
Dim myMenu As CommandBarButton
Set mySCMenu = Application.CommandBars.Add _
    (Name:="自訂彈出式選單", _
    Position:=msoBarPopup)
Set myMenu = mySCMenu.Controls.Add _
    (Type:=msoControlButton)
myMenu.Caption = "新選單"
myMenu.OnAction = "彈出式選單巨集"
mySCMenu.ShowPopup
mySCMenu.Delete
Cancel = True
End Sub
```

屬性 - 工作表1

工作表1 Worksheet

新增了標準模組

8 輸入在按下快捷選單時，執行的「工具列巨集」

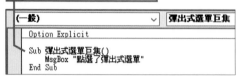

```
(一般)                        彈出式選單巨集
  Option Explicit

Sub 彈出式選單巨集()
    MsgBox "點選了彈出式選單"
End Sub
```

回到 Excel

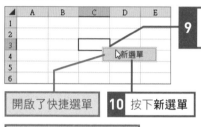

9 在**工作表 1** 中的任一個儲存格，按下滑鼠右鍵

開啟了快捷選單

10 按下**新選單**

執行了「快捷選單巨集」

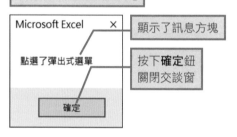

顯示了訊息方塊

按下**確定鈕**關閉交談窗

💡 讓快捷選單往右下方開啟

假設使用的是平板電腦，有些 Windows 設定會以滑鼠右鍵點選儲存格的位置為基準點，讓快捷選單往左下角開啟。如果要讓快捷選單往右下角開啟，可執行**開始→ Windows 系統→控制台→硬體和音效→平板電腦設定**，再於**平板電腦設定**交談窗的**其他**頁次，點選**慣用左手**設定。

💡 快捷選單的執行過程

快捷選單的執行過程請參考右圖。點選滑鼠右鍵後的左側流程圖為執行現有快捷選單的流程，右側的流程圖則為執行新建立的快捷選單流程。此時的重點在於新增的快捷選單處理會在現有的快捷選單顯示前執行。另外要注意的是，若不將 BeforeRightClick 程序的參數 Cancel 指定為 True，現有的快捷選單就會一併開啟。

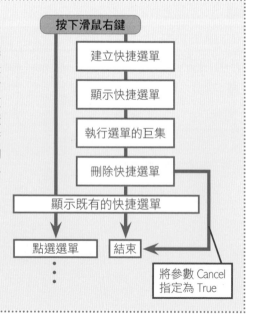

命令列的主要屬性與方法

目的	語法	使用時的注意事項
設定顯示／隱藏	**物件** .Visible = 設定值 True：顯示 False：隱藏（預設值） 參照📖 建立工具列……P.16-5	Enable 屬性若未設為 True，命令列就無法顯示。可取得設定的值
設定啟用／停用	**物件** .Enabled = 設定值 True：啟用 False：停用	可取得設定的值
刪除	**物件** .Delete 參照📖 建立工具列……P.16-5 參照📖 建立快捷選單……P.16-8	若刪除不存在的命令列，就會發生錯誤

命令列控制項的主要屬性

目的	語法	使用時的注意事項
取得或設定名稱	[取得] **物件** .Caption [設定] **物件** .Caption = 設定的名稱 參照📖 建立工具列……P.16-5 參照📖 建立快捷選單……P.16-8	在名稱的最後輸入「(& 半形英數字)」可設定存取鍵。如果與現有的存取鍵重複，以現有的存取鍵為優先
取得或設定按鈕 圖案的 ID 編號	[取得] **物件** .FaceID [設定] **物件** .FaceID = 按鈕圖案的 ID 編號 參照📖 建立工具列……P.16-5 參照📖 命令列控制項的按鈕圖案……P.16-12	物件的部分只能指定為CommandBarButton 物件。要顯示設定的按鈕圖案可將 CommandBarButton 物件的Style 屬性設為 msoButtonIcon 或是msoButtonIconAndCaption。
設定沒有子選單 的選單或按鈕的 顯示方式	**物件** .Style = MsoButtonStyle 列舉型的常數 MsoButtonStyle 列舉型的常數 | 主要常數	顯示方法
---	---
msoButtonCaption	只顯示文字
msoButtonIcon	只顯示圖案
msoButtonIconAndCaption	顯示文字與圖案 | 參照📖 建立工具列……P.16-5	物件的部分可指定為CommandBarButton 物件
設定要執行的 巨集	**物件** .OnAction = 要執行的巨集名稱 參照📖 建立工具列……P.16-5 參照📖 建立快捷選單……P.16-8	要設定為相同資料夾的另一個活頁簿巨集時，可寫成「"活頁簿名稱!巨集名稱"」。如果要設定為另一個資料夾的活頁簿巨集，可寫成「"路徑名稱\活頁簿名稱!巨集名稱"」

目的	語法	使用時的注意事項
顯示分隔線	**物件 .BeginGroup** = 設定值 True：顯示分隔線 False：隱藏分隔線	分隔線可顯示在命令列控制項的上方（垂直排列時）或是左側（水平排列時）。可取得設定的值
顯示工具提示	**物件 .TooltipText** = 工具提示字串	TooltipText 屬性若未設定字串，工具提示的內容就會是 Caption 屬性的值。要解除工具提示可設為「""（空字串）」。可取得設定的值
設定顯示／隱藏	**物件 .Visible** = 設定值 True：顯示 False：隱藏	Enable 屬性設為 False，會以灰色顯示。可取得設定的值
設定啟用／停用	**物件 .Enable**= 設定值 True：啟用 False：停用	設為停用後，命令列控制項就會變成灰色。可取得設定的值

※ 物件可指定為特定的命令列控制項（CommandBarControl 物件、CommandBarButton 物件、CommandBar-Popup 物件）。

※ FaceId 屬性只能指定為 CommandBarButton 物件。

命令列控制項的按鈕圖案

按鈕圖案是可在命令列控制項設定的正方形按鈕圖案。這個按鈕圖案可利用 Excel 內建的 ID 編號指定。ID 編號的範圍為 0 ～ 4,000，但中間有些缺號的部分，而且可使用的圖案或編號會隨著 Excel 的版本不同而改變。就像**建立工具列**範例所介紹的，要設定按鈕圖案請在 CommandBarButton 物件的 FaceId 屬性指定 ID 編號。

16-2 Excel 應用程式的相關操作

Excel 應用程式的相關操作

使用代表 Excel 應用程式的 Application 物件的各種屬性，可以降低 Excel 畫面更新頻率，提升處理速度，或是隱藏 Excel 的警告訊息，以及在**狀態列**顯示訊息。此外，若使用 Application 物件的各種方法可暫停正在執行的巨集，也能指定執行巨集的時間。

降低畫面更新的頻率，可藉此提升處理速度

可在**狀態列**顯示處理狀況的訊息

降低畫面更新頻率，提升處理速度

物件.**ScreenUpdating** = 設定值 ──────────── 設定
物件.**ScreenUpdating** ──────────────── 取得

▶解説

執行變更儲存格格式的巨集後，畫面會因為巨集的處理而不斷更新，導致畫面變得閃爍，處理速度也會因此變慢。將 Application 物件的 ScreenUpdating 屬性設為 False，就能降低畫面更新的頻率，相對地就能提升處理速度。此外，若要還原畫面更新的設定可將 ScreenUpdating 屬性設為 True。

▶設定項目

物件......................指定為 Application 物件。

設定值...................不希望畫面更新時設為 False，需要畫面更新時設為 True。預設值為 True。

（避免發生錯誤）

即使 ScreenUpdating 屬性設為 False，也會在巨集執行結束後，自動還原為 True。如果想避免發生錯誤，可直接透過陳述式將這個屬性設為 True。

範例 禁止畫面更新，提升處理速度

此範例要在 A1 ～ A1000 的儲存格中輸入列編號，並設定文字的水平位置、背景色與外框的框線。為了增加處理的負擔，可以選取儲存格或是參照列編號，但只要停止畫面更新就能縮短處理時間。　　　　　**範例自** 16-2_001.xlsm

```
1   Sub 禁止畫面更新()
2       Dim i As Long
3       Application.ScreenUpdating = False
4       For i = 1 To 1000
5           Cells(i, 1).Select
6           With Selection
7               .Value = .Row
8               .HorizontalAlignment = xlCenter
9               .Interior.ColorIndex = 34
10              .Borders(xlEdgeLeft).LineStyle = xlContinuous
11              .Borders(xlEdgeTop).LineStyle = xlContinuous
12              .Borders(xlEdgeBottom).LineStyle = xlContinuous
13              .Borders(xlEdgeRight).LineStyle = xlContinuous
14          End With
15      Next i
16      Application.ScreenUpdating = True
17  End Sub
```

1	「禁止畫面更新」巨集
2	宣告長整數型別的變數 i
3	設定不更新畫面
4	在變數 i 從 1 遞增至 1000 之前，重複下列的處理（For 陳述式的開頭）
5	選取第 i 列、第 1 欄
6	對選取的儲存格進行下列的處理（With 陳述式的開頭）
7	輸入列編號
8	設定文字水平置中對齊
9	設定淡藍色的背景色
10	在左端的邊界設定細實線
11	在上端的邊界設定細實線
12	在下端的邊界設定細實線
13	在右端的邊界設定細實線
14	結束 With 陳述式
15	讓變數 i 遞增 1，回到第 5 行程式碼
16	啟用畫面更新
17	結束巨集

想禁止畫面更新，再進行處理

1 啟動 VBE，輸入程式碼

```
(一般)                                禁止畫面更新

Option Explicit

Sub 禁止畫面更新()
    Dim i As Long
    Application.ScreenUpdating = False
    For i = 1 To 1000
        Cells(i, 1).Select
        With Selection
            .Value = .Row
            .HorizontalAlignment = xlCenter
            .Interior.ColorIndex = 34
            .Borders(xlEdgeLeft).LineStyle = xlContinuous
            .Borders(xlEdgeTop).LineStyle = xlContinuous
            .Borders(xlEdgeBottom).LineStyle = xlContinuous
            .Borders(xlEdgeRight).LineStyle = xlContinuous
        End With
    Next i
    Application.ScreenUpdating = True
End Sub
```

2 執行巨集

雖然在儲存格輸入內容，也設定了
儲存格的格式，但畫面不會閃爍

A	B	C	D	E	F	G	H	I	J	K	L	M
1												
2												
3												
4												
5												
6												
7												
8												
9												
10												
11												

> **HINT 確認處理速度的差異**
>
> 將 **範例** 16-2_001.xlsm 的 第 3
> 行 程 式 碼 改 成 「Application.
> ScreenUpdating = True」再執
> 行巨集，就能啟用畫面更新
> 功能，畫面也會因此變得閃
> 爍，處理時間也變久，這樣
> 就能確認處理速度的差異。

隱藏警告訊息

物件.DisplayAlerts = 設定值 ——————— 設定

物件.DisplayAlerts ——————————————— 取得

▶解說

在執行巨集時，要關閉警告訊息可將 Application 物件的 DisplayAlerts 屬性設為
False。若要還原設定可將 DisplayAlerts 屬性設為 True。

▶設定項目

物件 .... 指定為 Application 物件。

設定值 .... 要隱藏確認或警告訊息可設為 False，要顯示則可設為 True。

（避免發生錯誤）

即使 DisplayAlerts 屬性設為 False，也會在巨集執行結束後，自動還原為 True。如果想避
免發生錯誤，可利用陳述式將這個屬性設為 True。

 16-16 左側邊欄

範例 隱藏警告訊息

在刪除有資料的工作表，或是要刪除尚未儲存的工作表，就會顯示警告訊息。
此範例要在隱藏警告訊息的情況下，刪除啟用中工作表。　　範例自 16-2_002.xlsm

```
1  Sub 隱藏警告訊息()
2      Application.DisplayAlerts = False
3      ActiveSheet.Delete
4      Application.DisplayAlerts = True
5  End Sub
```

1	「隱藏警告訊息」巨集
2	設定不顯示警告訊息
3	刪除啟用中工作表
4	設定顯示警告訊息
5	結束巨集

刪除工作表時，通常
會顯示警告訊息

希望關閉警告
訊息的交談窗

1 啟動 VBE，輸入程式碼

```
(一般)                    ∨   隱藏警告訊息
Option Explicit

Sub 隱藏警告訊息()
    Application.DisplayAlerts = False
    ActiveSheet.Delete
    Application.DisplayAlerts = True
End Sub
```

2 執行巨集

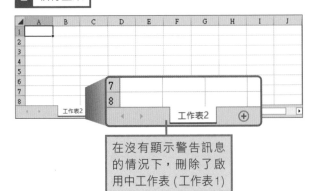

在沒有顯示警告訊息
的情況下，刪除了啟
用中工作表 (工作表1)

HINT Excel 2016 的差異

用 Worksheet 物件的 Delete
方法刪除有資料的工作表
時，Excel 2016 的版本會忽
略 DisplayAlerts 屬性的設
定，直接隱藏警告訊息。

在狀態列顯示字串

物件.**StatusBar** = 設定值 ───────────── 設定

物件.**StatusBar** ───────────────── 取得

▶解説

要在**狀態列**顯示字串可在 Application 物件的 StatusBar 屬性設定要顯示的字串。若要還原為 Excel 預設的訊息可設為 False。此外，如果**狀態列**為隱藏的狀態，那麼就算設定了字串也無法顯示。若要顯示**狀態列**可將 Application 物件的 DisplayStatusBar 屬性設為 True。

參照🔜 設定視窗畫面的屬性……P.8-27

▶設定項目

物件 .... 指定為 Application 物件。

設定值................... 設定要在**狀態列**顯示的字串。若要還原為 Excel 的預設值可設為 False。

(避免發生錯誤的方法)

在 StatusBar 屬性設定的字串會直接顯示於畫面。若要還原為 Excel 的預設值可將這個屬性指定為 False。

範例 **在狀態列顯示訊息**

此範例要在**狀態列**顯示陽春版的「處理進度列」。處理進度列會利用 String 函數製作。以迴圈計數器的數值設定「■」的個數，再以整體的字數減去迴圈計數器的數值，設定「□」的個數，並在重複進行處理時，讓「■」的個數增加，就能模擬處理進度列。此外，為了讓迴圈計數器在每一秒遞增一次，使用了 Wait 方法讓巨集暫停執行。

範例目 16-2_003.xlsm

參照🔜 依照指定的數量重複顯示文字……P.15-37
參照🔜 讓正在執行的巨集暫停執行……P.16-19

```
1  Sub␣狀態列()
2      Dim␣i␣As␣Integer
3      For␣i␣=␣0␣To␣10
4          Application.StatusBar␣=␣"巨集正在執行"␣&␣_
               String(i,␣"■")␣&␣String(10␣-␣i,␣"□")
5          Application.Wait␣Now␣+␣TimeValue("00:00:01")
6      Next␣i
7      Application.StatusBar␣=␣False
8  End␣Sub
```

註：「_（換行字元）」，當程式碼太長要接到下一行程式時，可用此斷行符號連接→參照 P.2-15

1	「狀態列」巨集
2	宣告整數型別的變數 i
3	在變數 i 從 0 遞增 10 之前，重複下列的處理（For 陳述式的開頭）
4	在狀態列顯示**巨集正在執行**，以及 i 個「■」組成的字串，與 10-i 個「□」組成的字串
5	讓巨集暫停 1 秒
6	讓變數 i 遞增 1，再回到第 4 行程式碼
7	讓狀態列還原為 Excel 預設的狀態
8	結束巨集

想在**狀態列**顯示處理進度

1 啟動 VBE，輸入程式碼

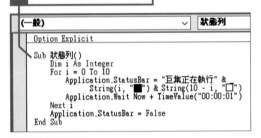

2 執行巨集

會在**狀態列**顯示代表
處理進度的字串

還原為 Excel
預設的狀態

讓正在執行的巨集暫停執行

物件.**Wait**(Time)

▶解説

要讓正在執行的巨集暫停可使用 Application 物件的 Wait 方法。Wait 方法可讓巨集暫停，直到參數 Time 指定的時間再重新執行。此時 Excel 也會暫停運作，但在背景執行的列印處理或是相關處理仍會繼續進行。

▶設定項目

物件......................指定為 Application 物件。

Time......................指定暫停的巨集重新執行的時間。

(避免發生錯誤)

參數 Time 若指定了無法辨識為時間的字串就會發生錯誤。可以利用將資料轉換成時間資料的 TimeValue 函數以及確認資料是否為時間資料的 Date 函數指定適當的資料。

參照🔧 根據年／月／日推導日期資料……P.15-10
參照🔧 確認資料是否可當成日期或時間操作……P.15-52

範例 暫停正在執行的巨集

此範例要顯示「暫停執行 5 秒」的訊息，按下**確定**鈕後，讓巨集暫停執行 5 秒。在暫停執行時，**狀態列**會顯示「暫停執行中」，並在 5 秒後顯示「巨集重新執行了」的訊息。

範例 🗎 16-2_004.xlsm
參照🔧 在狀態列顯示字串……P.16-17

```
1  Sub 暫停巨集()
2      Dim myResult As VbMsgBoxResult
3      myResult = MsgBox("暫停執行 5 秒", vbOKCancel)
4      If myResult = vbOK Then
5          With Application
6              .StatusBar = "暫停執行中"
7              .Wait Now + TimeValue("00:00:05")
8              .StatusBar = False
9          End With
10         MsgBox "巨集重新執行了"
11     End If
12  End Sub
```

1	「暫停巨集」巨集
2	宣告 VbMsgBoxResult 型別的變數 myResult
3	在顯示**確定**鈕與**取消**鈕時，顯示「暫停執行 5 秒」訊息，再將按下的按鈕值存入變數 myResult
4	如果變數 myResult 的值為 vbOK（If 陳述式的開頭）
5	對 Excel 應用程式進行下列的處理（With 陳述式的開頭）
6	在**狀態列**顯示「暫停執行中」的字串
7	讓巨集暫停執行 5 秒
8	讓**狀態列**還原為 Excel 預設的狀態
9	結束 With 陳述式
10	顯示「巨集重新執行了」的訊息
11	結束 If 陳述式
12	結束巨集

想讓巨集暫停執行 5 秒

1 啟動 VBE，輸入程式碼

```
(一般)                          ▼  暫停巨集

Option Explicit

Sub 暫停巨集()
    Dim myResult As VbMsgBoxResult
    myResult = MsgBox("暫停執行5秒", vbOKCancel)
    If myResult = vbOK Then
        With Application
            .StatusBar = "暫停執行中"
            .Wait Now + TimeValue("00:00:05")
            .StatusBar = False
        End With
        MsgBox "巨集重新執行了"
    End If
End Sub
```

2 執行巨集

顯示「暫停執行 5 秒」的訊息

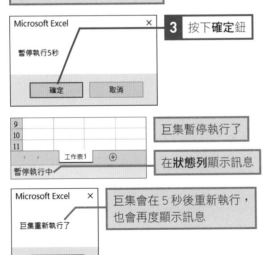

3 按下**確定**鈕

Microsoft Excel

暫停執行5秒

確定　　取消

巨集暫停執行了

在**狀態列**顯示訊息

暫停執行中

Microsoft Excel

巨集重新執行了

確定

巨集會在 5 秒後重新執行，也會再度顯示訊息

指定執行巨集的時間

物件.**OnTime**(EarliestTime, Procedure, LatestTime, Schedule)

▶ 解說

要指定執行巨集的時間，可使用 Application 物件的 OnTime 方法。執行 OnTime 方法時，參數 Procedure 指定的巨集執行時間會設為參數 EarliestTime 指定的時間。等到執行 OnTime 方法的巨集結束後，Excel 就會進入等待模式，使用者在參數 EarliestTime 指定的時間到之前，都可以正常操作 Excel。就算是指定的時間到，因為某些處理還沒結束，無法進入等待模式，就會等到參數 LatestTime 指定的時間到為止，如果過了這個時間還沒進入等待模式，就不會執行參數 Procedure 指定的巨集。如果省略參數 LatestTime，Excel 就會進入等待模式，直到能夠執行巨集的狀態為止。

▶ 設定項目

物件 .... 指定為 Appliction 物件

EarliestTime ...... 指定為執行巨集的時間。

Procedure........... 以字串型別（String）指定要執行的巨集名稱。

LatestTime .... 指定執行巨集的最後時間。如果到了最後時間，Excel 無法進入
等待模式，就不會執行指定的巨集。如果省略這個參數，就會
一直等待，直到可執行巨集為止（可省略）。

Schedule............. 若指定為 False，在參數 Procedure 指定的巨集就不會在參數
EarliestTime 指定的時間執行。若指定為 True，就會依照設定的
時間執行。若省略此參數，會自動設為 True（可省略）。

(避免發生錯誤)

以遞迴的方式不斷呼叫 OnTime 方法的巨集，在固定的時間間隔執行處理時，若不另外撰寫停止處理的巨集，就無法中斷定時執行的處理。

參照 定時執行巨集⋯⋯P.16-23
參照 停止定時執行巨集⋯⋯P.16-24

範例 指定執行巨集的時間

此範例要在「現在時間的 5 秒後」執行**測試**巨集。假設從現在時間過了 10 秒，Excel 都無法進入等待模式，就不會執行**測試**巨集。此外，**測試**巨集會顯示「在指定的時間執行了巨集」這個訊息。

範例檔 16-2_005.xlsm

```
1  Sub 指定執行巨集的時間()
2      Application.OnTime _
           EarliestTime:=Now + TimeValue("00:00:05"), _
           Procedure:="測試", _
           LatestTime:=Now + TimeValue("00:00:10")
3  End Sub                          註:「_ (換行字元)」，當程式碼太長要接到下一行
                                    程式時，可用此斷行符號連接→參照 P.2-15
```

1 「指定執行巨集的時間」巨集
2 在現在時間的 5 秒後，執行**測試**巨集（如果過了 10 秒，Excel 都無法進入等待模式就不執行這個巨集）
3 結束巨集

想在 5 秒後執行「測試」巨集

1 啟動 VBE，輸入程式碼

2 執行巨集

Excel 切換成等待模式

在執行巨集後的 5 秒，執行**測試**巨集並顯示訊息

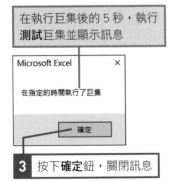

3 按下**確定**鈕，關閉訊息

範例 **定時執行巨集**

此範例要每隔 5 秒執行一次**測試**巨集。由於每執行一次**測試**巨集，就會將下一次執行的時間設為 5 秒後，所以巨集會定時不斷執行。此外，儲存執行時間的變數 myReserveTime，也會在每 5 秒中斷執行的巨集時使用，所以要宣告為模組層級的變數。

範例目 16-2_006.xlsm

參照目 變數的有效範圍……P.3-15
參照目 定時執行巨集……P.16-24
參照目 停止定時執行巨集……P.16-24

```
1  Private myReserveTime As Date
2  Sub 定時執行巨集()
3      myReserveTime = Now + TimeValue("00:00:05")
4      Application.OnTime EarliestTime:=myReserveTime, _
           Procedure:="定時執行巨集"
5      測試
6  End Sub
```

註：「_（換行字元）」，當程式碼太長要接到下一行程式時，可用此斷行符號連接→參照 P.2-15

1 將日期型別的變數 myReserveTime，宣告為模組層級變數，不能從其他模組引用
2 「定時執行巨集」巨集
3 將現在時間的 5 秒後時間，存入變數 myReserveTime
4 在變數 myReserveTime 儲存的時間執行自己（**定時執行巨集**）
5 呼叫**測試**巨集
6 結束巨集

```
1  Sub 測試()
2      MsgBox "每 5 秒執行一次巨集"
3  End Sub
```

1 「測試」巨集
2 顯示「每 5 秒執行一次巨集」的訊息
3 結束巨集

```
1  Sub 終止()
2      Application.OnTime EarliestTime:=myReserveTime, _
           Procedure:="定時執行巨集", Schedule:=False
3      MsgBox "停止執行下一次的巨集"
4  End Sub
```

註：「_（換行字元）」，當程式碼太長要接到下一行程式時，可用此斷行符號連接→參照 P.2-15

1 「終止」巨集
2 設成不要在變數 myReserveTime 儲存的時間執行自己（**定時執行巨集**）
3 顯示「停止執行下一次的巨集」訊息
4 結束巨集

想要每隔 5 秒執行一次**測試**巨集

1 啟動 VBE，輸入模組層級變數 myReserveTime、
定時執行巨集與**測試**巨集

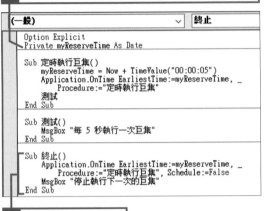

```
(一般)                              ∨    終止

Option Explicit
Private myReserveTime As Date

Sub 定時執行巨集()
    myReserveTime = Now + TimeValue("00:00:05")
    Application.OnTime EarliestTime:=myReserveTime, _
        Procedure:="定時執行巨集"
    測試
End Sub

Sub 測試()
    MsgBox "每 5 秒執行一次巨集"
End Sub

Sub 終止()
    Application.OnTime EarliestTime:=myReserveTime, _
        Procedure:="定時執行巨集", Schedule:=False
    MsgBox "停止執行下一次的巨集"
End Sub
```

2 用來停止執行**定時
執行巨集**的巨集

3 執行**定時執行巨集**

Excel 切換成等待模式

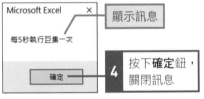

顯示訊息

4 按下**確定**鈕，
關閉訊息

在顯示訊息交談窗後，
過 5 秒再度顯示訊息

每隔 5 秒執行一次巨集

要中斷**定時執行巨集**，可執行**終止**
巨集，再按下交談窗中的**確定**鈕

HINT **定時執行巨集**

要定時執行巨集，可用 OnTime
方法，設定下一次執行 OnTime
方法的原巨集時間。**定時執行
巨集**範例，利用 OnTime 方法
設定下一次執行巨集後，呼叫
測試巨集。

HINT **停止定時執行的巨集**

要停止定時執行的巨集，可另外建立一個巨集，在 OnTime 方法的參數 EarliestTime
指定「下次執行時間」，以及在參數 Procedure 設定「執行時間的 OnTime 方法的巨集
名稱」，再將參數 Schedule 設成 False，就能在執行巨集後，停止預定執行的巨集。
此外，為了讓這個巨集能夠參照下次執行巨集的時間，必須先利用模組層級的變數儲
存執行時間。

開啟「瀏覽資料夾」視窗

在指定活頁簿或檔案的儲存位置時,若能開啟指定資料夾的視窗,取得資料夾的路徑就很方便。要達成這個目的有很多方法,在此將介紹開啟**瀏覽資料夾**視窗的方法。要開啟**瀏覽資料夾**視窗,可用 Shell 物件的 BrowserForFolder 方法。例如,要開啟**瀏覽資料夾**視窗,並在選取資料夾後,**在 A2 儲存格顯示該資料夾路徑**,可用 範例 16-2_007.xlsm 的巨集。

這個範例將 BrowseForFolder 方法的第 1 個參數 Hwnd 指定為代表父資料夾的「0」,再將第 2 個參數 Title 指定為在**瀏覽資料夾**視窗顯示的字串,最後在第 3 個參數 Options 設定「只能選擇資料夾,且不顯示**新增資料夾**鈕」的「&H1 + &H200」。

Shell 物件的 BrowseForFolder 方法會傳回代表資料夾的 Folder3 物件。要在選取資料夾後,取得該資料夾的路徑可依序參照 Folder3 物件→ FolderItems3 集合 (利用 Items 方法參照)→ FolderItem2 物件 (利用 Item 方法參照),利用 FolderItem2 物件的 Path 屬性取得。由於**桌面**這類特殊的資料夾會傳回 Nothing,所以可利用 Self 屬性參照 FolderItem2 物件。

此外,在**瀏覽資料夾**視窗按下**取消**鈕時,BrowseForFolder 方法會傳回 Nothing。這個範例會在 BrowseForFolder 方法的傳回值為 Nothing 時,執行「Exit Sub」,讓 Sub 事件處理程序中斷。要仿照範例利用 New 關鍵字建立 Shell 物件的實體,必須先完成引用「Microsoft Shell Controls And Automation」的設定。

範例 16-2_007.xlsm

想要開啟**瀏覽資料夾**交談窗,在選取資料夾後,將資料夾的路徑顯示在 A2 儲存格

1 啟動 VBE,輸入程式碼

```
(一般)
Option Explicit

Sub 開啟瀏覽資料夾視窗()
    Dim myShell As New Shell32.Shell
    Dim myFolder As Shell32.Folder3
    Set myFolder = myShell.BrowseForFolder(0, _
        "請選擇資料夾", &H1 + &H200)
    If myFolder Is Nothing Then
        Exit Sub
    ElseIf myFolder.Items.Item Is Nothing Then
        Range("A2").Value = myFolder.Self.Path
    Else
        Range("A2").Value = myFolder.Items.Item.Path
    End If
    Set myFolder = Nothing
    Set myShell = Nothing
End Sub
```

2 執行巨集

開啟**瀏覽資料夾**交談窗

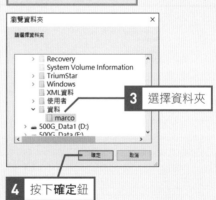

3 選擇資料夾

4 按下確定鈕

在 A2 儲存格顯示該資料夾的路徑

16-3 使用類別模組

使用類別模組

使用**類別模組**可自訂類別。類別是物件的雛型（藍圖），可用來自訂屬性（物件擁有的資料）或方法（處理資料的方法）。在類別模組中定義的類別可以在類別模組外的標準模組使用，也可以從類別產生物件與呼叫方法，藉此處理資料。利用這種類似物件導向程式設計的封裝概念寫程式，就能寫出更方便維護與更新的程式。

先定義類別再從標準模組使用類別

◆ 類別模組

根據類別
產生物件

◆ 標準模組

執行結果

在標準模組的程序中建立類別物件，
再呼叫物件的方法處理資料

物件的示意圖

從類別產生的物件中包含該類別所定義的元素（物件就像是類別的副本）

輸入「物件變數名稱.屬性名稱＝資料」就能在物件變數的物件屬性設定資料（透過 Property 程序存取）

利用「物件變數名稱.方法名稱」呼叫物件變數的物件方法，就能處理在變數中儲存的資料

產生的物件會存入物件變數

新增類別模組

類別模組是專門定義類別的模組（工作表）。類別是物件（實際操作的對象）的雛型（藍圖），可根據類別產生物件，再使用物件。類別模組可從**插入**功能表新增到專案。新增的類別模組可在**屬性**視窗的「(Name)」命名。這個名稱就是類別模組的類別名稱。底下將示範建立類別名稱為 **Product** 的類別模組。

範例 16-3_001.xlsm

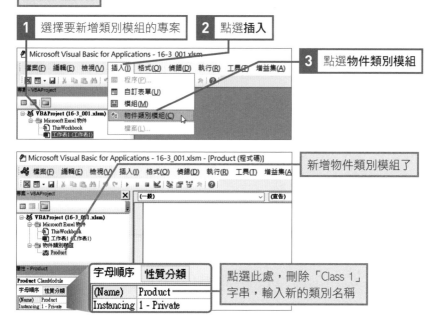

新增類別模組

1 選擇要新增類別模組的專案　**2** 點選**插入**

3 點選**物件類別模組**

新增物件類別模組了

點選此處，刪除「Class 1」字串，輸入新的類別名稱

在類別模組定義類別

接著，要在剛剛新增的類別模組中定義類別。定義的內容為**屬性**（物件擁有的資料）與**方法**（處理資料的方法）。**屬性**是由儲存資料的變數以及設定、取得資料的 Property 程序組成，**方法**則是在 Sub 程序或 Function 程序定義。此外，屬性與方法都稱為類別的成員。

> **💡 Excel VBA 與物件導向程式設計**
>
> 將資料和處理方式整合成物件進行管理，再透過物件之間的互動來描述處理的程式設計思維，稱作**物件導向程式設計**。物件導向程式設計有三大特性：**封裝、繼承**與**多型** (Polymorphism)，符合這三大特性的程式設計語言就稱為**物件導向程式設計語言**，但是 Excel VBA 只符合**封裝**特性，因此不能稱為物件導向程式設計語言。

宣告模組層級變數

此範例要將儲存屬性值的變數宣告為類別模組的模組層級變數。如此一來，就能在類別模組的所有程序中使用。此外，在宣告變數時會利用 Private 陳述式禁止外部模組的程序直接操作該變數。範例檔宣告了儲存**商品代碼**的變數 CodeValue 與儲存**商品名稱**的變數 NameValue，這兩個變數都宣告為 Product 類別的模組層級變數。程式碼可在類別模組 **Product** 確認。

範例 16-3_002.xlsm
參照 使用變數……P.3-7
參照 變數的有效範圍……P.3-15
參照 使用 Private 陳述式宣告變數……P.3-16
參照 為什麼要利用 Private 陳述式宣告模組層級變數？……P.16-30

定義 Property 程序

要從外部模組的程序設定與取得模組層級變數的資料，可定義 Property 程序。此時可定義屬性名稱，作為呼叫 Property 程序的名稱。此外，為了從外部模組呼叫，可使用 Public 陳述式向外部開放。Property 程序可分成 Property Let 程序與 Property Get 程序這兩種。

參照 程序的有效範圍……P.3-3

● 定義 Property Let 程序

Property Let 程序是設定模組層級變數資料的程序，其內容是將參數接收到的資料傳入模組層級變數處理。參數的資料型別會與模組層級變數的資料型別相同。透過 Property Let 程序，可確認設定給模組層級變數的資料是否異常。

Property Let 程序的語法

```
Public Property Let 屬性名稱（ByVal 參數 As 資料型別）
    模組層級變數名稱 = 參數
End Property
```

範例檔案定義了 Product 類別的模組層級變數 CodeValue 與 NameValue 的 Property Let 程序。屬性名稱分別設為 Code 與 Name。原始程式碼可在類別模組 **Product** 確認。

範例 16-3_002.xlsm

● 定義 Property Get 程序

Property Get 程序是將模組層級變數的資料傳回呼叫端的程序。模組層級變數的資料會存在屬性名稱中，作為 Property Get 程序的傳回值。傳回值的資料型別會與模組層級變數的資料型別相同。每個模組層級變數的屬性名稱必須與 Property Let 程序的屬性名稱相同。只定義 Property Get 程序，就能定義**唯讀**屬性。

Property Get 程序的語法

```
Public Property Get 屬性名稱()As 傳回值的資料型別
    屬性名稱 = 模組層級變數名稱
End Property
```

此範例檔定義了 Product 類別的模組層級變數 CodeValue 與 NameValue 的 Property Get 程序。兩者的屬性名稱分別為 Code、Name。原始程式碼可在物件類別模組 **Product** 確認。　　　　　　　　　　　　　　　範例 16-3_002.xlsm

定義方法

類別的方法可在 Sub 程序或是 Function 程序定義。如果沒有傳回值的處理可在前者定義，若是有傳回值的處理則可在後者定義。模組層級變數可在物件類別模組內的所有程序使用。這個範例定義了 DisplayInfo 方法，利用這個方法顯示 Product 類別的模組層級變數 CodeValue 與 NameValue 的資料。由於這個處理只是顯示資料，沒有傳回值，所以這個方法是在 Sub 程序定義。原始程式碼可在物件類別模組 **Product** 確認。　　　　　　　　　　範例 16-3_002.xlsm

參照 認識 Sub 程序與 Function 程序……P.2-18

參照 自訂函數……P.15-67

根據類別產生物件與呼叫成員

定義好的類別可以在標準模組或是其他使用此類別的模組內撰寫程式碼並執行。要使用類別，必須先根據類別產生物件，產生的物件包含類別定義的成員（物件就像是類別的副本），所以可從物件呼叫成員。

● 根據類別產生物件

要從已定義的類別中產生物件，可使用 New 關鍵字並指定類別名稱。類別名稱就是類別模組的名稱。產生物件後，可利用 Set 陳述式將該物件存入物件變數。從已定義的類別中可產生多個物件。

▶ 根據類別產生物件的語法

Set 物件變數名稱 = New 類別名稱

● 呼叫物件的成員

從物件呼叫成員（屬性或方法）的語法與 VBA 的基本語法相同。如果在代入運算子「=」的左側呼叫屬性時，會呼叫 Property Let 程序，否則會呼叫 Property Get 程序。

參照 VBA 的基本語法……P.2-11　　**16-29**

範例 **將工作表的資料當成物件處理**

此範例要根據物件類別模組 **Product** 產生物件，再將工作表的**商品代碼**與**商品名稱**的資料指定給 Code 屬性與 Name 屬性，再呼叫 DisplayInfo 方法，顯示這兩個屬性的資料。每一筆商品資訊都會產生一個物件，而這些物件都會存入 **Product** 物件類別的陣列。這個 Sub 程序請在標準模組撰寫與執行。　範例目 16-3_002.xlsm

```
1    Sub 根據類別產生物件()
2        Dim myProduct As Product
3        Dim myProducts(2) As Product
4        Dim i As Integer
5        For i = 2 To 4
6            Set myProduct = New Product
7            myProduct.Code = Cells(i, 1).Value
8            myProduct.Name = Cells(i, 2).Value
9            Set myProducts(i - 2) = myProduct
10       Next
11       For i = 0 To 2
12           myProducts(i).DisplayInfo
13       Next
14   End Sub
```

1	「根據類別產生物件」巨集
2	宣告 Product 型別的物件變數 myProduct
3	宣告擁有 3 個元素的 Product 型別的物件陣列 myProduct
4	宣告整數型別的變數 i
5	當變數 i 從 2 遞增到 4 之前，重複執行下列的處理（For 陳述式的開頭）
6	產生 Product 類別的物件，再將物件存入物件變數 myProduct
7	將第 i 列、第 1 欄儲存格的資料存入物件變數 myProduct 的 Code 屬性
8	將第 i 列、第 2 欄儲存格的資料存入物件變數 myProduct 的 Name 屬性
9	將物件變數 myProduct 存入物件陣列 myProducts 的第 i-2 個元素
10	讓變數遞增 1，再回到第 6 行的程式碼
11	當變數 i 從 0 遞增到 2 之前，重複執行下列的處理（For 陳述式的開頭）
12	呼叫物件陣列 myProducts 的第 i 個元素（Product 物件）的 DisplayInfo 方法
13	讓變數 i 加 1，回到第 12 行程式碼
14	結束巨集

💡HINT **為什麼要利用 Private 陳述式宣告模組層級變數？**

利用 Private 陳述式宣告模組層級變數，可避免屬性值被標準模組的外部程序操作，因此要操作屬性值時，可呼叫 Property 程序或是呼叫方法。所以原則上，操作屬性值的程式碼會寫在物件類別模組裡面，而操作屬性的程式碼可在物件類別模組管理。程式碼集中的好處在於方便維護與更新。

索引

D

E

F

P

Q

R